药物溶出度技术系列丛书/PHARMA DISSOLUTION TECHNOLOGIES

U0741492

溶出度技术

Fundamentals and Applications of Dissolution

宁保明　李定中　韩建华◎主　编

张启明　王亚敏　吕旭进◎副主编
高玉成　魏海飞　庾莉菊

中国健康传媒集团
中国医药科技出版社

内 容 提 要

本书为"药物溶出度技术系列丛书"的第一册,主要阐述溶出度技术与篮法、桨碟法、流池法、往复筒法、扩散池法和浸没池法等常用装置的发展历程、工作原理,以及在口服固体制剂等药物制剂质量研究中的基本应用。本书还介绍了溶出装置的确证、光纤和光学成像技术在药物溶出研究中的应用,为制剂处方、工艺的筛选提供了新思路,为提升药品的质量与疗效的一致性提供了新技术和工具。

本书适合药品研发、生产、检验及管理人员阅读,也可作为高校药物制剂专业教学参考书。

图书在版编目（CIP）数据

溶出度技术 / 宁保明,李定中,韩建华主编 . — 北京：中国医药科技出版社,
2023.12

（药物溶出度技术系列丛书）

ISBN 978-7-5214-4154-3

Ⅰ . ①溶… Ⅱ . ①宁… ②李… ③韩… Ⅲ . ①药物—溶解—研究 Ⅳ . ① TQ460.1

中国国家版本馆 CIP 数据核字（2023）第 180153 号

美术编辑 陈君杞
版式设计 也 在

出版 **中国健康传媒集团** | 中国医药科技出版社
地址 北京市海淀区文慧园北路甲 22 号
邮编 100082
电话 发行：010-62227427 邮购：010-62236938
网址 www.cmstp.com
规格 710×1000mm $^1/_{16}$
印张 34 $^3/_4$
字数 527 千字
版次 2023 年 12 月第 1 版
印次 2023 年 12 月第 1 次印刷
印刷 三河市万龙印装有限公司
经销 全国各地新华书店
书号 ISBN 978-7-5214-4154-3
定价 **180.00 元**

获取新书信息、投稿、为图书纠错,请扫码联系我们。

致谢

本丛书为来自国内外不同机构的编委专家团队共同创作，是集体智慧的结晶，谨向付出辛勤努力的所有编撰人员、出版人员和审阅人员表示感谢。感谢中国食品药品检定研究院李波院长、张辉副院长和张庆生所长对本书编写工作的支持和指导。国家药典委员会理化分析专业委员会为丛书撰写提供了专业的技术指导。感谢中国化学制药工业协会潘广成、雷英会长的帮助，感谢国内外相关溶出度仪制造企业和供应商为本书写作提供资料。梁和平、孙力员老师为本书提供了珍贵的溶出度仪研制历史资料。非常感谢为本书提供文献、材料并对书稿进行审核校对的所有机构和个人。

侯惠民院士不仅为本书作序，还作为丛书顾问对书稿提纲和专业问题，提供了非常宝贵的指导，老一辈药学家的鼓励和支持，为编委团队提供了动力，特向老一辈药物制剂专家致以崇高的敬意！

致敬·传承

侯惠民，药物制剂专家，中国工程院院士。1940 年 10 月出生于上海市，1963 年毕业于上海第一医学院药学系，1990 年获日本北海道医疗大学博士学位。现任医药先进制造国家工程研究中心研究员，上海现代药物工程研究中心有限公司董事长，国家药品监督管理局药包材与药物相容性研究重点实验室主任。

侯惠民院士长期从事新型药物制剂与工程化研究，是我国最早研究控释、缓释制剂和溶出度装置与技术的学者之一。20 世纪 70 年代，主持研制了能够开展溶出度、崩解度、脆碎度、硬度测定的 75-1 型片剂四用测定仪。20 世纪 90 年代，对 Franz 扩散池进行了改进并主持研制透皮扩散仪。

侯惠民研究员

1995 年，创建药物制剂国家工程研究中心及控缓释制剂产业化基地，成功研制国际首个口腔粘贴片及产业化关键设备—片面涂膜机。首创我国多项新型制剂、产业化关键装备与生产线，研究建立了我国第一个膜剂、第一个缓释抗生素微粒制剂、第一个激光打孔渗透泵控释片、第一个硝酸甘油透皮贴剂、第一个眼内植入微粒制剂及产业化关键装备。也是我国抗肿瘤药物脂质体及工程化装备的开拓者之一。

1978 年获全国科学大会奖，多年来获国家、省部、军队等奖项共 15 项。申请专利约 100 项，获得授权专利约 80 项。

徐安行，化学药品检定专家，中国食品药品检定研究院研究员。1933年6月出生于上海市崇明县，1956年毕业于南京药学院，1961年获德国耶拿大学博士学位。1962—1985年，中国药品生物制品检定所（现中国食品药品检定研究院）化学药品室和仪器室工作。1985年，德国波恩大学和杜平根大学访问学者。1987—1993年，中国驻德国大使馆教育处一等秘书。

徐安行研究员

徐安行研究员长期从事药品检定、药物固体制剂的生物利用度及溶出度研究、药物杂质分离与分析研究、中草药有效成分的分离筛选研究等。1977年，中国药品生物制品检定所、北京医学院药学系（现北京大学药学院）、北京制药工业研究所、北京制药厂、江苏武进精密仪器厂组建了北京地区释放度协作组，徐安行教授和北京医科大学的傅贻柯教授是研究小组的主要专家，发表了一系列药物体外溶出与体内数据的相关性研究论文，是我国溶出度技术研究的开拓者之一，为中国药典溶出装置的标准化和国产化做出了重要贡献。1979年获全国科技大会奖；1982年"药物生物利用度和释放度研究"获北京市科技成果二等奖。

傅贻柯，药剂学家，北京医科大学药学院教授。1919 年 5 月出生于四川成都。1938 年毕业于四川省立成都女子师范学校，在成都女师附小任教，后就读金陵女子文理学院，1946 年毕业于华西协和大学药学系。1951 年起，在北京医学院药学系任教。1970 年代，开始关注生物药剂学，1977 年，作为主要技术专家与卫生部药品生物制品检定所（现中国食品药品检定研究院）、北京医学院药学系（原北京大学药学院）、北京制药工业研究所、北京制药厂、江苏武进精密仪器厂组成北京地区释放度协作组，

傅贻柯教授
（1919—1998）

并发表了一系列药物体外溶出与体内数据的相关性研究论文。1984 年，药物溶出度协作组的研究工作获得国家医药管理局优秀科技成果三等奖。1985 年，在傅贻柯教授的指导下，中国药品生物制品检定所和北京医科大学实验药厂联合研制了我国首批水杨酸片标准片。

药物溶出度技术系列丛书
编写委员会

杨昭鹏（国家药典委员会）

潘广成（中国化学制药工业协会）

雷　英（中国化学制药工业协会）

陈桂良（上海药品审评核查中心）

赵海山（天津大学）

王　浩（上海惠永药物研究有限公司）

刘万卉（烟台大学药学院　先进药物递释系统全国重点实验室）

闻　萍（普霖贝利生物医药研发有限公司）

郭晓迪（浙江华海药业股份有限公司）

丁　杨（中国药科大学）

孙春萌（中国药科大学）

张成昂（数姆科技）

柴旭煜（医药先进制造国家工程研究中心）

唐全有（上海安德盛生命科技有限公司）

谢开平（上海安德盛生命科技有限公司）

张继稳（中国科学院上海药物研究所）

方　亮（沈阳药科大学）

李学明（南京工业大学）

郑　萍（成都市药品检验研究院）

郑　颖（澳门大学）

张金兰（中国医学科学院北京协和医学院药物研究所）

姚尚辰（中国食品药品检定研究院）

庾莉菊（中国食品药品检定研究院）

王晓玲（首都医科大学附属北京儿童医院）

梅　冬（首都医科大学附属北京儿童医院）

何　勤（四川大学华西药学院）

贺浪冲（西安交通大学药学院）

指导单位　国家药典委员会理化分析专业委员会

医药先进制造国家工程研究中心

北京大学药学院

中国医学科学院北京协和医学院药物研究所

复旦大学药学院

西安交通大学药学院

天津大学

苏州大学

中国药科大学

沈阳药科大学

中国科学院上海药物研究所

烟台大学药学院　先进药物递释系统全国重点实验室

中国化学制药工业协会

首都医科大学附属北京儿童医院

四川大学华西药学院

技术支持单位　北京市药品检验研究院

上海市食品药品检验研究院

上海药品审评核查中心

天津市药品检验研究院

山东省食品药品检验研究院

湖南省药品检验检测研究院

江苏省食品药品监督检验研究院

黑龙江省药品检验研究院

四川省药品检验研究院

陕西省食品药品检验研究院

安徽省食品药品检验研究院

广东省药品检验所

浙江省食品药品检验研究院

深圳市药品检验研究院

成都市药品检验研究院

潍坊市食品药品检验检测中心

中国兽医药品监察所

《溶出度技术》
编委会

丛书介绍

药物溶出度技术不仅在普通口服固体制剂的研发、质控中发挥着不可替代的重要作用，并且随着缓释制剂、半固体制剂、透皮贴剂等新型复杂制剂和药械组合产品的兴起，溶出度技术的应用领域不断扩展，成为药品质量研究不可或缺的科学工具。

20 世纪 80 年代起，国外已经出版了多部溶出度技术专著，国内也有多部译著。但国内学者的专著不多，高校教材也对当代溶出度技术缺乏系统的介绍。如今从高校药学专业的学生、药品研发和质控技术人员，到药品检验和审评机构的专业技术人员，普遍感到需要一套既有溶出技术的全面回顾和展望，又系统介绍不同溶出装置在各类药物制剂中应用的丛书。

在国内外专家、学者的支持下，特别是在侯惠民院士的亲自指导下，组成了集产、学、研、用一体，跨部门、跨学科、跨地域的编委团队，并自 2020 年 8 月开始"药物溶出度技术系列丛书"的编纂筹备工作。

为了给读者提供更好的阅读体验和专业参考，按照溶出装置及其在不同药物制剂和药械组合产品中的应用，将药物溶出度技术系列丛书分为 8 册，涵盖了口服固体制剂、半固体制剂、透皮贴剂、微球、脂质体、药械组合产品等领域。

《溶出度技术》

主要介绍国内外药物溶出度技术及装置的发展历史、工作原理及应用，同时也将体外仿生胃肠道模型、溶出曲线模拟预测软件及成像技术等，与溶出研究相关的新技术、新方法进行了阐述，旨在为药学专业的学生、普通技术人员提供比较系统、全面的溶出度技术基本知识。

《溶出装置的确证》

不仅介绍了标准溶出装置及取样、过滤、脱气等相关环节和装置的确证程序、工具和标准，还对微球、脂质体等药物制剂的非标装置的确证程序和溶出方法的验证等进行了阐述。溶出装置的确证是保障药物研发和质控技术人员溶出度研究数据的可靠性关键技术之一。

《口服固体制剂的溶出评价》

介绍国内外口服固体制剂及溶出评价用装置的发展历史和动态，结合实例阐述溶出技术在口服固体制剂，特别是缓释制剂处方和工艺筛选、质量研究方面的重要地位。该书还简要介绍了口服制剂的工艺、处方等相关内容，为质控人员提供了处方工艺信息，给处方工艺人员提供质控和研发信息。

《微纳米药物制剂的溶出评价》

主要介绍微米和纳米药物制剂的体外溶出与渗透评价方法与装置，同时对微纳米制剂的质量研究发展历程、制备技术、评价指导原则在微纳米药物制剂中的应用进行阐述。本书将微米和纳米制剂按照聚合物微纳米药物制剂（微球、聚合物胶束、纳米粒）、脂质微纳米药物制剂（脂质体、脂质圆盘、脂质纳米粒等）、乳剂（微乳、纳米乳）、纳米晶药物制剂、蛋白结合型药物制剂进行分类。结合案例分析，重点讲述药物体外溶出评价对微纳米药物制剂研发与质控的意义和指导作用。

《经皮给药制剂的溶出评价》

聚焦软膏、乳膏、凝胶、贴剂与透皮贴剂等，化学药品经皮给药系统的体外溶出、体外渗透及体内外相关性研究。主要介绍药物溶出与体外渗透装置在相关药物制剂中的应用，同时本书还对经皮给药系统的处方、工艺及中药相关剂型的信息，进行了简要阐述。

《经黏膜给药制剂的溶出评价》

主要介绍口腔、鼻、眼、阴道、直肠、肺、耳等，黏膜给药系统的体外溶出、体外渗透及体内外相关性研究，用实际案例阐述药物溶出与体外渗透装置在相关药物制剂中的应用，为相关技术人员提供研究思路和策略参考。

《药械产品与溶出评价》

对药物涂层支架、微球、吸入粉雾剂等药械组合产品的定义、分类、监管模式介绍的基础上，聚焦体外溶出及体内外相关性研究等关键共性技术问题。对流池法、往复架法等溶出装置的体外评价应用进行回顾，介绍国内外动态、提供案例分析和展望，为从事相关领域的技术人员开展体外评价研究提供策略、思路和参考方法。同时为审评和监管机构提供监管科学的工具、标准和方法。

《成像技术在溶出评价中的应用》

主要介绍制剂成像技术的历史沿革、发展及其在药物制剂溶出度研究中的应用。根据成像设备的技术原理进行分类，从光谱和光学成像两个维度分章节阐述不同成像设备的发展历史、技术特点及应用场景，详细介绍不同成像技术在应用过程中的操作流程和注意事项，同时对图像分析技术进行概述，深入探讨成像技术在制剂溶出过程分析、制剂溶出行为预测等应用案例，并对成像技术作为支撑药品审评和监管的新工具进行展望。

序言

经过一个多世纪的理论探索和实践，溶出度与释放度测定技术在世界范围内得到普遍认可和广泛应用。国家药品监督管理局（NMPA）、美国食品药品管理局（FDA）、世界卫生组织（WHO）、国际药学联合会（FIP）和国际人用药品注册技术协调会（ICH）等国内外机构都制定了相关技术指导原则。《中国药典》《美国药典》《欧洲药典》和《国际药典》等国际上主要的药典不仅收载了溶出度和释放度测定法及相关的仪器装置，还在药典收载的绝大多数口服固体制剂质量标准中建立了溶出度或释放度测定方法。

作为一名从事药物制剂研究半个多世纪的科学工作者，一直关注溶出度和释放度测定技术的国内外动态，全程参与并见证了国内溶出度和释放度测定技术的发展历程。20世纪70年代，我和导师奚念朱教授等开始关注溶出度测定技术及装置，发表了一些介绍国外研究动态的文章。1975年，我研制的国内首台片剂四用测定仪由当时的上海黄海制药厂生产，一台仪器可以测定片剂的溶出度、崩解度、脆碎度、硬度等四项关键质量指标，实现了一机多用，并在国内多家企业和研究机构得到应用。

20世纪90年代，我和我的研究团队对透皮给药的体外扩散池装置进行了改进，研制的国内首台透皮扩散仪由上海黄海药检仪器厂生产，在高校和研究机构得到了应用。

溶出度技术不仅在普通口服固体制剂的研发、审批、质控、上市后监管等方面得到广泛的应用，而且在半固体制剂、透皮贴剂、吸入制剂、新型注射剂、植入剂等新型制剂及药械组合产品领域，作为研发和质控的重要工具之一，在药品全生命周期发挥着重要的作用，也是药品监管科学的重大研究课题之一。

随着新型制剂技术、机械工程技术、影像技术、信息技术、网络技术等新技术的快速发展，溶出度和释放度测定新技术也不断涌现，光纤、成像、近红外、仿生等技术已应用于药物溶出度测定。但是，对于部分新型制剂，尚无科学规范的释放度测定方法及其装备，如速释制剂、纳米制剂、成膜凝胶等；一些新型制剂的体外释放度测定方法仍有待改进和完善，如长效注射微球。

本丛书结合我国药品研发、生产及监管部门的实践经验，对各种溶出度和释放度测定装置的历史沿革、技术特点和应用现状进行了较为全面的梳理和总结，还对光纤传输、影像技术、仿生消化道、模型预测等新技术在溶出度和释放度测定中的应用进行阐述，既有溶出技术基础和前沿技术动态等方面的介绍，又有实际应用案例论述。

在全面介绍溶出度技术的基础上，本丛书对溶出装置的确证及溶出度技术在口服固体制剂、经皮给药制剂、经黏膜给药制剂、微纳米药物制剂、药械产品中的应用以分册形式进行专门的论述，还介绍了光谱和光学成像技术在溶出评价中的应用，形成了系列丛书，为从事药品研发、检验、审评和监管的专业人员提供有益的借鉴和参考，为提升我国药品质量研究水平分享经验，贡献智慧。

能为国内许多著名专家、学者所著的一部关于溶出度和释放度测定技术的系列丛书写序是我的荣幸，也相信读者朋友们会从阅读中得到启发。

张志民

2022 年 3 月

前言

从 1897 年 Noyes 和 Whitney 发表第一篇溶出度论文开始，经过众多科学家百余年的持续理论探索和实践，溶出度技术在世界范围内得到制药工业界、学术界和药品监管机构的普遍认可，作为药物研发和质控的重要监管科学工具之一，溶出度技术不仅在普通口服固体制剂的研发、质控、审评、上市后监督等环节得到广泛的应用，而且在缓释制剂、半固体制剂、透皮贴剂、长效注射剂、药物涂层支架等新型制剂和药械组合产品领域，在贯穿药品的全生命周期，发挥着越来越重要的作用。

溶出度技术与我而言有着特殊的意义。1992 年，我毕业后在北京医科大学（现北京大学医学部）实验药厂，从事药品生产和质控工作，首次接触到了溶出度的概念。傅贻柯等教授们的办公室、实验室和实验药厂共用一栋楼，我经常去他们实验室，常常见到和蔼可亲的教授们。当年，我并不知道傅老师是我国早期溶出度研究的主要专家，也不知道我工作的药厂参与了水杨酸片的研制。傅贻柯老师及其所在的单位在中国药物溶出发展历程中发挥的历史重要作用，也许这些亲历者们至今才会意识到。

1999 年，我到中国食品药品检定研究院（中检院）工作，在张启明老师的指导下将溶出度技术作为主要工作研究方向。多年以后，在整理国内溶出发展资料时，才知道 20 世纪 80 年代，张老师也在傅教授实验室进行毕业设计，研究内容就是溶出度。2004 年 4 月，国际药联（FIP）、世界卫生组织（WHO）和中国药学会（CPA）联合在中国北京和上海举办溶出度技术及生物等效性国际研讨会，金少鸿教授作为此次国际会议的双主席之一，把我和一些年轻同事组织起来进行翻译培训。作为翻译人员，我很荣幸地参与了这次溶出度技术学术研讨会，会上来自 WHO 的 Sabine Kopp 博士和 Vino Shah、Kamal Midha、Cindy Brown、Vivian Gray 等多位国际知名溶出度及生物等效性研究方面的专家作了精彩的演讲。Royal Hanson 先生也在现场为与会者进行了溶出试验技术的演示。

2005 年 11 月到翌年 4 月，我作为访问学者，赴美国药典委员会从事溶出度技术领域的学术交流，其间有幸阅读了大量有关溶出度技术发展的珍贵资料。

当今溶出度与生物药剂学、体内外相关性、生物等效性、豁免体内研究等已经成为研发、质量控制、药品审评、监督管理等药品全生命周期的研究热点和重点，是我国提升化学药品质量研究和控制水平面临的重大挑战，也是药品监管科学的重大研究课题。由此，我萌生了编撰一套溶出度技术丛书的想法，并根据自己从事药品生产、质量控制和质量研究 30 年的经验，结合业界同行及相关专家的工作体会，国内的药品研发、质控和审评部门的技术人员需求，出版一套贴近国内需求、为药品研发提供技术指导的实用参考工具书。

在侯惠民院士和国家药典委员会理化分析专委会的支持和指导下，在借鉴国外研究经验的基础上，充分结合我国药品研发、生产及监管技术部门的实践经验，确定了丛书的框架和主要内容；在国内资深专家和全球跨国企业的一线华人技术专家的支持和帮助下，大家共同编撰，为实现系列丛书既包涵溶出技术基础理论、当前国际动态等方面的详细解读，又结合药物剂型实际案例充分论述的目标而共同奋斗。希望本系列丛书能为从事药品研发的技术人员提供有益的借鉴和参考，为提升化学药品质量研究水平尽绵薄之力。

谨以此书献给我的父母、妻子和家人，感谢他们一直以来的支持、理解和陪伴。

宁保明

2022 年 7 月

目录

007 **第七章**
扩散池法和浸没池法

008 **第八章**
溶出装置的确证

009 **第九章**
溶出曲线比较

010 第十章
两相溶出测定法

011 第十一章
体外仿生胃肠道模型

012 第十二章
聚焦光束反射测量技术的应用

013 第十三章
紫外光谱成像与药物溶出

014 第十四章
基于三维成像的药物微结构表征与溶出预测

015 第十五章
溶出过程中制剂成像技术的应用

第一章

溶出度技术的
历史回顾

概述

在自然科学发展的历史长河中，许多重要科学分支的确立和发展都归功于重大的科学仪器、装置的发明。在 17~18 世纪，温度计的发明使温度成为可以测量和定量计算的基本物理量，直接导致热力学的诞生和能量守恒定律等一系列基本规律的发现，为工业革命奠定了坚实的科学基础。色谱仪的发明产生了色谱学；光谱仪的发明产生了光谱学；质谱仪的发明产生了质谱学……

1843 年，Brockedon[1] 申请了压制药丸（pill）、含片（lozenges）装置的英国专利，标志着大工业时代现代片剂制造技术的开始，后来，上述专利转让给 F.Newberry & Son 公司。1861 年，毕业于费城药学院的 Wyeth 兄弟创立了 John Wyeth & Brother 公司，并于 1872 年发明了手摇旋转式压片机；随后美国的 Mcferran[2]、Young[3]、Dunton[4,5] 等先后申报了压片机专利；1875 年，Remington 提出了 Brockedon 压片机的改进版。美国 Wyeth 公司最早使用片剂（tablets）一词，1877 年 3 月，该公司氯化钾片说明书中就采用了压制片（compressed tablets）名称。1880 年，Wyeth 公司在英国的销售代表 Burroughs 与美国药剂师 Wellcome 在伦敦成立了 Burroughs Wellcome & Co 公司（1990 年成为 Glaxo 公司的一部分），并从 F.Newberry &Son 公司购买了 Brockedon 压片专利。

1　KEBLER L F. The tablet industry–its evolution and present status–the composition of tablets and methods of analysis[J]. Journal of the American Pharmaceutical Association, 1914, 3（6）: 820–848.

2　McFERRAN J A.Pill–machines: US 152666[P].［1874–06–30］.

3　YOUNG T J.Machines for making pills, lozenges&c.: US156398[P].［1874–10–27］.

4　DUNTON J.Improvement in manufacture of pills: US168240[P].［1875–09–28］.

5　DUNTON J.Pill machine: US174790[P].［1876–04–14］.

1885 年，第三版《英国药典》（BP）收载了第一个片剂品种——硝酸甘油片[1]。1897 年，美国麻省理工学院（MIT）教授 Noyes 和 Whitney 发表了苯甲酸和氯化铅两种固体化合物在蒸馏水中溶解速率的研究报告[2]，认为固体化合物在溶液中的溶解速率，与该化合物饱和溶液浓度和该溶液浓度的差值成正比。该里程碑式的学术报告被公认为第一篇关于药物溶出度的论文，标志着一个世纪以来，深刻影响药物研发和制药工业的溶出度技术研究的开始。2006 年，在溶出度理论诞生百年之际，Dokoumetzidis 等[3]对溶出技术进行了系统回顾和展望。

1991 年诺贝尔化学奖获得者，瑞士化学家 Richard Robert Ernst[4]指出，"现代科学的进步越来越依靠尖端仪器的发展"。约有 1/3 的诺贝尔物理和化学奖授予了测试仪器方面有创新的科学家。"工欲善其事，必先利其器。"中国科学院原院长路甬祥[5]院士说，在近代，我们的基础研究还要借助一些实验工具，借助新的科学观测手段。

制药工业中的药物质量研究和质量控制也借助于科学仪器及其装置得以实现和发展。药物溶出度和生物利用度研究是药物全生命周期管理中的重要组成，药物溶出度仪器及其装置的研发不仅促进了创新药物、仿制药物及其新型制剂的研究，也为口服固体制剂、外用半固体制剂豁免临床研究的工艺放大或上市后变更提供了科学依据，有力推动了创新药物的研发和仿制药物的可及性。

本章将主要介绍国际和国内药物制剂崩解及溶出度技术、仪器装置的发展历史，以及里程碑事件，并对溶出度技术和应用研究进行展望。

---

1 CARTWRIGHT A C. The British Pharmacopoeia, 1864 to 2014, Taylor & francis Group, london and new york, 2015, 33.

2 NOYES A A, WHITNEY W R. The rate of solution of solid substances in their own solutions[J]. Journal of the American chemical society, 1897, 19(12): 930–934.

3 DOKOUMETZIDIS A, MACHERAS P. A century of dissolution research: from Noyes and Whitney to the biopharmaceutics classification system[J]. . International Journal of Pharmaceutics, 2006, 321(1–2): 1–11.

4 范世福. 分析检测技术与仪器的现代化发展[J]. 中国计量, 2003, 000(002): 42–43.

5 访全国人大副委员长路甬祥：基础研究要树立原创自信心——中国科学院 https://www.cas.cn/xw/ldhd/200906/t20090608_611677.shtml.

1 | 溶出度技术发展历程

1902 年，Hance[1] 提出了片剂的有效性与崩解速度、溶解度关系密切的观点，随着片剂的应用越来越广泛，对于崩解差的片剂或丸剂的关注度也越来越高。1904 年，Brunner[2] 和 Nernst[3] 提出药物溶出的扩散层模型理论。

1907 年版《瑞士药典》（Pharmacopoea Helvetica）首次提出片剂应在冷水中短时间内溶解或崩解。1924 年，美国成立了制药企业协会（PMA，后更名为 PhRMA），关注片剂质量问题并建立了专门的委员会研究建立标准的崩解方法。1926 年，《巴西药典》（Brazilian Pharmacopoeia）对片剂的崩解度提出要求。1930 年，《比利时药典》（Belgian Pharmacopoeia）要求片剂必须在水中短时间内溶解或崩解。1934 年，第五版《瑞士药典》规定，在锥形瓶中加入 37℃的水，将片剂置于锥形瓶中，在不时振摇条件下，应在 15 分钟内崩解。1936 年《美国药典》（USP）收载了 4 个片剂品种，《国家处方集》（NF）收载了 48 个品种。1939 年起，Berry 等对片剂的崩解度测定开展了大量研究工作。1940 年，Stoll 和 Gershberg 建立了新的崩解度测定装置。1945 年，《英国药典》第 7 增补出版，收载了崩解时限检查法。1948 年，《英国药典》收载了 Berry 建议的崩解测定方法。尽管，欧洲多个国家药典已经将崩解度作为

1　HANCE A M.Solubility of compressed tablets[J]．The American journal of pharmacy，1902，74：80.

2　BRUNNER E.Reaktionsgeschwindigkeit in heterogenen Systemen[J]．Zeitschrift für Physikalische Chemie，1904，43：56–102.

3　NERNST W. Theorie der reaktionsgeschwindigkeit in heterogenen systemen[J]．Zeitschrift für Physikalische Chemie，1904，47：52–55.

片剂的法定检测方法，美国不同的企业和实验室采用至少 12 种不同类型和方法的崩解度测定装置[1]。1950 年，USP 在纽约市建造了第一个长设机构，收载了崩解度检查法，在 Vliet 的建议下，采用了 Stoll-Gershberg 崩解装置，同时，科学家们认为药物制剂的崩解并不意味着活性成分的溶解。

1951 年，美国工程师 William A Hanson 在加州创建了 Hanson Research 公司，他和他的公司在日后溶出度技术和装置的研究工作中发挥了重要的作用。同年，Edward[2] 认为阿司匹林片在胃肠道中的溶出速率是药物体内吸收的限速步骤。随后，Higuchi 等[3~6] 对影响片剂生产的物理参数进行了深入研究并发表了一系列论文。1952 年，史克药厂（Smith Kline and French Laboratories，简称 SKF）发明了缓释胶囊制剂技术（Spansule®），成为缓释制剂研究历史中具有里程碑意义的事件，口服缓释制剂的研究进一步推动了药物溶出研究的发展。1955 年，Higuchi[7] 等发表了影响苯甲酸片药物溶出的研究报告，认为虽然片剂的崩解时间影响药物在体内的释放，但药物从制剂颗粒释放的速度是影响体内吸收的更为重要的因素。1956 年，Chapman[8] 的研究表明，对氨基水杨酸钠糖衣片的崩解时间与体内生物利用度相关，崩解时间长的产品可能会导致药物无法发挥生理活性，同时也有研究发现，不能简单根据制剂的崩解行为推断药物的生理活性。1957 年，

1 AL-GOUSOUS J, LANGGUTH P. Oral Solid Dosage Form Disintegration Testing—The Forgotten Test[J]. Journal of Pharmaceutical Sciences, 2015: 2664-2675.

2 EDWARD L J. The dissolution and diffusion of aspirin in aqueous media[J]. Transactions of the Faraday Society, 1951, 47: 1191-1210.

3 SALISBURY R, HIGUCHI T. The physics of tablet compression. XII. Extrusion and flow studies on tablet ingredients[J]. Journal of the American Pharmaceutical Association, 1960, 49(5): 284-288.

4 WINDHEUSER JJ, MISRA J, ERIKSEN SP, HIGUCHI T. Physics of tablet compression. XIII. Development of die-wall pressure during compression of various materials[J]. Journal of Pharmaceutical Sciences, 1963, 52(8): 767-772.

5 HIGUCHI T, SHIMAMOTO T, ERIKSEN SP, et al. Physics of tablet compression XIV. Lateral die wall pressure during and after compression[J]. Journal of Pharmaceutical Sciences, 1965, 54(1): 111-118.

6 RANKELL AS, HIGHUCHI T. Physics of tablet compression. XV. Thermodynamic and kinetic aspects of adhesion under pressure[J]. Journal of Pharmaceutical Sciences, 1968, 57(4): 574-577.

7 PARROTT E L, WURSTER D E, Higuchi T. Investigation of drug release from solids. I. Some factors influencing the dissolution rate[J]. Journal of Pharmaceutical Sciences, 1955, 44(5): 269-273.

8 CHAPMAN D G, CRISAFIO R, CAMPBELL J A. The relation between in vitro disintegration time of sugar-coated tablets and physiological availability of sodium p-aminosalicylate[J]. Journal of Pharmaceutical Sciences, 1956, 45(6): 374-378.

Nelson[1]发现口服茶碱的血药浓度与体外溶出速率之间存在关联性，人们意识到溶出过程对口服药物吸收的重要性。1958年，发明了转瓶法并用于缓释制剂的研究[2]。

1960年，纽约大学布法罗分校（UB）的Levy注博士和Hayes[3]用烧杯和三叶搅拌器证明，不同品牌的阿司匹林片对胃肠刺激的发生率取决于溶出度，并首次以生物药剂学实验室（biopharmaceutics laboratory）的名义提交了阿司匹林体外溶出度与体内药物吸收相关性研究的文章[4]。Higuchi和Wurster等[5~8]发表了一系列药物溶出度研究的论文，并提出了界面势垒模型[9]，标志着物理化学在传统药剂学中的应用和物理药剂学的创建。基于Higuchi和Levy等研究团队的贡献，1961年，Wagner[10]首次提出了生物药剂学（biopharmaceutics）的概念，同年，Vliet[11]等采用转瓶法完成了多个缓释片剂和胶囊的溶出研究。1961年，由美国药剂师协会（APhA）、美

1　NELSON E.Solution rate of theophylline salts and effects from oral administration[J]. Journal of the American Pharmaceutical Association, 1957, 46(10): 607–614.

2　SOUDER J C, ELLENBOGEN W C. Control of d–amphetamine sulphate sustained release capsule[J]. Drug Standards, 1958, 26: 77–79.

3　LEVY G, HAYES B A.Physicochemical Basis of the Buffered Acetylsalicylic Acid Controversy[J]. New England Journal of Medicine, 1960, 262(21): 1053–1058.

4　LEVY G. Comparison of dissolution and absorption rates of different commercial aspirin tablets[J]. Journal of Pharmaceutical Sciences, 1961, 50(5): 388–392.

5　HIGUCHI W I, PARROTT E L, WURSTER D E, et al. Investigation of drug release from solids II. Theoretical and experimental study of influences of bases and buffers on rates of dissolution of acidic solids[J]. Journal of the American Pharmaceutical Association, 1958, 47(5): 376–383.

6　WURSTER D E, SEITZ J A. Investigation of drug release from solids. III. Effect of a changing surface–weight ratio on the dissolution rate[J]. Journal of the American Pharmaceutical Association 1960; 49(6): 335–8.

7　WURSTER D E, POLLI G P. Investigation of drug release from solids IV. Influence of adsorption on the dissolution rate[J]. Journal of Pharmaceutical Sciences, 1961, 50(5): 403–406.

8　WURSTER D E, POLLI G P. Investigation of drug release from solids V. Simultaneous influence of adsorption and viscosity on the dissolution rate[J]. Journal of Pharmaceutical sciences, 1964, 53(3): 311–314.

9　HIGUCHI T. Rate of release of medicaments from ointment bases containing drugs in suspension[J]. Journal of Pharmaceutical Sciences, 2010, 50(10): 874–875

10　WAGNER J G. Biopharmaceutics: absorption aspects[J]. Journal of Pharmaceutical Sciences, 1961, 50(3): 59–87.

11　KRUEGER E O, VLIET E B. In vitro testing of timed release tablets and capsules[J]. Journal of Pharmaceutical Sciences, 1962, 51(2): 181–184.

注：　Levy是药代动力学（PK）和药效动力学（PD）研究的先驱，被称为药效动力学之父（father of pharmacodynamics），1928年出生于德国，1939-1948年，在上海的犹太人联合学校学习、作为药房学徒和医院助理药剂师工作。

国医学会（AMA）和USP在华盛顿联合成立了药品标准物质实验室（drug standards laboratory，DSL），从事USP和NF的标准物质制备及新技术新方法的研究[1]。1962年，PMA片剂委员会对67个片剂进行研究后认为，对于溶解度低于1%的药物，应当对其制剂进行溶度测定而不仅仅是崩解时限检查。由于时间关系，未能将上述决议落实在1965年版的USP和NF药品标准中，于是缩短了有关片剂的崩解时间限度。1965年，NF首先收载了转瓶法，用于缓释胶囊（Spansule®）等缓释制剂的溶出检查，Hanson Research等公司为该方法提供了商品化的标准装置。1967年8月，USP和NF成立了生物利用度联合专家组（USP-NF Joint Panel on Physiological Aailability），Levy和Pernarowski等10人为专家组成员，其中佛罗里达大学药学院的Rudolph H. Blythe博士为负责人。

1968年初，药物分析领域的权威专家William Mader，离开CIBA公司成为DSL实验室主任，负责溶出度技术的协调研究，由他提出溶出试验方案。Hanson根据Mader提出的溶出度试验方案，在Pernarowski转篮法的基础上进行改进，提供了各种网篮和装置，逐步设计了模拟人体条件的仪器雏形，实现温度调节与控制、转动功能。1968年USP总部迁出纽约市，在马里兰州Bethesda建立了临时办公地点。1969年，Hanson制造了第一台六杯溶出仪装置，测定结果的准确性、重复性得到FDA的认可。

1970年，USP收载了溶出度方法及转篮法，1971年，USP迁至Rockville市新建的办公楼。后来，英国药典委员会意识到难溶性胶囊和片剂建立溶出度试验的必要性，1975年，BP1973版增补在附录ⅪX中新增了"溶出速率的测定"，地高辛片是第一个进行溶出检查的品种。1975年，USP向美国药剂师协会收购NF及其实验室，并开始研制溶出度校正用标准片，其中泼尼松片和硝基呋喃妥因片为崩解型片剂，水杨酸片为非崩解型片剂。1977年，BP增补附录中"溶出速率的测定"修订为片剂和胶囊

1 REESE K M. Drug Standards Laboratory Enters Second Decade[J]. Journal of the American Pharmaceutical Association，1972，12（1）：16-20.

的溶出度测定。1977，在Levy[1]和Poole[2]装置的基础上，经过多次改进后，USP收载桨法溶出度装置并制备了用于溶出仪系统适用性试验的首批水杨酸片（300mg/片，Lot F，由Upjohn公司生产）和泼尼松片（50mg/片，Lot F，由Hoffman La Roche公司生产）。1978年，FDA发布了首个溶出度试验指导原则。1980年，Beckett教授首次提出了往复筒法装置的思路。

1981年，国际药学联合会（FIP）发布了固体口服制剂溶出度指导原则[3]，推荐采用流池法装置开展难溶性药物的溶出研究，标志着流池法获得制药工业界的认可；同年，《日本药典》收载溶出度检查法。1983年，德国副药典（DAC）收载了流池法。1985年，《中国药典》收载溶出度检查法；同年，Mazzo等完成了采用USP拟收载的桨碟法、往复架法和扩散池法三种方法进行了东莨菪碱透皮贴剂透皮制剂的体外溶出研究[4]。1986年，法国副药典（Propharmacopoea）收载了流池法；同年，Shah[5]等采用桨碟法对三种硝酸甘油贴剂进行了溶出研究。1987年，在Bottari装置的基础上，《法国药典》收载了用于透皮贴剂溶出度测定的转筒法和桨碟法。

1988年，欧洲药典论坛发表的溶出度通则中收载了篮法、桨法和流池法。1990年，USP收载桨碟法、转筒法、往复碟法（reciprocating disk）；同年，李定中（Luke Lee）博士在美国新泽西创建了Logan公司，开始溶出装置的研发和制造。1991年，《欧洲药典》通则收载溶出度检查法。1991年，USP收载往复筒法；1992年，USP收载流池法。1993年，USP开始研制用于往复筒法的校正用缓释制剂，对马来酸氯苯那敏缓释片、茶碱缓释颗粒、磷酸丙吡胺缓释颗粒三种缓释制剂进行协作标化研究，1994年，最

1　LEVY G, HAYES B A.Physicochemical Basis of the Buffered Acetylsalicylic Acid Controversy[J]. New England Journal of Medicine, 1960, 262(21): 1053–1058.

2　POOLE J. Some experiences in the evaluation of formulation variables on drug availability[J]. Drug information bulletin, 1969, 3: 8–16.

3　FIP. Guidelines for dissolution testing of solid oral products[J]. Die Pharmazeutische Industrie, 1981, 43: 334–343.

4　MAZZO D J, FONG E K F, BIFFAR S E. A comparison of test methods for determining in vitro drug release from transdermal delivery dosage forms[J]. Journal of pharmaceutical and biomedical analysis, 1986, 4(5): 601–607.

5　SHAH V P, TYMES N W, YAMAMOTO L A, et al. In vitro dissolution profile of transdermal nitroglycerin patches using paddle method[J]. International Journal of Pharmaceutics, 1986, 32(2–3): 243–250.

终选定茶碱缓释颗粒和马来酸氯苯那敏缓释片作为校正用缓释制剂。1995，Amidon[注]和 Shah 等[1]提出了生物药剂学分类系统（BCS）的科学框架。2013 年，USP36 版第一增补本新增了半固体制剂通则 1724，收载了扩散池、浸没池和流池法三种体外溶出装置。目前国际主要药典收载溶出装置的情况详见表 1-1。

表 1-1　主要药典溶出方法收载情况

溶出方法 （dissolution method）	EP 10.0 （2020）	USP （2020）	JP 18 （2021）	ChP 2020 （2020）
篮法（basket）	+	+	+	+
桨法（paddle）	+	+	+	+
往复筒法（reciprocating cylinder）	+	+		+
流池法（flow-through cell）	+	+		+
桨碟法（paddle over disk）	+	+		+
小杯法（small vessel）				+
转筒法（rotating cylinder）	+	+		+
往复架法（reciprocating holder）		+		
提取池法 / 桨式提取法 （paddle over extraction cell）	+			
改进型流池法	+			

1　AMIDON G L, LENNERNÄS H, SHAH V P, et al. A Theoretical Basis for a Biopharmaceutic Drug Classification：The Correlation of in Vitro Drug Product Dissolution and in Vivo Bioavailability[J]．Pharmaceutical research, 1995，12（3）: 413–420.

注：　1966 年，Gordon Amidon 就读于纽约大学布法罗分校期间，Levy 讲授药代动力学和生物药剂学课程，Amidon 曾在 Levy 的实验室从事溶出研究。

2 溶出度方法和仪器装置在中国的发展

2.1 溶出度测定在人用药品中的应用

1872 年 8 月 15 日,《申报》刊登了药物片剂的广告[1],1890 年,Hunter 编译的《万国药方》(A Manual of Therapeutics and Pharmacy in Chinese Language)是国内较早介绍片剂知识的专业书籍,收录了硝酸甘油片和可待因片两种片剂。1921 年,上海科发药房(Kofa American Drug Company)增建厂房,购置了美国和德国压片机。1931 年,由孟目的[注]等编撰的《中华药典》收载了氯酸钾锭等 5 个片剂和硼酸软膏等 26 个外用半固体制剂。1933 年,民生药厂开始自行生产单冲压片机、糖衣机等制药机械[2]。

1953 年,在第一部《中国药典》颁布之前,制药企业已经开展了片剂药物的崩解度测定[3],1955 年,顾学裘等发表了赋形剂白及胶对片剂崩解

---

1 上海市地方志办公室. 解放前外商药房选记 http://www.shtong.gov.cn/Newsite/node2/node2245/node66500/node66514/node66521/userobject1ai62583.html〔2022-02-06〕

2 《民生药厂志》编纂委员会. 民生药业志(第一部, 1926—1987)〔M〕. 民生药厂, 2006.34.

3 科发药厂积极提高药品质量,〔J〕. 药学通报, 1953, 1(9): 334.

注: 孟目的(1897-1983)中国药学事业的开拓者, 1897 年生于河北省保定县, 1918 年毕业于北京协和医学院预科。1925 年毕业于英国伦敦大学药学院, 1928-1930 年, 参与编纂《中华药典》。1936 年, 创办中国药科大学(原国立药学专科学校), 任首任校长。1950-1962 年任中国药典编纂委员会总干事兼任中国食品药品检定研究院负责人(原中央药品检验所所长)。

度的影响研究[1]。1958 年，顾来仪等[2]摘译了外用制剂的药物溶出和吸收的研究工作。1959 年，吴兆康等[3]发表了软膏制剂的药物溶出研究成果。1963 年，郭建兰[4]摘译了 Vliet 等关于转瓶法的溶出研究工作。20 世纪 70 年代，侯惠民[5]、奚念朱[6]、徐世淞[7]及四川医学院的药剂学家[8]等开始关注溶出度技术及装置。1973 年，上海黄海制药厂研制了铁木结构的崩解仪。1975 年，在时任上海医药工业研究院药物制剂室主任侯惠民[注1]的指导下，研制了 75-1 型片剂四用测定仪（溶出度、崩解度、脆碎度、硬度），随后又研发了 75-2 型、77-1 型装置，最后定型为 78X-2 并于 1979 年投产。早期崩解和溶出装置见图 1-1 和图 1-2。

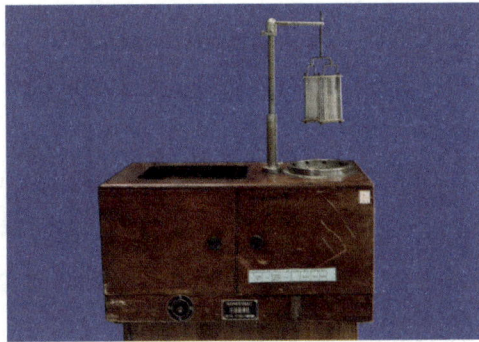

图 1-1　片剂崩解仪

1　顾学裘，沈文照，陈瑞龙，等. 中药白及的研究（二）白及膠质作为片剂赋形剂的研究[J]. 药学学报，1955（03）: 56-65.
2　顾来仪，赵士寿. 药物从外用制剂中释放、穿透和吸收的测定[J]. 药学文摘，1958, 12: 572-577.
3　吴兆康，李汉瘟，胡昭华等. 软膏新基质的寻找及基质性能测定方法的研究[J]. 南京药学院学报，1959, 04: 107-114.
4　郭建兰. 延释片剂和胶囊的体外试验[J]. 南药译丛，1963, 01: 11.
5　侯惠民. 磷酸钙和吐温 -80 对片剂崩解度及释药速率的影响[J]. 国外医学参考资料. 药学分册，1974（2）.
6　奚念朱，片剂与药物吸收[J]. 中国药学杂志，1978, 13（2）.80-82.
7　徐世淞. 药物的生物利用度[J]. 国外医学参考资料. 药学分册，1974（3）.138-146.
8　四川医学院药剂教研组，内服固体制剂的生物有效性[J]. 医药工业，1976, 7: 28-36.

注 1：侯惠民，药物制剂专家。1963 年毕业于上海第一医学院药学系，同年进入上海医药工业研究院后一直从事药物制剂研究。1991 年获日本北海道医疗大学博士学位。是我国最早研究控缓释制剂研究的学者之一，1996 年 10 月当选中国工程院院士。
注 2：傅贻柯（1919—1998），北京大学药剂学教授，国内溶出度技术和水杨酸标准片研究的先驱。1919 年生于四川省成都市，1939-1941 年就读于金陵女子文理学院，1944 年，毕业于华西大学药学系，1951 年起在北京大学药学院（原北京大学医学院药学系）从事药剂学教学和研究工作。

图 1-2　片剂溶出装置

　　1975 年，石油化工部医药局以提高药品质量为中心，召集部分专家和单位对控制片剂质量组成协作组进行溶出度试验的研究，参照《美国药典》溶出度试验方法和仪器装置，经历了近十年的试验和推广，片剂和胶囊剂采用溶出度方法控制药品的质量得到了广泛的重视和认可。1977 年，卫生部药品生物制品检定所（现中国食品药品检定研究院，后简称中检院）、北京医学院药学系（现北京大学药学院）、北京制药工业研究所、北京制药厂、江苏武进精密仪器厂组建了北京地区溶出度协作组，中检院的徐安行教授和北京大学的傅贻柯教授[注2]是研究小组的主要专家（图 1-3），并发表了一系列药物体外溶出与体内数据的相关性研究论文[1~3]。1978 年春，第一次片剂溶出度会议召开，广泛交流了溶出速度与药物吸收方面的研究成果，是我国早期溶出度研究工作的重要会议。1978 年，翁国英等[4]发表了氯化钾缓释片的转瓶法溶出研究工作。1979 年，张钧寿等[5]采用 77-1 型片剂四用测定仪，对研制的盐酸美西律缓释片进行了体外溶出研究。1980 年，周

1　徐安行，杨雅平，高增荣等. 扑热息痛片的生物利用度测定研究[J]. 药学学报，1980, 15（2）: 92-99.

2　傅贻柯，徐安行，鲍进先等. 片剂释放度研究 – 四种测定方法的比较[J]. 药学学报，1980, 15（7）: 422-428.

3　傅贻柯，陈尚青，张慧芬等. 氯化钾缓释片的质量评定[J]. 北京医学院学报，1983, 15（2）: 119-123.

4　翁帼英，周之鸡，钱绍祯. 薄膜衣骨架型缓释钾片的研究（初报）[J] 江苏医药，1978, 6: 8-10.

5　张钧寿，孙杏华，刘国杰，等. 慢心律微囊骨架片的研究（初报）[J]. 南京药学院学报，1979, 01: 114-122.

邦元等[1]发表了强的松龙片剂和滴丸的体外溶解速度与体内有效性的研究。1981年2月，由北京市医药总公司主持召开的药物溶出度研究成果鉴定会在北京举行，听取了北京溶出度协作组关于药物生物利用度和溶出度研究的总结、仪器协作单位——江苏武进精密仪器厂关于80-1型药物溶出度测定仪试制工作的汇报，以及北京制药厂关于阿司匹林缓释片研制的总结报告。

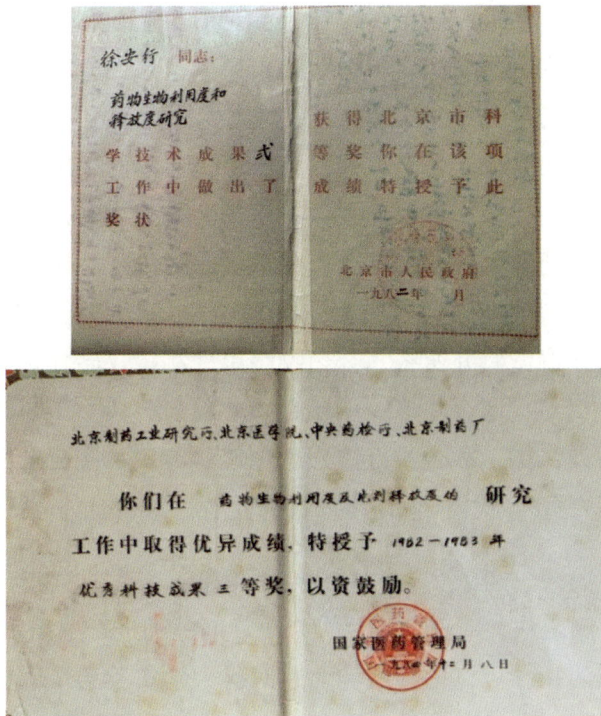

图1-3　相关证书

1981年9月，国家药典委员会致函〔（81）卫典办字第205号〕上海市药品检验所，同意将现行的单管型片剂崩解时限测定仪改为六管型，与国际规范接轨。同年，上海黄海药检仪器厂（黄海仪器厂）研发了LB-812A型六管崩解仪。1983年，受国家医药管理局和天津市经济委员会的委托，

---

1 周邦元，李茜，吴忠玉，等. 强的松龙片剂和滴丸的体外溶解速度与体内有效性的研究[J]. 药学通报，1980, 15（5）: 48.

天津医疗器械研究所承担了国家医药管理局的项目"六杯药物溶出度测定仪"的研制任务。在借鉴国外先进药物溶出度测定仪的基础上，天津医疗器械研究所科研人员经过艰苦努力、反复试验，开发了我国第一台符合《中国药典》（第 85 版）的六杯药物溶出度测定仪，填补了国内空白。1984年，FDA National Center for Drug Analysis（NCDA）实验室主任 Thomas Layoff[注]博士访问中检院，就药物溶出度技术等开展了为期一个月的交流。

1985 年 4 月，经北京药品生物制品检定所（后简称中检院）等单位临床试验验证，药物溶出度测定仪通过了由原国家医药管理局主持召开的设计定型鉴定会。应邀出席会议的有国家药典委员会（后简称药典委）、卫生部药检所、南京药学院、北京市药品检验所、天津力生制药厂等国内五十余个单位的专家、代表。会议一致认为六杯药物溶出度测定仪主要性能指标达到了《美国药典》推荐的同类产品水平。为满足我国有关药品检验机构、制药企业、科研单位等进行溶出度检验的需要，开始小批量试生产。随后，天津医疗器械研究所将六杯药物溶出度测定仪转让给原天津大学无线电厂和精密仪器厂联合生产。同年，中检院与药典委（当时药典委秘书处为中检院内设机构）联合举办溶出度测定学习班，来自全国药检系统及药品生产企业的 90 名代表参加培训。

1985 年 8 月，《中国药典》1985 年版颁布，首次收载了篮法、桨法和循环法溶出度测定法，对罗通定片等 7 个片剂品种进行溶出度检查。同年，在傅贻柯教授的指导下，中检院和北京医科大学实验药厂联合研制了首批水杨酸片标准片。由于没有采用循环法的品种，在制定 1990 年版《中国药典》时删除该方法[1]。1986 年，黄海药检仪器厂、上海药检所与上海医工院合作研制了二杯、三杯溶出度仪。1987 年，研制了六杯单排溶出度仪，同年获得上海市科研成果鉴定并小批量生产。1989 年，受国家医药管理局

---

1 王平. 新版中国药典中的溶出度检查. 中国药学杂志[J]. 1990, 25（8），495-497.

注： Thomas Layloff 1967 在 FDA 的 NCDA 实验室从事溶出度技术研究，1976-1999 年担任 NCDA 实验室主任。2008 年，再次访问中检院并进行学术交流。NCDA 现在的名称为 Division of Pharmaceutical Analysis。

的委托，天津医疗器械研究所编制制定了"药物溶出度测定仪"国家行业标准。1990年5月，天津医疗器械研究所还收集、编译了"溶出试验及仪器汇编"。1980~1990年，上海医工院、黄海药检仪器厂、上海医疗专机厂、天津医疗器械研究所、天津大学精密仪器厂先后开展了溶出仪的研制工作，上述机构及其科研人员的共同竞争与发展为我国的药检事业付出了辛勤努力并做出了重要贡献。低剂量规格或紫外吸收弱的药物制剂，在溶出度测定特别是溶出曲线的初始阶段药物溶出量低，对检测条件提出了挑战。天津市药品检验所和天津大学共同协作，研制出小杯、小桨，有效地解决了小规格制剂溶出测定的灵敏度问题，1995年版《中国药典》收载了该方法并正式命名为小杯法。

1994年，侯惠民等对 Franz 扩散池进行了改进[1]。1995年，黄海药检仪器厂的梁和平、孙力员等在侯惠民的指导下开始研制透皮扩散仪。2005年，《中国药典》收载桨碟法；2015年，《中国药典》新增转筒法；2017年起，国家药典委员会设立了流池法、往复筒法、往复架法和扩散池法药品标准提高研究课题，在中检院、地方药品检验机构和仪器制造企业的共同努力下，2020年版《中国药典》通则新增了流池法、往复筒法。《中国药典》收载溶出装置的信息详见表1-2，往复架法和扩散池法也有望在2025年版收载。上述课题研究不仅丰富了药典通则项下的溶出度装置，为药品研发、质控、审评和监管提供了科学工具，同时也带动了国产溶出装置的研发和生产。

表1-2　中国药典溶出装置收载情况

	方法	1985	1990	1995	2000	2005	2010	2015	2020
溶出度/释放度	篮法	√	√	√	√	√	√	√	√
	桨法	√	√	√	√	√	√	√	√
	桨碟法					√	√	√	√
	小杯法			√	√	√	√	√	√

1　李志鸿，孙鸿安，王浩等. 透皮给药研究中体外扩散池的改进[J]. 中国医药工业杂志，1995, 26（7）: 309-333.

方法		1985	1990	1995	2000	2005	2010	2015	2020
溶出度 / 释放度	转筒法							√	√
	流池法								√
	往复筒法								√
	循环法	√							

2.2 溶出度测定在兽用药品中的应用

1999 年，高光等人采用桨法测定 4 种兽用固体制剂中的溶出度[1]，自此拉开溶出度测定在兽药领域应用的序幕。溶出度测定在《中国兽药典》的收载情况汇总见表 1–3。

表 1–3 《中国兽药典》溶出度检查法收载情况汇总表

版本	1990 版	2000 版	2005 版	2010 版	2015 版	2020 版
收载情况	仅在片剂制剂通则下收载"崩解时限"	附录新增"溶出度测定法"	修订溶出度测定法	修订溶出度测定法	0931 溶出度与释放度测定法	未做修订
装置情况	–	第一法、第二法、第三法；	第一法、第二法、第三法；	明确装置，以装置名称命名方法：第一法（篮法）、第二法（桨法）、第三法（小杯法）	增加两种方法：第一法（篮法）、第二法（桨法）、第三法（小杯法）、第四法（桨碟法）、第五法（转筒法）	未做修订
品种个数	–	收载溶出度检查的品种 18 个	收载溶出度检查的品种 20 个	收载溶出度检查的品种 26 个	收载溶出度检查的品种 27 个	收载溶出度检查的品种 31 个

2000 年 7 月，《中国兽药典》2000 年版颁布，首次收载溶出度测定法，分为第一法、第二法和第三法，分别对应着篮法、桨法和小杯法，并对马

---

1 高光，朱力军，梁先明等. 采用桨法测定 4 种兽用固体制剂的溶出度[J]. 中国兽药杂志，2000（4）：29–31.

来酸氯苯那敏片等 18 个片剂品种进行溶出度检查。

2005 年,《中国兽药典》对溶出度测定法进行了修订,结果判定与《中国药典》判定标准一致,还新增加了土霉素片和吉他霉素片的溶出度检查。

《中国兽药典》2010 年版对 26 个片剂品种进行溶出度检查,新增了阿苯达唑片、盐酸左旋咪唑片、倍他米松片和复方磺胺甲噁唑片等 6 个品种。进一步修订溶出度测定法,正式以装置名称命名方法为篮法、桨法和小杯法。小杯法项下规定,当需要使用沉降装置时,可将片剂或胶囊剂先装入规定的沉降装置内。

2015 年《中国兽药典》将溶出度和释放度测定法合并,同时增加永久性编号形成 0931 溶出度与释放度测定法。增加了桨碟法和转筒法作为第四法和第五法,并在测定法中增加了原位光纤的应用。

《中国兽药典》2020 年版新收载的马波沙星片和盐酸小檗碱片均需进行溶出度检查,同时对已收载的三氯苯达唑片和奥芬达唑片,增加溶出度检查项。随着兽药质量控制水平和能力的不断提升,对兽药固体制剂特别是氟尼辛葡甲胺颗粒等兽医专用品种的溶出度检查也日益重视[1]。

2022 年,为加强指导和规范兽药企业的兽药开发及其质量控制,农业农村部兽药评审中心发布了《兽用普通内服固体制剂溶出度试验技术指导原则》[2]。该指导原则明确指出,对于新兽药申请,应提供关键临床试验和 / 或生物利用度试验用样品以及其他靶动物试验用样品的体外溶出度数据。对于仿制药申请,应在溶出曲线研究的基础上制定溶出度标准。无论是新兽药还是仿制药申请,均应根据可接受的临床试验用样品、生物利用度和 / 或生物等效性试验用样品的溶出度结果,制定溶出度标准。

1　杨星,马秋冉,董玲玲等. 伊维菌素吡喹酮咀嚼片溶出度方法的建立[J]. 中国兽药杂志,2019,53(12): 17–23.

2　农业农村部兽药评审中心. 兽用普通内服固体制剂溶出度试验技术指导原则[S].

3 国际交流与国际协调

3.1 国际交流

　　1988 年，北京市药品检验所的赵明、张伟作为访问学者，赴美国圣路易斯的 NCDA（DPA）实验室进行学术交流，在 Terry Moore 的帮助下开展溶出度技术等领域的研究工作，并联合发表了关于美国药典溶出度装置适用性试验的研究报告[1]。2004 年 4 月，世界卫生组织（WHO）、国际药学联合会（FIP）、中国食品药品检定研究院（原中国药品生物制品检定所）和中国医药国际交流中心（CCPIE）联合召开了国际溶出度会议，Shah、Midha、Gray 等专家应邀进行了学术报告[2]。这是首次由我国药品监管机构举办的溶出度技术国际研讨会，有力推动了溶出度技术、体内外相关性研究在国内药品研发、审评和监管领域的应用。2005 年，中检院访问学者赴美国药典委员会进行溶出度技术等领域的学术交流[3]，随后《溶出度试验技术》[4]《生物药剂学在药物研发中的应用》[5]等译著出版。2007 年，药物固体制剂的溶出度测定研讨会召开，Amidon 教授等对生物药剂学分类系统

1　赵明，张伟，mORRE tW. 对美国药典溶出度装置适用性试验的考察[J]. 中国药学杂志，1994，29（9）：548–550.

2　SHAH V P. FIP/WHO/CHINA bioequivalence and hands-on-dissolution workshop report Beijing, China, April 12–13, 2004 Shanghai, China, April 15–16, 2004[J]. Dissolution technologies, 2004, 11（4）：27–29.

3　宁保明主管药师赴美国药典会进行学术交流 https://www.nifdc.org.cn/nifdc/gjhz/gjjl/20060406000000727.html[EB/OL]［2022–01–18］.

4　HANSON R, GRAY V. 溶出度试验技术[M]. 张启明，宁保明，主译. 北京：中国医药科技出版社，2007.

5　KRISHNA A, YU L. 生物药剂学在药物研发中的应用[M]. 宁保明，杨永健，主译. 北京：北京大学医学出版社，2012.

（BCS）进行了学术交流。由国际药学联合会（FIP）和中国药学会联合主办，国家食品药品监督管理局等部委共同支持的"第67界世界药学大会"于2007年9月1~6日在北京召开，时任FIP主席Midha等出席。2010年，中检院张启明等访问美国DPA实验室，与Terry Moore、Zongming Gao等就溶出仪的校准、脱气、震动影响研究等进行了深入交流，同年，国家药品审评中心发布了溶出度指导原则。2012年起，中检院与美国药学科学家协会（AAPS）联合召开了多次溶出度国际研讨会[1~5]。

3.2 国际协调

1993年，药典协调组织（The Pharmacopoeial Discussion Group，PDG）决定，由USP牵头开展溶出度和崩解时限的国际协调工作，对篮法、桨法、流池法和往复筒法进行讨论和协调，最终获得协调的三种溶出度测定法分别是篮法、桨法和流池法，虽然协调后的文本包括往复筒法，但注明JP不接受该测定法。2004年6月，USP、EP和JP分别签署了协调后的溶出度及崩解时限文本。2005年3月，USP首先收载协调后的文本。2006年4月，协调后的文本正式实施。2017年6月，我国加入国际人用药品注册技术协调会（ICH）并于2017年7月12日成立ICH工作办公室。2018年6月7日，在日本神户举行的2018年ICH第一次大会上，我国国家药品监督管理局当选为ICH管理委员会成员。我国通过发布ICH指导原则适用及推荐适用公告、发布ICH指导原则中文版等形式，转化实施46个ICH指导原则，

1 2012年溶出度技术国际研讨会在北京召开 https://www.nifdc.org.cn/nifdc/jwzsj/20121117151901337.html.

2 LU X, GRAY V, HAN J H, et al. Meeting Report: AAPS–NIFDC Joint Workshop on Dissolution Testing, Biowaiver, and Bioequivalence[J]. Dissolution Technologies, 2016, 23（4）: 46-55.

3 LU X, NING BM, FOTAKI N, et al. American Association of Pharmaceutical Scientists（AAPS）and Chinese National Institutes for Food and Drug Control（NIFDC）Joint Workshop on Dissolution, Bioequivalence, Product Performance, and Quality[J]. Dissolution Technologies, 2020, 27（2）: 42-50.

4 我委组织召开ICH Q4B《中国药典》转化实施路径研讨会 – 国家药典委员会 https://www.chp.org.cn/gjyjw/xwjx/16302.jhtml ［2022-02-10］.

5 工作动态ICHQ4B指导原则转化系列线上研讨会成功召开 http://www.cpia.org.cn/index/Xharticle/info.html?cate=16&id=436 ［2022-02-10］.

并派出 69 名专家深入参与 ICH 议题协调工作。

2021 年，药典委设立了"ICHQ4 指导原则（理化分析方法）转化的关键问题研究"药品标准提高课题，由中检院牵头，辽宁省食品药品检验所、北京市药品检验研究院、江苏省食品药品监督检验研究院、中国药科大学、中国化学制药工业协会、中国医药创新促进会、中国外商投资企业协会药品研制和开发行业委员会（RDPAC）等机构共同承担。国家药典委员会、中国化学制药工业协会和中检院分别召开了多次研讨会，征求企业、研发机构和科研院所专家的意见和建议。

2021 年 8 月，国家药典委员会召开"ICH Q4B《中国药典》转化实施路径研讨会"[1]。中检院、中国外商投资企业协会药品研制开发行业委员会（RDPAC）及其会员单位、标准提高课题承担单位等相关专家参加会议，分别从 ICH Q4B 协调意义、RDPAC 工作组流程、ICH Q4B 中的四个附件与 ChP 的差异及协调建议等三个方面进行了介绍。各方就 ICH Q4B 在《中国药典》转化实施的路径、部分检测方法的适用性等进行了深入的交流讨论，为后续相关工作的推进奠定了良好基础。

2022 年，中国化学制药工业协会等机构举办了多场 ICHQ4B 指导原则转化系列线上研讨会，来自山东、上海、江苏、浙江、广东等地的药品研发、生产和检验机构的专家进行了深入的研讨。

经过近一个多世纪的历程，溶出度技术不仅在口服普通固体制剂、缓释制剂、经皮给药制剂等药品的研发和技术审评中得到了广泛而深入的作用，而且在药物涂层支架等新型药械组合产品中也得到越来越多的应用。相信在不久的未来，随着中国制药工业的高质量发展，溶出度技术与装置将在研发与审评、生产与质量控制、市场监管等药品全生命周期管理中，发挥越来越重要的作用。

---

1 LU X, GRAY V, HAN J H, et al. Meeting Report: AAPS-NIFDC Joint Workshop on Dissolution Testing, Biowaiver, and Bioequivalence[J]. Dissolution Technologies, 2016, 23（4）: 46-55.

附件

表 1-4　术语（中英文对照）

缩略语	英文名称	中文名称
/	pill	药丸
/	lozenges	含片
/	tablets	片剂
/	compressed tablets	压制片
BP	British Pharmacopoeia	《英国药典》
CH	Pharmacopoea Helvetica	《瑞士药典》
PhRMA	the Pharmaceutical Research and Manufacturers of America	美国药品研究与制造企业协会
BR	Brazilian Pharmacopoeia	《巴西药典》
BE	Belgian Pharmacopoeia	《比利时药典》
USP	United States Pharmacopeia	《美国药典》
BP	British Pharmacopoeia	《英国药典》
/	biopharmaceutics laboratory	生物药剂学实验室
/	biopharmaceutics	生物药剂学
DSL	Drug Standards Laboratory	药品标准物质实验室
/	USP-NF Joint Panel on Physiological Aailability	USP-NF 生物利用度联合专家组
/	solution rate	溶出速率的测定
DAC	/	德国副药典
/	Propharmacopoea	法国副药典
BCS	biopharmaceutics classification system	生物药剂学分类系统
/	reciprocating disk	往复碟法

缩略语	英文名称	中文名称
/	basket	篮法
/	paddle	桨法
/	reciprocating cylinder	往复筒法
/	flow-through cell	流池法
/	paddle over disk	桨碟法
/	small vessel	小杯法
/	rotating cylinder	转筒法
/	reciprocating holder	往复架法
/	paddle over extraction cell	提取池法
/	vessel-simulating flowthrough cell	改进流池法
/	A Manual of Therapeutics and Pharmacy in Chinese Languag	《万国药方》
/	Kofa American Drug Company	上海科发药房
ChP	Pharmacopoeia of the People's Republic of China	《中国药典》
FDA	Food and Drug Administration	食品药品监督管理局
NCDA	National Center for Drug Analysis	国家药物分析中心
WHO	World Health Organization	世界卫生组织
NICPBP	National Institute for the Control of Pharmaceutical and Biological Products	中国药品生物制品检定所
CCPIE	China Center for Pharmaceutical International Exchange	中国医药国际交流中心
ICH	The International Council for Harmonisation of Technical Requirements for Pharmaceuticals for Human Use	国际人用药品注册技术协调会
RDPAC	China Association of Enterprises with Foreign Investment R&D-based Pharmaceutical Association Committee	中国外商投资企业协会药品研制和开发行业委员会

第二章

篮法与桨法

概述

1821 年，Thomas Morson 将奎宁制剂用于疟疾的治疗。1898 年，Bayer 公司首次合成了乙酰水杨酸，该药物在全世界更令人熟知的名字是阿司匹林。1908 年，诺贝尔奖获得者 Paul Ehrlich 和他的助手秦佐八郎（Sahachiro Hata）发现第 606 号化合物（Salvarsan）可以杀灭梅毒螺旋体，开启了化学合成药物治疗疾病的化疗时代（chemotherapy）。1933 年，Gerhard Domagk 发现磺胺药物的抗感染活性。1937 年，氨苯磺胺（sulfanilamide）在欧洲和美国上市，标志着化学药品工业时代的开始。

20 世纪 50 年代起，随着化学口服固体制剂的广泛应用，一系列研究成果[1~8]使药物学家们意识到药物的溶出对口服制剂的吸收速率和治疗效果具有重要意义。1952 年，Smith Kline & French Laboratories 首次采用缓释胶囊

1 EDWARDS L J. The dissolution and diffusion of aspirin in aqueous media[J]. Transactions of the Faraday Society, 1951, 47: 1191–1210.

2 NELSON E. Solution rate of theophylline salts and effects from oral administration[J]. Journal of the American Pharmaceutical Association, 2010, 46(10): 607–614.

3 NELSON E. Solution rate of theophylline salts and effects from oral administration[J]. Journal of the American Pharmaceutical Association, 2010, 46(10): 607–614.

4 MARTIN C M, RUBIN M, O' MALLEY W E. Brand, generic drugs differ in man[J]. The Journal of the American Medical Association, 1968, 205: 23–26.

5 LINDENBAUM J, MELLOW M H, BLACKSTONE M O, et al. Variation in biologic availability of digoxin from four preparations[J]. New England Journal of Medicine, 1971, 285: 1344–1347.

6 LEVY G. Effect of dosage form properties on therapeutic efficacy of tolbutamide tablets[J]. Canadian Medical Association Journal, 1964, 90(90): 978.

7 MARTIN C M, RUBIN M, O' MALLEY W E. Brand, generic drugs differ in man[J]. The Journal of the American Medical Association, 1968, 205: 23–26.

8 LINDENBAUM J, MELLOW M H, BLACKSTONE M O, et al. Variation in biologic availability of digoxin from four preparations[J]. New England Journal of Medicine, 1971, 285: 1344–1347.

技术（spansule）研制了可持续 12 小时溶出药物的右旋硫酸苯丙胺缓释胶囊，开启了缓释制剂时代。药物递送技术的不断进步，进一步推动了药物溶出度试验的深入研究与应用。1970 年，美国药典（USP）和美国国家处方集（NF）首次收载了转篮法对泼尼松片等片剂进行溶出度检查，药物溶出度研究进入新的发展阶段。

半个多世纪以来，作为药典标准方法，篮法和桨法溶出度技术已在世界范围内得到了广泛应用和普遍认可，主要经济体药品监管机构和国际组织均制定了相应的技术指导原则，溶出度技术已成为药品研发、质量控制、审评审批、监管的重要工具，贯穿药品的全生命周期，也是我国医药产业高质量发展战略的重要研究领域。

本章将从篮法与桨法的发展历史与背景、基本原理、在药物制剂中的应用以及常见问题等几个方面进行介绍。

1 | 发展历史

　　1897 年，Noyes–Whitney 方程[1] 的提出是溶出度技术发展史上里程碑式的事件（图 2-1），随后，Brunner 等[2~4] 进一步丰富并发展了溶出理论。到 20 世纪 50 年代，经过持续的探索与实践，学术界、工业界和监管机构对口服固体制剂研究重点从崩解度逐步转移到溶出度。

　　1962 年，美国制药企业协会（PMA，后更名为 PhRMA）的片剂委员会，建议对水中溶解度小于 1% 的药物制剂进行溶出度检查。1967 年，USP-NF 联合专家组成立，致力于药物溶出度试验和溶出装置的标准化。1968 年，加拿大不列颠哥伦比亚大学（University of British Columbia）的 Pernarowski 提出了一种新型的溶出装置[5]，在此基础上，美国 Hanson Research 公司受专家组委托，设计并制造了标准化的篮法溶出度仪。1969 年，Hanson 制造了第一台六杯溶出装置，并得到 FDA 的认可。1970 年，USP 和 NF 首先收载了溶出度转篮法，1975 年，USP-NF 联合专家组推荐了

1　NOYES A A, WHITNEY W R. The Rate of Solution of Solid Substances in Their Own Solutions[J]. Journal of the American Chemical Society, 1897, 19(12): 930–934.

2　BRUNER L, TOLLOCZKO S. Über die Auflösungsgeschwindigkeit fester Körper[J]. Zeitschrift für anorganische Chemie, 1901, 28: 314–330.

3　NERNST W. Theorie der Reaktionsgeschwindigkeit in heterogenen Systemen[J]. Zeitschrift Für Physikalische Chemie, 1904, 47(1): 52–55.

4　HIXSON A W, CROWELL J H. Dependence of reaction velocity upon surface and agitation[J]. Industrial & Engineering Chemistry, 1931, 23(9): 923–931.

5　PERNAROWSKI M, WOO W, SEARL R O. Continuous flow apparatus for the determination of the dissolution characteristics of tablets and capsules[J]. Journal of Pharmaceutical Sciences, 1968, 57(8): 1419–1421.

转篮法和桨法两种溶出装置。1977，在 Levy[1] 和 Poole[2] 装置的基础上，经过多次改进后，USP 收载了桨法溶出装置，首次采用了半球形圆柱状溶出杯作为桨法溶出杯。随后 USP 制备了首批溶出仪系统适用性试验用水杨酸片和泼尼松片，溶出度的结果判定也由 2 阶段调整为 3 阶段判定法，标志着篮法与桨法溶出装置的应用进入了新阶段。

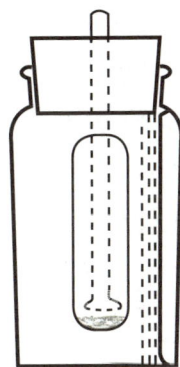

图 2-1　Noyes 和 Whitney 设计的溶出装置

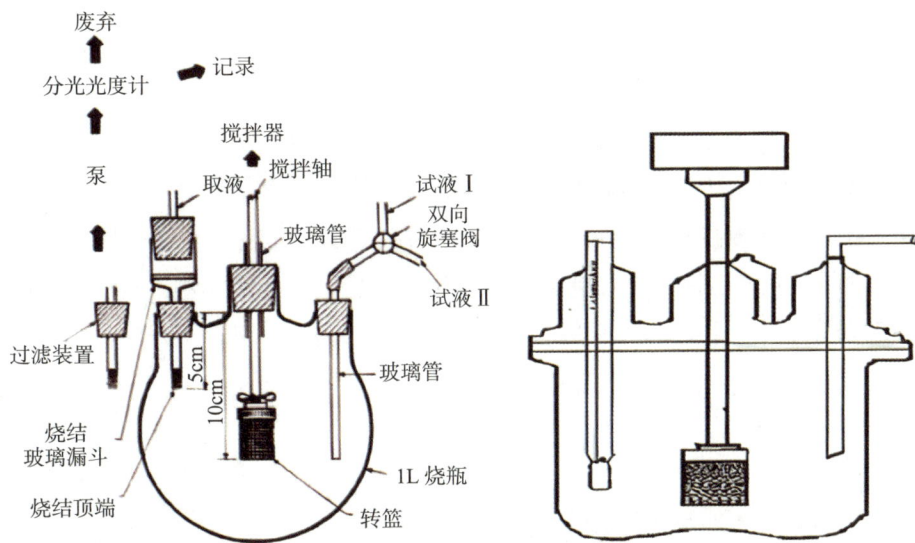

图 2-2　Pernarowski 等人设计的篮法装置和 USP18 收载的篮法装置

　　我国的药物溶出度试验可追溯至 20 世纪 50 年代，1963 年，郭建兰首先介绍了转瓶法溶出装置[3]，随后，侯惠民等开始关注并开展药物溶出研

1　LEVY G, HAYES B A. Physicochemical Basis of the Buffered Acetylsalicylic Acid Controversy[J]. New England Journal of Medicine, 1960, 262(21): 1053-1058.

2　POOLE J. Some experiences in the evaluation of formulation variables on drug availability[J]. Drug information bulletin, 1969, 3: 8-16.

3　郭建兰. 延释片剂和胶囊的体外试验[J]. 南药译丛, 1963, 01: 11.

究[1]。1975 年，在侯惠民指导下，上海黄海制药厂研制了片剂四用测定仪，同年，参照《美国药典》溶出度试验方法和仪器装置，石油化工部医药局召集部分专家和单位组成协作组进行片剂溶出度试验的研究。1977 年，卫生部药品生物制品检定所（现中检院）等单位组建了北京地区溶出度协作组，并发表了一系列药物溶出研究论文[2-5]。1978 年春，第一次片剂溶出度会议召开。1979 年，张钧寿等采用 77-1 型片剂四用测定仪，对盐酸美西律缓释片进行了体外溶出研究[6]。1981 年 2 月，药物溶出度研究成果鉴定会在北京举办，认为江苏武进精密仪器研制的 80-1 型药物溶出度测定仪已达到应用水平，该装置为一机三用（循环法、转篮法和杯法）[7]。1983 年，天津医疗器械研究所承担了"六杯药物溶出度测定仪"的研制任务并于 1985 年被《中国药典》收载。

《中国药典》1985 年版开始收载溶出度测定法，第一法为篮法，第二法为类似于流池法的循环法，第三法为桨法[8]。1990 年，《中国药典》删除了循环法，溶出度检查品种增加至 44 个，其中 27 个篮法、17 个桨法[9]。1994 年，陈坚教授在国内首次应用光纤测定技术，实现了实时、原位测定药物的篮法溶出试验[10]，1995 年，《中国药典》收载小杯法，小杯法实际上仍采用桨法的主要部件，试验时只需更换小杯和小桨即可[11]。随着陈坚

1　侯惠民. 磷酸钙和吐温 -80 对片剂崩解度及释药速率的影响［J］. 国外医学参考资料. 药学分册, 1974, 02: 121.

2　翁帼英，周之鸡，钱绍祯. 薄膜衣骨架型缓释钾片的研究（初报）［J］. 江苏医药, 1978, 6: 8-10.

3　徐安行，杨雅平，高增荣，等. 扑热息痛片的生物利用度测定研究［J］. 药学学报, 1980, 15（2）: 92-99.

4　傅贻柯，徐安行，鲍进先，等. 片剂释放度研究 - 四种测定方法的比较［J］. 药学学报, 1980, 15（7）: 422-428.

5　周邦元，李苊，吴忠玉，等. 强的松龙片剂和滴丸的体外溶解速度与体内有效性的研究［J］. 药学通报, 1980, 15（5）: 48.

6　张钧寿，孙杏华，刘国杰，等. 慢心律微囊骨架片的研究（初报）［J］. 南京药学院学报, 1979, 01: 114-122.

7　岳. 药物释放度研究成果鉴定会在京召开［J］. 中国药学杂志, 1981（07）: 55.

8　刘佩茜. 中国药典 1985 年版（二部）增删品种及药品名称修订品种［J］. 中国药学杂志, 1989, 24（2）: 3.

9　姚振刚，李智勇. 中华人民共和国药典 1990 年版（二部）梗概［J］. 中国药学杂志, 1990, 25（10）: 5.

10　朱滨，邢君芬，陈坚. 用光纤化学传感器连续在位监测甲硝唑片的体外溶出度［J］. 药学学报, 1994, 29（5）: 369-374.

11　王平. 中国药典 1995 年版（二部）主要内容介绍［J］. 中国药学杂志, 1995, 30（8）: 500-503.

教授和富科斯公司联合自主研发的"光纤药物溶出仪"的大规模商业生产，2010年，《中国药典》第二增补本的溶出度测定法收录了光纤实时测定法，可用于篮法、桨法、小杯法等溶出曲线测定。

2 | 仪器装置与测定法

　　篮法与桨法的仪器装置组成基本一致（图2-3，图2-4），均由溶出杯、马达、水浴箱体或加热套、控温系统等模块组成，篮法以金属转轴和圆柱形篮网为搅拌部件，桨法以桨叶和桨杆作为搅拌部件，小杯法则是缩小版的桨法。篮法与桨法的转轴及篮网与桨叶规格见图2-5。

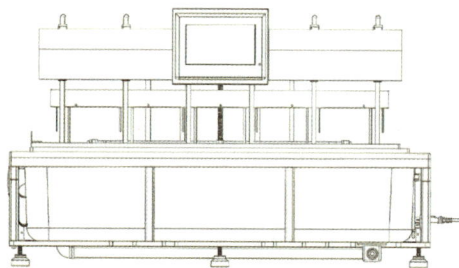

图2-3　篮法与桨法仪器装置

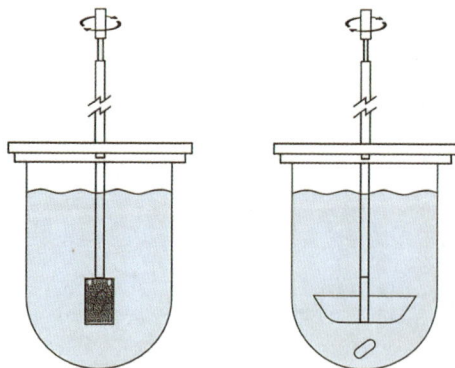

图2-4　篮法（左）与桨法（右）搅拌装置

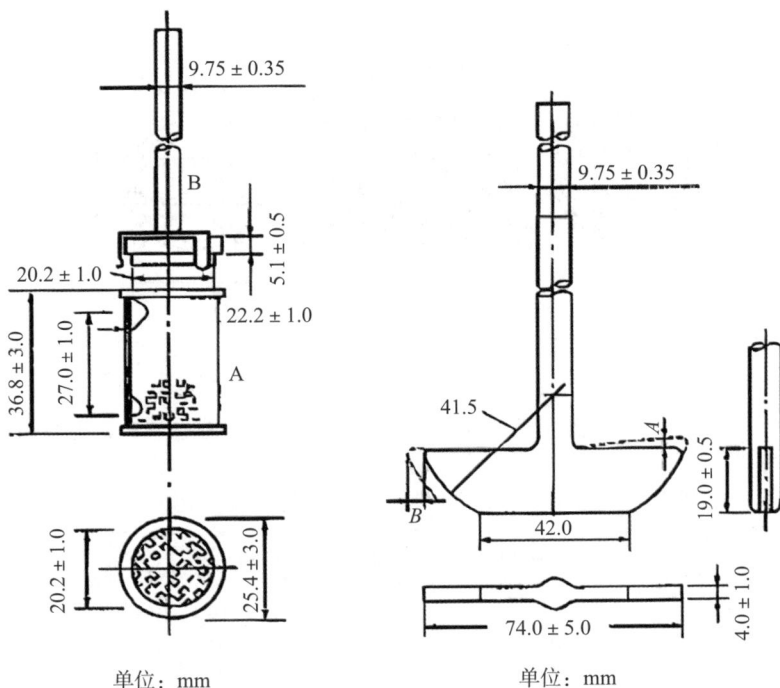

图 2-5 篮法与桨法的转轴及篮网与桨叶规格（ChP2020 年版）

桨叶与桨杆一般为一体化结构，确保桨杆旋转时的轴线与溶出杯的垂直轴线，在任一点上的偏差都不超过 2mm，有的装置采用桨叶和桨杆分离的形式。桨叶的垂直中心线与桨杆的轴线一致，使桨叶的底部与桨杆的底部平行。桨叶与溶出杯内壁底部的距离为 25mm ± 2mm（小杯法为 15mm ± 2mm）。在桨转动前，将样品置于溶出杯底，使其沉到杯底，如果样品漂浮于液面，可用惰性材料缠到样品上以避免其上浮，或使用规定规格的沉降篮（图 2-6）。现行《美国药典》（USP）、《欧洲药典》（EP11.0）和《日本药典》（JP18）均采用经药典协调组织（The Pharmacopoeial Discussion Group，PDG）协调后的装置，篮法和桨法装置已趋于一致，与《中国药典》的装置规格略有差异（表 2-1）。

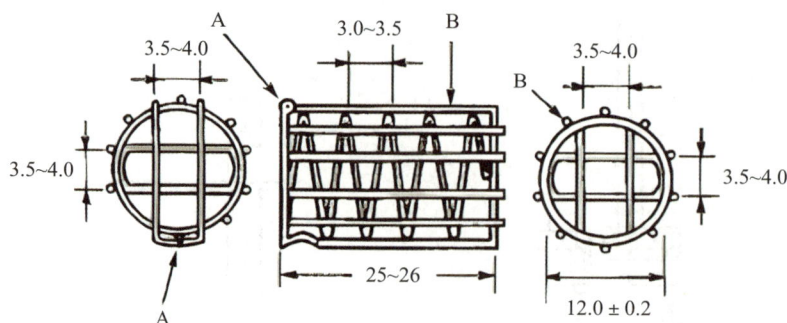

单位：mm

图 2-6　沉降篮装置（A：耐酸金属卡，B：耐酸金属支架）

表 2-1　各国药典对篮法和桨法装置的规定比较[1~5]

	ChP2020	USP/EP10.0/JP17
篮轴（mm）	9.75 ± 0.35	9.4~10.1；6.3~6.5
转篮内径（mm）	20.2 ± 1.0	20.2 ± 1.0
转篮盖（mm）	5.1 ± 0.5	5.1 ± 0.5
篮高（mm）	27.0 ± 1.0；36.8.0 ± 3.0	27.0 ± 1.0；37.0 ± 3.0
通气孔（mm）	2.0	2.0 ± 0.5
弹簧片	120^0	120^0
篮边（mm）	20.2 ± 1.0；25.4 ± 3.0	20.2 ± 1.0；25.0 ± 3.0
筛网（mm） 丝径 网孔	 0.28 ± 0.03 0.40 ± 0.04	 0.22~0.31 0.36~0.44

1　The United States Pharmacopieial Convention. The United States Pharmacopeia USP43［S］. 2021：<711> DISSOLUTION.

2　European Directorate for the Quality of Medicines & HealthCare. European Pharmacopoeia 10.0［S］. 2019：303–304.

3　British Pharmacopoeia Commission. British Pharmacopoeia 2021［S］. 2021：Appendix XII B.

4　Pharmaceuticals and Medical Devices Agency of Japan. The Japanese Pharmacopoeia［S］. 17th edition. Tokyo：the Ministry of Health，Labor and Welfare，2016：157–159.

5　国家药典委员会. 中华人民共和国药典. 四部［S］. 2020 年版. 北京：中国医药科技出版社，2020：132–133.3. 试验方法.

	ChP2020	USP/EP10.0/JP17
篮底－溶出杯底距离（mm）	25 ± 2	25 ± 2
篮法取样点	液面到转篮顶部的中点，距溶出杯内壁 1cm	液面到转篮顶部的中点，距溶出杯内壁不小于 1cm
桨轴（mm）	9.75 ± 0.35	9.4~10.1
桨叶（mm）	74.5 ± 5.0 42.0	74.0~75.0 42.0
桨叶厚度（mm）	4.0 ± 1.0	4.0 ± 1.0
桨叶高（mm）	19.0 ± 0.5	19.0 ± 0.5
半径（mm）	41.5 —	41.5 1.2 ± 0.2
桨叶底部－溶出杯底距离（mm）	25 ± 2	25 ± 2
桨法取样点	液面到桨叶顶部的中点，距溶出杯内壁 1cm	液面到桨叶顶部的中点，距溶出杯内壁不小于 1cm
取样时间差异	± 2%	± 2%
温度（℃）	37 ± 0.5	37 ± 0.5
转速差异	± 4%	± 4%
摇摆（mm）	1.0	1.0
同轴性（mm）	± 2	± 2
仪器的适用性试验	用标准片确证仪器	需要
内径（mm）	102 ± 4	98~106
高（mm）	185 ± 25	160~210
半球半径（mm）	—	—
内径（mm）	—	98~106（2L*）
高（mm）	—	280~300（2L*）
内径（mm）	—	145~155（4L*）
高（mm）	—	280~300（4L*）

* 为 USP 收载的用于兽药的溶出杯

小杯法，一般为硬质玻璃或其他惰性材质制成的底部为半球形的 250ml 溶出杯，其规格见图 2-7。

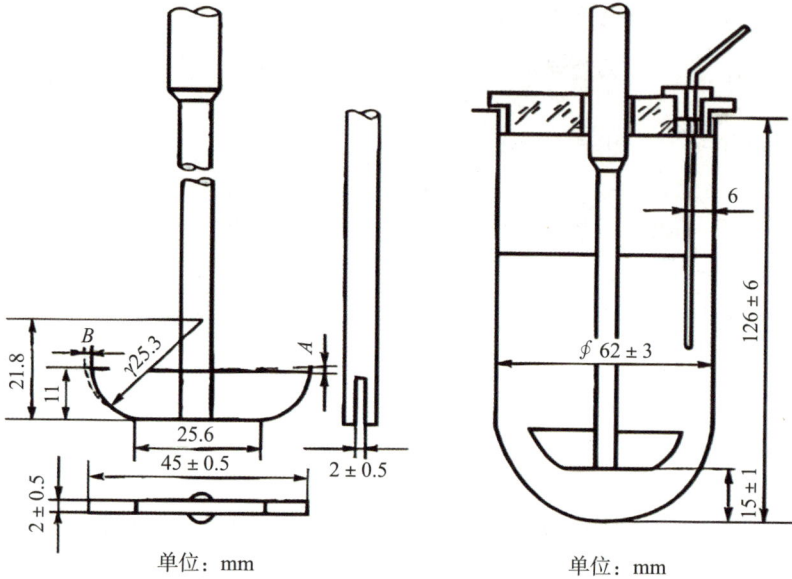

单位：mm   单位：mm

图 2-7　小杯法转轴、桨叶以及溶出杯规格（ChP2020 年版）

超过 80% 的品种采用篮法或桨法进行溶出度试验，多种溶出仪可提供 8 杯或 12、14 杯同时进行两个不同处方制剂的溶出特性比较，且大多已可实现取样、补液和检测的全自动化。常用溶出仪见表 2-2。

表 2-2　常用溶出仪供应商

生产厂家	国别	生产厂家	国别
Caleva	英国	Tergus Pharma	美国
Distek	美国	Pharma Test	德国
Erweka	德国	Riggtek	德国
Hanson Research	美国	Quality Lab Accessories	美国
Logan	美国	上海黄海药检仪器有限公司	中国
Sotax	瑞士	天大天发科技有限公司	中国

生产厂家	国别	生产厂家	国别
Varian	美国	华溶分析仪器有限公司	中国
Agilent	美国	锐拓仪器设备有限公司	中国
Shimadzu	日本	新芝生物科技股份有限公司	中国
Copley	英国	上海安德盛实业有限公司	中国

2.1 普通制剂

测定前对仪器装置进行必要的调试，按照药典或药品标准项下的规定，量取一定体积的溶出介质置于各溶出杯中，介质温度恒定在 $37℃ \pm 0.5℃$ 后，取供试品 6 片（粒、袋），当采用篮法时，分别投入 6 个干燥转篮内；当采用桨法时，将供试品直接投入溶出杯内即可。药品标准项下规定使用沉降篮时，可将胶囊或片剂预先装入沉降篮内。当发现供试品在溶出介质中处于漂浮状态，但标准项下未规定使用沉降装置时，不能使用沉降装置并将溶出结果作为法定报告的结果。当然，在药物研发阶段，当供试品出现漂浮现象且处方和工艺无法变动的情况下，可以采取两种办法解决，首选方法是采用篮法、往复筒或流池法等其他溶出装置进行体外研究，也可采用沉降篮进行桨法溶出研究。新申报的口服固体制剂很少采用沉降篮进行溶出检查。

按规定的转速启动仪器，计时并在规定的取样时间点吸取溶出液适量，实际取样时间与规定时间的差异不得超过 $\pm 2\%$。目前配有自动取样的溶出装置是标准配置，因此，只有采用手动取样时，才会面临取样时间与规定时间一致性的问题。

目前，《中国药典》对取样位置的规定比较严格，应在转篮或桨叶顶端至页面的中点，且距溶出杯内壁 10mm 处，也就是说符合规定的取样位置是一个圈。国际人用药品注册技术协调会（ICH）协调后的取样位置是距溶出杯内壁不小于 1cm 的区域。一般认为，距溶出杯 1cm 外的任意区域，取样位置与溶出结果没有相关性，如果取样位置影响溶出结果，是溶出方法不合理所致，比如过低的转速或介质黏度过大。

需要多次取样时，累积的取样体积应不得超过全部溶出介质的 1%，否则应及时补充相同体积、温度的溶出介质，或者在计算时加以校正。溶出介质取出后立即用适当的滤器过滤，取样至过滤应在 30 秒内完成。

2.2 缓释制剂

采用篮法或桨法进行缓释制剂（ER/MR，又称调释或缓控释制剂）的溶出（释放）度测定时，与普通制剂的操作基本相同，但至少要三个取样时间点，在规定取样时间点，自取样至滤过应在 30 秒内完成。

2.3 肠溶制剂

肠溶制剂的溶出度试验分为酸中溶出量和缓冲液中溶出量两个阶段，根据缓冲液中溶出操作方式的差异，可以将肠溶制剂溶出的检测方法分为两种。

方法一，首先量取 0.1mol/L 盐酸溶液 750ml 置于各溶出杯内，按照普通制剂方法进行操作，2 小时后在规定的取样点取样并计算酸中溶出量；在完成酸性介质中的溶出试验并取样后，立即在剩余介质中加入 37℃ ±0.5℃ 的 0.2mol/L 磷酸钠溶液 250ml，继续运转，按规定的时间点取样并计算缓冲液中的溶出量。

方法二，除溶出介质 0.01mol/L 盐酸溶液体积为 900ml 外，其余均与方法一相同；在完成酸性介质中的溶出试验并取样后，将各溶出杯中剩余的酸性介质尽量完全转移，并立即加入 37℃ ±0.5℃ 的磷酸盐缓冲液 900ml。

也可将酸性介质中的样品转移至盛有温度为 37℃ ± 0.5℃的磷酸盐缓冲液（pH 6.8）900ml 的溶出杯中，继续运转，按规定的时间点取样并计算缓冲液中溶出量。

2.4 方法开发的考虑要点

溶出度试验常用于指导药物制剂的研发、制剂批内批间一致性评价、处方工艺变更前后质量研究等，对同一制剂应进行平行测定，为了反映不同处方和工艺的药物制剂的溶出特性，通常进行溶出曲线的绘制，即对每个处方或工艺的至少 12 个样品进行试验，取样时间点一般不少于 5 个。当溶出实验中出现高变异的数据时，除样品本身外，主要是由于溶出装置和溶出试验参数等因素所致，为了获得良好的重现性，对所有影响试验的变量应进行合理控制。

2.4.1 溶出装置

篮法与桨法对仪器的整体要求相似，在溶出度测定前，必须检查溶出仪的转速等参数是否符合药典或确证（qualification）要求（详见第八章溶出装置的确证）。

篮或桨的摆动都会改变溶出介质的流体力学性质，这种摆动会引起和传递流体动力学和流动模式的变化，进而影响产品的溶出行为。早期的研究表明，偏心距在一定范围内，会显著影响溶出速率，且桨法的摆动可能比篮法更为显著。振动是一个外部变动因素，溶出系统中任何的振动，一定会将能量叠加到溶出介质的流体动能上，药典均规定运行时，装置所处的环境和装置应保持平稳，不能产生明显的晃动或振动，但未对振动的限度做出要求。Beyer 等[1]研究表明，当溶出杯处的振动增加时，甲苯磺丁脲片的溶出度明

---

1 BEYER W F, SMITH D L. Unexpected variable in the USP-NF rotating basket dissolution test[J]. Journal of Pharmaceutical Sciences, 1971, 60（3）: 496–497.

显提高。Zongming Gao[1]等认为，振动通过不同的机制对桨法和篮法的溶出产生影响，振动主要引起颗粒的分散，导致溶出速率增加，随着颗粒向溶出杯底部沉降，溶出速率降低。转轴的转动性质是影响篮法和桨法溶出特性的主要因素，转速变化对溶出速率的影响可能是线性的，这种相关性还与剂型以及选用的溶出方法有关[2]。理论上振动会影响药物的溶出速率，然而到目前为止很难量化振动对溶出速率的影响，振动可能来源于环境或仪器本身，需要对振动的整体来源进行确认，方法设计和验证时应考虑振动的影响，以确保溶出试验方法的耐用性和实验结果的可靠性。

2.4.2 溶出介质

随着国内外一系列指导原则和法律法规的发布，溶出度的检测已日臻规范化和标准化，检测结果的可靠性不断提高，以往经验性的影响检测结果的溶出介质相关因素，如温度、pH、溶入介质中的气体等，均可得到相对有效的控制。但依然可能存在实验人员不熟练或个别品种的特殊性质等因素而对结果产生较大影响，因此，对下列因素进行一些简要介绍。

（1）温度：温度波动的影响依赖于活性成分以及黏合剂和其他辅料的温度 – 溶解度曲线，一般情况下，溶解度与温度呈线性关系。不同制剂间的差异会很大，每1℃的温度变化，可能会引起高达5%的溶出速率的变化。沈敏等[3]采用篮法考察了温度变动对西咪替丁片溶出量的影响，西咪替丁片的取样时间为15分钟，即便在允许测定的温度范围内，0.5℃的温差仍可引起溶出度的明显变化（表2-3）。大部分口服制剂在 ±0.5℃的温差范围内并不会导致溶出结果的较大变化，但确保各溶出杯中介质温度的一致性有助于获得更可靠的溶出结果。

1　GAO Z M, MOORE T W, DOUB W H. Vibration effects on dissolution tests with USP apparatuses 1 and 2[J]. . Journal of Pharmaceutical Sciences, 2008, 97(8): 3335–3343.

2　HANSON W. Studies on the Effect of Some Variables Commonly 98 HANDBOOK OF DISSOLUTION TESTING Encountered in the Measurement of Dissolution Rate of Solids[D]. Ph.D.Dissertation, California Western University, 1979.

3　沈敏, 吴晓红, 王小丽, 等. 温度对西咪替丁片溶出度的影响[J]. 首都医药, 1999, 6(2): 20.

表 2–3　温度对西咪替丁溶出量的影响

样品批号	36.5℃			37.0℃			37.5℃		
A 厂	80.9%	60.6%	82.6%	82.6%	80.2%	85.6%	90.7%	93.2%	95.6%
970524	75.8%	83.4%	63.5%	88.5%	84.2%	87.9%	92.7%	94.3%	93.8%
平均		74.5%			84.8%			93.4%	
A 厂	81.0%	62.6%	75.0%	73.0%	82.8%	84.7%	88.9%	93.1%	90.4%
950527	64.1%	80.4%	73.2%	79.2%	87.1%	80.1%	93.5%	95.2%	89.7%
平均		72.7%			81.2%			91.8%	
B 厂	90.3%	86.5%	88.4%	89.7%	95.2%	93.5%	97.8%	98.1%	98.3%
970421	88.2%	87.7%	90.9%	92.4%	95.0%	94.6%	98.1%	97.4%	98.5%
平均		88.7%			93.4%			98.0%	
C 厂	82.2%	87.9%	82.1%	88.3%	96.8%	94.3%	95.5%	96.2%	93.5%
960303	82.4%	86.6%	80.2%	80.2%	92.0%	89.7%	95.7%	96.8%	92.4%
平均		83.6%			90.2%			95.5%	

（2）pH：不同来源的实验用水的 pH 存在差异，如蒸馏水的 pH 为 6.0，纯化水的 pH 为 6.6（无论是否脱气），经煮沸脱气处理蒸馏水的 pH 为 7.2。配制溶出介质时，实验用水 pH 对溶出的影响往往被忽视，特别是以水或低缓冲容量溶液作为介质时，这些 pH 之间的差异对某些品种可能会导致溶出结果的差异。以格列本脲片为例，按药典方法（小杯法，0.02% 三羟甲基氨基甲烷 250ml 为溶出介质，75 转 / 分钟，45 分钟取样），甲实验室报告结果为不合格；乙实验室对水脱气前后配制溶出介质的溶出度进行了考察（图 2-8），证明不同配制方法最终介质 pH 存在差异，且溶出量的变化较大，在特定条件下，介质的 pH 变化对溶出结果有显著影响。也许提高介质缓冲容量是避免出现上述问题的最简单办法。目前，国内外药品研发中的溶出研究一般不以纯水作为溶出介质，而是用特定 pH 的缓冲液作为介质确保溶出方法的稳定性。

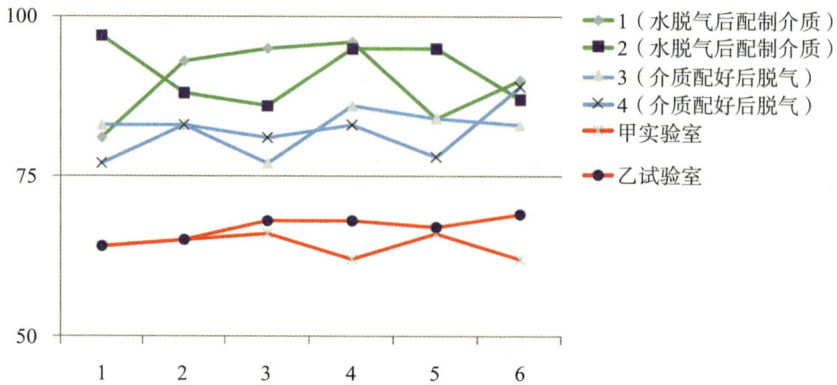

图 2-8 溶出介质不同制备方式对溶出度结果的影响

当溶出介质为盐酸溶液等酸性溶液时，需要在水脱气后冷却至约 37℃ 时再配制溶出介质，若先配制再加热脱气，可能会导致 pH 变化，含有机溶剂的溶出介质更应该在脱气后配制。

（3）溶入介质中的气体：在给定的压力及温度下，总有一部分气体溶于液体中，这些气体在溶出试验过程中，与溶出介质重新建立平衡，释放出微小的空气或气泡，这些小气泡可能干扰溶出介质的流体动力学或者液－固界面的面积，从而影响溶出结果的重现性。有研究人员对溶出介质中气体对西咪替丁片溶出度的影响进行了考察，溶出介质是否脱气处理对溶出度的影响差异显著，可能是搅拌过程中，溶出介质中的气体产生了小气泡并附在转篮下面，片剂漂浮在上面，从而大幅降低了溶出度[1]。脱气的方法一般采用煮沸法、抽滤法或超声法，推荐的脱气方法是将介质缓慢搅拌下加热至 41℃，减压条件下搅拌 5 分钟或减压抽滤。陈彬等[2]通过测定纯水残氧量、气体分压等参数，考察了真空脱气仪的脱气效果，并与抽滤、煮沸、超声等方法进行比较，结果表明，真空脱气仪的脱气效果最显著，抽滤、煮沸脱气效果与真空脱气仪脱气效果相当，超声脱气效果最不明显。对溶出介质进行脱气是一件耗时耗力的事，而事实上，对绝大多数品种来

---

1 崔战芹. 溶出介质中气体对西咪替丁片溶出度的影响[J]. 石家庄职业技术学院学报, 2008, 20(2): 14-15.
2 陈彬, 宁保明, 张龙. 真空脱气仪脱气效果的分析与评价[J]. 中国药师, 2014(5): 880-881.

说，溶出介质中溶解了微量气体并不会对溶出速率产生明显影响，在开发溶出度方法时，可对脱气前和脱气后的溶出行为进行比较验证，如证明脱气不是一个关键因素，也可不对溶出介质进行脱气。

（4）表面活性剂：对于难溶性药物，允许在溶出介质中添加少量的表面活性剂以改善药物的溶出，但需要对使用的必要性和用量进行充分的验证，常用的表面活性剂有阴离子表面活性剂十二烷基硫酸钠（SDS）、阳离子表面活性剂十六烷基三甲基溴化铵（CTAB）、非离子型表面活性剂聚山梨酯80（吐温80）等。SDS等表面活性剂的纯度可能对药物的溶出有影响，庾莉菊等对尼莫地平片的溶出度研究表明，使用A、B公司SDS的溶出曲线不同。由于A公司产品中含73.4%SDS、26.6%十四烷基硫酸钠，增溶作用显著，20分钟时完全溶出；B公司SDS的纯度为96.6%，增溶作用较小，尼莫地平水溶性差，在溶出介质中过饱和，导致溶出曲线向下延伸（图2-9）。

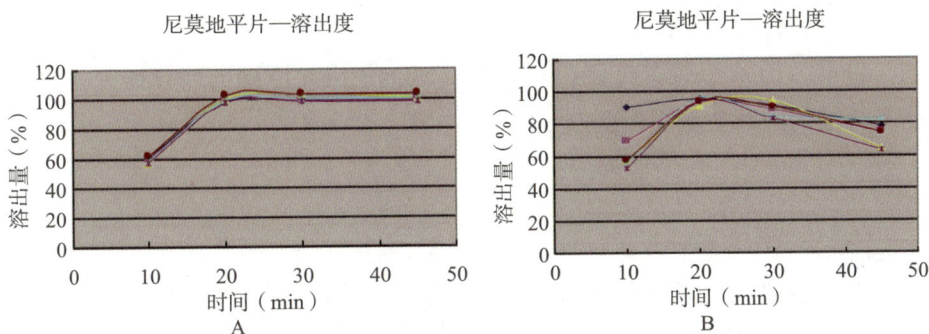

图2-9 不同来源十二烷基硫酸钠对尼莫地平溶出度的影响

SDS混合物中含14碳链的成分比例越高，增溶能力增强，助溶效果更好[1, 2]。使用表面活性剂的溶出度检测方法，结果出现偏差时，应关注表面活性剂的纯度，纯度较差时还会有表面活性剂性质不稳定的情形。在建立

1 楼永军，左丽丽，何佳佳，等. 不同来源十二烷基硫酸钠对非布司他片体外溶出的影响[J]. 中国现代应用药学，2021，38（7）：820-823.
2 吴建敏，刘旻虹，刘阳，等. 十二烷基硫酸钠纯度对坎地沙坦酯溶出的影响[J]. 药物分析杂志，2015，35（4）：742-746.

难溶性药物的溶出度方法时，除表面活性剂的种类、浓度等参数外，还应关注表面活性剂的来源、纯度或级别等，在标准中对表面活性剂的纯度或级别进行规定可有效保证检测结果的可靠性。

2.4.3 取样

保持取样点位置的一致，也是保障检测结果良好重复性的重要因素。《中国药典》规定取样位置应在转篮或桨叶顶端至液面的中点，距溶出杯内壁 10mm 处，ICH 协调后的药典文本规定的取样位置均为离溶出杯内壁不少于 10mm 处，陈阳等[1]以非崩解型溶出度校正片水杨酸片和布洛芬缓释胶囊为模型药物，对两种不同取样位置对药物溶出度测定的影响进行了考察，两种取样位置所得溶出曲线经威布尔（Weibull）分布模拟拟合，水杨酸片、布洛芬缓释胶囊的药时曲线下面积（AUC）、T_d 和 T_{50} 等均无显著性差异（P > 0.05），所得的溶出度结果一致，但不小于 10mm 的规定更有利于半自动或全自动溶出仪在溶出度试验中的应用。

目前，国家药典委员会正在开展 ICHQ4B 指导原则的转化研究，将为药品标准的国际协调提供新的策略。

2.4.4 吸附

溶出装置中的篮、桨或过滤用的滤膜，可能会对某些活性药物成分有强吸附作用。格列美脲片（1、2、3mg/ 片）、硝酸异山梨酯片（5、10mg/ 片）等低剂量规格的品种，由于药物水溶性差，制剂时一般需进行微粉化处理使原料药粒径变小，比表面能变大，静电吸附能力增强。与滤膜吸附作用明显，达到饱和所需的初滤液体积显著增加，同时由于规格小，溶出液浓度低，需要消耗更多的初滤液方能达到饱和。研究表明，盐酸阿普林定片需弃去初滤液 10ml，方可消除溶出试验中膜吸附的影响。

---

1 陈阳，孙正学，陈桂良，等. 不同取样位置对溶出度测定结果的影响[J]. 中国医药工业杂志，2005，36（2）：91–92.

对于半自动或全自动溶出装置，其使用的管线也有可能存在吸附的问题，黄萍[1]等研究表明，分别采用手动取样滤膜过滤和自动取样器滤芯过滤，硝苯地平缓释片的溶出度结果相差7%~9%，说明溶出仪自动取样器中的管路和滤头对硝苯地平有吸附作用。在对自动溶出系统进行确证时，应当考虑接触溶出介质的管线、滤头等材料对活性成分的吸附作用。溶出度检测方法验证时，必须对药物的吸附情况进行考察，开展方法转移时也需要重点关注药物的吸附情况。

---

1 黄萍，姜树银，谭会洁，等. 自动溶出仪对硝苯地平缓释片（I）释放度测定的干扰[J]. 齐鲁药事，2006，25（9）: 31–32.

3 | 影响溶出的因素

采用篮法或桨法进行溶出度试验时，影响固体制剂溶出的主要因素可分为以下四类：第一类，与溶出试验条件相关的因素，包括仪器的机械性能、溶出介质、取样位置和吸附等；第二类，与药物理化性质相关的因素，包括化合物在溶出介质中的溶解度、颗粒的粒径、药物的固相特征、盐效应等；第三类，与药物处方相关的因素，辅料也影响药物制剂的溶出；第四类，与生产工艺相关的因素，原辅料的前处理、制粒、压片等工序的工艺参数都能影响固体制剂的溶出行为，因此，通常选择能够提高药物溶出速率的工艺进行制剂生产。第一类已在 2.4 中有所讨论，以下将结合实例对其他影响因素进行论述。

3.1 与药物理化性质相关的因素

原料药粒径大小是影响药物溶出度的因素之一，尤其是对于难溶性药物或是不利于溶解的 pH 条件下，影响较为明显。药物溶出度与有效表面积成正比，随着粒径的减小，其粒度小而均匀，比表面积增大，孔隙率增加。吸附性增强，溶解性增强，亲和力变大，改善了药物的溶出度，能使有效成分较好地分散、溶解。同等重量的药物，其粒度越小，表面积越大，溶出速率越快。

陈秋菊等[1]采用桨法测定不同粒径头孢克肟原料药制备的胶囊剂体外溶出度，研究表明，在水、pH 4.0 醋酸盐缓冲液和 pH 6.8 磷酸盐缓冲液中，头孢克肟的体外溶出度性差异显著，原料药的粒径越小，越有利于头孢克肟的溶出（图 2-10）。

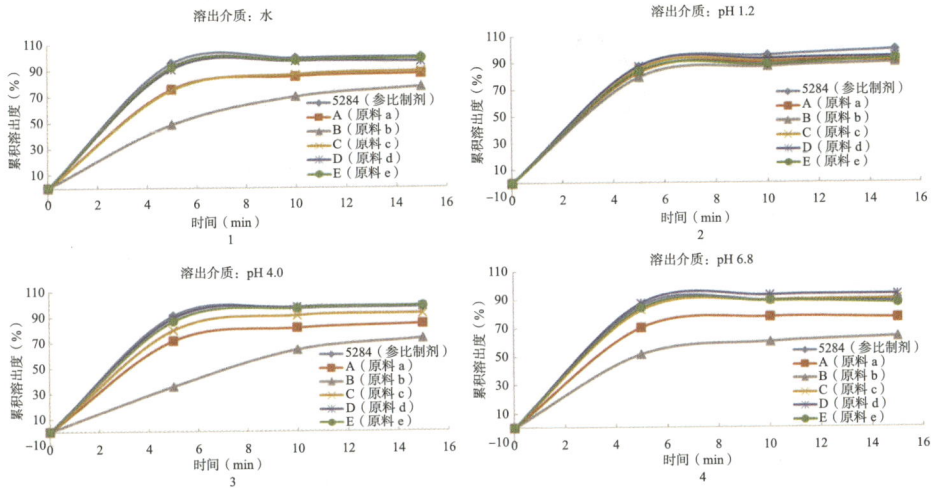

图 2-10　不同粒径头孢克肟原料药制备胶囊的在四种介质中的溶出度

采用篮法对 6 种仿制胶囊剂与参比制剂的溶出研究表明，其中 4 种仿制制剂在 pH 6.8 的溶出介质中与参比制剂不相似。扫描电子显微镜法的粒径考察也证实，仿制制剂中原料药粒径与参比制剂显著不同，再次证明粒径的大小是影响溶出的重要因素。另一方面也证实，采用经典的溶出装置，选择合适的条件，可以灵敏地反映处方间的差异。

吕宝茹等[2]对不同来源的罗红霉素原料药进行固体形态和理化性质表征，采用同一处方压制片剂，并考察片剂的溶出曲线。结果表明，5 个厂家的罗红霉素原料药之间晶型存在显著差异，可分为 A 晶型和 B 晶型，两种晶型在高温、高湿条件下稳定，但在水中，B 晶型稳定，而 A 晶型不稳定，

1　陈秋菊，毕俊娅. 用不同粒径的头孢克洛原料制成的胶囊剂中头孢克洛的体外溶出度[J]. 当代医药论丛，2019, 17(15): 19-20.
2　吕宝茹，于鑫，李宁，等. 不同厂家生产罗红霉素原料药的表征及其片剂制剂溶出的比较研究[J]. 药物分析杂志，2019, 39(4): 735-743.

并会转化为稳定的 B 晶型，两种晶型原料药及其制剂的溶出曲线存在明显差异（图 2-11）。

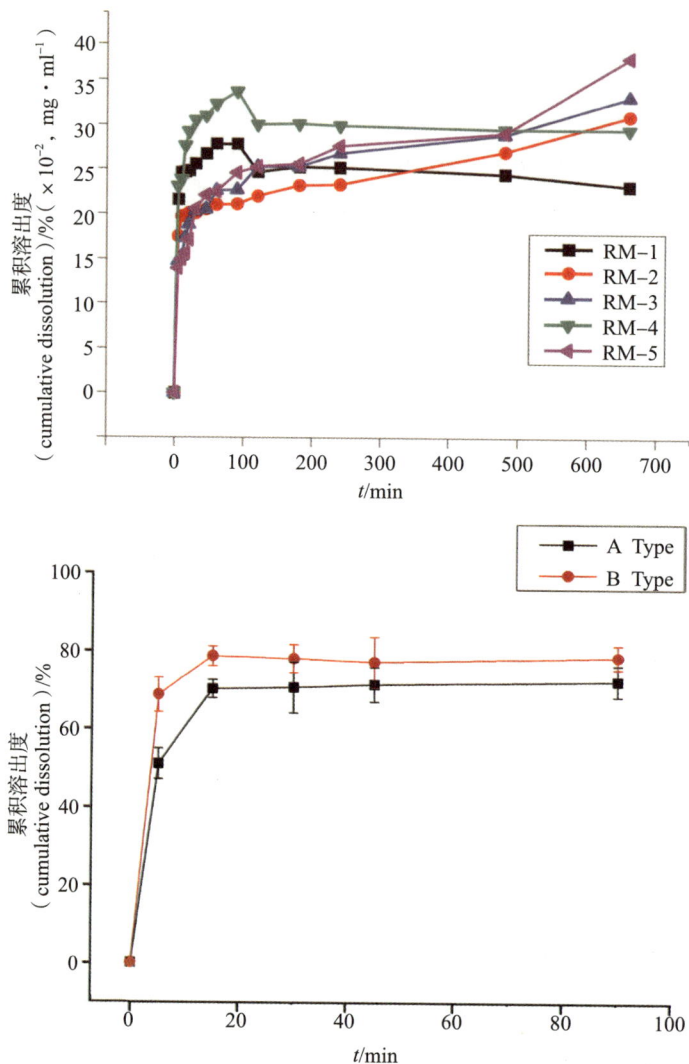

图 2-11　红霉素原料药在 37℃纯化水中溶解曲线和 A-B 类晶型压片后溶出曲线（50r/min）

3.2 与药物处方相关的因素

处方中辅料的理化性质是影响制剂质量的重要因素，可以通过吸附药物、改变颗粒表面性质、改变溶出介质的 pH 或黏度等影响口服固体制剂的溶出行为。方方等[1]对卡维地洛片的处方工艺进行筛选并通过测定体外溶出度进行溶出度评价，研究表明，黏合剂聚维酮 K30（PVP K30）用量对片剂的崩解时限和溶出度有显著影响。刘卓等[2]对西格列汀二甲双胍片处方的研究也表明，PVP K30 和 SDS 对片剂的溶出速率具有显著影响。

3.3 与生产工艺相关的因素

原料药的微粉化技术是指通过机械研磨、超临界流体过程、低温喷淋等手段降低药物的粒径，改善颗粒的润湿性，进而提高其溶解度和溶解速率，微粉化后的原料药具有更小的粒径，增大了比表面积，不仅减少了压片工艺的复杂性，而且显著提高了难溶性药物制剂的溶出度和生物利用度。何婧等[3]研究表明，将盐酸小檗碱经振动磨粉碎后，可改善其溶出效果。

1 方方，沈晨，徐朗，等. 卡维地洛片的制备及体外溶出度研究[J]. 中国药剂学杂志，2020，18（4）：187–202.

2 刘卓，李奕桐，张建梅，等. 西格列汀二甲双胍片的制备及其体外溶出度评价[J]. 中国新药杂志，2017，26（17）：2076–2081.

3 何婧，张喻娟，田力，等. 微粉化对盐酸小檗碱粉体学性质和溶出度的影响[J]. 中国实验方剂学杂志，2015，21（18）：5–8.

4 | 在药物制剂中的应用

　　篮法与桨法是最早研发并被药典收载、操作相对简单且应用最为广泛的溶出方法,特别适用于口服固体制剂的研究。为了建立能有效区分处方、工艺变动的体外溶出方法,首先需要对溶出装置进行确证,保证仪器设备性能处于良好的标准状态。其次通过完善的验证程序确认转速、介质、取样时间等溶出关键参数的可靠性,同时应考察同一来源不同型号或不同来源的溶出装置,对药物制剂体外溶出行为的影响。最终才能建立科学、合理、可靠耐用的溶出度方法,服务药品的研发、生产和质控。

4.1 普通制剂

　　普通(常释)制剂一般采用篮法或桨法进行体外溶出度研究,当药物中主成分含量较低,难以准确测定溶出量时,可采用小杯法,以较少溶出介质进行溶出度的研究。在新制剂的处方筛选和工艺设计中,篮法和桨法占据重要地位,可利用溶出度试验测定主成分的溶出速率,通过对辅料的种类及用量调整进行处方工艺优化,以改善药品的内在质量。崔艳南等[1]采用桨法对 BCSII 类药物盐酸西那卡塞片处方工艺进行筛选研究,确定交联聚维酮和预胶化淀粉用量分别为 5% 和 20%,原料药粒径需控制在 10μm以内。茅为等[2]以参比制剂的溶出曲线作为评判标准,采用桨法,对影响

1　崔艳南, 杨登科, 谌红丹. 盐酸西那卡塞片的制备及溶出度评价[J]. 广东化工, 2021, 48(11): 46–48.
2　茅为, 张卫香, 马丁楠. 塞来昔布胶囊的制备及其溶出度测定[J]. 广东化工, 2020, 47(20): 106–108.

产品质量的原料药粒径、填充剂用量、黏合剂交联聚维酮的用量、硬脂酸镁的用量等进行了研究，通过处方筛选和工艺参数的研究，开发了一种与原研制剂具有相同人体生物利用度的富马酸酮替芬片。史红霞等[1]采用桨法对塞来昔布胶囊的处方工艺进行了研究，经正交试验设计对乳糖、SDS、硬脂酸镁的处方量进行了考察，最终优化了处方。

4.2 缓释制剂

溶出度（释放度）方法研究及其限度确定是口服缓释制剂（ER/MR，又称调释或缓控释制剂）质量研究的重要内容。体外溶出度试验是在模拟体内消化道条件下（温度、介质的 pH、搅拌速率等），测定制剂的药物溶出速率，制定合理的体外药物溶出度标准，监测产品的生产过程，并对产品质量进行控制。宁保明等[2]针对双氯芬酸钠缓释片质量标准和仿制制剂产品质量的现状，对 6 个企业的双氯芬酸钠缓释片样品进行了评价，通过仿制制剂和原研制剂体外溶出行为的考察比较、比格犬药动学实验以及体内外相关性研究，初步筛选出了对于比格犬具有良好体内外相关性的体外溶出条件，为制订能客观反映和严格控制双氯芬酸钠缓释片质量的统一体外溶出度检查标准提供了参考。在溶出度数据的分析处理上，除进行相似因子比较、溶出效率参数分析以外，还创新性地利用各企业的双氯芬酸钠缓释片样品在多个溶出条件下的数据，建立了各样品的溶出度效应面（response surface），并对效应面曲面下体积（多维体积）与体内药动学参数之间的关系进行了探索。非洛地平缓释片国家药品标准中现有的溶出度测定方法区分能力差，不能有效评价不同来源产品的质量和工艺水平，亟待建立具有区分力的溶出度方法对非洛地平缓释片进行深入的质量研究和评价。针对非洛地平缓释片质量标准和仿制制剂产品质量的现状，采用桨

1 史红霞，曹晓琳. 塞来昔布胶囊处方工艺研究[J]. 中国实用医药, 2013, 8(35): 235–236.
2 NING B M, LIU X, LUAN H S, et al. Characterization of Multi–Sourced Diclofenac Sodium Extended–Release Tablet Dissolution Profiles: A New Approach to Establish an In vitro–In vivo Correlation Based on Multiple Integral Response Surface[J]. Journal of Pharmaceutical Innovation, 2015, 10(4): 302–312.

法、桨法 – 固定篮法、往复筒法和流通池法等不同装置对不同来源非洛地平缓释片的溶出曲线进行比较研究，考察不同来源缓释片的释药特性及各种装置和参数对溶出行为的影响，结合非洛地平缓释片仿制制剂和原研制剂体外溶出行为的考察、人体生物等效性研究和该制剂的体内外相关性（IVIVC）研究，建立了有区分力并具有良好体内外相关性的体外溶出的桨法（50r/min）– 固定篮条件，将不同来源的非洛地平缓释片与原研制剂的体外溶出数据（图 2-12，表 2-4），按经过验证的体内外相关性模型，对各企业非洛地平缓释片的体内溶出情况进行了预测（表 2-5）。结果表明，桨法（50r/min）– 固定篮体外溶出度方法对不同来源及处方的非洛地平缓释片具有体外区分力，可以作为质量控制的标准。IVIVC 结果表明，该体外溶出度方法还与体内作用相关，即处方 F 与原研制剂溶出曲线相似时，体内也等效；处方 S 与原研制剂溶出曲线不相似时，体内也不等效。在桨法（50r/min）– 固定篮溶出条件下与原研制剂溶出曲线不相似的已上市非洛地平缓释片产品，体内不等效的风险较高。

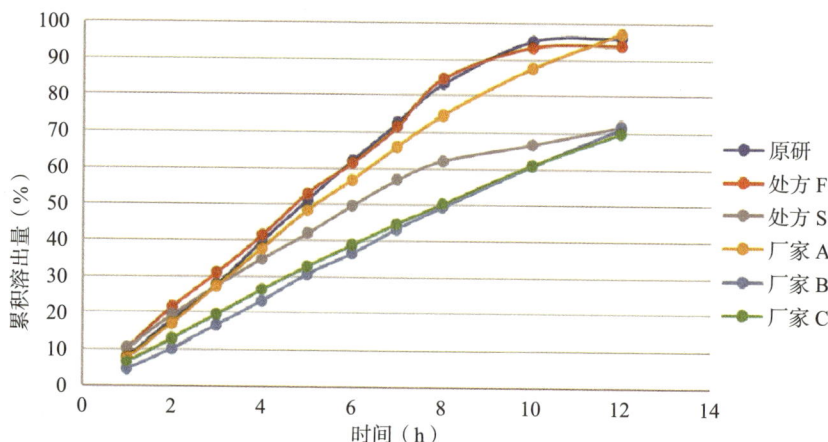

图 2-12　桨法（50r/min）– 固定篮条件下不同来源非洛地平缓释片的溶出曲线

表 2-4　桨法（50r/min）– 固定篮条件下不同来源非洛地平缓释片的
溶出曲线 f_2 因子比较

Test Ref	原研制剂	处方 F	处方 S	A 厂样品	B 厂样品	C 厂样品
原研制剂	/	81.4	42.5	65.1	32.1	33.3
处方 F	81.4	/	42.4	62.8	31.6	32.9
处方 S	42.5	42.4	/	45.5	49.6	53.3
A 厂样品	65.1	62.8	45.5	/	37.1	38.8
B 厂样品	32.1	31.6	49.6	37.1	/	82.9
C 厂样品	33.3	32.9	53.3	38.8	82.9	/

表 2-5　建立的体内外相关性模型对不同来源非洛地平缓释片体内数据的预测

Formulation	Parameter	Predicted	Target	%PE	Ratio
原研制剂	AUClast	35.93	37.96	−5.35	0.95
原研制剂	Cmax	1.95	1.86	4.99	1.05
C 厂样品	AUClast	26.23	37.96	−30.89	0.69
C 厂样品	Cmax	1.08	1.86	−41.76	0.58
A 厂样品	AUClast	36.28	37.96	−4.42	0.96
A 厂样品	Cmax	1.67	1.86	−10.09	0.90
B 厂样品	AUClast	27.09	37.96	−28.63	0.71
B 厂样品	Cmax	1.11	1.86	−40.51	0.59

缓释制剂的溶出标准设定点是从溶出曲线图中至少选出 3 个取样时间点，第一点为开始 0.5~2 小时的取样时间点，用于考察药物是否有突释；第二点为中间的取样时间点，用于确定溶出特性；最后的取样时间点，用于考察药物是否溶出完全；一般控释制剂取样点不少于 5 个以便完整呈现溶出曲线的全貌。以《中国药典》2020 年版二部为例，其缓释制剂的溶出度条件如表 2-6 所示（附件 1）。

4.3 肠溶制剂

肠溶制剂属于迟释制剂的一种，是指在规定的酸性介质（pH 1.0~3.0）中不溶出或几乎不溶出的药物，在 pH 6.8 磷酸盐缓冲液中大部分或全部溶出的制剂，其主要目的是避免药物受到胃内酶类或胃酸的破坏、避免药物对胃黏膜产生强烈刺激、将药物传递至肠局部部位发挥作用、提供延迟溶出作用或将主要由小肠吸收的药物尽可能以最高浓度传递至该部位等。虽然，篮法、桨法、流池法和往复筒法均可用于肠溶制剂的溶出，但篮法和桨法仍是最常用的方法。根据肠溶制剂的特点，肠溶制剂的溶出度（释放度）试验可分为两个步骤，第一步是在酸性溶出介质保持不被破坏，第二步是在 pH 6.8 缓冲液中主成分的溶出。目前出现了很多属于"迟释型"的新型肠溶制剂，此类品种溶出度方法的第二步依照缓释制剂在缓冲液（pH 5.0~7.5 范围内均可）中的思维进行开发。《中国药典》2020 年版二部为例，其肠溶制剂的溶出度条件如表 2-7 所示（附件 2）。

4.4 其他制剂

篮法与桨法在软胶囊等其他制剂中也有应用。软胶囊是指将一定量的液体原料药物直接包封，或将固体原料药物溶解或分散在适宜的辅料中制成的溶液、混悬液、乳状液或半固体，密封于软质囊材中的胶囊剂。软质囊材一般由胶囊用明胶、甘油或其他适宜的药用辅料单独或混合制成，依其内容物的类型可分为亲水性或亲脂性配方。因软胶囊内容物的多样性和破裂时限差异以及明胶类胶囊壳可能发生交联相互作用等原因，使得软胶囊制剂的溶出度试验具有一定的困难。《中国药典》2020 年版二部收载了十几个软胶囊品种，仅尼莫地平软胶囊采用桨法进行了溶出度检查；FDA溶出度数据库中收载了 9 个软胶囊品种的溶出度试验方法，包括 2 种篮法和 7 种桨法。目前研究人员仍在不断地对软胶囊的溶出度试验方法进行研究，周璟明等[1]对维生素D_3软胶囊的溶出研究表明，采用篮法实验时，维生素D_3软胶囊破裂后油性内容物附着在篮网上，影响溶出；桨法的溶出量随着曲拉通 –X–100 及氢氧化钠浓度的增大而明显增大，建立了对不同来源和不同批次维生素D_3软胶囊具有良好区分力的溶出度方法。软胶囊溶出特性试验较一般固体口服制剂要复杂，其内容物配方的组成、药液的亲水 / 脂性以及囊壳的破裂和交联作用、溶出装置等对其溶出特性均有影响。

4.5 兽用药品

由于新兽药研发周期长、资金投入量大，开发新产品的难度已越来越大，目前各研发企业已逐渐将目标统一集中在老药新用上，而溶出度试验已成为固体制剂体外研发的主要手段。即利用药物体外溶出曲线，将传统的固体制剂重新设计处方以改变药物在体内的释放。如加快药物在体内的释放、延长药物作用时间等，以达到增加药效、降低药物毒副反应。

目前，兽医临床上应用广泛的片剂、颗粒剂、胶囊剂等固体制剂，虽然药物成分和剂型相同，市场上经常可见不同厂家生产的同一制剂、甚至同一厂家不同批号的产品，疗效不同。因此，为确保兽药产品安全、有效和质量可控，保证新修订《兽药产品批准文号管理办法》[2]（农业部令 2015 年第 4 号）顺利实施，2016 年农业部组织制定了《兽药比对试验要求》和《兽药比对试验产品药学研究等资料要求》，明确指出申请兽药产品批准文号需要实施的比对试验项目包括生物等效性试验，对列入兽药比对试验品种目录的产品，应该按照《兽药比对试验产品药学研究等资料要求》提交资料，其中明确规定了制剂处方研究应该提供与比对试验产品的理化性质、质量特性（pH、离子强度、溶出度、再分散性、粒径分布、多晶型等）对比研究结果，并列表分析。

1　周璟明. 维生素 D3 软胶囊溶出度测定方法的建立[J]. 药物分析杂志, 2021, 41（3）: 543–550.
2　农业部令 2015 年第 4 号. 兽药产品批准文号管理办法[S].

在兽药发生处方、生产工艺、生产场所等变更后，溶出度技术可以作为确认兽药质量和疗效一致性的有效手段。溶出度检查方法应能有效反映制剂工艺的变化，同时尽可能与药物的体内作用具有相关性。

综上所述，溶出度试验作为一种有效的体外方法，能够客观评价内服固体制剂的质量，指导处方工艺的筛选和优化，有助于新兽药的研发，并保证仿制药与原研药质量和疗效的一致性。但是，兽药行业在溶出度试验的应用方面还相对局限，与人用药品和国际同行还有差距。继续完善兽用药品溶出度研究技术指导原则，提供更为全面的技术规范和指导，进一步扩大溶出度试验在兽药研发、生产、临床等领域的实际应用，是兽药固体内服制剂发展的必由之路。

5 | 展望

　　作为最早建立、技术最成熟，也是最常用的两种溶出方法，约80%的口服固体制剂采用桨法或篮法进行溶出度检查；在透皮贴剂等新型制剂领域，许多溶出（释放）装置也是在篮法或桨法的基础上发展起来的。溶出度试验始终存在手动操作过多、费时费力、操作不便等缺点，与其他溶出装置相比，篮法和桨法不仅普遍配置了自动取样和在线检测功能，全自动溶出装置也实现了从介质制备、投放样品、取样到清洗等全过程的全自动化操作，不仅提高了工作效率，也使数据更可靠。自动化、智能化是未来溶出系统的发展趋势，结合光纤在线检测可以使篮法与桨法在实用上的功能与效率大为提高。在研究药物溶出方面的新科技不断推出新的观念与技术，如紫外光谱成像技术、其他光谱及电子显微镜成像技术、聚焦光束反射测量仪，及溶出模拟软件的应用。为药物研发和质控提供更多、更翔实的资讯，为口服固体制剂等药物的安全、有效和质量可控发挥更重要的作用。

附件

附件 1

表 2-6　ChP2020 年版二部缓控释制剂溶出度条件

品种	方法	溶出介质	取样时间点	限度
盐酸吗啡缓释片	篮法（50 转 / 分）	水（500ml）	1、2、3、4、5、6 小时	各时间点应分别为标示量的 25%~45%、40%~60%、55%~75%、65%~85%、70%~90%、> 80%
己酮可可碱缓释片	桨法（50 转 / 分）	盐酸溶液（9 → 1000）（900ml）	2、6、12、16 小时	各时间点应分别为标示量的 10%~30%、30%~55%、50%~85%、> 75%
双嘧达莫缓释胶囊	篮法（100 转 / 分）	盐酸溶液（9 → 1000）（900ml）	1、3、7 小时	各时间点应分别为标示量的 5%~30%、40%~65%、> 75%
布洛芬缓释胶囊	篮法（30 转 / 分）	pH 6.0 的磷酸盐缓冲液（900ml）	1、2、4、7 小时	各时间点应分别为标示量的 10%~35%、25%~55%、50%~80%、> 75%
吲哚美辛缓释胶囊	桨法（150 转 / 分）	pH 7.2 的磷酸盐缓冲液 – 水（1：4）（25mg 规格：750ml，75mg 规格：1000ml）	3、6、12 小时	各时间点应分别为标示量的 25%~55%、45%~85%、> 70%
单硝酸异山梨酯缓释片	篮法（50 转 / 分）	水（500ml）	1、4、8 小时	各时间点应分别为标示量的 15%~40%、40%~75%、> 75%
茶碱缓释片	桨法（50 转 / 分）	水（900ml）	2、6、12 小时	各时间点应分别为标示量的 20%~40%、40%~65%、> 70%

品种	方法	溶出介质	取样时间点	限度
茶碱缓释胶囊	桨法（50 转／分）	第一阶段以 pH 3.0 磷酸盐缓冲液作为溶出介质（900ml）；第二阶段以第一阶段 3.5 小时取样后在溶出杯中以氢氧化钠溶液调节溶出介质的 pH 至 7.4，作为溶出介质	第一阶段 1、2、3.5 小时；第二阶段取样时间为 5 小时	各时间点应分别为标示量的 13%~38%、25%~50%、37%~65%、> 85%
氢溴酸右美沙芬缓释片	小杯法（50 转／分）	水（250ml）	2、4、8 小时	各时间点应分别为标示量的 30%~60%、45%~70%、> 70%
盐酸文拉法辛缓释片	桨法（50 转／分）	水（500ml）	2、4、6、8、12 小时	各时间点应分别为标示量的 < 25%、25%~50%、40%~65%、55%~80%、> 75%
盐酸曲马多缓释片	篮法（100 转／分）	水（900ml）	1、2、4、8 小时	各时间点应分别为标示量的 25%~45%、35%~55%、50%~80%、> 80%
盐酸曲马多缓释胶囊	篮法（100 转／分）	水（900ml）	1、2、4、8 小时	各时间点应分别为标示量的 20%~45%、35%~60%、55%~80%、> 75%
盐酸安非他酮缓释片	桨法（50 转／分）	水（900ml）	1、4、8 小时	各时间点应分别为标示量的 20%~40%、45%~70%、> 75%
盐酸氨溴索缓释胶囊	桨法（50 转／分）	第一阶段以 pH 1.2 的氯化钠溶液为溶出介质（1000ml）；第二阶段以 pH 6.8 的磷酸盐缓冲液为溶出介质（1000ml）	第一阶段 1 小时；第二阶段 2、4 小时	各时间点应分别为标示量的 15%~45%、45%~80%、> 80%
格列吡嗪缓释胶囊	桨法（75 转／分）	pH 7.4 的磷酸盐缓冲液（600ml）	1、4、8 小时	各时间点应分别为标示量的 20%~40%、50%~70%、> 70%
氨茶碱缓释片	篮法（50 转／分）	稀盐酸溶液（24 → 1000）（1000ml）	2、4、6 小时	各时间点应分别为标示量的 25%~45%、35%~55%、> 50%

品种	方法	溶出介质	取样时间点	限度
酒石酸美托洛尔缓释片	桨法（50 转/分）	水（900ml）	1、4、8 小时	各时间点应分别为标示量的 25%~45%、40%~75%、＞75%
硝酸异山梨酯缓释胶囊	桨法（100 转/分）	水（1000ml）	0.5、2、8 小时	各时间点应分别为标示量的 ＜30%、30%~65%、＞70%
硫酸亚铁缓释片	篮法（100 转/分）	0.1mol/L 盐酸溶液（900ml）	2、6 小时	各时间点应分别为标示量的 20%~40%、50%~75%
硫酸吗啡缓释片	桨法（100 转/分）	pH 6.5 磷酸盐缓冲液（900ml）	1、2、3、4、5 小时	各时间点应分别为标示量的 35%~50%、50%~70%、60%~80%、70%~90%、＞80%
硫酸沙丁胺醇缓释片	小杯法（100 转/分）	第一阶段以盐酸溶液（9→1000）为溶出介质（250ml）；第二阶段以 pH 6.8 磷酸盐缓冲液为溶出介质（250ml）	第一阶段：2 小时；第二阶段：2、6 小时	各时间点应分别为标示量的 35%~55%、55%~75%、＞75%
硫酸沙丁胺醇缓释胶囊	桨法（100 转/分）	pH 3.0 磷酸盐缓冲液（500ml）	1、4、8 小时	各时间点应分别为标示量的 ＜40%、45%~80%、＞75%
氯化钾缓释片	桨法（50 转/分）	水（900ml）	2、4、8 小时	各时间点应分别为标示量的 10%~35%、30%~70%、＞80%
碳酸锂缓释片	篮法（100 转/分）	第一阶段以 0.1mol/L 盐酸溶液为溶出介质（1000ml）；第二阶段以 pH 6.0 磷酸盐缓冲液为溶出介质（1000ml）	第一阶段：3 小时；第二阶段：3 小时	各时间点应分别为标示量的 45%~65%、65%~85%
雌二醇缓释贴片	桨碟法第一法（30 转/分）	1% 聚乙二醇 400 溶液（1000ml）	24、72、120、168 小时	各时间点累积溶出量应分别为标示量的 20%~50%、40%~70%、60%~80%、＞70%

附件 2

表 2-7　ChP2020 年版二部肠溶制剂溶出度条件

品种	方法	溶出介质	取样时间点	限度
双氯芬酸钠缓释片	桨法（方法 2，100 转 / 分）	0.1mol/L 盐酸溶液和 pH 6.8 磷酸盐缓冲液（1000ml）	缓冲液中 45 分钟	缓冲液中 ≥ Q（70%）
丙硫异烟胺肠溶片	桨法（方法 2，75 转 / 分）	0.1mol/L 盐酸溶液和 pH 6.8 磷酸盐缓冲液（含 0.05% 十二烷基硫酸钠）（1000ml）	2 小时、45 分钟	酸中 ≤ 10%缓冲液中 ≥ Q（70%）
丙硫氧嘧啶肠溶片	篮法（方法 2，100 转 / 分）	0.1mol/L 盐酸溶液和 pH 6.8 磷酸盐缓冲液（1000ml）	2 小时、45 分钟	酸中 ≤ 10%缓冲液中 ≥ 80%
甲巯咪唑肠溶片	篮法（方法 2，100 转 / 分）	0.1mol/L 盐酸溶液和 pH 6.8 磷酸盐缓冲液（1000ml）	2 小时、45 分钟	酸中不得有裂缝或崩解现象缓冲液中 ≥ 70%
兰索拉唑肠溶片	篮法（方法 2，100 转 / 分）	0.1mol/L 盐酸溶液和 pH 6.8 磷酸盐缓冲液（1000ml）	缓冲液中 45 分钟	缓冲液中 ≥ 80%
红霉素肠溶片	篮法（方法 2，100 转 / 分）	0.1mol/L 盐酸溶液和 pH 6.8 磷酸盐缓冲液（1000ml）	2 小时、45 分钟	酸中不得有裂缝缓冲液中 ≥ 80%
红霉素肠溶胶囊	篮法（方法 2，50 转 / 分）	0.1mol/L 盐酸溶液和 pH 6.8 磷酸盐缓冲液（900ml）	1 小时、1 小时	酸中 ≤ 10%缓冲液中 ≥ 80%
呋喃妥因肠溶片	桨法（方法 2，50 转 / 分）	0.1mol/L 盐酸溶液和 pH 7.2 磷酸盐缓冲液（1000ml）	2 小时、2 小时	酸中不得有裂缝或崩解现象缓冲液中 ≥ 70%
吡罗昔康肠溶片	桨法（方法 2，100 转 / 分）	0.1mol/L 盐酸溶液和 pH 6.8 磷酸盐缓冲液（1000ml）	2 小时、1 小时	酸中不得有裂缝或崩解现象缓冲液中 ≥ 70%
吲哚美辛肠溶片	篮法（方法 2，100 转 / 分）	0.1mol/L 盐酸溶液和 pH 6.8 磷酸盐缓冲液（1000ml）	2 小时、45 分钟	酸中不得有裂缝或崩解现象缓冲液中 ≥ 70%

品种	方法	溶出介质	取样时间点	限度
阿仑膦酸钠肠溶片	小杯法（方法2，75转/分）	0.1mol/L 盐酸溶液和 pH6.8 醋酸钠缓冲液（100ml）	2 小时、45 分钟	酸中不得有裂缝、崩解或溶胀现象 缓冲液中≥80%
阿司匹林肠溶片	篮法（方法1，100转/分）	0.1mol/L 盐酸溶液和向酸溶出量杯中加磷酸钠溶液并调 pH6.8（600ml、1000ml）	2 小时、45 分钟	酸中≤10% 缓冲液中≥70%
阿司匹林肠溶胶囊	篮法（方法1，100转/分）	0.1mol/L 盐酸溶液和向酸溶出量杯中加磷酸钠溶液并调 pH6.8（750ml、1000ml）	2 小时、45 分钟	酸中≤10% 缓冲液中≥80%
泮托拉唑钠肠溶胶囊	篮法（方法2，100转/分）	0.1mol/L 盐酸溶液（可加入胃蛋白酶至 0.5% 浓度）和 pH6.8 磷酸盐缓冲液（900ml）	缓冲液中45 分钟	缓冲液中≥80%
柳氮磺吡啶肠溶片	篮法（方法2，100转/分）	0.1mol/L 盐酸溶液和 pH6.8 磷酸盐缓冲液（1000ml）	2 小时、45 分钟	酸中不得有裂缝或崩解现象 缓冲液中≥70%
盐酸二甲双胍肠溶片	篮法（方法2，100转/分）	0.1mol/L 盐酸溶液和 pH6.8 磷酸盐缓冲液（900ml）	2 小时、45 分钟	酸中≤5% 缓冲液中≥85%
盐酸二甲双胍肠溶胶囊	篮法（方法1，100转/分）	0.1mol/L 盐酸溶液和向酸溶出量杯中加磷酸钠溶液并调 pH6.8（750ml、1000ml）	2 小时、30 或 45 分钟	酸中≤10% 缓冲液中≥80%
奥沙普嗪肠溶胶囊	桨法（方法2，100转/分）	0.1mol/L 盐酸溶液和 pH6.8 磷酸盐缓冲液（1000ml）	2 小时、45 分钟	酸中不得有裂缝或崩解现象 缓冲液中≥70%
奥美拉唑肠溶片	桨法（方法1，100转/分）	氯化钠的盐酸溶液和向酸溶出量杯中加磷酸氢二钠溶液 400ml（500ml、900ml）	2 小时、45 分钟	酸中不得有变色、裂缝或崩解现象 缓冲液中≥75%

品种	方法	溶出介质	取样时间点	限度
奥美拉唑肠溶胶囊	桨法（方法 1，100 转 / 分）	氯化钠的盐酸溶液和向酸溶出量杯中加磷酸氢二钠溶液 400ml（500ml、900ml）	缓冲液中 45 分钟	缓冲液中 ≥ 80%
奥美拉唑钠肠溶胶囊	篮法（方法 2，100 转 / 分）	0.1mol/L 盐酸溶液和 pH 6.8 磷酸盐缓冲液（900ml）	缓冲液中 30 分钟	缓冲液中 ≥ 70%
奥美拉唑镁肠溶片	桨法（方法 1，100 转 / 分）	0.1mol/L 盐酸溶液和向酸溶出量杯中加磷酸钠溶液并调 pH 6.8（750ml、1000ml）	缓冲液中 30 分钟	缓冲液中 ≥ 75%
酮洛芬肠溶胶囊	篮法（方法 1，100 转 / 分）	0.1mol/L 盐酸溶液和向酸溶出量杯中加磷酸钠溶液并调 pH 6.8（750ml、1000ml）	2 小时、45 分钟	酸中 ≤ 10%缓冲液中 ≥ Q（70%）
雷贝拉唑钠肠溶片	桨法（方法 1，100 转 / 分）	0.1mol/L 盐酸溶液和向酸溶出量杯中加三羟甲基氨基甲烷溶液并调 pH 8.0（700ml、1000ml）	2 小时、30 分钟	酸中不得有变色、裂缝或崩解现象缓冲液中 ≥ 80%

附件 3

表 2–8　术语（中英文对照）

缩略词	英文名称	中文名称
/	spansule®	缓释胶囊
USP	United States Pharmacopoeia	美国药典
NF	National Formulary	国家处方集
JP	The Japanese Pharmacopoeia	日本药典
EP	European Pharmacopoeia	欧洲药典

缩略词	英文名称	中文名称
PMA	The Pharmaceutical Manufacturers Association	美国制药企业协会
PhRMA	The Pharmaceutical Research and Manufacturers of America	美国药品研究与制造企业协会
PDG	The Pharmacopoeial Discussion Group	药典协调组织
ICH	The International Council for Harmonisation of Technical Requirements for Pharmaceuticals for Human Use	国际人用药品注册技术协调会
/	response surface	溶出度效应面
IVIVC	in vitro–in vivo correlation	体内外相关性

第三章

桨碟法和转筒法

概述

贴剂（膏药）、软膏等经皮给药制剂的历史悠久，公元前 3000 多年的古代埃及和巴比伦就广泛应用。中医药学是祖国传统医学，内病外治法源远流长，早在战国秦汉时期，《黄帝内经》《神农本草经》《难经》等著作中就有关于贴剂（膏药）的记载。1979 年，全球首个透皮贴剂东莨菪碱贴剂在美国上市，是透皮贴剂的划时代事件，体外药物溶出（释放）试验（IVRT）是透皮贴剂药学研究资料的重要组成部分，也是审评的关键。

目前，获批上市的透皮贴剂有利多卡因、奥昔布宁等数十类药物上百个品种，由于透皮贴剂具有减少给药次数、靶向给药以及无首过效应的优点，治疗领域也从镇痛扩展到了帕金森综合征等神经和老年疾病。目前，化疗药物和胰岛素等大分子药物的透皮给药也是研究热点，进入临床研究的药品中，有近 30% 的品种为透皮贴剂。

对于贴剂和透皮贴剂，为了满足上市要求，无论是创新药物还是仿制制剂的研发机构，必须开展体外溶出研究，甚至需要为此研制专用的溶出装置。近 40 年来，扩散池法、往复架法、桨碟法和转筒法等溶出装置得到工业界的广泛认可和深入应用，在体外药物溶出研究工作中发挥了重要作用。

本章主要介绍桨碟法和转筒法溶出装置的发展历史、原理及其在贴剂和透皮贴剂药物制剂中的应用。

1 | 发展历史

1.1 贴剂与透皮贴剂

1845 年 3 月，Henry Day 等[1]申请了以天然橡胶为基质的贴剂（plaster，膏药）的美国专利，被认为是压敏胶的开端。同年，Horos Harrell[2,3]医生在欧洲发明了用橡胶为基质的贴剂，1876 年开始进入临床应用。1882 年，德国药剂师 Paul Karl Byersdorf 将橡胶、树脂和抗感染液体的混合物铺展在亚麻布上，再加入减轻皮肤刺激性的氧化锌，这是第一个抗感染贴剂。1902 年，Nash 申请了贴剂（medicated plaster，橡皮膏）的美国专利[4]。1904 年，Schwenkenbecker 证实脂溶性物质可以透过皮肤，为现代透皮制剂研究奠定了科学基础。1925 年，3M 公司实现了压敏胶的工业化生产，丙烯酸压敏胶、橡胶压敏胶和硅橡胶压敏胶是透皮贴剂中的主要黏合剂，当药物可以直接分散在压敏胶中时，透皮贴剂系统就更薄、患者更容易接受，称之为 DIA 设计（drug in adhesive）。1934 年，日本久光制药研制了复方水杨酸甲酯贴剂（Salonpas®），又称巴布膏。1946 年，美国国家药品处方集（NF）收载了颠茄贴剂（belladonna plaster）。1948 年，Garb 采用鬼臼树脂（resin of podophyllin，普达非伦树脂）治疗皮肤淀粉样变性，这是首次

1　SHECUT W H, Day H H. Improvement in adhesive plasters：US3965 A［P］. 1845-03-26.

2　KRYLOVA O V, LITVINOVA T M, BABASKIN D V, et al. History of the plaster-based drug formulations development［J］. Journal of Pharmaceutical Sciences and Research, 2018, 10（9）：2212-2215.

3　万子平. 橡皮膏（绊创膏）的简单介绍［J］. 中国药学杂志, 1956, 4（1）：28-29.

4　NASH F J. Medicated plaster：US733504 A［P］. 1903-07-14.

采用塑料薄膜进行皮肤病的治疗[1]。1950 年,《美国药典》(USP)收载了水杨酸贴剂(salicylic acid plaster)。同年,Hollander[2] 等人首次观察到在皮肤上应用局部糖皮质激素类产品后用于该评估的皮肤变白或"皮肤增白"反应。1962 年,美国西储大学(Western Reserve University)的 McKenzie和 Stoughton[3] 将其应用于生物利用度和生物等效性(BA/BE)评价,这种变白反应的使用是一种间接测量,使用的是在皮肤上应用局部皮质激素后感知到的血管收缩反应。1965 年,Stoughton 等开展了系列研究建立了药物透皮吸收的理论,奠定了他在皮肤用药和皮肤药理学领域的地位[4-6]。1968年,ALZA 公司成立,主要开展透皮贴剂等新型药物制剂的研究。1969 年,Zaffaroni 申报了第一个通过皮肤和口腔黏膜的吸收,持续给药的透皮制剂专利[7]。1971 年,ALZA 公司又申报了第一个基于微针给药技术的透皮制剂专利[8]。1979 年,全球首个透皮贴剂东莨菪碱贴剂在美国上市,体外溶出是药学研究的重要内容,为此,公司还为透皮制剂专门研制了体外溶出研究和质量控制用装置,也是首个获得药品监管机构批准的贴剂体外溶出用装置。

随着可乐定等新透皮贴剂产品的不断上市,美国制药企业协会(PMA)与美国药典委员会(USPC)认为,需要建立标准化的体外溶出装置,对贴剂和透皮贴剂进行质量控制。桨碟法、往复架法和广泛应用的扩散池法作为候选装置,开展了合作研究。1985 年,作为上述合作研究的一部分,

1　GARB J. Amyloidosis cutis, lichenoid type, treated successfully with resin of podophyllum[J]. Archives of dermatology and syphilology, 1950, 62(5): 698–702.

2　HOLLANDER J L, STONER E K, BROWN E M. The Use of Intra–Articular Temperature Measurement in the Evaluation of Anti–arthritic Agents[J]. Journal of Clinical Investigation, 1950, 29(6): 822–823.

3　MCKENZIE A W, STOUGHTON R B. Method for comparing percutaneous absorption of steroids[J]. Archives of Dermatology, 1962, 86(5): 608–610.

4　STOUGHTON R B. Percutaneous absorption. Influence of temperature and hydration[J]. . Arch Environ Health, 1965, 11(4): 551–554.

5　MUNRO D D, Stoughton R B. Dimethylacetamide (DMAC) and dimethylformamide (DMFA). Effect on percutaneous absorption[J]. . Archives of Dermatology, 1965, 92(5): 585–586.

6　GOLTZ R W. RICHARD B. STOUGHTON, M.D. — A Tribute[J]. . Journal of Investigative Dermatology, 1992, 99(5): 668.

7　ZAFFARONI A, Bandage for administratering drugs: US3598122[P]. 1971–08–10.

8　GERSTEL M S, PLACE V A, Drug delivery device: US 3964482[P]. 1976–06–22.

Mazzo 等[1]采用桨碟法、往复碟法、扩散池法三种溶出装置，对东莨菪碱透皮贴剂开展了体外溶出研究，也是第一篇关于桨碟法溶出装置的公开报道，研究者认为，桨碟法可以利用桨法装置，便于操作且与"往复碟"和"扩散池"法等效。当时关于桨碟法、转筒法等体外溶出装置应用的文献很少，USP 正在考虑收载桨碟法，《法国药典》也收载了透皮贴剂用体外溶出装置。1986 年，Shah 等[2]采用桨碟法对已上市的三种硝酸甘油透皮贴剂的体外溶出度进行了研究，同年，美国药典论坛（Pharmacopoeia Forum，PF）发表了 PMA 关于透皮给药系统的报告，美国罗德岛大学（University of Rhode Island）的 Zour 在其博士论文中采用桨碟法对储库型透皮贴剂的体外溶出进行了研究。1987 年，PF 在 PMA 报告的基础上，发表了药物溶出通则的修订草案，提出了桨碟法、转筒法和往复架法三种用于透皮贴剂体外溶出的标准装置，其中，Van Kel 公司可提供商品化的转筒法装置，ALZA 及 Van kel 公司可提供往复架法装置。1988 年，Shah 等[3]介绍了美国食品药品管理局（FDA）和 Ciba、Key、Searle、Bolar、Wyeth 等硝酸甘油透皮贴剂生产企业的六种体外溶出方法，其中 Ciba 公司采用转筒法进行质量控制，FDA 和 Key 公司采用了接近桨碟法的装置，研究者认为桨碟法装置简单，且可利用桨法的全部部件，不仅可用于不同来源的硝酸甘油透皮贴剂的稳定性研究，还可用于可乐定等其他透皮贴剂的体外溶出。

1990 年，USP 新增了测定透皮贴剂的三种装置，即桨碟法（paddle over disk）、转筒法（cylinder）和往复架法（reciprocating holder）。目前，《中国药典》（ChP）《欧洲药典》（EP）《英国药典》（BP）《日本药典》（JP）等均收载了桨碟法和转筒法进行贴剂的溶出度检查。

1　MAZZO D J, FONG E K F, BIFFAR S E. A comparison of test methods for determining in vitro drug release from transdermal delivery dosage forms[J]. Journal of pharmaceutical and biomedical analysis, 1986, 4(5): 601–607.

2　SHAH V P, TYMES N W, YAMAMOTO L A, et al. In vitro dissolution profile of transdermal nitroglycerin patches using paddle method[J]. International Journal of Pharmaceutics, 1986, 32(2–3): 243–250.

3　SHAH V P, TYMES N W, SKELLY J P. Comparative in vitro release profiles of marketed nitroglycerin patches by different dissolution methods[J]. Journal of Controlled Release, 1988, 7(1): 79–86.

1.2 我国贴剂的发展历史

我国外治膏药的发展起源于先秦，发展于两汉、唐宋，成熟于明清。早在战国秦汉时期的《黄帝内经》等中医药典籍中，就有关于贴剂（膏药）的记载。黑膏药是我国膏贴疗法的主要剂型，已有 1600 多年的历史，明代著名的本草学家李时珍编著的《本草纲目》中已有 40 多种剂型，其中膏剂品种占有相当高的比重。清代吴师机（吴尚先）所著的《理瀹骈文》是我国第一部以膏药为主的中药外治专著，对膏剂的方药、应用和制备工艺均进行了专门的论述。

在我国，贴剂又可分为传统贴剂（贴膏剂、膏药）和现代贴剂（贴剂和透皮贴剂），贴剂和贴膏剂在中国药典中有过不同的名称（表 3-1）。《中国药典》1953 年版将贴剂称为硬膏剂，并收载了芥子硬膏和颠茄硬膏两个贴剂品种；《中国药典》1963 年版将贴剂以外贴膏的名称收录在膏剂项下，共收载 9 个贴剂品种；《中国药典》1977 年版将贴剂称为膏药，收载了 5 个贴剂品种。1985 年，林懋祖[1] 对国外透皮贴剂的研究进展进行了综述。1987 年，上海中药制药三厂建成了我国第一条巴布膏（cataplasms）生产线，并研制生产了新一代膏药——关节镇痛巴布膏[2]。

1990 年，徐庆等[3] 采用桨碟法对硝酸甘油透皮制剂进行了体外溶出研究，同年，《中国药典》收载了膏药和橡胶膏剂。1998 年，侯惠民等[4] 采用桨碟法进行透皮制剂的体外溶出研究。2000 年，中国食品药品检定研究院（中检院）采用往复架法对尼古丁透皮贴剂进行了溶出度研究，结果可获得与转筒法相当的溶出曲线。同年，《中国药典》收载了巴布膏剂、透皮贴剂

1 林懋祖. 近年国外治疗性贴膏的发展概况[J]. 中成药, 1985,（12）: 34–35.

2 顾顺麟. 中药巴布膏在沪诞生[J]. 中成药, 1987,（10）: 28.

3 徐庆, 梁文权. 硝酸甘油透皮给药系统体外释药速率测试方法的研究[J]. 现代应用药学, 1990, 7（1）: 26–30.

4 王雅珍, 王浩, 侯惠民. 透皮给药系统体外释药试验方法的研究[J]. 中国医药工业杂志, 1998, 29（9）: 393–395.

和桨碟法（大碟），将其作为透皮贴剂溶出度测定法。天大天发科技有限公司等研制了商用《中国药典》桨碟法装置，但该装置的碟片尺寸与《美国药典》装置有较大差异。

2011 年，南楠等[1]采用不同桨碟法装置对芬太尼透皮贴剂进行了比较研究，同年，陈华等[2]采用桨碟法和转筒法对丁丙诺啡透皮贴剂的溶出特性进行了研究。《中国药典》2015 年版新增了桨碟法（小碟）和转筒法，天大天发科技有限公司等研制了桨碟法和转筒法装置。转筒法的装置与桨法相似，只是用不锈钢转筒代替转桨，转筒设计为可拆分的上下两截作为短筒和长筒使用，根据贴剂的大小可选择单用上截或合用两截，在装置构造上实现了与《美国药典》等国际主要药典的统一，以满足不同种类和尺寸的透皮贴剂溶出度检查需要。

2020 年 12 月，国家药品监督管理局药品审评中心发布了《化学仿制药透皮贴剂药学研究技术指导原则（试行）》，推荐使用桨碟法和转筒法等装置开展体外溶出研究[3]。

历版中国药典收载情况及质量控制指标见表 3-1。

表 3-1　历版中国药典收载情况及质量控制指标

时间	中国药典	贴剂类型	质量控制指标
1953 年	一部	硬膏剂	/
1963 年	一部	膏（外贴膏）	/
1977 年	一部	膏药	/
1985 年	一部	膏药	重量差异限度

1　毛睿，陈华，南楠. 美国药典与中国药典透皮贴剂释放度桨碟法测定装置的比较[J]. 现代预防医学，2011, 38（6）：1101-1103.
2　陈华，毛睿，李永庆，等. 丁丙诺啡透皮贴剂在释放度测定中桨碟法与转筒法的差异[J]. 药物分析杂志，2011, 31（4）：792-795.
3　国家药监局药审中心关于发布《化学仿制药透皮贴剂药学研究技术指导原则（试行）》的通告（2020 年第 52 号）.

时间	中国药典	贴剂类型			质量控制指标
1990 年	一部	膏药			重量差异
		橡胶膏剂			含膏量、耐热试验
1995 年	一部	膏药			重量差异
		橡胶膏剂			含膏量、耐热试验
2000 年	一部	巴布膏			黏着力试验、赋形性试验、含膏量
		膏药			重量差异
		橡胶膏剂			含膏量、耐热试验
	二部	透皮贴剂			重量差异、面积差异、含量均匀度、释放度
2005 年	一部	贴膏剂	巴布膏剂		黏附力、赋形性试验
			贴剂		黏附力、重量差异、微生物限度
			橡胶膏剂		含膏量、耐热试验
		膏药	白膏药 黑膏药		软化点、重量差异
	二部	贴剂（透皮贴剂）			重量差异、含量均匀度、释放度、黏附力
2010 年	一部	贴膏剂	凝胶膏剂（原巴布膏剂）		黏附力、赋形性试验、微生物限度
			贴剂		黏附力、重量差异、微生物限度
			橡胶膏剂		含膏量、耐热试验、微生物限度
		膏药	白膏药 黑膏药		软化点、重量差异
	二部	贴剂（透皮贴剂）			含量均匀度、释放度、黏附力、微生物限度
2015~ 2020 年	四部	贴剂（透皮贴剂） 贴膏剂（凝胶膏剂、橡胶膏剂） 膏药（黑膏药、白膏药）			含量均匀度、释放度、黏附力、微生物限度 黏附力、赋形性试验、微生物限度 软化点、重量差异

2 | 仪器装置与工作原理

2.1 桨碟法

桨碟法装置由搅拌桨、溶出杯和网碟组成（图 3-1）。桨碟法由桨法改进而来，通常用于透皮贴剂的溶出试验，将透皮贴剂放置在一个玻璃碟和一个不锈钢（也可选择惰性的聚四氟乙烯）网碟之间，或直接放在一个不锈钢网碟上。贴片平整地固定在碟子上，释药面与桨下沿平行。网碟以释药面朝上的方式放置在溶出杯底部，搅拌桨之下。

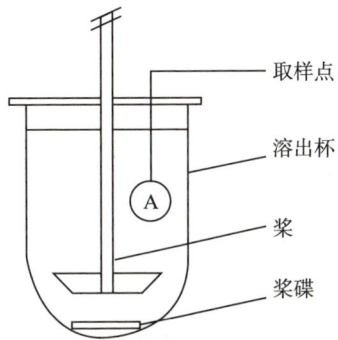

取样点

溶出杯

桨

桨碟

图 3-1　桨碟法装置示意图

桨碟法溶出装置开发早期遇到的主要问题之一是如何保持每个贴片的平整，以防止其撞击搅拌桨。这与使用桨法开发胶囊溶出方法时的情况类似，有些胶囊容易漂浮或撞击搅拌桨。为了避免这种情况，胶囊被放置在螺旋线圈内，可保持胶囊在溶出杯的底部而不干扰试验。Shah 等[1]尝试了几种不同的方法：用夹子将贴片固定在表玻璃上；用胶带将贴片固定在溶出杯的侧面；用回形针将贴片夹在表玻璃和金属丝筛网之间。研究结果表明，将贴片固定在表玻璃和金属丝筛网夹层中得到的结果更加均一且重复性好。随着透皮制剂的发展和体外溶出装置的不断研究优化，逐渐演变出

1　SHAH V P, TYMES N W, YAMAMOTO L A, et al. In vitro dissolution profile of transdermal nitroglycerin patches using paddle method[J]. International Journal of Pharmaceutics, 1986, 32（2-3）: 243-250.

适合不同大小尺寸贴剂的网碟装置。

《中国药典》2020年版（ChP2020）桨碟法收载了两种方法，方法1的装置采用双层网碟（小碟），透皮贴剂除去背衬直接固定于其中；方法2装置中的碟片为单片（大碟），采用不锈钢或适当的惰性材料制成（图3-2），与USP、EP和BP收载的桨碟法装置（图3-3）基本相同。USP收载的桨碟法采用单层网碟（直径41.2mm，厚度3.3mm），或筛网（17目，直径90mm）与半圆球状的玻璃网碟（直径90mm）用四个PVDF材质的锁扣固定在一起，透皮贴剂释药面朝上固定在网碟之间，USP38版又增加了适合

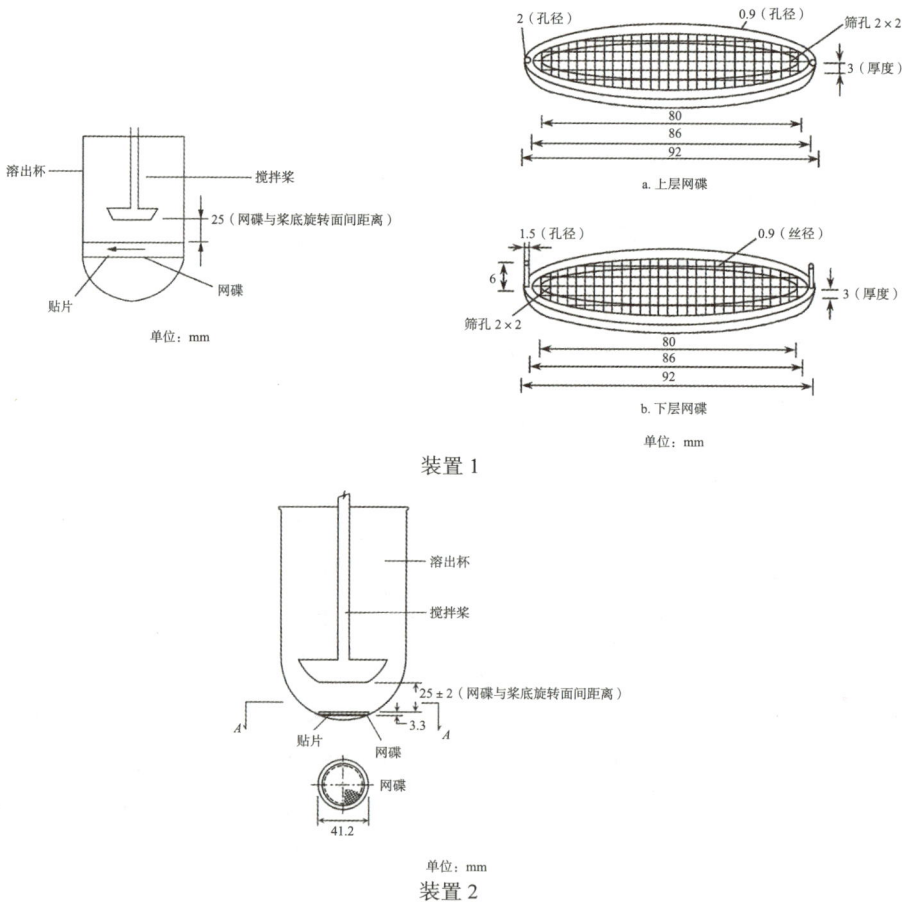

图 3-2　中国药典桨碟法装置

更大贴片的其他相关装置以满足一些特殊的试验需求。BP 规定为不锈钢网碟组件（SSDA，孔径 125μm），将透皮贴剂直接敷在或利用黏合剂固定在碟上。

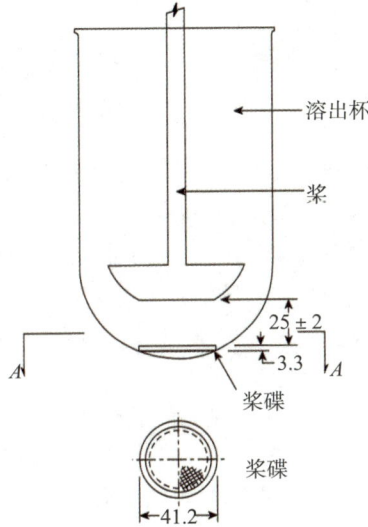

图 3-3　国外药典桨碟法装置（单位：mm）

张启明等对桨碟法的网碟设计进行了研究（表 3-2），目的是减少网碟对药物溶出的阻碍作用（图 3-4）。

表 3-2　采用不同规格网碟的桨碟法参数比较

	小碟（USP/ChP/BP）	大碟（ChP）
碟直径（mm）	41.2	92
球冠高（碟距容器底距离）(mm)	3.3	29
球冠体积（固定体积）(ml)	2.91	109.16
桨叶上端距杯底距离（mm）	48.3	73
最小浸没体积（ml）	91.2	457.6

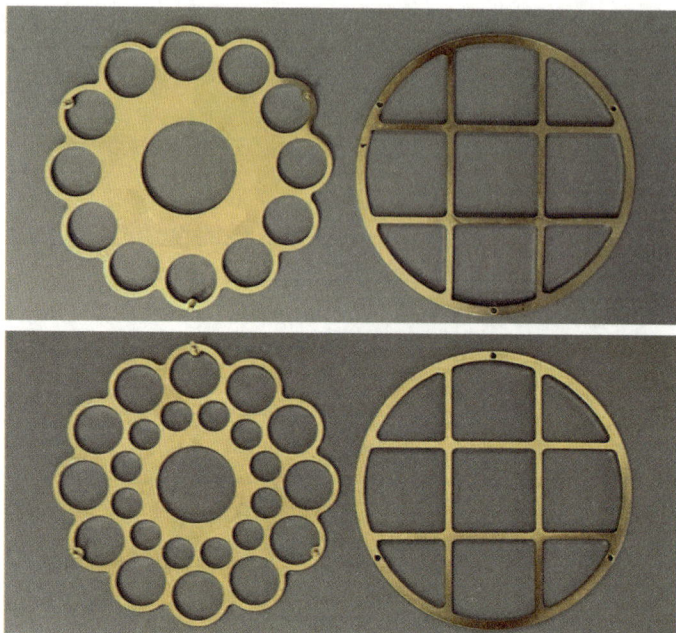

图 3-4 不同的网碟设计（由张启明友情提供）

　　溶出介质预温至 32℃ ±0.5℃，将透皮贴剂固定于两层碟片之间（方法1）或网碟上（方法2），溶出面朝上，尽可能使其保持平整。再将网碟水平放置于溶出杯下部，并使网碟与桨底旋转面平行，两者相距 25mm ±2mm，按规定的转速启动装置。在规定取样时间点，吸取溶出液适量，及时补充相同体积的温度为 32℃ ±0.5℃ 的溶出介质。透皮贴剂在 32℃ 温度下进行测试，真实反映了表层皮肤的温度。进行实验时溶出杯需要加盖以防止溶媒挥发，其他的高度和取样等要求与桨法的要求相同。

2.2 转筒法

　　转筒法装置的主要部件与桨法相同，只是将搅拌桨用不锈钢转筒替代。转筒分为两部分，可根据贴剂尺寸大小选择合适配件加长转筒，转筒顶部有固定角度的 4 条孔道，用于改善介质在溶出杯内的流动，使介质分布均匀。其示意图见图 3-5（同《中国药典》2020 版通则 0931 图 8）。USP、

EP、ChP 的转筒尺寸基本一致，JP17 短筒与主要药典一致，长筒长度略长，直径一致。

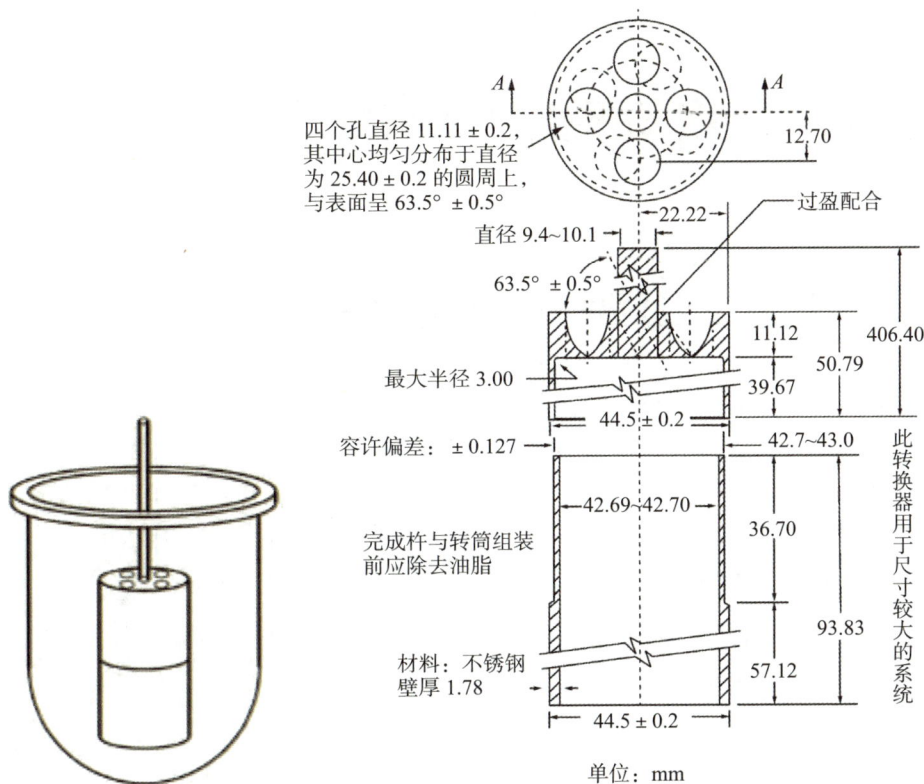

四个孔直径 11.11 ± 0.2，其中心均匀分布于直径为 25.40 ± 0.2 的圆周上，与表面呈 63.5° ± 0.5°

12.70

过盈配合

22.22

直径 9.4~10.1

63.5° ± 0.5°

11.12
406.40
50.79
39.67

最大半径 3.00

44.5 ± 0.2

42.7~43.0

容许偏差：± 0.127

42.69~42.70

36.70

完成杵与转筒组装前应除去油脂

93.83

材料：不锈钢壁厚 1.78

57.12

44.5 ± 0.2

此转换器用于尺寸较大的系统

单位：mm

表 3-5 转筒装置示意图

溶出介质预温至 32℃ ±0.5℃，透皮贴剂除去溶出衬垫或保护层，将有黏性的一面（压敏胶基质层）置于铜纺上，铜纺的边应比贴剂的边至少大 1cm，将贴剂的铜纺覆盖面朝下，置于干燥、洁净的表面，涂布适宜的胶黏剂于多余的铜纺边，必要时可以在贴剂的背膜涂布适量胶黏剂。根据胶黏剂的特点，干燥一定时间后，将覆有铜纺的贴剂释药面朝外，使涂有胶黏剂的铜纺及贴剂的背膜与转筒紧密平整贴合，将贴剂固定于转筒，使贴剂的长轴通过转筒的圆心。将转筒安装在仪器中，保持转筒底部距溶出杯内底部 25mm ± 2mm，按规定的转速启动仪器。在规定取样时间点，吸取溶出液适量并及时补充相同体积的温度为 32℃ ±0.5℃ 的溶出介质。

3 | **在药物制剂中的应用**

3.1 在主要药典贴剂标准中的应用

根据《中国药典》2020 年版制剂通则项下的定义，贴剂既可用于完整皮肤表面，也可用于有疾患或不完整的皮肤表面。其中用于完整皮肤表面，能将药物输送或透过皮肤进入血液循环系统的贴剂，称为透皮贴剂。经过数十年的发展，采用现代技术已经进入"基质型（Matrix）"透皮贴剂的时代，将药物、高聚物膜、黏合剂合并为一体，制成体积更小、更薄、不使用乙醇等刺激性溶剂的贴剂（图 3-6）。目前国际上主要药典收载的贴剂为透皮贴剂（表 3-3）。

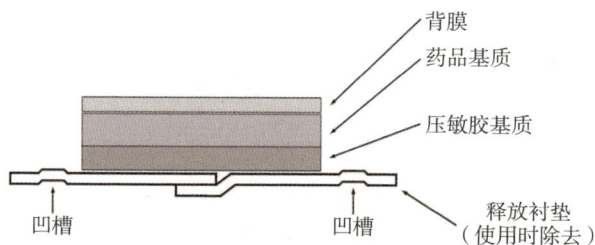

图 3-6　基质型透皮贴剂的典型结构

表 3-3　主要药典收载透皮贴剂溶出度测定采用的装置

制剂名称	ChP2020	USP	BP2020	JP17
吲哚美辛贴片	√ 无释放度检查项			
雌二醇缓释贴片	√ 桨碟法	√ 桨碟法	√ 无溶出度检查项	
尼古丁透皮贴剂		√ 往复架法 转筒法 桨碟法	√ 无溶出度检查项	
罗替高汀（Rotigotine）透皮贴剂		√ 桨碟法		
可乐定透皮贴剂		√ 往复架法 转筒法 桨碟法		
丁丙诺啡透皮贴剂			√ 无溶出度检查项	
硝酸甘油透皮贴剂			√ 无溶出度检查项	
妥洛特罗透皮贴剂				√ 无溶出度检查项

3.2 在 FDA 已批准的透皮贴剂中的应用

FDA 溶出度数据库[1]中收录了一些在美国上市的贴剂或透皮贴剂的体外溶出度检查方法（表 3-4），应用较多的装置是转筒法和桨碟法。

1　FDA. Dissolution Methods Database[EB/OL].［2019-09-21］. http://www.accessdata.fda.gov/scripts/cder/dissolution/index.cfm.

表 3-4　FDA 已批准的透皮贴剂采用的溶出度方法

品种	剂型	溶出度方法
双氯芬酸依泊胺	局部贴剂	桨碟法
利多卡因	局部贴剂	桨碟法
水杨酸甲酯	局部贴剂	转筒法
奥昔布宁	透皮贴剂	桨碟法
阿塞那平	透皮贴剂	转筒法
可乐定	透皮贴剂	往复架法 / 转筒法 / 桨碟法
罗替高汀	透皮贴剂	桨碟法
东莨菪碱	透皮贴剂	往复架法
司来吉兰	透皮贴剂	转筒法 / 桨碟法
哌甲酯	透皮贴剂	转筒法
芬太尼	透皮贴剂	往复架法

3.3 在贴剂溶出度研究中的应用

目前《中国药典》收载的贴（膏）剂以传统贴剂为主，主要以《中国药典》一部为主，2020 年版《中国药典》二部收载了雌二醇缓释贴片和吲哚美辛贴片，获得批准的国内透皮贴剂品种为可乐定及硝酸甘油等透皮贴剂（表 3-5）。国内上市的进口贴剂及透皮贴剂有尼古丁、芬太尼等 9 个品种。

表 3-5　国内化药贴剂上市情况及质量控制

品种名称	溶出度方法	关键质量控制项目
曲安奈德新霉素贴膏	无	含膏量
水杨酸苯酚贴膏	无	含量测定
呋喃西林止血膏布	无	检查（呋喃西林）、无菌

品种名称	溶出度方法	关键质量控制项目
芬太尼透皮贴剂	桨碟法	性状、有关物质、剥离力、黏附性、残留溶剂、含量均匀度、含量测定
可乐定透皮贴片	桨碟法（大碟）	性状、含量均匀度、含量测定
可乐定控释贴	自制装置	含量均匀度、含量测定
硝酸甘油贴片	桨碟法（大碟）	含量均匀度、含量测定
雌二醇缓释贴片	桨碟法（小碟）	性状、耐热试验、含量均匀度、含量测定
吲哚美辛贴片	无	性状、含量均匀度、含量测定
尼群地平贴片	无	性状、含量均匀度、含量测定
吡罗昔康贴片	桨碟法（大碟）	性状、持黏力、剥离强度、残留溶剂、含量均匀度、含量测定
高乌甲素贴片	桨碟法（大碟）	性状、含量均匀度、含量测定
醋酸地塞米松口腔贴片	桨法	性状、含量均匀度、含量测定
甲硝唑口腔粘贴片	篮法	性状、黏度、含量均匀度、含量测定
复方喜树碱贴片	无	外观性状、含膏量、含量测定
复方氢溴酸东莨菪碱贴膏	无	性状、含膏量、含量测定
薄荷尿素贴膏	无	性状、含膏量、含量测定
利多卡因凝胶贴膏	桨碟法（小碟）	性状、有关物质、黏附力、含膏量、膏体尺寸、微生物限度、含量均匀度、含量测定
呋喃西林贴	无	性状、吸水力、无菌
乳酸依沙吖啶贴	无	性状、无菌、含量测定
苯扎氯铵贴	无	外观性状、吸水速率、吸水力、无菌、含量测定

除《中国药典》外，1990 年《美国药典》22 版开始收载贴剂，国际上主要药典收载贴剂的情况详见表 3-6。

表 3-6 主要药典收载贴剂的时间表

药典	中国药典	美国药典	欧洲药典	英国药典	日本药典
收载时间	1953 年（一部）2000 年（二部）	1990 年（XXII版）	1997 年（第三版）	1998 年	2006 年（十五版）

　　透皮贴剂的质量属性包括外观、鉴别、溶出度、有关物质、残留溶剂、含量均匀度、含量、保护层剥离力、黏附力、微生物限度等，需要通过研究和风险评估来确定哪些质量属性为透皮贴剂的关键质量属性。通常情况下，透皮贴剂的外观能够看出产品是否存在明显的质量缺陷，有关物质、残留溶剂和微生物限度影响产品的安全性，含量和含量均匀度影响产品的有效性和安全性，体外溶出度反映透皮贴剂制造工艺的稳定性和均匀性，进而影响安全性和有效性，黏附力反映透皮贴剂与皮肤黏附的牢固程度，进而影响透皮贴剂的安全性和有效性[1]。

　　桨碟法和转筒法在透皮贴剂的溶出度研究集中在网碟大小对实验结果的影响、两种方法在应用中的优势和局限性上。2015 年前，转筒法尚未成为《中国药典》法定方法，一些进口产品的标准中采用转筒法测定溶出度，研究者试图用法定的桨碟法代替转筒法，当时药典采用的网碟尺寸为 92mm，与美国、欧洲药典的 41.2mm 不一致，陈华[2] 等对比了丁丙诺啡透皮贴剂溶出度中桨碟法与转筒法的差异，发现两者溶出曲线存在差异，桨碟法不能完全代替转筒法。另外，通过对骨架型芬太尼透皮贴剂的研究[3, 4]也表明，桨碟法和转筒法溶出曲线存在差异。这是由于网碟尺寸过大，导致桨杆位置提高，桨叶远离溶出杯底，改变了溶出介质流体学性质。2015

1　由春娜，宋宗华，张启明，李又欣，刘万卉等. 透皮贴剂仿制药研发和监管考量[J]. 中国新药杂志，2020，29（24）：2801-2808.

2　陈华，毛睿，李永庆，等. 丁丙诺啡透皮贴剂在释放度测定中桨碟法与转筒法的差异[J]. 药物分析杂志，2011，31（4）：792-795.

3　陈华，南楠，赵慧芳. 骨架型芬太尼透皮贴剂释放度测定[J]. 药物分析杂志，2006，26（8）：1068-1070.

4　毛睿，陈华，南楠. 美国药典与中国药典透皮贴剂释放度桨碟法测定装置的比较[J]. 现代预防医学，2011，38（6）：1101-1103.

版《中国药典》桨碟法增加了方法2，采用41.2mm的网碟。熊玲[1]等比较了桨碟法（方法2）与转筒法的差异，通过考察妥洛特罗透皮贴剂在500ml水中24小时溶出曲线，经weibull方程拟合得到的参数进行方差分析，两组数据没有明显差异。2017年，Simon等[2]对卡巴拉汀透皮贴剂进行体外溶出研究，考察了扩散池、桨碟法和转筒法三种装置对体外溶出特性的影响。结果表明，不同的装置、转动速度和介质对透皮制剂的体外溶出具有显著影响。陈亚楠[3]等采用《中国药典》和《美国药典》收载的两种桨碟法和一种转筒法对利斯的明透皮贴剂体外溶出度测定结果的影响进行比较，结果显示转筒法测得的累积溶出率相对较高，主要是桨碟法与转筒法的试验装置结构不同，导致贴剂表面与溶出介质的剪切力有所差异。相对而言，转筒法对不同规格且贴剂面积较大的透皮贴剂的溶出度测定更合适。

1　熊玲，张亿，陈红. 妥洛特罗透皮贴剂的释放度测定及不同测定方法结果比较[J]. 中国现代应用药学，2017，34（12）：1654-1657.

2　SIMON A, AMARO M I, HEALY A M, et al. Development of a Discriminative In Vitro Release Test for Rivastigmine Transdermal Patches Using Pharmacopeial Apparatuses: USP 5 and USP 6[J]. AAPS Pharmscitech, 2017, 18（7）：2561-2569.

3　陈亚楠，汪晴. 检测方法对利斯的明透皮贴剂体外释放的影响及体外渗透与体内相关性的评价[J]. 中国医药工业杂志，2020，51（6）：735-740.

4 | 展望

转筒法和桨碟法在透皮贴剂溶出度测定的应用中各有特点，依据药物性质、常释和缓释剂型的不同，以及贴剂尺寸大小而定。在药物研发阶段，桨碟法装置简单，可将溶出碟看作是桨法沉降篮的变形，易于操作，而转筒法中贴剂的固定存在难度，目前对黏合剂、铜纺的要求缺乏统一的标准，因此在黏合剂、铜纺的选择上有一定挑战。但转筒法转筒分两截，可根据贴剂尺寸大小调节，对于面积大的贴剂测定，优选转筒法。另外，相对于桨碟法样品的静态，转筒法中贴剂为动态，更有利于缓释制剂的药物溶出。桨碟法对于常释制剂的溶出度也许更有区分力。

除了转筒法和桨碟法，往复架法也常被采用，作为《美国药典》透皮贴剂溶出度检查的方法之一，其优点是可以在规定的时间点自动转换到新的溶剂杯中，所有样品集中测定，节省时间。另外，使用往复架法时，待测样品和溶出液接触充分，能够更科学地评价样品的溶出特性。

转筒法、桨碟法、扩散池法、小杯法、扩散池法均可用于透皮贴剂的体外溶出研究[1-5]，其中扩散池的应用更为广泛，除了可模拟透皮贴剂溶出

1　KONDAMUDI P K, TIRUMALASETTY P P, MALAYANDI R, Et al. Lidocaine transdermal patch: pharmocok-inetic modeling and in vitro-in vivo correlation (IVIVC)[J]. AAPS Pharm SciTech, 2016, 17(3): 588-596.

2　MUDADA A S, AVARI J G. In vitro and in vivo characterization of novel biomaterial for transdermal application[J]. Curr Drug Deliv, 2011, 8(5): 517-525.

3　JAFRI I, SHOAIB M H, YOUSUF R I, et al. Effect of permeation enhancers on in vitro release and transdermal delivery of lamotrigine from Eudragit RS100 polymer matrix-type drug in adhesive patches[J]. Progress in Biomaterials, 2019, 8(2): 91-100.

4　张佳欢, 吴素香, 闫冉等. 桂枝茯苓透皮贴剂主要成分含量及释放度测定[J]. 中国医院药学杂志, 2019, 39(18): 1833-1836, 1864.

5　MIKOLASZEK B, KAZLAUSKE J, LARSSON A, et al. Controlled drug release by the pore structure in polydimethylsiloxane transdermal patches[J]. Polymers (Basel), 2020, 12(7): 1520.

的动态过程外，还可以在实验中采用动物皮肤或者人体皮肤进行体外渗透（IVPT）试验，因此，未来转筒法和桨碟法可以参考流池法的开环模式或循环法，使药物的体外溶出更能反映临床应用的生理环境。另外，国外上市的膜剂产品已有明确的溶出度测定方法，而国内膜剂品种的质控手段还比较局限，几乎没有涉及溶出的检测方法，因此，膜剂等一些类似透皮贴剂的剂型也可尝试采用桨碟法进行药物溶出的测定。

附件

表 3-7　术语（中英文对照）

缩略语	英文名称	中文名称
USP	United States Pharmacopoeia	美国药典
NF	The National Formulary	美国国家处方集
PMA	The Pharmaceutical Manufacturers Association	美国制药企业协会
USPC	United States Pharmacopetial Convention	美国药典委员会
FDA	Food and Drug Administration	美国食品药品管理局
EP	European Pharmacopoeia	欧洲药典
IVPT	in vitro permeation test	体外渗透实验
\	plaster	膏药
DIA	drug in adhesive	压敏胶分散型贴剂
\	Salonpas®	复方水杨酸甲酯贴剂
\	belladonna plaster	颠茄贴剂
\	salicylic acid plaster	水杨酸贴剂
PF	Pharmacopoeia Forum	美国药典论坛
\	paddle over disk	桨碟法
\	cylinder	转筒法

缩略语	英文名称	中文名称
\	reciprocating holder	往复架法
\	cataplasms	巴布膏

第四章

流池法

概述

20世纪60年代，篮法、桨法溶出装置得到广泛应用，以美国食品药品管理局（FDA）、美国药典委员会（USPC）为代表的相关机构也开始了溶出装置的标准化研究，工业界、学术界和监管机构也越来越重视药物体外溶出数据与体内作用的相关性。1965年，美国国家药品处方集（NF）收载了用于缓释制剂溶出试验的转瓶法，1968年，ALZA公司的成立标志着缓释（MR/ER，国内亦称缓控释或调释）等新型药物制剂的研究进入新阶段。口服固体制剂特别是缓释制剂（MR）在胃肠道的崩解、溶出或泻出、吸收是一个动态的过程，常规的桨法、篮法装置和搅拌方式等不能反映或模拟药物制剂在体内的动态环境和过程。加拿大多伦多大学的Baun博士、不列颠哥伦比亚大学的Pernarowski博士和瑞士Ciba-Geigy公司的Langenbucher博士等研究团队，先后提出了多种基于介质连续流动的溶出装置设计并开展了相应的研究工作。

20世纪70年代，在Langenbucher溶出装置的基础上，制造了具有特殊流体动力学特征、可模拟体内动态环境的商用流池法溶出度仪（flow-through cell），随着装置的标准化、适合不同剂型的流通池的设计与持续改进和应用研究，不仅得到工业界和国际学术界的认可，目前已成为《中国药典》《美国药典》《日本药典》《欧洲药典》等国际主要药典收载的标准溶出度测定方法（flow-through cell）。流池法不仅适用于固体口服普通制剂（IR）与缓释制剂（MR）、栓剂与半固体制剂等多种药物剂型的溶出度测定，还在药物晶型研究、药物涂层支架等药械组合产品等领域发挥着独特的作用。

国内相关机构对流池法的探索和应用也有二十多年的历史，在药物研发、药品质量研究和药品标准提高领域，发挥了重要的作用。

本章将从流池法的发展历史、仪器构造和工作原理、方法特点以及应用等方面进行介绍。

1 发展历史

    1957 年，美国食品药品管理局（FDA）的 Vliet 博士致信《美国药典》（USP）片剂专业委员会，提出了用于缓释制剂（timed-release preparations）的溶出装置（图 4-1），也是最早的关于流池法装置的设计。1968 年，Pernarowski 等[1]采用一种介质可连续流动的"开环"式药物溶出装置（continous flow apparatus），对保泰松糖衣片和肠溶片在不同 pH 介质中的溶出曲线进行了测定，结果表明，糖衣片和肠溶片的溶出曲线具有显著差异。USP 以上述装置为原型，后来形成了篮法溶出度测定法。1969 年，Baun 等[2]改进了 Vliet 装置，对氢氯噻嗪片（50mg）和维生素 B_2 胶囊等进行了溶出曲线的研究，与采用搅拌桨和溶出介质体积恒定的装置相比，溶出结果差异显著。几乎在同时，Langenbucher 等[3]也设计了一种新的"柱型（column-type method）"溶出装置（图 4-2）。

    早期的口服固体药物制剂体外溶出研究大多在封闭系统中进行，在溶出过程中，介质中的药物浓度从零增加到饱和浓度或完全溶解。这种"静态"溶出试验并不能反映药物在胃肠道内的"动态"过程，因为胃肠道的蠕动排空和药物的溶出、吸收是同步进行的，虽然有搅拌桨或篮的转动，但人体内并不存在一个"静态"的溶出杯。Langenbucher 等研制的"开环"

---

1 PERNAROWSKI M, WOO W, SEARL R O. Continuous flow apparatus for the determination of the dissolution characteristics of tablets and capsules[J]. Journal of Pharmaceutical Sciences, 1968, 57(8): 1419-1421.

2 BAUN D C, WALKER G C. Apparatus for determining the rate of drug release from solid dosage forms[J]. Journal of Pharmaceutical Sciences, 2010, 58(5): 611-616.

3 LANGENBUCHER F. In vitro assessment of dissolution kinetics: description and evaluation of a column-type method[J]. Journal of pharmaceutical sciences, 1969, 58(10): 1265-1272.

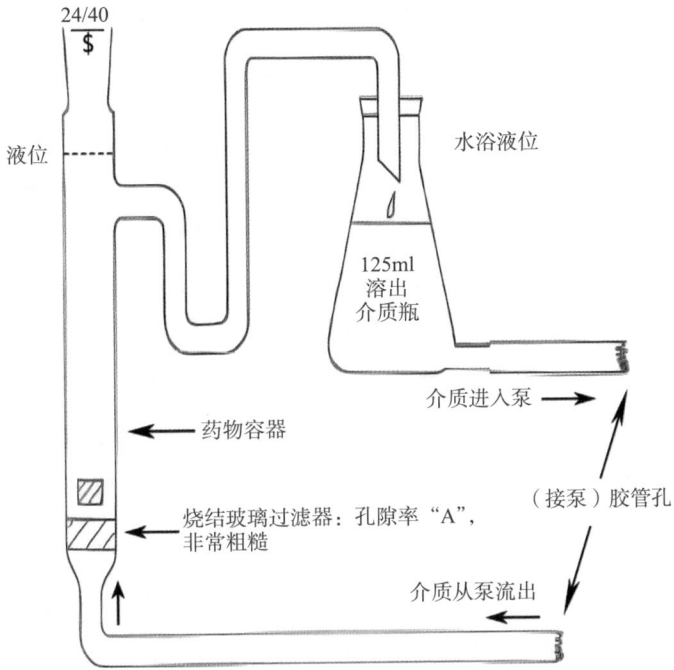

图 4-1 Vliet 设计的流池法装置示意图

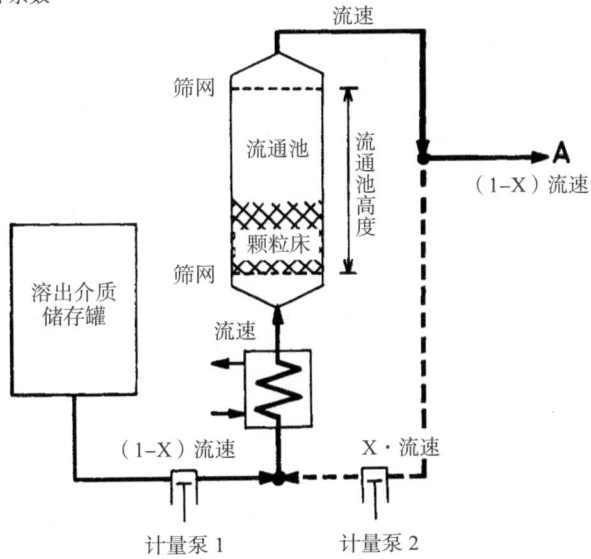

图 4-2 Langenbucher 等的 "column-type method" 设计示意图

流池法装置，克服了"闭环"溶出系统的缺点，为模拟体内动态过程提供了新思路，这种装置成了标准流池法的原型。

1970年，荷兰格罗宁根大学（University of Groningen）的Lerk等[1]认为，不同的泵系统对于药物周围的流体动力学环境会产生影响，为了减少溶出装置的设计和参数造成的影响，设计了一种新的流池法装置。早期流池法装置采用的蠕动泵系统会产生复杂的液体脉动，即使采用同样品牌和型号的蠕动泵，不同仪器对同一批药物进行测定，也常常会得到不同的溶出结果，而离心泵能提供无脉动的线性流体力学条件，在制剂周围产生重复性更好的流体力学条件。1975年，英国伦敦大学的Groves等[2]对流池法装置进行了自动化改进，采用"开环"模式对土霉素薄膜衣片和糖衣片在不同雷诺数条件下的溶出特性进行了研究。

1976年，按照Langenbucher博士的设计，瑞士SOTAX公司制造了第一台商用流池法溶出度仪（图4-3）。1977年，Langenbucher等[3]发表了第一篇采用现代流池法装置的溶出研究报告，对8批氧烯洛尔缓释片进行了体外溶出，并初步探讨了药物体外溶出与体内作用的相关性。随着流池法装置的标准化、验证与应用研究的开展，1981年，国际药学联合会（FIP）发布了口服固体制剂溶出度指导原则[4]，推荐采用流池法装置进行难溶性药物的溶出研究，标志着流池法获得了国际制药行业和药学界的认可。1983年，德国药品法典（DAC）首先收载了流池法[5]，法国Pro Pharmacopoea于1986年也收载了流池法[6]。1988年，欧洲药典论坛（Pharmeuropa）刊

1 LERK C F, ZUURMAN K. The influence of pulsation on the dissolution rate measurements in column type apparatus[J]. Journal of Pharmacy & Pharmacology, 1970, 22(4): 319–320.

2 GROVES M J, ALKAN M H, DEER M A. The evaluation of a column - type dissolution apparatus[J]. Journal of Pharmacy and Pharmacology, 1975, 27(6): 400–407.

3 LANGENBUCHER F, RETTIG H. Dissolution Rate Testing with the Column method: Methodology and Results [J]. Drug Development Communications, 1977, 3(3): 241–263.

4 FIP. Guidelines for dissolution testing of solid oral products[J]. Die Pharmazeutische Industrie, 1981, 43: 334–343.

5 Arbeitsgemeinschaft der Berufsvertretungen Deutscher Apothekei. Deutscher Arzneimittel–Codex, 1979 Ergänzungsbuch zum Arzneibuch[M]. German: Govi-Verlag, 1979, 33–36.

6 Propharmacopoea technical notes. Technical note no. 367. Bull ordre 294.[French][J]. Annales Pharmaceutiques Francaises, 1986.

发了流池法通则[1]。1990 年，德国 ERWEKA 公司推出流池法溶出仪，增加了防止流通池泄露的支架并申请了专利。1992 年，USP22 版第 6 增补本收载了流池法。1993 年，《英国药典》（BP）和《日本药典》第 12 版第一增补版（JP Ⅻ suppl Ⅰ）收载流池法作为溶出度法定方法，同年，药典协调组织（The Pharmacopoeial Discussion Group，PDG）将流池法列入溶

图 4-3　世界上第一台商业化的流池法溶出度仪（图片由瑞士 Sotax 公司提供）

出度国际协调计划。2004 年，USP、欧洲药典（EP）和 JP 分别签署了协调后的溶出度及崩解时限文本，确立了流池法作为国际通用溶出方法的地位。2013 年，USP 收载了第一个采用流池法进行溶出度检查的卢非酰胺片（Rufinamide tablets）。

2007 年，美国 LOGAN 公司根据药企的研发项目需求，设计制造了直立兼水平干加热新型流池法装置。直立模式配置常规流通池时，可用于药典标准流池法的溶出试验；配置特殊流通池时，适用于具有长效避孕作用的药械组合产品的药物溶出研究。水平模式配置混悬剂流通池，可用于口服混悬剂或长效注射剂的药物溶出研究。2012 年 6 月，日本 Dainippon Seiki（DNS）公司开始研发流池法装置，并于 2015 年 4 月正式商用。

我国对流池法的研究和应用也有近 30 年的时间。1993 年，天津市药品检验所在国内率先开展了流池法溶出度研究，对维拉帕米缓释片和格列本

1　European Directorate for the Quality of Medicines and Health Care. European Pharmacopoeia[S]．V.5.4. Dissolution Test for Solid Oral Dosage Forms. 1988.

脲片的流池法与桨法溶出曲线进行了比较研究[1]。刘树春[2]和左文坚[3]分别对流池法的应用研究进行了综述。2005年，中国食品药品检定研究院（原中国药品生物制品检定所）的访问学者宁保明在美国药典委员会就流池法等溶出度技术进行了研究和学术交流。2008年，中国国家药典委员会、中国食品药品检定研究院等机构开始了将流池法作为药典标准溶出度测定法的探索工作，对不同来源、不同处方的马来酸依那普利片、非洛地平缓释片、双氯芬酸钠缓释片等制剂的溶出特性及体内外相关性进行了研究[4~10]。2011年，药物制剂国家工程研究中心侯惠民等研制了膜剂专用的流池法溶出仪原型机，采用特殊体积的溶出池设计，并辅以金属筛网将膜剂固定在溶出池的特定位置，能够模拟膜剂粘贴于口腔且仅有少量液体流过膜剂表面的状态（图4-4）。2019年，深圳锐拓公司研制了国内第一台流池法溶出度仪，采用双注射泵设计，可在不重新接驳管道的条件下，实现同一台设备上开环与闭环模式的自动切换。2020年，资深药典委员张启明、陈桂良等起草了流池法溶出测定法，《中国药典》2020年版（ChP2020）通则0931将其作为溶出度测定法第六法予以收载。2021年，深圳华溶公司也研制了流池法溶出度仪，采用陶瓷活塞泵，各通道流速单独可调，也具有开/闭环一体和自动切换功能。

1　郭成明. 流池法对异博定片及优降糖片溶出度的测定[J]. 天津药学, 1993（02）: 37-41.

2　刘树春. 流通池溶出度检查方法的发展和现状[J]. 天津药学, 1996（01）: 52-55.

3　左文坚. 流通池法溶出度检查方法的研究和应用[J]. 中国药学杂志, 2000, 35（5）: 292-295.

4　佚名. 中国药品生物制品检定所宁保明主管药师赴美国药典会交流[J]. 药物分析杂志, 2006, 26（4）: 1.

5　孙悦, 唐素芳, 高立勤. 流通池法测定马来酸依那普利片溶出度及对其体内外相关性的考察[J]. 药物分析杂志, 2009（4）: 560-563.

6　孙悦, 唐素芳, 高立勤. 星点设计–效应面法优化水杨酸校正片在流通池中的释放[J]. 药物分析杂志, 2009（8）: 1243-1247.

7　孙悦, 唐素芳. 流通池法测定尼古丁缓释贴剂的释放度[J]. 中国药房, 2012, 23（33）: 3.

8　庾莉菊, 宁保明, 张娜, 等. 非洛地平缓释片体外释放度与体内外相关性研究[C]//中国药学会药物分析专业委员会. 中国药学会药物分析专业委员会, 2013.

9　赵洁, 易红, 刘晓谦, 等. 流通池法测定药物溶出度的应用进展[J]. 中国药学杂志, 2014, 49（17）: 1486-1490.

10　刘曦, 王亚敏, 潘阿慧, 等. 流通池法考察双氯芬酸钠缓释片的体外释放特性[J]. 中国药学杂志, 2013, 48（16）: 1389-1393.

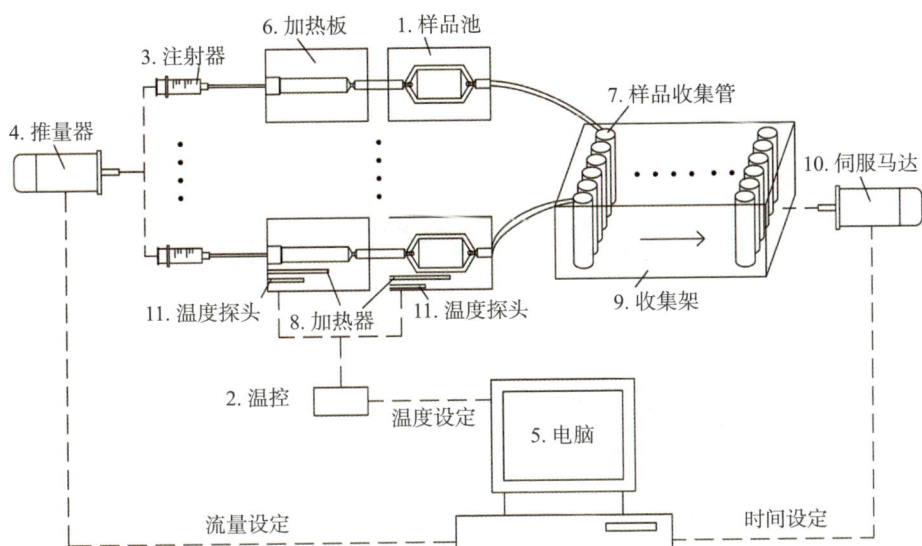

图 4-4　膜剂溶出度仪示意图

从第一代标准化流池法装置应用以来的 40 多年间，为满足缓控释制剂和复杂制剂的质量研究需要，装置的功能持续完善和进步，仪器的自动化程度也在不断提高，从手动取样到自动取样器，目前已经实现紫外分光光度计在线实时检测。控制系统也从控制面板发展到计算机软件系统，或者控制面板和计算机双控制系统，数据的采集和处理符合药品质量管理规范（GMP）对数据完整性的要求，并具备在线计算、评估和生成报告等功能。

目前，国内高校、科研机构、药品检验机构、医药企业、合同研究机构等对流池法装置的需求显著增加，随着流池法装置的普及，必将在药物研发、质量控制和上市后监管等领域得到更加广泛和深入的应用。

2 | 仪器装置与工作原理

2.1 仪器组成

流池法溶出度仪主要由主机、泵系统、溶出介质系统、取样与收集器等组成，多数仪器具有自动取样功能，可与分光光度计或液相色谱仪联用，实现实时在线测定。

主机部分包括流通池、温控与系统控制等单元。流通池种类较多，适用于不同制剂的溶出试验。《中国药典》2020 年版通则 0931 收载了直径为 22.6mm（大规格）和 12mm（小规格）的两种流通池，主要用于普通制剂（IR）、肠溶制剂和缓释制剂（MR/ER）等口服固体制剂或注射用混悬剂的溶出试验。

泵系统以恒定而准确的流速输送溶出介质，主要包括活塞泵或双注射泵。每种泵系统都有自己的优势和特点，用户可以根据需求选择适当的泵系统。

符合 GMP 要求的软件可以进行系统控制、方法编辑、运行测试、数据处理、在线检测并生成报告等功能。另外，自动化系统还具备可编程的溶出介质选择、温度和压力监测、管路介质预充及试验完成后的设备自动清洗等功能。

2.2 工作原理

根据《中国药典》与国际协调后的文本，流池法的基本原理是将样品置于流通池内，溶出介质在泵的作用下，以一定流速从底部进入流通池与样品接触，制剂崩解或溶蚀后，药物在介质中溶解并扩散，含有溶解后药物的介质经流通池顶部过滤后流出，直接收集流出的介质或在线测定。如果流出的介质不再进入流通池，即为开环模式（图 4-5）；如果流出的介质取样或在线检测后再次循环进入流通池，即为闭环模式（图 4-6）。

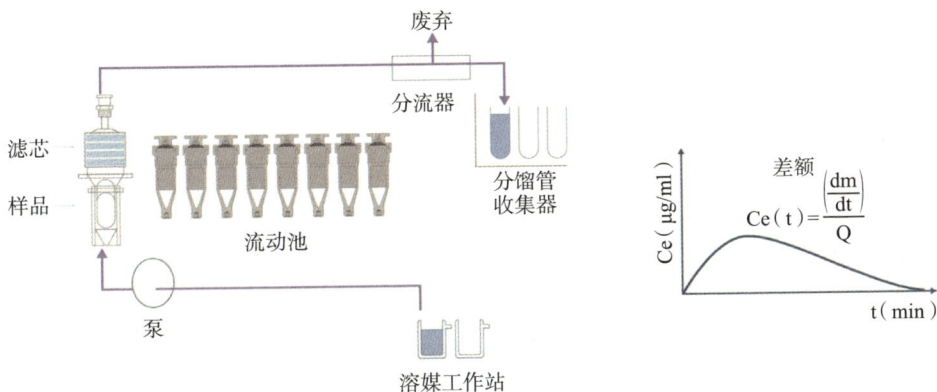

图 4-5　开环模式示意图

开环模式可以使溶出试验保持漏槽条件，即新鲜的介质持续通过流通池，制剂中已经溶出或溶解的药物对后续的溶出行为没有影响，因此，适合难溶性药物制剂的溶出研究。另外，对于肠溶或缓释、迟释制剂等需要在溶出试验中切换不同 pH 的样品，在开环模式中使用多通阀可以实现溶出介质的自动切换，可以更好地模拟药物制剂在人体胃肠道系统中的动态生理环境。开环模式条件下获得的是一条微分溶出曲线，可通过数学公式转化为累积溶出曲线。

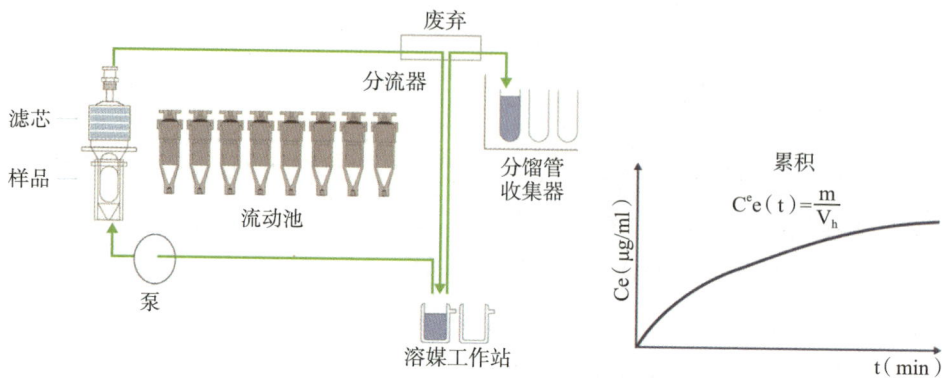

图 4-6　闭环模式示意图

滤芯

样品

流动池

泵

废弃

分流器

分馏管
收集器

溶媒工作站

累积

$$C^e_e(t)=\frac{m}{V_h}$$

Ce（μg/ml）

t（min）

　　闭环模式是将固定体积的溶出介质通过泵进行内部循环，因此，随着药物的溶出或溶解，介质中的药物浓度随时间增加，适用于溶出介质体积较小或较小规格的药物制剂。

3 | 特点

3.1 流速和流形

流速是流池法控制的主要指标之一。《中国药典》（ChP）收载的两种标准流通池（表 4-1），池体底部设计 40°锥形截面是为了对水流进行部分调节（图 4-7）。由于上游管道狭窄流速高，下游池体宽流速低，需要变径（diameter-varying pipeline）调节两者之间的流速差异，避免流速急速下降后在慢流区形成乱流。当流通池尺寸符合上述要求时，溶出介质的线性流速（cm/min）与仪器的体积流速（ml/min）之间具有线性关系（图 4-8），有利于设定溶出试验的条件。线性流速与横截面半径的平方成反比，对于相同的体积流速，小规格流通池的线性流速是大规格流通池的 3.5 倍。

表 4-1 不同流通池的比较

参数	小规格池	大规格池
流通池直径（mm）	12	22.6
截面积（cm^2）	1.13	4.01
圆锥体积（cm^3）	0.6	4.2

流通池的横截面积能够对流通池中介质的线性流速造成影响，即相同体积流速条件下，12mm 流通池的线性流速高于 22.6mm 流通池，这一结果导致某些制剂使用 12mm 流通池可以获得更高的溶出速率，如水杨酸片。还有研究表明，流速增加可以引起药物溶出速率上升。例如，泼尼松标准

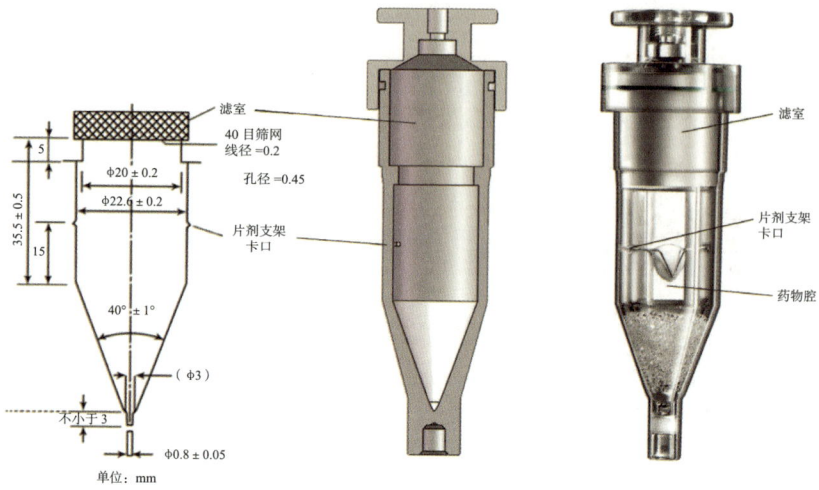

滤室
40 目筛网
线径 =0.2
孔径 =0.45
片剂支架
卡口
φ20 ± 0.2
φ22.6 ± 0.2
5
35.5 ± 0.5
15
40° ± 1°
(φ3)
不小于 3
φ0.8 ± 0.05
单位：mm

滤室
片剂支架
卡口
药物腔

图 4-7 《中国药典》通则 0931 中 22.6mm 流通池结构示意图

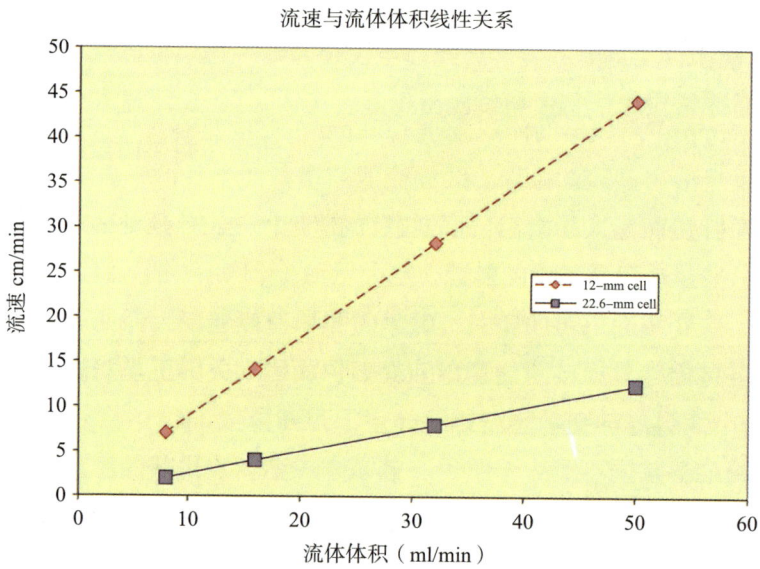

流速与流体体积线性关系

纵轴：流速 cm/min
横轴：流体体积（ml/min）

图例：12-mm cell，22.6-mm cell

图 4-8 溶出介质线性流速与体积流速的关系

片在 22.6mm 流通池中的溶出速率与体积流速之间存在线性关系，并且其相关性优于 12mm 流通池[1]。但需要指出的是，流速增加导致溶出速率上升的现象也有例外，对于某些微球制剂，流速增大并不会导致溶出度显著变化。综上所述，溶出速率与流速可能存在相关性，但并不一定，更主要是取决于药物制剂本身的特性。读者在设计方法时应明确这点，以便正确评估流速对于药物溶出所产生的影响。

除了流速，还应关注流体的形态问题。雷诺数（Re）是表征流体流动情况的无量纲参数，其与流速等参数存在以下关系：

$$Re = \rho vd \cdot \mu^{-1}$$

其中 ρ、v、μ 和 d 分别为流体密度、线速度、黏性系数和流池内径。当 Re ＜ 2000 时，溶出介质为层流；Re 介于 2000~4000 为过渡型；Re ＞ 4000 为湍流。采用雷诺数计算公式可对流通池内的流体性质进行近似分析。以水 37℃时的密度 991kg · m⁻³ 和黏度 72 × 10⁻⁵Pa · s，d 为大规格池内径 0.0226m 计算，线速度为 0.249m/s（相当于体积流速 4ml/min）时，流通池内流体的雷诺数为 7745，即大于 4000 的湍流。流通池中加入玻璃珠并不能使流体性质变为绝对的层流，但能降低相同流速下流体流态的变异[2]。

在相同的流速下，泵系统通过调节不同的波形和脉动频率，改变进入流通池的水流形态，从而创造不同的流体环境，对药物的溶解、溶出产生影响。本节主要介绍活塞泵和注射泵两类系统。

活塞泵系统在流池法中的应用已有 40 多年的历史，活塞泵技术也由不锈钢结构的柱塞杆往复式运动转变为陶瓷材质的旋转往复运动，构造精密，耐磨损，准确度和流速再现性更好（图 4-9）。在《中国药典》现行版规定的脉动频率为（120 ± 10）冲/分的恒定脉动模式下，活塞泵对溶出介质的

1 BROWN W. Apparatus 4 flow through cell: some thoughts on operational characteristics[J]. Dissolution Technol, 2005, 12（2）: 28-30.
2 谢莉，陈红，张亿. 流通池法测定甲硝唑口腔粘贴片的释放度[J]. 中国药师, 2020, 23（4）: 4.

输送是一种间歇性的运动，有波峰与波谷，即正弦波曲线。必要时，活塞泵可通过调节脉动的频率实现流体的改变[1]。

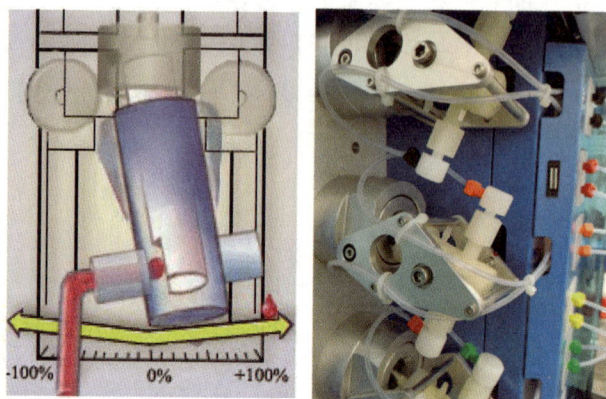

图 4-9　以活塞泵为基础的流池法溶出度仪泵系统

　　注射泵系统为双泵系统，通过两个注射泵的交替工作，获得无脉动的液流，即《中国药典》规定的无脉冲泵。通过调整两个注射泵的相对运动速度，还可获得与活塞泵一样的正弦波曲线 2（semi-sine，半正弦波曲线）（图 4-10）。与正弦波曲线 2 相比，正弦波曲线 1（full-sine，全正弦波曲线）的液流在单位时间内的流速变化更小[2]（图 4-11），因此，也降低了液流对药物的冲击力。三种不同的液流模式，以液流对药物表面的剪切力计算，恒流（non-pulsation）＜正弦波曲线 1＜正弦波曲线 2，更多的剪切力选择能提供更丰富的剪切力模拟手段。Yoshida 等[3]的研究表明，与正弦波曲线 1 相比，正弦波曲线 2 条件下泼尼松标准片的溶出速率更快（图 4-12），可能与液流对药物具有更大的冲击力有关。另一方面，垂直二维场中的矢量图（instantaneous fluid velocity vectors in vertical 2-D field）证实了 Lerk 的观点，使用带有脉冲的泵系统（如正弦波曲线 2），在液体吸入阶段可能存在

1　国家药典委员会. 中华人民共和国药典［S］. 2020 年版四部. 北京：中国医药科技出版社，132-137.

2　YOSHIDA H, KUWANA A, SHIBATA H, et al. Effects of pump pulsation on hydrodynamic properties and dissolution profiles in flow-through dissolution systems（USP 4）［J］. Pharmaceutical research, 2016, 33（6）: 1327-1336.

3　YOSHIDA H, KUWANA A, SHIBATA H, et al. Particle image velocimetry evaluation of fluid flow profiles in USP 4 flow-through dissolution cells［J］. Pharmaceutical research, 2015, 32（9）: 2950-2959.

乱流（图4-13），正弦波曲线2条件下泼尼松标准片的溶出速率也显著高于恒流系统（图4-14）。

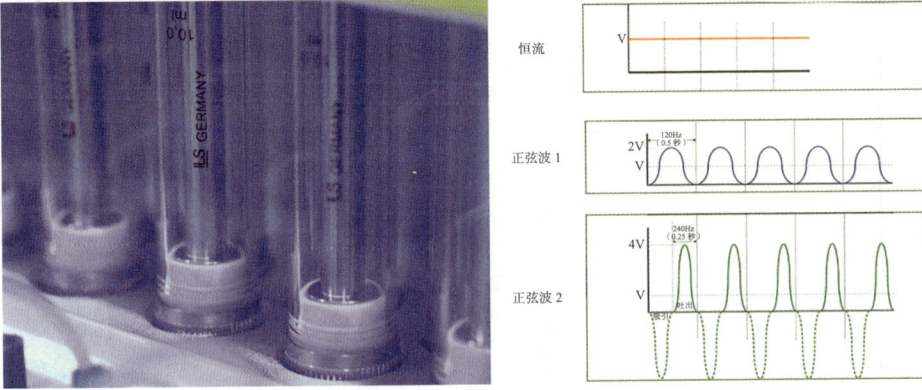

图4-10　注射泵的液体流体输出

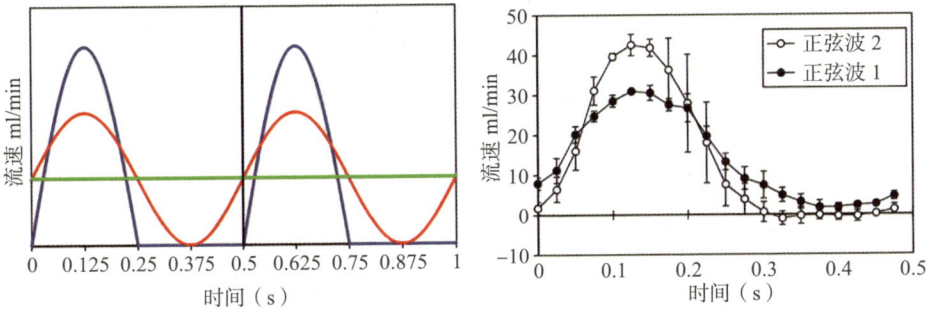

图4-11　半正弦波（蓝线；白点标识）与全正弦波（红线；黑点标识）
在单位时间内流量变化的示意图

（a）正弦波2

（b）正弦波1

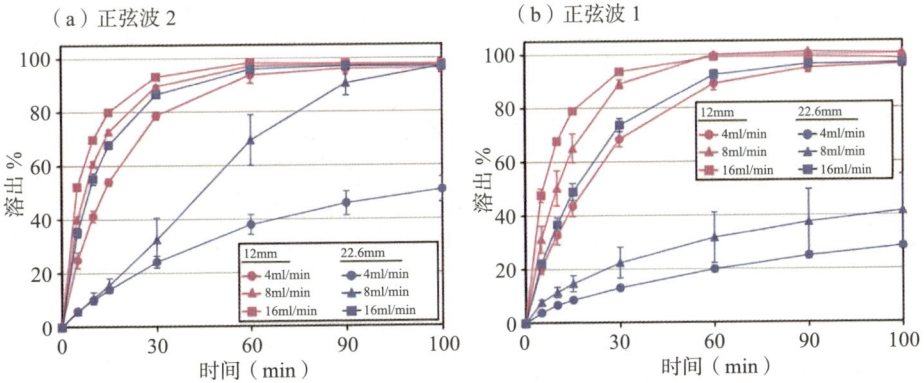

图4-12　使用正弦波2和正弦波1液流模式测试泼尼松片的溶出曲线

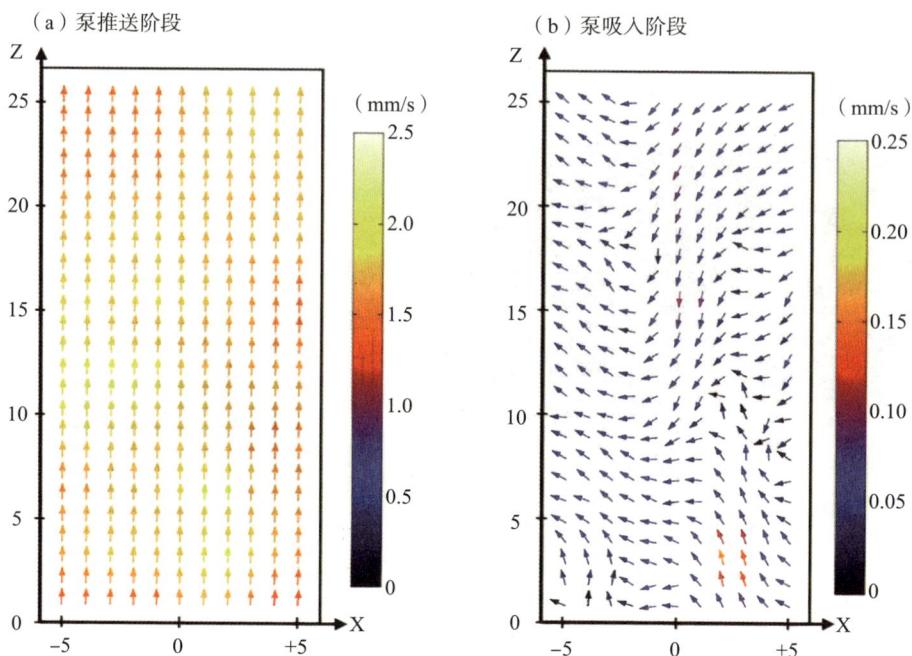

（a）泵推送阶段　　　　　　　　　　　（b）泵吸入阶段

图 4-13　脉动泵在液体推出阶段与吸入阶段的水流方向矢量图

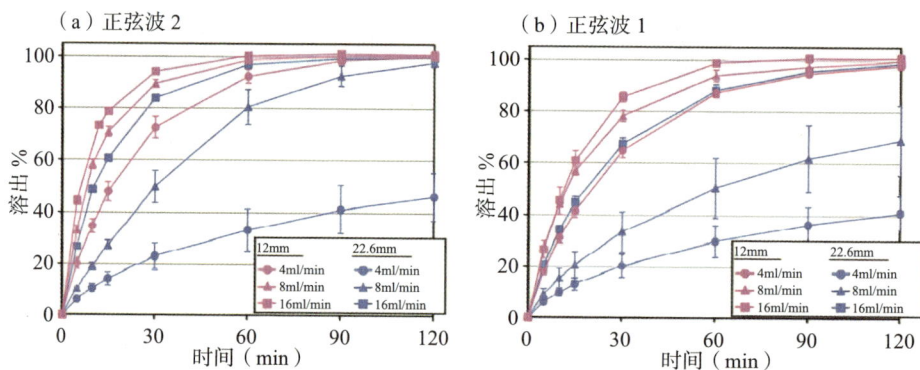

（a）正弦波 2　　　　　　　　　　　（b）正弦波 1

图 4-14　使用正弦波 2 和恒流液流模式测试泼尼松片的溶出曲线

　　综上所述，注射泵与活塞泵系统各有特点，不同的泵系统、液流模式提供了更多的流体力学模型供用户选择，也为不同处方和工艺的药物制剂溶出特性研究提供了更多的手段，研究人员可根据制剂处方及溶出特性选择合适的泵系统。同时，由于不同的液流模式可能导致药物溶出曲线的显著差异，因此，开展溶出研究时，除流速外，还需要关注泵系统的类型。

3.2 方法开发的考虑要点

由于流池法的流体环境相对复杂，因此，要获得重现的溶出试验结果，除仪器的系统适用性或稳定性外，在方法建立和验证中还应关注流通池及池内样品架的选择、添加玻璃珠的情况、温度、流速及过滤系统等影响溶出方法区分力和耐用性的因素。

流池法最初使用直径为 22.6mm 的标准流通池进行口服固体缓释制剂的溶出研究，后来引入直径为 12mm 的流通池，上述流通池也是国际协调后的药典标准流通池。随着软胶囊、栓剂、外用半固体制剂、药物涂层支架等药械组合产品的研发，一系列体外溶出研究专用流通池得到工业界的广泛应用，并得到药典和监管机构的认可（图 4–15，表 4–2）。不同的机构可能对同一剂型甚至同一个制剂，根据各自处方和工艺特点，会选择不同的流通池，在流池法溶出度方法建立和验证时应关注流通池的来源、规格等。

图 4–15　适用不同剂型的流通池示意图

从左到右依次为：12mm 池、22.6mm 池、半固体制剂用流通池、表观溶出池、栓剂池、植入剂池、特殊材质流通池。

表 4-2 常用流通池及适用范围

流通池名称	药典标准	适用的剂型	注意事项
12mm 池	ChP 0931	片剂、胶囊、栓剂、软胶囊等，对崩解型制剂可能有更好的线性。	是否使用支架 是否使用玻璃珠 混悬剂、微球等制剂与玻璃珠的混合方式，应保证充分混合 脂质体、纳米混悬液等制剂使用的透析装置和适配器
22.6mm 池		片剂、胶囊、微球等，对非崩解型制剂可能有更好的线性。	
半固体制剂用流通池	USP 1724	凝胶、乳膏、软膏等半固体制剂体外性能测试	常在 32℃下使用半固体适配器进行试验（图 4-16）
表观溶出池	EP 2.9.43	原料药	直接投样，如有浸润性问题需估算表面活性剂用量，可减少实验结果的误差
栓剂池	EP 2.9.42	栓剂、软胶囊等	使用干燥的池子。试验结束后用热水彻底清洗，否则容易堵塞通道
植入剂池	N/A	小型植入剂	通常以低流速进行长期溶出试验。 可提高温度进行加速溶出试验，推荐平行开展 37℃的实时溶出试验
特殊材质流通池	N/A	溶出介质中需要添加有机试剂的特殊制剂，例如载药洗脱支架	有机试剂的添加有利于加速药物溶出

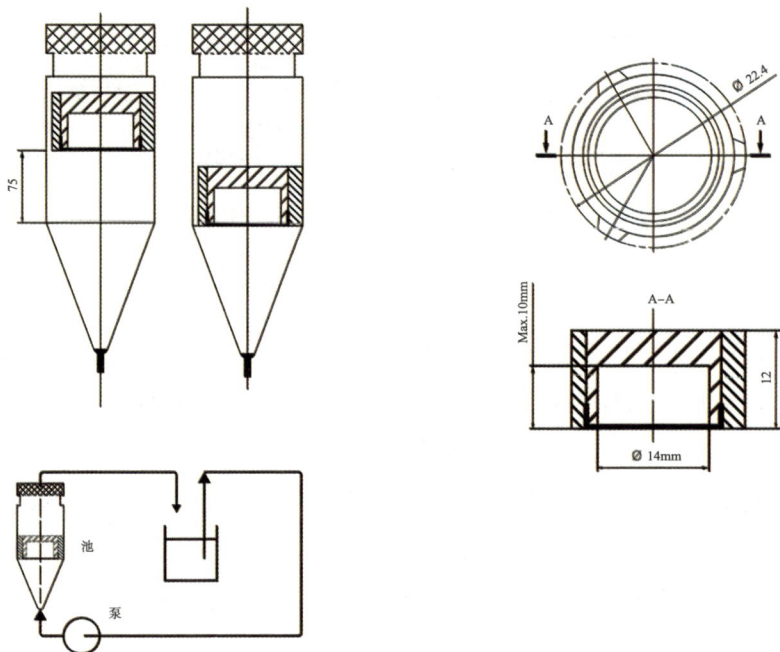

图4-16　半固体制剂适配器装配示意图

　　左上图：使用片剂支架垂直安装适配器图示（单位mm）；左下图：闭环系统配置示意图；右图：适配器构造图（单位mm）。

　　为保持流通池中溶出介质的液流稳定性，可在流通池中添加直径约为1mm的玻璃珠。是否添加玻璃珠以及玻璃珠的添加量可能会影响药物的溶出特性。研究表明，是否添加玻璃珠对崩解型片剂和溶蚀型片剂有影响，对于包衣基质片无影响。药物制剂在流通池中位置也会影响药物的溶出特性。表4-3中列出了玻璃珠、放置方式对溶蚀型片剂和包衣基质片的具体影响[1]。

1　ZHANG G H, VADINO W A, YANG T T, et al. Evaluation of the flow-through cell dissolution apparatus: effects of flow rate, glass beads and tablet position on drug release from different type of tablets[J]. Drug development and industrial pharmacy, 1994, 20(13): 2063-2078.

表 4-3　药物放置方式对不同种类剂型的影响

剂型	有玻璃珠		无玻璃珠	
	垂直放置	水平放置	垂直放置	水平放置
溶蚀型片剂	无影响	无影响	溶出增加	溶出极大增加
包衣基质片	无影响	无影响	溶出极大增加	溶出增加

《中国药典》规定流池法的介质温度应保持 37℃ ± 0.5℃，对于长效注射剂、植入剂、微球等复杂制剂，为了缩短溶出试验的时间，可采用 45℃甚至 55℃的温度进行加速溶出试验[1]。加速试验的温度，以不会导致药物显著降解为原则。对于微球制剂，温度往往是影响溶出的关键参数，因此，开展加速实验，应全面评价高温与标准温度下制剂溶出特性的相关性，以便建立既快速又能反映处方工艺变动的科学、稳健的溶出方法。

一般来说，通过流通池的介质流速越快，单位时间内通过的介质量越多，越容易满足药物溶解所需的漏槽条件。在闭环模式条件下，介质的体积和流速选择不当，可能会出现药物浓度在流通池达到饱和甚至沉淀的现象。因此，在溶出方法的建立和验证过程中应对流速的影响进行全面研究。

过滤系统也是溶出试验的关键环节，目的是将溶出的药物与未溶解的药物、制剂颗粒、辅料等分离。如果经过滤后流出的介质中含有混悬药物或制剂颗粒，这些含药颗粒将继续溶解，可能导致溶出结果偏高[2]。过滤还可去除可能会干扰药物检测的不溶性辅料。因此，应选择合适的滤材，并在溶出方法开发早期就开展筛选和验证研究。选择过滤材料时应关注过滤器材质、滤器尺寸和过滤器孔径。一般情况下，玻璃纤维材质的滤膜可

1　ZOLNIK B S, RATON J L, BURGESS D J. Application of USP apparatus 4 and in situ fiber optic analysis to microsphere release testing[J]. Dissolution Technol, 2005, 12(2): 11–14.

2　The United States Pharmacopeial Convention. The United States Pharmacopeia 1092 the dissolution procedure[S]. 2020.

以解决大部分样品的过滤问题。在药品的全生命周期内，经常发生原料、辅料、处方、工艺的微小变更，如辅料微晶纤维素的粒径发生变更，必须重新评估过滤器的适用性。微球等制剂的溶出试验周期长，有的甚至持续 6 个月，这就对过滤装置提出了更高的要求。由于过滤面积有限，常用的玻璃纤维滤膜对含有大量不溶性辅料颗粒的药物制剂进行过滤时，易发生滤膜堵塞的问题[1]。对滤膜材质进行筛选或采用多级过滤、过滤桶、柱状过滤器等方式，增大过滤面积，可避免堵塞的风险。研究人员可以根据原辅料和制剂的特点及滤器承载能力，从玻璃纤维、再生纤维素、混合纤维素酯、尼龙等材料中选择合适的滤材。

与篮法或桨法溶出方法一样，流池法中介质中的气泡也可能会影响药物制剂的溶出行为，因此，需要对溶出介质进行脱气处理。溶出介质中的气泡对试验结果的影响如表 4–4 所示。

表 4–4　气泡引入的误差及其对溶出试验结果的影响

与气泡有关的变异	对溶出试验的影响
溶出介质流速波动	试验结果变异大
气泡高速进入流通池可能破坏制剂	药物溶出过快
气泡附在药片上	溶出过慢
气泡附在微丸上，导致微丸漂浮并黏在过滤器上	溶出过慢

建立流池法溶出方法时，可对流速、脉动频率、液流模式等实验参数的影响进行研究（表 4–5）。对试验数据的统计分析有助于确定单个参数和（或）其交互作用对溶出结果的总体影响水平。

1　FARRUGIA C. Flow–through dissolution testing: a comparison with stirred beaker methods[J]. The Chronic*ill, 2002（6）: 17–19.

表 4–5　方法耐用性研究建议

参数	研究建议
流速	± 5%
玻璃珠加入量	± 5%
温度	± 1℃
溶出介质 pH	± 0.5 pH 单位
脉动频率（仅限于脉动方式）	（120 ± 10）冲 / 分
不同液流模式（限有多种液流模式的设备）	同等流速下使用无脉流、正弦波 1、正弦波 2
样品位置	垂直摆放、水平摆放、倾斜 45° 摆放
上样量（粉末、微球、脂质体时）	标准上样量 ± 5%
溶出介质脱气	不同的脱气时间、脱气方式、介质残氧量
滤膜	不同类型、不同来源的同类型滤膜（如果有不同的制造商）

4 | **在药物制剂中的应用**

在药物研发过程中，研究人员期望体外溶出方法能对药物的不同处方、工艺有良好的区分力，有助于高效开展处方筛选和工艺优化，同时，还希望通过体外溶出数据预测药物的体内性能，提高生物等效性临床试验的通过率，降低研究成本。模拟体内生理环境或药物制剂在体内过程的溶出度试验亦称为生物溶出试验。通过模拟药物制剂在人体胃肠道（GI）的动态行为，流池法可在一定程度上预测药物的生物利用度[1]。

4.1 原料药（表观溶出度）

原料药或活性药物成分（API）是制剂生产的基础物料，其晶型、晶习、粒度、孔隙度和表面积等参数是原料药重要的质量指标。因此，在一定条件下，考察原料药的溶出（溶解）行为有助于确认其质量是否可以满足制剂要求。

《欧洲药典》和《美国药典》通则项下的固有溶出度（intrinsic dissolution），考察的是原料药的固有溶出速率，但要将原料颗粒压制成片，然后再测定单位表面积的药物溶出速率。压制过程可能会形成多晶或诱导晶型转变，从而影响原料药的晶体结构，而且加压后无法反映粒径对原料

1　GRADY H, ELDER D, WEBSTER G K, et al. Industry's view on using quality control, biorelevant, and clinically relevant dissolution tests for pharmaceutical development, registration, and commercialization[J]. Journal of pharmaceutical sciences, 2018, 107(1): 34–41.

药溶出（溶解）速率的影响。《欧洲药典》通则项下的表观溶出度（apparent dissolution，2.9.43）测定法（图4–17）则是采用了流池法，直接测定原料药表观溶出度，不需要对原料药进行压制，直接投样即可。

测定表观溶出度采用流通池（亦称粉末池）等专用装置，可以根据原料或制剂颗粒的药物溶解速率反映原料药的特性。流池法能够灵敏地区分不同的原料药状态，避免不合格原料药进入生产环节[1]，为药品质量的批间一致性和稳定可控提供了科学工具。

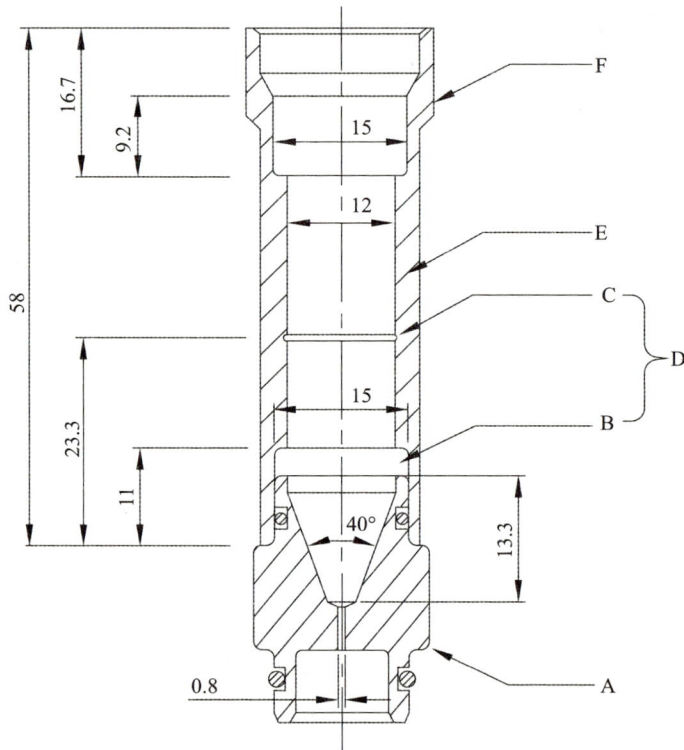

A.流通池下部；B.筛；C.药夹；D.样品盒；E.流通池中部；F.流通池上部；单位：mm

图4–17　流通池测定原料药（或粉末）表现溶出度

1　BEYSSAC E，LAVIGNE J. Dissolution study of active pharmaceutical ingredients using the flow through apparatus USP 4[J]. Dissolution Technologies，2005，12（2）：23–25.

4.2 口服制剂

口服制剂是应用最为广泛的药物制剂，其中以固体制剂最为常见。口服片剂和胶囊剂的溶出研究多采用桨法、篮法，但不易更换溶出介质且介质体积选择受限。为开展难溶性药物的溶出研究并更好地模拟人体生理环境，1969年，Langenbucher博士采用设计的流池法装置对苯甲酸非崩散型颗粒剂的溶出动力学进行了考察，结果表明，流速、流通池面积、颗粒大小对药物溶出的影响与理论预测和文献值一致，证实了流池法的优势。

随着新技术、新材料在药学领域中的发展应用以及制剂技术的进步，缓释制剂、渗透泵片、纳米混悬剂等复杂高端制剂逐渐成为口服制剂的重要研究方向。在缓控释制剂及体内外相关性（IVIVC）研究领域，采用流池法可以建立对不同生产工艺有区分力的溶出方法、模拟食物效应、模拟胃肠道pH序贯变化、避免过饱和沉淀等问题，建立药物体外溶出与体内行为的相关性[1~5]。

刘曦等[1]采用流池法对多家企业生产的BCS2类药物双氯芬酸钠缓释制剂进行体外溶出比较研究，利用流池法易更换介质、能保持理论漏槽条件的优势，建立了具有合适区分力的双氯芬酸钠缓释片溶出条件，对市售双氯芬酸钠缓释片的体外溶出进行了对比，并能在一定程度上反映体内疗效。该研究认为，流池法具有区分不同处方、工艺的能力（图4-18），体外溶出试验是保证药品质量可靠的重要手段之一。

1　刘曦，王亚敏，潘阿慧，等. 流通池法考察双氯芬酸钠缓释片的体外释放特性[J]. 中国药学杂志，2013，48（16）：1389-1393.

2　QIU S, WANG K, LI M. In vitro dissolution studies of immediate-release and extended-release formulations using flow-through cell apparatus 4[J]. Dissolution Technol, 2014, 21: 6-16.

3　PAPRSKÁŘOVÁ A, MOŽNÁ P, OGA E F, et al. Instrumentation of flow-through USP IV dissolution apparatus to assess poorly soluble basic drug products: a technical note[J]. AAPS PharmSciTech, 2016, 17（5）: 1261-1266.

4　王兵，张桦，陈芳. 苯甲酸利扎曲普坦速溶膜剂的研制及体内外评价[J]. 中国医药工业杂志，2016，47（11）：1398-1403.

5　FORREST W P, REUTER K G, SHAH V, et al. USP apparatus 4: a valuable in vitro tool to enable formulation development of long-acting parenteral（LAP）nanosuspension formulations of poorly water-soluble compounds[J]. AAPS PharmSciTech, 2018, 19（1）: 413-424.

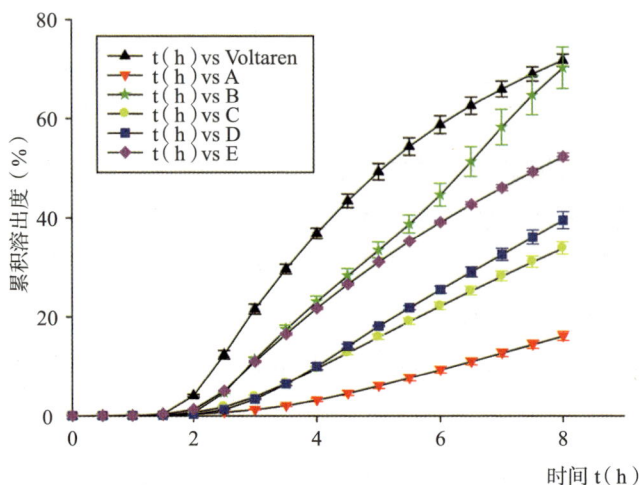

样品	f₂ 值
Voltaren 和 A	21.508
Voltaren 和 B	49.541
Voltaren 和 C	28.039
Voltaren 和 D	29.964
Voltaren 和 E	41.404

图 4-18　A，B，C，D 和 E 5 家企业与原研的双氯芬酸溶出曲线与 f₂ 值

食物影响（food effect，FE）是新药临床药理学研究的重要组成部分，药物与食物同服可能影响药物的吸收，进而影响药物的安全性和有效性。通常，高热量高脂肪饮食后立即服药可显著影响药物的生物利用度。餐后给药的生物利用度显著增加，是由于小肠内胆酸盐和脂解产物能够增溶，摄入食物后胃排空时间会延长。Sunesen 等采用流池法通过体外生理模型研究了食物对达拿唑（Danazol）胶囊的影响[1]。开展上述研究时，需要使用模拟人体体液，必要时，溶出介质中应添加脂肪酸等人体代谢物质，以模拟高脂饮食环境。

广东省药品检验所在国家药品抽验探索性研究中，设计模拟空腹状态下泮托拉唑钠肠溶片在人体胃肠道环境中的溶出行为，在开环模式下，采

1　SUNESEN V H, PEDERSEN B L, KRISTENSEN H G, et al. In vivo in vitro correlations for a poorly soluble drug, danazol, using the flow-through dissolution method with biorelevant dissolution media[J]. European journal of pharmaceutical sciences, 2005, 24(4): 305–313.

用四种介质（0~60 分钟为 pH 1.2、60~120 分钟为 pH 4.5、120~180 分钟为 pH 6.0、180~300 分钟为 pH 6.8）依次通过流通池，测定了 13 家企业生产的泮托拉唑钠肠溶片的溶出曲线。结果表明，在 pH 1.2 的条件下，几乎所有厂家的肠溶片均没有溶出；在 pH 4.5 的条件下，大多数厂家产品没有溶出，极少部分厂家略有溶出（小于 2%）；在 pH 6.0 阶段，部分厂家制剂开始溶出，有些溶出甚至达到 50% 以上，例如 I 厂家（87%）、D 厂家（72%）；而参比制剂仅在 pH 6.8 介质中溶出（图 4-18）。国内厂家中，只有 6 家可以做到仅在 pH 6.8 介质中溶出，但其溶出行为与参比对比或快或慢，仍然存在不同程度的差异（图 4-19）。

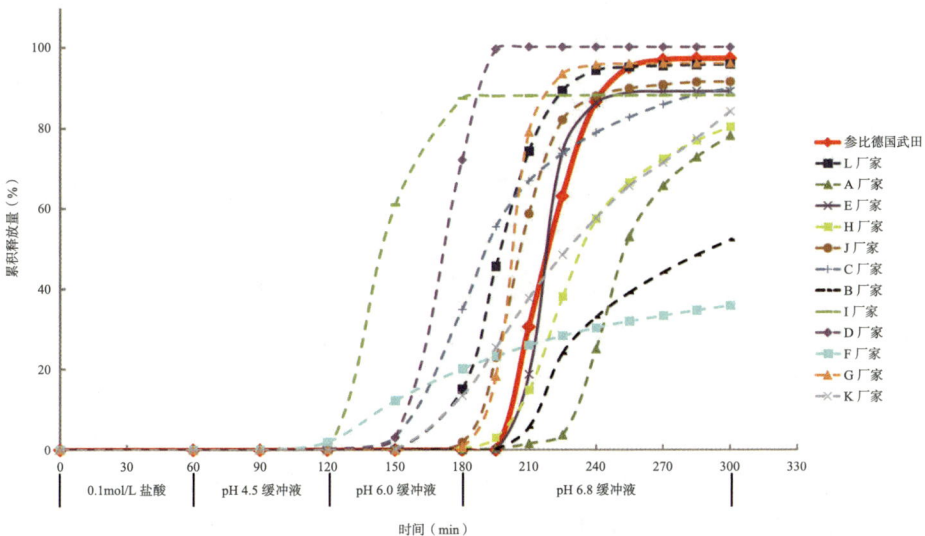

图 4-19　不同厂家泮托拉唑钠肠溶片的溶出曲线对比

Qiu 等[1]采用流池法开环和闭环模式，考察了对乙酰氨基酚片、茶碱缓释片和茶碱缓释胶囊在不同流速和介质中的溶出行为。研究表明，流速对普通片剂（IR）的崩解过程具有显著影响。流池法对不同处方具有良好的区分力，可以作为处方筛选和质量控制的工具。在茶碱缓释制剂的体外溶出试验中，利用

1　QIU S, WANG K, LI M. In vitro dissolution studies of immediate-release and extended-release formulations using flow-through cell apparatus 4[J]. Dissolution Technol, 2014, 21: 6-16.

流池法可方便切换介质的特点，可模拟人体胃肠道的环境，测定缓释制剂在不同 pH 介质中的溶出，测定的体外溶出曲线与数学模型的预测值一致。

难溶性药物在体外溶出过程中经常会出现过饱和沉淀的现象，Paprskáová[1]以双嘧达莫片（100mg）、桂利嗪片（15mg）为模型药物，采用流池法和桨法开展了胃排空时间对药物过饱和的影响研究，在流池法开环模式下，不断将流通池中溶出的药物排出，避免了过饱和药物的沉淀，使得体外溶出行为更接近体内。

口溶膜剂因其独特的性质和优势，如服药无需用水、溶化迅速、剂量准确、便于携带等，得到越来越广泛的研究和应用。口溶膜药物溶出较快，通常需要在 10 秒至 1 分钟内取样测定，常规溶出仪难以完成自动取样。而且，口溶膜薄、小、轻，测定溶出度时需要将膜剂放在沉降篮或特制的筛网中，以避免其漂浮或黏附，沉降篮或筛网在溶出杯中的位置对溶出度测定结果具有一定的影响，位置变动可能会使重现性难以得到保证。陈芳等[2, 3]在流池法的基础上研制了膜剂专用溶出仪，模拟膜剂在口腔中的实际使用情况，并保持漏槽条件，对伏格列波糖口溶膜进行了体外溶出测定。研究结果表明，利用膜剂专用溶出仪对口腔生理环境的模拟，可以观察到与体内试验结果之间的相关性。在针对不同膜厚度和不同种类 HPMC 成膜材料的溶出试验中，通过对介质流速进行适宜的调整，该方法具有较高的灵敏度和辨别力，对不同的处方和工艺具有一定的区分能力（图 4-20）。王兵等利用该装置在不同的流速条件下测定了苯甲酸利扎曲普坦速溶膜的体外溶出（图 4-21），认为膜剂专用流池法重现性更好、区分力更强，更适合膜剂的体外溶出和溶化性能评价[4, 5]。

1　PAPRSKÁŘOVÁ A, MOŽNÁ P, OGA E F, et al. Instrumentation of flow–through USP IV dissolution apparatus to assess poorly soluble basic drug products: a technical note[J]. AAPS PharmSciTech, 2016, 17(5): 1261–1266.

2　陈芳, 夏怡然, 张惠平, 等. 流延法制备口溶膜剂及其质量评价[J]. 中国医药工业杂志, 2013, 44(9): 938–942.

3　XIA YR, CHEN F, ZHANG HP, et al. A new method for evaluating the dissolution of orodispersible films[J]. Pharm Dev Technol, 2015, 20(3): 375–379.

4　王兵, 张桦, 陈芳. 苯甲酸利扎曲普坦速溶膜剂的研制及体内外评价[J]. 中国医药工业杂志, 2016, 47(11): 1398–1403.

5　NEISINGH S E, SAM A P, DE NIJS H. A Dissolution Method for Hard and Soft Gelatin Capsules Containing Testosterone Undecanoate in Oleic Acid[J]. Drug Development Communications, 1986, 12(5): 651–663.

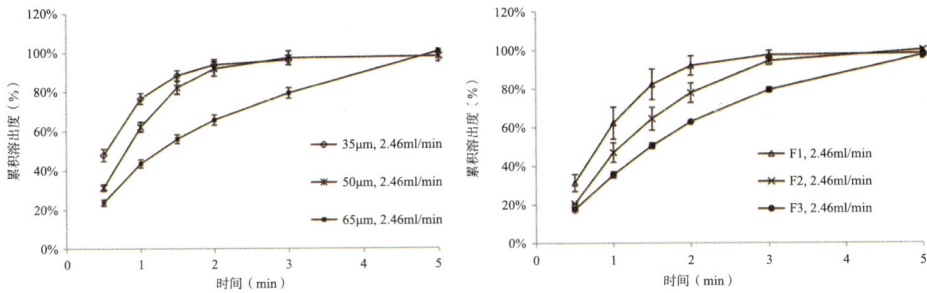

图 4-20　不同膜厚度与 HPMC 种类对伏格列波糖口溶膜溶出结果的影响

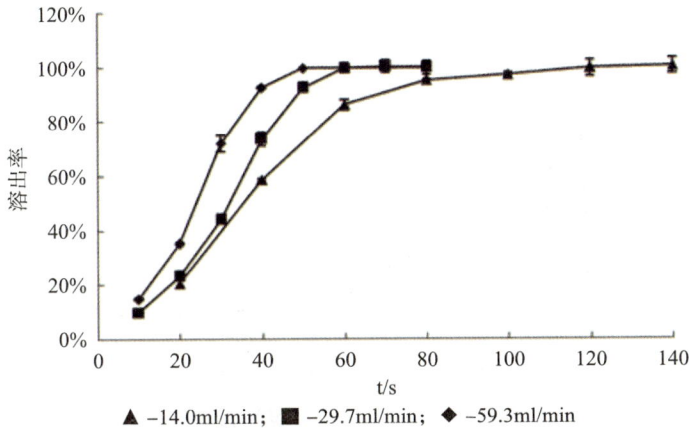

▲ -14.0ml/min；■ -29.7ml/min；◆ -59.3ml/min

图 4-21　流速对苯甲酸利扎曲普坦速溶膜溶出结果的影响（ $n=3$ ）

庾莉菊等[1]是国内最早开展流池法体内外相关性（IVIVC）研究的团队，采用流池法考察了非洛地平缓释片体外溶出与体内吸收的相关性，建立了具有体外区分力和体内外相关性的溶出条件，并筛选出体外溶出行为与原研制剂一致且人体生物等效的非洛地平缓释片处方。生物等效性实验结果表明，参比制剂与受试制剂的 C_{max}、T_{max}、AUC_{0-t} 和 $AUC_{0-\infty}$ 均符合生物等效性的判定标准，具有生物等效性（图 4-22）。

1　庾莉菊，宁保明，张娜，等. 非洛地平缓释片体外释放度与体内外相关性研究[C] // 中国药学会药物分析专业委员会. 中国药学会药物分析专业委员会，2013.

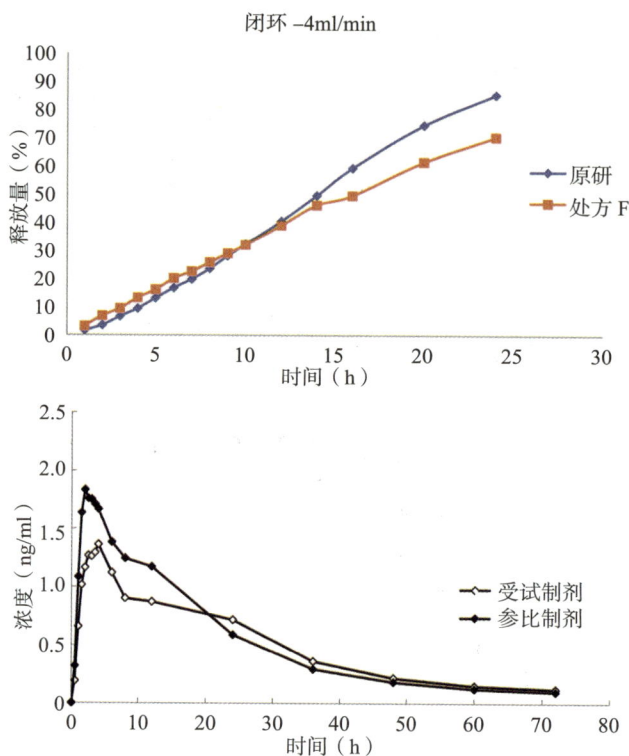

闭环 –4ml/min

图 4-22 　非洛地平缓释片流池法体外溶出度与体内血药数据比较

　　针对软胶囊等这类亲脂型制剂专门设计的特殊流通池，能够克服油脂层漂浮、堵塞滤膜等问题。Neisingh 等采用流池法研究了以油酸为溶剂的十一酸睾酮软胶囊的溶出度，结果表明，体外溶出与体内吸收具有良好相关性[1]。用于软胶囊的特殊流通池后来分别被《美国药典》和《欧洲药典》收载，并且得到 FDA 推荐用于二十碳五烯酸乙酯软胶囊溶出试验。郑忠辉、潘西海等采用流池法开展了 KCJ 软胶囊的溶出研究，分别从流通池的开环和闭环模式、流通池类型、表面活性剂的浓度、酶的用量以及流速等参数进行筛选，测定了不同溶出介质中的溶出曲线（图 4-23）。

1　NEISINGH S E, SAM A P, DE NIJS H. A Dissolution Method for Hard and Soft Gelatin Capsules Containing Testosterone Undecanoate in Oleic Acid[J]. Drug Development Communications，1986，12（5）：651-663.

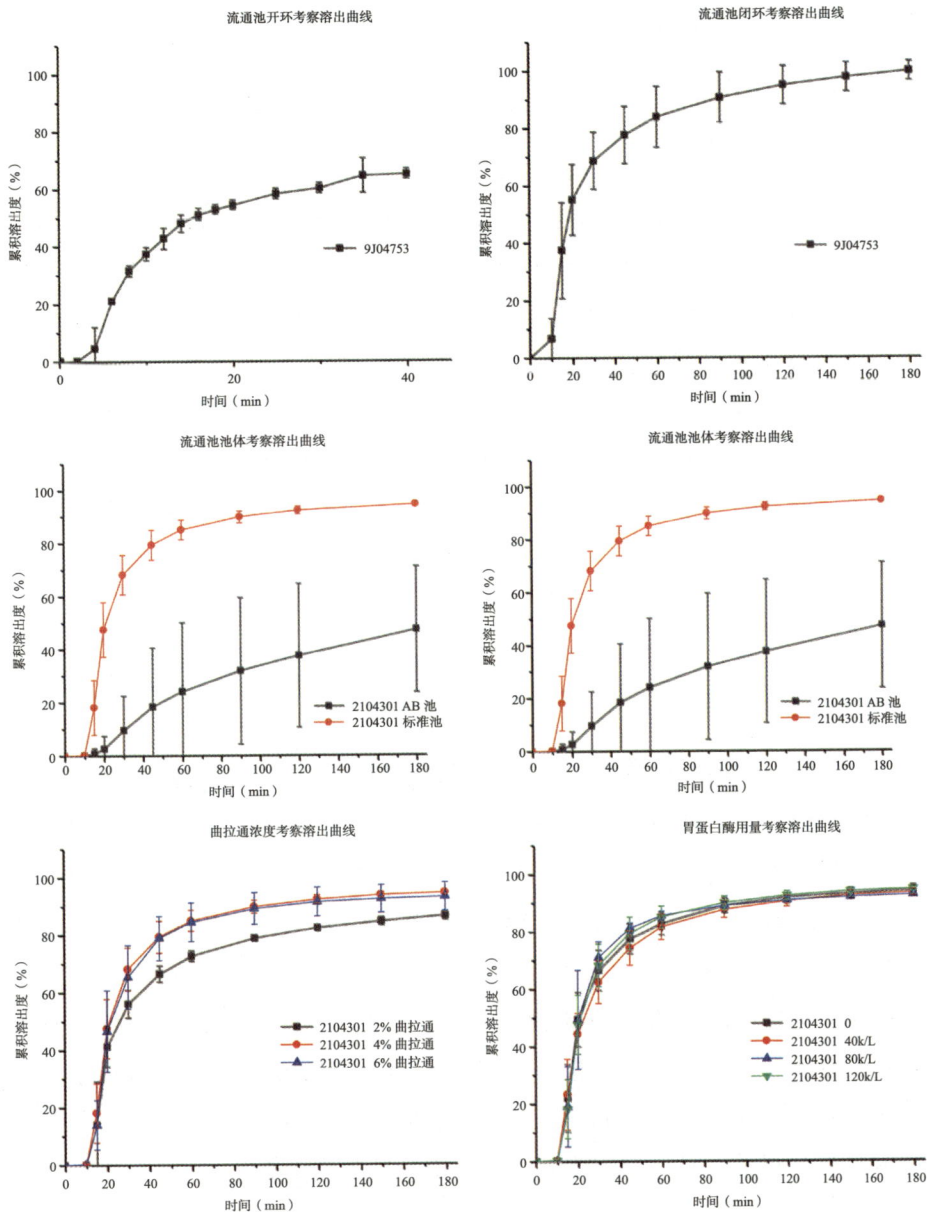

图 4-23　不同溶出介质对二十碳五烯酸乙酯软胶囊溶出曲线的影响

渗透泵片在口服后，胃肠道的水分会透过半透膜进入片芯使药物溶解，并产生渗透压。随着水分持续进入，片芯内接近饱和浓度的药物溶液在渗透压的作用下，通过激光孔以恒定的速率释放到胃肠道系统。Emara[1]等采用流池法对双氯芬酸钠渗透泵片进行了体外溶出度研究，筛选出包膜中添加聚乙二醇400的处方，其药物溶出速度较添加三乙酸甘油酯的处方更快，并且区分出不同辅料制备的渗透泵片溶出速率上的差异。流池法可以在渗透泵片剂的处方筛选过程中提供新的溶出度研究思路。Forrest[2]等采用桨法、透析囊法和流池法对两种长效非肠道药用纳米混悬液制剂进行体外溶出研究。试验表明，桨法和反向透析囊法对纳米混悬液的黏度不敏感，且反向透析囊的膜孔有可能会被难溶性化合物堵塞，导致测定误差，而通过流池法考察不同流速、介质及载药方式下药物的体外溶出特性，得到不同的溶出曲线，可以反映纳米混悬液制剂的处方工艺、粒径分布和黏度等参数。在应用流池法时，纳米混悬剂常见的放样方式包括以储库形式放置、以层状形式放置、置于玻璃珠顶端或透析袋中等。

4.3 外用制剂

外用制剂是指直接外用于皮肤、黏膜的制剂，既可发挥局部治疗作用，又可透过皮肤或黏膜吸收进入体循环而达到全身治疗的目的，其剂型主要包括栓剂、软膏剂、乳膏剂、凝胶剂、散剂、水剂及洗剂等，其中软膏剂、乳膏剂和凝胶剂处方组成复杂，多为半固体制剂。外用半固体制剂的体外溶出（释放）（IVRT）是国家药品监督管理局药品审评中心等国内外药品监管和审评机构要求的重要质量研究项目，除扩散池法、浸没池法外，流池法也是该类制剂质量研究的重要工具。采用流池法考察半固体制剂体外溶出行为时，一般采用22.6mm大规格流通池，适配器由样品池和固定环组成（图4-15），目前，外用半固体制剂的IVRT多为闭环模式。

1　EMARA L H, TAHA N F, BADR R M, et al. Development of an osmotic pump system for controlled delivery of diclofenac sodium[J]. Drug Discoveries & Therapeutics, 2012, 6(5): 269–277.

2　FORREST W P, REUTER K G, SHAH V, et al. USP apparatus 4: a valuable in vitro tool to enable formulation development of long-acting parenteral (LAP) nanosuspension formulations of poorly water-soluble compounds[J]. AAPS PharmSciTech, 2018, 19(1): 413–424.

韩煦等采用流池法研究了消糜栓中 5 种中药成分的溶出度[1]，实验结果表明，流速对于 5 种成分的溶出具有显著影响。邰新丽等[2]根据流池法的特点，建立了复方酮康唑乳膏的溶出度检查方法，将样品置于乳膏储库中，用半透膜包裹，放置于 22.6mm 标准池中。实验采用闭环模式，介质体积为 200ml，对不同厂家的复方酮康唑乳膏进行了体外溶出度比较，结果表明，采用流池法能够反映不同厂家复方酮康唑乳膏溶出度的差异。

Chattaraj[3]等采用流池法开环模式，在 32℃、流速 6ml/min 的条件下，使用醋酸纤维素膜（0.45μm）考察了层流、湍流、透析膜方向等因素对不同处方制剂溶出行为的影响。结果表明，流池法对半固体制剂的不同处方具有良好的区分能力。Osmalek[4]等采用流池法和 Strat-M 膜考察了不同处方的萘普生有机凝胶的体外渗透性，结果表明，自制有机凝胶的渗透性优于大部分市售凝胶，溶解的药物可以产生更高的浓度梯度，从而加快渗透，提高疗效。

Speer[5]等对流池法进行了改进，将流通池与 3D 打印的膜剂支架结合，使膜剂可以在不同的流速和介质中溶出。流池法使用的介质体积较小，与口腔中唾液的体积相近，从而可以很好地模拟膜剂在口腔中的溶出。样品支架的使用将样品室内的有效容积减少到大约 3ml，与生理唾液的体积更好地吻合，且在实验过程中可使膜剂保持在恒定位置，从而减小误差，在研究膜剂药物溶出时更具区分力。

1 韩煦，皮佳鑫，张瀛，等. 流通池法测定消糜栓 5 种成分溶出度的研究[J]. 天津中医药大学学报，2018，37（6）：511–515.

2 邰新丽，陈阳，李建华，等. 流通池法测定复方酮康唑乳膏释放度的方法研究[J]. 药物分析杂志，2007，27（9）：1424–1427.

3 CHATTARAJ S C, KANFER I. 'The insertion cell'：A novel approach to monitor drug release from semi–solid dosage forms[J]. International journal of pharmaceutics, 1996, 133（1–2）：59–63.

4 OSMAŁEK T, MILANOWSKI B, FROELICH A, et al. Novel organogels for topical delivery of naproxen：design, physicochemical characteristics and in vitro drug permeation[J]. Pharmaceutical development and technology, 2017, 22（4）：521–536.

5 SPEER I, PREIS M, BREITKREUTZ J. Dissolution testing of oral film preparations：Experimental comparison of compendial and non–compendial methods[J]. International journal of pharmaceutics, 2019, 561：124–134.

孙悦等[1]采用桨碟法和流池法分别对尼古丁缓释贴剂进行了溶出特性比较研究，用零级、一级、Higuchi方程等和相似因子法分别对不同介质中的溶出曲线进行拟合，提取溶出参数并进行统计学分析。结果表明，流池法与桨碟法测定结果无显著性差异（P > 0.05），可应用流池法对尼古丁缓释贴剂进行体外等效研究。

用流池法进行半固体制剂溶出度方法开发时，通常需要考虑两个重要因素：一是溶出介质的选取，二是人工膜的选择。

选择的溶出介质应当满足：无毒，不与药物发生反应，尽量与生理条件接近，如生理盐水、PBS缓冲液（pH 7.4）等；能充分溶解被测物质，一般要求满足漏槽条件，即接收液体积为药物饱和溶液所需体积的3~7倍；能保证被测物质在介质中的溶解度和稳定性。有研究表明[2]，不同介质之间的渗透能力存在显著差异。通常，水溶性好的药物选择水溶性溶液（如生理盐水或缓冲盐水溶液），而水溶性较差的可适当加入不同浓度的乙醇、丙二醇、甲醇、PEG400、吐温80、吐温20、Brij 35、triton-x100、聚氧乙烯月桂醚98和十二烷基硫酸钠等有机溶剂或表面活性剂[3-6]。但为了更好地反映制剂溶出的真实情况，最好通过减小给药剂量，而不是通过添加表面活性剂或有机溶剂获得漏槽条件；即使不得不添加，也应尽量控制添加量。另一个需要重点考虑的是介质的pH。pH的选择应该基于原料药在不同pH下的溶解度和制剂本身的pH[7]。另外，膜与介质接触面产生的气泡可能

1　孙悦，唐素芳. 流通池法测定尼古丁缓释贴剂的释放度[J]. 中国药房，2012，23（33）：3133–3135.

2　梁佳敏，李楠，徐海蓉，等. 经皮给药系统的体外释放，透皮特性及体内药动学研究进展[J]. 武警后勤学院学报：医学版，2013（12）：1137–1140.

3　古丽，巴哈尔，卡吾力，等. 不同促透剂对黄体酮软膏透皮吸收作用的影响[J]. 新疆医科大学学报，2007，30（4）：360–361.

4　刘红，吴迪，谷亦平，等. 咪喹莫特微乳的制备及体外透皮评价[J]. 中国医药工业杂志，2007，38（7）：496–498.

5　SANT T, MOREIRA A, DE SOUSA V P, et al. Influence of oleic acid on the rheology and in vitro release of lumiracoxib from poloxamer gels[J]. Journal of Pharmacy & Pharmaceutical Sciences, 2010, 13（2）：286–302.

6　OBATA Y, OTAKE Y, TAKAYAMA K. Feasibility of transdermal delivery of prochlorperazine[J]. Biological and Pharmaceutical Bulletin, 2010, 33（8）：1454–1457.

7　VAN AMERONGEN I A, DE RONDE H A G, KLOOSTER N T M. Physical-chemical characterization of semisolid topical dosage form using a new dissolution system[J]. International journal of pharmaceutics, 1992, 86（1）：9–15.

导致实验误差，并且溶解在介质中的气体会影响溶液 pH，对一些敏感的药物体外溶出有显著影响，介质预先除氧至关重要。脱气完成的介质会从空气中重新吸收氧气达到氧平衡，Kyle A 等[1]研究发现不同的脱气方法不会影响最后的氧平衡，只会影响除去溶解气体以及介质重新达到氧平衡的时间。溶出介质达到氧平衡的速度非常迅速，一般在一个小时左右，因此在实际实验过程中，脱气介质复氧的影响可以忽略不计。

半固体制剂体外溶出与人工膜的材质、通量有关。筛选的膜必须作为惰性支撑而不是屏障，对药物扩散的阻碍作用越小越好。此外，为了尽可能减少膜和溶出介质接触时产生的气泡，膜应预先在溶出介质中饱和至少20 分钟，使用无气泡池，且操作时避免气泡产生[2,3]。具体内容请详见扩散池的有关章节。

4.4 特殊注射剂

特殊注射剂[4]是一类复杂的载药系统，包括脂质体、静脉乳、微球、植入剂、油溶液、混悬型、胶束型注射剂等。相对于普通注射剂来说，虽然目前在全球上市的品种不多，但发展势头强劲，部分产品的市场表现甚至超过了新药。本章节列举了流池法用于特殊注射剂溶出研究的典型案例。

在脂质体产品领域，美国康涅狄格大学的 Burgess 教授团队创新性地将透析法和流池法相结合，解决了不同处方和工艺制备的地塞米松脂质体的

1　FLISZAR K A, FORSYTH R J, LI Z, et al. Effects of dissolved gases in surfactant dissolution media[J]. Dissolution Technologies, 2005, 12(3): 6.

2　NG S F, ROUSE J, SANDERSON D, et al. A comparative study of transmembrane diffusion and permeation of ibuprofen across synthetic membranes using Franz diffusion cells[J]. Pharmaceutics, 2010, 2(2): 209–223.

3　KANFER I, RATH S, PURAZI P, et al. In vitro release testing of semi-solid dosage forms[J]. Dissolution Technologies, 2017, 24(3): 52–60.

4　国家药品监督管理局药品审评中心. 化学药品注射剂（特殊注射剂）仿制药质量和疗效一致性评价技术要求[EB/OL]. [2020–05–14]. https://www.cde.org.cn/zdyz/domesticinfopage?zdyzIdCODE=bd48d9ea178b60d6d100848ca5a87b35. html.

差异性问题[1]。AmBisome® 是两性霉素 B（Amp B）的脂质体制剂，是一种复杂的非口服抗真菌药。开发 AmpB 脂质体具有挑战性，原因在于 Amp B 难溶，且制备工艺显著影响产品的整体疗效和安全性，因此需要寻找一个能够区分不同制备工艺的合适的 AmpB 脂质体质量控制方法。流池法便是目前国际上推荐的方法。Jie 等[2] 运用流池法区分了两性霉素 B 脂质体制造过程中产生的溶液、混悬液、脂质体以及不同加工工艺的脂质体处方，体现了流池法在该药物生产、质量控制领域中区分不同制造中间体的重要作用。

Kondo 等[3] 利用乙基纤维素纳米颗粒团聚体制备控释微粒的粒子包衣，并采用流池法研究了涂层温度对涂层性能的影响。研究中发现，流池法能够对药物涂层的微小变化带来足够的区分力，体现了流池法在药物生产、质量控制领域中区分不同工艺产品的重要作用。

Shen 等[4] 采用家兔模型测定肌内注射利培酮微球制剂的体内药代动力学曲线，利用 Loo–Riegelman 法对获得的药代动力学曲线进行反卷积，并将计算的体内溶出度与流池法获得的微球体外溶出度进行比较，建立了 A 级 IVIVCs，具有良好的预测性和耐用性，并且验证了生物等效的利培酮微球。该研究开发的流池法能够区分配方组成相同但工艺不同的聚合物（PLGA）微球，并预测其在动物模型中的体内性能。

梁苑英竹[5] 使用流池法研究醋酸奥曲肽微球的体外溶出度，并与传统

1　BURGESS D J, HUSSAIN A S, INGALLINERA T S, et al. Assuring quality and performance of sustained and controlled release parenterals：AAPS workshop report，co–sponsored by FDA and USP［J］. Pharmaceutical research，2002，19（11）：1761–1768.

2　TANG J, SRINIVASAN S, YUAN W, et al. Development of a flow–through USP 4 apparatus drug release assay for the evaluation of amphotericin B liposome［J］. European journal of pharmaceutics and biopharmaceutics, 2019, 134：107–116.

3　KONDO K, KATO S, NIWA T. Mechanical particle coating using polymethacrylate nanoparticle agglomerates for the preparation of controlled release fine particles：The relationship between coating performance and the characteristics of various polymethacrylates［J］. International Journal of Pharmaceutics, 2017, 532（1）：318–327.

4　SHEN J, CHOI S, QU W, et al. In vitro–in vivo correlation of parenteral risperidone polymeric microspheres［J］. Journal of controlled release, 2015, 218：2–12.

5　梁苑英竹，袁松，郭宁子，等. 注射用醋酸奥曲肽微球体内外释放度分析［J］. 药物分析杂志，2020，40（6）：953–963.

的转瓶法进行了对比。实验结果表明，采用流池法测定的体外加速溶出度快于转瓶法，且与体内溶出有良好的相关性（r＞0.9），为评价奥曲肽微球制剂的体内外溶出提供了参考（图4-24）。

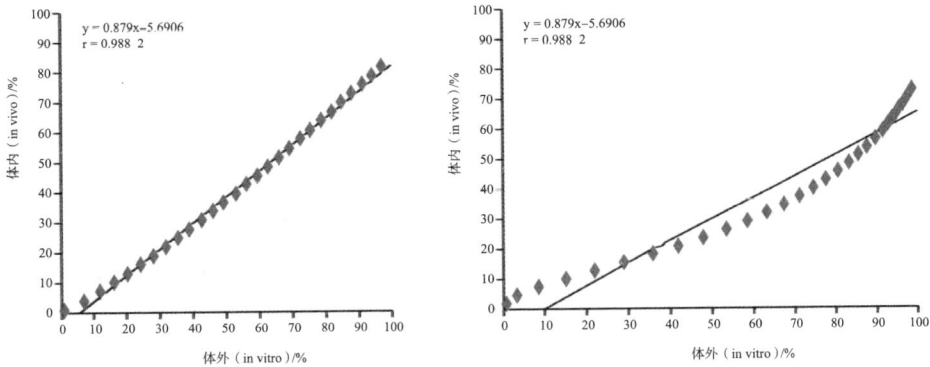

图4-24　注射用醋酸奥曲肽微球体内 – 体外加速溶出相关性[62]

左图：样品 A，右图：样品 B

Zolnik 等[1]将在线光纤检测技术与流池法结合，对比了两种分子量大小的 PLGA 载体制备的微球的溶出度，结果表明，流池法可以克服分离取样法造成的微球损失以及微球团聚，解决溶出度偏低的问题。

在植入剂领域，乐健等[2]采用流池法的植入剂专用池对 3 个处方的地塞米松产品进行了体外溶出度测试，并创新性地采用数学模型双零级法，有效克服了在长达 56 天溶出度试验中地塞米松降解的问题，为解决长效药物在溶液中的不稳定性提供了新的方法和参考（图4-25）。

1　ZOLNIK B S, RATON J L, BURGESS D J. Application of USP Apparatus 4 and In Situ Fiber Optic Analysis to Microsphere Release Testing[J]. Dissolution Technologies, 2005, 12(2).

2　乐健，张雪，陆伟跃，等. 双零级模型法测定地塞米松植入剂的释放度[J]. 药学学报, 2020, 55(6): 1306–1311.

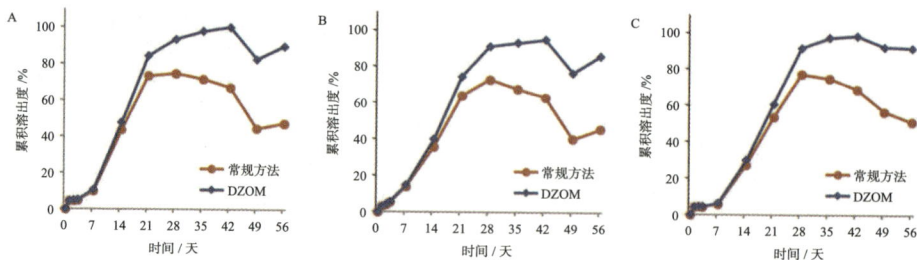

图 4-25 处方 A、B、C 溶出曲线（常规方法和双零级模型法结果的比较）

流池法可以用来测量标准条件下植入剂中药物主成分的溶出度，但不能提供时空数据来更好地解释其溶出机制，Pierson 等[1]将解吸电喷雾质谱成像与气相离子迁移率光谱法相结合，用于表征暴露于体外加速溶出介质的高分子植入剂中的药物分布。

4.5 药械组合产品

药械组合产品作为一类特殊的药物制剂，结合了器械和治疗药物的综合作用，是近十几年来发展良好的一类制剂。Neubert 等[2]使用流池法研究了药物洗脱支架（drug-eluting stents，DES）的体外溶出，体现了流池法在医疗器械领域也有极好的应用前景。Anne 等[3]通过组合流池法与桨法，研究了三氨苯醚药物洗脱支架的溶出动力学，这些研究结果说明流池法在 DES 的溶出模拟中起到非常重要的作用。Merciadez 等[4]应用流池法系统开发了一种灵敏、可靠的方法，用于测定药物洗脱冠状动脉支架中活性药物西罗莫司的洗脱，该方法已被 FDA 认可为心血管支架中西罗莫司的溶出度

1 PIERSON E E, MIDEY A J, FORREST W P, et al. Direct Drug Analysis in Polymeric Implants Using Desorption Electrospray Ionization – Mass Spectrometry Imaging（DESI-MSI）[J]. Pharmaceutical Research, 2020, 37(6).

2 NEUBERT A, STERNBERG K, NAGEL S, et al. Development of a vessel-simulating flow-through cell method for the in vitro evaluation of release and distribution from drug-eluting stents[J]. Journal of controlled release, 2008, 130(1): 2-8.

3 SEIDLITZ A, NAGEL S, SEMMLING B, et al. Biorelevant dissolution testing of drug-eluting stents: experiences with a modified flow-through cell setup[J]. Dissolution technologies, 2011, 18(1): 26-34.

4 MERCIADEZ M, ALQUIER L, MEHTA R, et al. A novel method for the elution of sirolimus（rapamycin）in drug-eluting stents[J]. Dissolution Technol, 2011, 18(4): 37-42.

方法。章娜等[1]采用流池法对雷帕霉素（西罗莫司）药物洗脱冠脉支架进行体外溶出研究，并与已上市的雷帕霉素药物支架开展了 24 小时溶出曲线比较，不同厂家的溶出差异一目了然，有利于规范该类产品的质量标准。

1　章娜，冯晓明，黄绍杰，等. 流通池法测试雷帕霉素支架涂药工艺稳定性初探[J]. 药物分析杂志，2012，32（ 4): 575–577.

5 | 展望

　　本章以《中国药典》2020 年版通则及国际协调后的关于流池法装置的技术指导为出发点，简述了流池法的发展历史、仪器结构组成特点、应用注意事项及其在国内外的发展，为读者提供一些研究思路与应用建议。

　　与其他溶出方法相比，流池法具有明显的优点。例如，流池法装置的设计特点，不仅可以保持新鲜的介质持续通过流通池，满足漏槽条件，还可以像液相色谱仪的流动相一样，方便地实现溶出介质种类更换及 pH 等参数的调整。流池法不仅适用于难溶性药物制剂的溶出研究，更好地反映工艺、处方对制剂体外溶出特性的影响，还可以模拟人体胃肠道的生理环境，为固体口服制剂处方、工艺筛选提供科学依据。此外，流池法可为片剂、胶囊、植入剂、粉末剂、颗粒剂、软膏剂、凝胶剂、乳膏剂、混悬剂、微球、脂质体、纳米混悬剂、药械组合以及栓剂等几乎所有制剂提供相应的流通池或配件，甚至可为特定品规定制流通池。不仅实现了全剂型覆盖，还能提供个性化的定制或改装，为药物制剂的研发提供了方便的科学工具。鉴于流池法通用性好，且可在不同的流体动力学条件下考察不同晶型原料药及其制剂的溶解和溶出特性，流池法溶出度仪在药物研发中得到越来越广泛的应用。

　　流池法是一种既能用于质量控制，又能开展与体内生理相关的深度质量研究的设备。由于设备设计复杂、昂贵，与质量控制对装置廉价、简洁的要求有冲突，从而导致该方法用于质量控制的实例并不多，而是更多地被用于常规溶出方法无法解决的特殊产品中（详见 4.3~4.5 部分）；同时，由于实验变量参数多（流通池类型、开环/闭环、药物放置方式等），需要开发人员具有一定的应用基础才能成功开发方法。这些局限在一定程度上限制了流池法在质量控制实验室中的应用，而更多地将其作为生理相关研究的方法用于药物研发。当该方法用于生理相关研究时，为了成功预测体内药物行为，不仅要考虑溶出介质的组成，还要考虑介质的体积和黏度、密度等流体力学特性。方法参数应根据研究对象的生理指标进行适当选择，要求实验人员具有足够的生理学知识才能更好地运用该方法。同时需要注意的是，在流体力学方面，因为人体内尚有剪切应力等其他因素在影响药物的溶出，即使是流池法也只能部分模拟胃肠道的运动，而不能被认为具有真正的生物相关性。

流池法装置和结构也需要改进。一是流池法装置有大量的管道连接，如果连接不佳或者经常拆装，容易出现漏液现象。有些流池法装置通过应用更多的自动切换管道，避免反复插拔管道，可有效降低漏液的可能性。二是流池法用于长效制剂的溶出度测试时，其过滤装置在实验过程中不可更换，经常出现过滤器堵塞的现象。因此，在方法开发时需要把过滤系统作为考察对象，一定程度上延长了方法开发的时间。未来流池法装置的改进方向应该是从更高的自动程度与更高的过滤器效能两方面入手。

虽然流池法缺点不少，但是其特有的设计特性，能够帮助使用者实现良好的漏槽条件，筛选与人体相近的生理学参数，模拟胃肠道生理条件变化，现已获得制药工业界的普遍认可。在流池法40多年的发展历史中，一直基于市场需求而不断开发新的应用，适应现代药物制剂技术的发展。例如，Nott[1] 将流通池法与核磁共振技术相结合，通过流池法－核磁共振联用为处方研究提供了一种药物微观结构与药物溶出行为的重要研究工具。Dorożyński 等[2] 使用流通池－核磁共振技术对新兴起的采用3D打印技术制

1　NOTT K P. Magnetic resonance imaging of tablet dissolution[J]. European journal of pharmaceutics and biopharmaceutics, 2010, 74(1): 78-83.

2　DOROŻYŃSKI P P, KULINOWSKI P, MENDYK A, et al. Novel application of MRI technique combined with flow-through cell dissolution apparatus as supportive discriminatory test for evaluation of controlled release formulations[J]. AAPS PharmSciTech, 2010, 11(2): 588-597.

造的药物进行了结构解析与质量控制，预示着流池－核磁共振联用技术在未来可能会有较好的应用前景。流池法与紫外可见成像系统联用检测盐酸二甲双胍缓释片溶出行为的相关内容，可详见紫外溶出表面成像章节。相信通过这一溶出技术的发展和应用方法的创新，可以帮助药物开发者全面掌握药物制剂开发的关键信息，寻找最佳的药物制剂设计方案，以实现药物研发和质量控制的持续发展与创新。

第五章

往复筒法

概述

20世纪70年代，随着口服缓释制剂（MR/ER，国内又称缓控释制剂或调释制剂）研发和体内外相关性研究的兴起，迫切需要建立能反映制剂在胃肠道体内行为的"与生理相关的溶出方法（physiology relevant dissolution）"，即药物溶出装置、介质和溶出过程能反映生理环境和制剂在体内的动态过程。由于篮法、桨法等溶出装置设计的局限性，药物制剂在固定体积的单一溶出介质中进行药物溶出，这种"静态"过程无法充分模拟制剂在胃肠道中经过多种体液介质，并经历肠胃道蠕动的特殊流体力学下进行崩解、溶出的"动态"过程；单向静态溶出过程也无法模拟药物制剂在胃肠道溶出与人体吸收的"动态"过程。因此，很多学者都在探索能够适合缓释制剂体外溶出的新装置。1980年，英国伦敦大学的 Beckett 教授首次提出了往复筒溶出度仪的概念，其往复运动方式与崩解仪类似，通过多排溶出杯设计，使制剂于不同时间在不同的介质中以不同的往复频率进行溶出，可方便地模拟口服固体普通制剂和缓释制剂等多种剂型，不同时间在人体胃肠道崩解、溶出等处置过程中的 pH、体液等动态生理环境，因此又称"bio-dis"。目前，《美国药典》《中国药典》等国际主要药典已收载往复筒装置，并已广泛应用于普通制剂和缓释制剂的处方筛选、工艺和质量控制研究。

本章主要介绍往复筒法和溶出装置的发展历史、原理、特点及其在普通口服固体制剂、软胶囊、缓释制剂、微球等复杂制剂研究中的应用及展望。

1 | 发展历史

    转瓶法是一种具有独特流体力学性质的溶出装置，用于缓释制剂的溶出度测定。1965 年，美国国家处方集（National Formulary，NF）首次收载了转瓶法。20 世纪 70 年代，Beckett 教授等采用转瓶法开展了缓释颗粒制剂的溶出研究。转瓶法为模拟药物制剂在胃肠道的"动态"溶出过程提供了新思路。但由于转瓶法装置的局限性，取样和变更介质操作繁复，难以自动化，未能成为药典溶出测定的法定装置。

    1980 年，Beckett 在国际药学联合会（FIP）会议上首次提出了往复筒法装置的概念，并委托英国 GB Caleva Ltd. 公司（20 世纪 90 年代被 ERWEKA 公司收购）制造了第一台样机。1982 年 7 月，时任英国药学会主席的 Beckett 应中国药学会邀请到北京、上海访问讲学，就缓释制剂的体内外相关性研究、往复筒法等进行了学术报告[1]。1984 年，Beckett 等[2]为该装置申请了欧洲专利（图 5-1）。通过对茶碱缓释片、胶囊等制剂的研究表明，该溶出装置的体外溶出数据与转瓶法具有良好的相关性，并能够与体内数据建立良好的相关性[3, 4]。

1　曾衍霖. A. H. Beckett 教授来华讲学[J]. 医药工业，1982(10)：10.

2　BECKETT A H，DODD R E，GEEVES G K，et al.Dissolution testing machine：EP0121345 A2[P].［1984–10–10］.

3　GRAEPEL H P，Womberger H，Kulm D. 'BIO–DIS', an apparatus for measurement of in–vitro release of drugs from depot formulations[J]. Pharmazeutische zeitung，1986，131(31)：1820–1823.

4　ESBELIN B，BEYSSAC E，AIACHE J M，et al.A new method of dissolution in vitro, the "Bio–Dis" apparatus：Comparison with the rotating bottle method and in vitro：in vivo correlations[J]. Journal of pharmaceutical sciences 1991，80(70)：991–994.

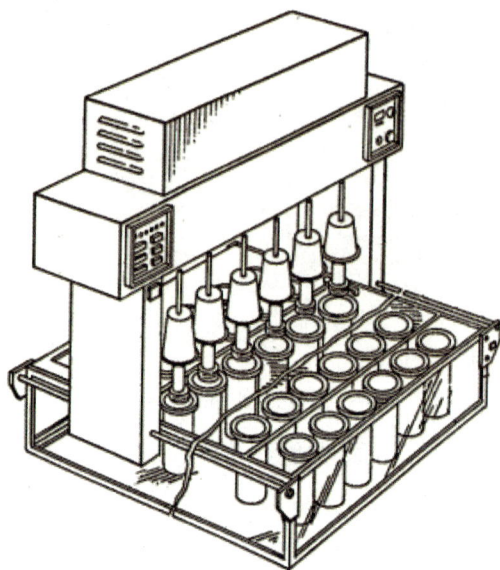

图 5-1　往复筒法装置

1991 年，Beckett 授权 Vankel 公司进行往复筒法装置的商业化生产，并将 BIO-DIS Ⅱ 注册为商品名[1]。同年，《美国药典》（USP）首次收载往复筒法[2]。1993 年，为建立往复筒溶出装置校正用标准物质，USP 对马来酸氯苯那敏缓释片等三种缓释制剂进行了协作研究，最终选择马来酸氯苯那敏缓释片和茶碱缓释颗粒分别作为往复筒法校正片和校正颗粒[3]。1995 年，美国禄亘（LOGAN）公司在 Beckett 教授的指导下，设计并优化了 DISSO Ⅲ–Classic 装置，实现了往复筒法与往复架法溶出度仪的一体化设计。

2004 年，USP 停止发放茶碱缓释颗粒，根据国际标准化组织（ISO）对校正物质（calibrator）规定，从 2006 年 10 月起，USP 将"校正片"改称为"标准片"，"校正试验"也改称为"性能确认试验（performance verification

1　NOORMOHAMMADI A, DODD R E, BECKETT A H, et al. Dissolution Testing Machine：US5011662［P］.［1991–04–30］.

2　The United States Pharmacopeial Convention. The United States Pharmacopeia USP 22［S］. 4th suppl., Easton, PA：Mack Publishing Company, 1991：2510–2514.

3　宁保明，何兰，张启明，等. 国内外溶出度试验用标准片的研究及应用［J］. 药物分析杂志，2012, 32（8）：1509–1515.

test，PVT）"[1]。2012 年 2 月 1 日起，USP 不再将马来酸氯苯那敏缓释片作为往复筒法性能确认用标准物质，USP 茶碱缓释颗粒和马来酸氯苯那敏缓释片的信息见本章附件 1。

往复筒法作为药典标准方法，在国际上已有 30 多年的应用历史，在我国，国产碳酸锂缓释片和氟西汀缓释胶囊等药品的质量标准也采用往复筒法进行溶出度检查。2018 年，由中国食品药品检定研究院（简称中检院）牵头，联合国内多家药品检验机构和国内外仪器公司，承担国家药典委员会的国家药品标准提高计划"溶出度与释放度测定法往复筒法的建立研究"课题，作为研究成果，2020 年版《中国药典》通则 0931 "溶出度与释放度测定法"中增订了往复筒法。

2019 年，国内首台往复筒法装置由天大天发科技有限公司研制推出，此后，国内多家仪器制造企业也成功开发了该装置。目前，市售往复筒法装置均能根据制剂的特点或用户要求设定程序，考察制剂在不同的往复频率和（或）介质中的溶出特性，可更好地模拟药物制剂在胃肠道内的动态过程，并可与自动取样器、分光光度仪（UV-VIS）、液相色谱仪（HPLC）等设备联用。

设计往复筒法装置的初衷是用于缓释制剂的研究，USP 收载的碘塞罗宁钠片、硝苯地平缓释片、氟西汀迟释胶囊等 9 个品种的溶出度检查采用往复筒法。另外，在美国食品药品管理局（FDA）的溶出度数据库中，马来酸氯苯那敏缓释片、维奈妥拉片等 10 个品种的溶出度检查也采用往复筒法[2]。但是，该装置同样适用于美托洛尔片、雷尼替丁片等普通制剂的溶出研究[3]，中检院团队的研究结果表明，往复筒法可用于肠溶制剂的溶出特性研究。

1 The USP performance test and the dissolution procedure statement[EB/OL].［2006-10-24］. http://www.usp.org/usp-nf/notices/usp-performance-test-and-dissolution-procedure-statement.

2 Food and Drug Administration. Drug Databases：Dissolution Methods[EB/OL].（2019-10-26）[2020-04-26] https://www.accessdata.fda.gov/scripts/cder/dissolution/index.cfm.

3 YU L X, WANG J T, HUSSAIN A S. Evaluation of USP apparatus 3 for dissolution testing of immediate-release products[J]. AAPS PharmSciTech, 2002, 4（1）：1-5.

2 | 仪器装置与工作原理

2.1 仪器组成

往复筒法溶出度仪由往复筒、溶出杯、往复轴、循环加热水浴槽和控制往复运动的机械装置（电机）等组成（图 5-2）。一般仪器配有 7（列/通道）×6（排/行）个溶出杯，通常 6 个通道用于样品测定，1 个通道用于对照或补液，各通道可独立运行。有的仪器还可同时在两排溶出杯中开展溶出试验，类似篮法或桨法中的 12 杯装置，可同时进行两个不同处方制剂的溶出特性比较。不同厂家往复筒法装置的仪器参数见表 5-1。

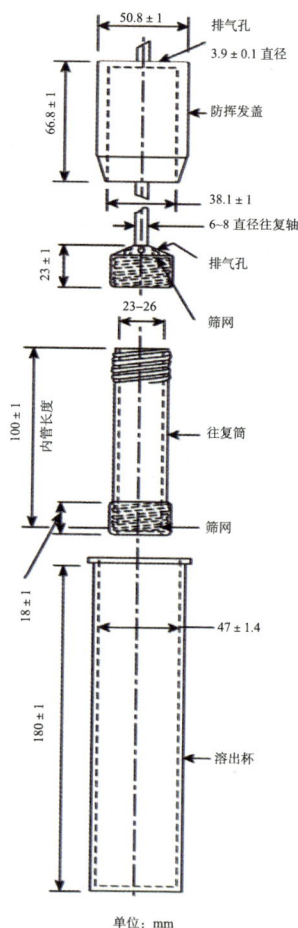

单位：mm

图 5-2　往复筒法装置示意图

表 5-1　不同厂家往复筒法装置的仪器参数

	安捷伦	禄亘	富科思	艾维克	天大天发	锐拓
溶出杯列数	7	8	7/3	6	14	7/3
溶出杯体积（ml）	100、300、1000	—	250、1000	300、1000	100、300、1000	300、1000
温度范围（℃）	5~55	室温至45	室温至45	30~50	室温至45	室温至50
温度精度（℃）	±0.1	±0.1	±0.2	±0.2	≤±0.2	<±0.5
加热方式	水浴循环式（水浴循环泵为外置式）	水浴循环式	水浴循环式	水浴循环式	水浴循环式	水浴加热
往复频率（dip/min）	5~60	4~50	5~50	5~40	1~50	4~60
往复距离（cm）	10.0±0.1	10	10	10	10±0.1、2	0.2~10（连续可调）
取样精度	≤±2%	±0.1ml	±0.5%	≤±5%	误差≤±（0.1+1%取样量）	≤±1%
取样间隔	最短2分钟	首次1分钟，其余3~5分钟	首次1分钟，其余5分钟	—	首次≤2分钟，后续≥3分钟	2~5分钟
收集样品量（ml）	0.1~28	1~10	≤10	—	≤10	≤10
取样针是否有自动清洗功能	是	是	是	是	是	是

往复筒一般由透明玻璃制成，为中空圆筒，在圆筒上下两端装有尼龙或不锈钢材质的筛网，部分制剂的溶出方法测定时只在下端安装筛网。溶出杯通常为硬质玻璃制成的平底圆柱形容器。《中国药典》允许对溶出杯、往复筒等部件的形状和尺寸进行调整，为特定品种的研究、制剂处方和工艺筛选优化提供了更多的弹性和灵活度。当采用非标准部件时，应在质量控制方法和药品标准中注明。

对于肠溶制剂，国际协调后的文本规定通常采用的介质体积为300ml。但是，按照相关文本中对溶出杯尺寸的描述，溶出杯体积为292~333ml（表5-2）。当介质体积为300ml时，往复筒在溶出杯中进行往复运动时存在介质溢出现象，因此，《中国药典》未将300ml作为常用介质体积。

表5-2　溶出杯体积计算值

	内径（mm）	高度（mm）	体积（ml）
允许范围	4.7 ± 1.4	180 ± 1	292~333
最小值	45.6	179	292
中间值	47	180	312
最大值	48.4	181	333

对于往复筒法装置的排气孔数量，国际协调后的药典文本均未提及，往复筒的上下盖及防挥发罩等部件为可更换定制的配件，用户可根据不同处方、工艺的特点及介质和往复条件等进行定制，不同仪器厂商标准配置中的排气孔数量也各不相同（表5-3）。《中国药典》允许往复筒法装置设置数量不等的排气孔。对于往复轴的材质，国际协调后的文本规定为316型不锈钢或适当的材料。《中国药典》未规定不锈钢具体型号，仪器生产企业和用户应根据使用目的和具体品种情况，筛选适当的不锈钢材质，使装置的材料保持惰性，不影响药物制剂的溶出。

表 5-3　不同仪器的排气孔数量设置情况

	安捷伦	禄亘	艾维克	锐拓	天大天发	富科思
防挥发盖	4	4	2	4	2	8
顶部螺帽	6	6	8	6	8	8

2.2 工作原理

设定程序后，将装有溶出介质的溶出杯置于 37℃ ± 0.5℃恒温水浴中，载有样品的往复筒以一定的频率在溶出杯中做上下往复运动。《中国药典》及国际协调后的文本对往复的距离（位移）规定均为 9.9~10.1cm，为保持往复筒运动的持续稳定性，往复频率的变化应保持在 ± 5% 范围内。

透过筛网流经往复筒的溶出介质，在药物的溶出过程中提供了液 – 固界面剪切力。当前序试验结束后，将往复筒提升离开介质，可进入下一排装有相同或不同溶出介质的溶出杯中，按新设定的往复频率继续溶出试验。通常，往复筒法装置的标准溶出杯放置 200~250ml 的溶出介质，最少不能低于 150ml。与篮法和桨法相比，往复筒法溶出介质体积的变化对试验结果会产生较大影响。因此，为减少试验过程中因挥发而引起的溶出介质体积变化，装置中均安装了防挥发盖（图 5-2）。为满足难溶性药物溶解的漏槽条件，除在介质中添加适量表面活性剂或采用生物溶出介质外[1]，还可以通过更换溶出杯来实现，这样既保持药物的持续溶解，又符合药物制剂在胃肠道内崩解、溶出和吸收的动态情况，因此，标准装置基本可以满足研究需要[2]。必要时也可对标准装置进行改装，扩大溶出杯的体积，有的实验室对篮法装置进行改装，将篮轴的运动方式由旋转改为上下往复。

1　缪慧，阮昊，陈悦，等. 生物相关性溶出度方法研究进展［J］. 中国现代应用药学, 2018, 35（1）: 138–142.
2　KOSTEWICZ E S, ABRAHAMSSON B, BERGSTRAND M, *et al.* In vitro models for the prediction of *in vivo* performance of oral dosage forms［J］. European journal of pharmaceutical sciences, 2014, 57（1）: 342–366.

在试验过程中，首先通过计算获得各时间间隔内的药物溶出量，各溶出间隔的溶出量之和即为累积溶出量，最终可绘制累积溶出曲线。对于配置了在线紫外检测功能的溶出度仪器，可通过工作站软件实现自动取样、测定和计算。在溶出试验中还应关注筛网孔径、往复筒进入溶出杯之后开始往复运动前的停留时间（蘸水时间）、往复筒由一排溶出杯中出来进入下一排溶出杯之前的停留时间（滴水时间）、采用单排管或多排管等仪器或方法参数。

对于取样位置和取样体积，《中国药典》和国际协调后的文本均未给出具体规定，建议在方法建立时，应根据具体情况，对取样位置及取样体积予以明确。应当注意的是，并非所有的仪器都支持自动取样，有的市售仪器只支持手动取样，有的仪器虽可自动取样，但不同品牌的仪器取样位置有差异。取样位置的不同可能会对试验结果产生影响；取样次数也可能对试验结果产生影响。

3 | 特点

3.1 溶出介质组成

患者口服药物后，固体药物由口腔进入消化道，在胃肠道中逐渐崩解、溶蚀、溶解或溶出后，经胃肠道黏膜吸收并进入血液继而发挥治疗作用。饮食、体位变动等生理活动都会导致人体内环境的变化，比如模拟进食后肠环境的人工肠液，应具备较低的 pH、较高的缓冲能力和渗透压等[1]。因此，应尽可能在体外模拟药物在胃肠道中的环境。通常用盐酸或醋酸缓冲液（ABS）模拟胃液环境，pH 6.8 磷酸盐缓冲溶液（PBS）模拟肠液环境[2, 3]。但上述介质只能反映胃肠道 pH 的变化，并不能完全真实反映缓冲能力、表面张力、渗透压、黏度等胃肠道环境因素。因此，为了考察食物对药物在胃肠道中溶出的影响，需要采用生物溶出介质模拟空腹和进食状态下的胃肠道生理环境[4]。模拟空腹状态下胃液（FaSSGF）、模拟进食状态下胃液（FeSSGF）、模拟空腹状态下肠液（FaSSIF）和模拟进食状态下肠液（FeSSIF）等溶出介质的主要组成见本章附件2。由于生物溶出介质价格昂贵，对于生物药剂学分类系统（BCS）Ⅱ类和Ⅳ类难溶性药物，也可通过在

1 宁保明，杨永健主译. 生物药剂学在药物研发中的应用[M]. 北京：北京大学医学出版社，2011.

2 MUDIE DM, AMIDON GL, AMIDON GE. Physiological parameters for oral delivery and in vitro testing[J]. Molecularpharmaceutics, 2010, 7（5）：1388–1405.

3 赵悦清，周仕海，柳文洁，等. 口服固体制剂溶出方法建立和验证的技术探讨[J]. 药学学报，2018，53（2）：202–209.

4 付晓峰，柯学. 口服药物溶出技术与体内外相关性的研究进展[J]. 药学与临床研究，2012，20（2）：142–147.

普通介质中添加表面活性剂等方法改善药物的溶解性，为避免产生气泡影响药物制剂的溶出，必要时还可使用二甲硅油等消泡剂。

往复筒法装置可以根据药物制剂在胃肠道的动态情况，在规定的时间方便地、不受限地连续改变介质的 pH 或组成，考察一系列 pH 梯度或不同介质组成对药物溶出的影响。既可以在固定溶出杯中进行多点取样，也可以在每个溶出杯中分别加入不同的介质，将往复筒从一个溶出杯移动到下一个溶出杯，使药物制剂在介质中的溶出过程更接近体内。

3.2 流体动力学环境

往复筒在溶出杯中的往复运动决定了该装置的流体动力学模式，通过调整往复筒底部的筛网孔径和往复频率，可以获得不同的流体动力学特性。筛网孔径越小，流体出入往复筒的阻力越大；往复频率越高，药物制剂所受的剪切力越大。Missaghi 等[1]采用桨法、篮法和往复筒法等多种溶出方法对茶苯海明骨架片进行的研究表明，即使在 8dip/min 的低往复频率条件下，往复筒中的流体动力学也能使药物获得较快的溶出速率。以羟丙基甲基纤维素（HPMC）为亲水性凝胶的缓释制剂的往复筒法溶出数据反映了溶胀和溶蚀的过程，也许可为处方筛选提供重要参考。采用适当的介质和往复频率，往复筒法对不同的工艺和处方具有更好的区分力，也能更好地反映特定缓释制剂处方的溶出特点。Rohrs 等[2]对凝胶骨架片和包衣颗粒制剂的研究表明，桨法 50r/min 或篮法 100r/min 与往复筒法 5dip/min 条件下的流体动力学特性相当。

1　MISSAGHI S, FASSIHI R. Release characterization of dimenhydrinate from an eroding and swelling matrix: selection of appropriate dissolution apparatus[J]. International journal of pharmaceutics, 2005, 293(1-2): 35-42.

2　ROHRS BR, DARLENE L, WITT MJ, et al. USP dissolution apparatus 3 (reciprocating cylinder): Instrument parameter effects on drug release from sustained release formulations[J]. Journal of Pharmaceutical Sciences, 1995, 84(8): 922-926.

4 | 在药物制剂中的应用

对于在一定 pH 条件下不稳定的药物，采用往复筒法可以将制剂在每个溶出杯中的试验时间尽可能缩短，然后将溶液立即调整至药物可稳定保存的 pH 条件，减少降解对溶出测定的影响，可以较真实地绘制药物的溶出曲线。

往复筒法可以通过对介质和 pH 的灵活调整，开展普通片剂、胶囊剂等口服固体制剂的溶出度研究，还可以通过在往复筒内添加玻璃珠等手段，开展缓释制剂、微丸、软胶囊、定位溶出制剂等新型药物制剂的溶出度研究。

4.1 普通口服固体制剂

虽然往复筒法装置设计的初衷是用于缓释制剂的溶出研究，但也有学者采用往复筒法对普通口服固体（常释）制剂体外溶出研究进行了成功的探索。Brost 等[1]采用往复筒法对水杨酸标准片（300mg）、泼尼松片（NCDA 10mg）和甲苯磺丁脲片（500mg）进行的研究表明，往复筒底部筛网的参数对制剂的溶出有显著影响，可以将泼尼松片的溶出速率提高近一倍；往复筒法 20dip/min 的往复频率与采用有锥溶出杯（peak vessle）桨法溶出结

1　BORST I, UGWU S, BECKETT AH. New and extended application for USP drug release apparatus 3[J]. Dissolution technologies, 1997, 4(1): 11–18.

果一致。上述研究者认为，往复筒法可以作为通用方法替代其他法定溶出方法。

Yu 等[1]分别采用往复筒法和桨法，对 BCSI 类药物酒石酸美托洛尔片（100mg）和雷尼替丁片（300mg）、BCS Ⅲ类药物阿昔洛韦片（800mg）和呋塞米片（80mg）的原研和仿制制剂进行了溶出研究。结果表明，往复筒法对不同处方的制剂具有良好的区分力，可作为质量控制的工具。研究还表明，5dip/min 的往复频率下的往复筒法与桨法 50r/min 下的条件相当，即溶出曲线一致。Brenda 等[2]采用篮法、桨法和往复筒法，分别对氢氯噻嗪片（25mg，50mg）、阿替洛尔片（25mg，100mg）和卡托普利片（25mg，50mg）3 种不同 BCS 分类系统的抗高血压制剂进行了体外溶出研究，结果表明，往复筒法在获得与篮法、桨法相似溶出曲线的前提下，还能更好地区分不同质量属性的药物，体现了往复筒法装置的优越性。

Cacace 等[3]分别采用桨法与往复筒法对美他沙酮片进行了体外溶出研究，研究结果表明，溶出介质的 pH 对药物溶出有显著影响，在 pH1.5 的介质中，1 小时的溶出量不超过 5%，而在 pH3.0 的介质中，1 小时的溶出量接近 75%。体外溶出数据与餐后给药生物利用度增加的体内数据一致，说明该制剂在空腹条件下溶出缓慢。往复筒法对多种溶出介质选择的优点，可以更好地反映药物溶出度对 pH 的依赖程度，也可以更好地反映药物制剂在体内不同 pH 环境中的溶出行为。

维奈克拉片是首个细胞凋亡药物，2015 年，FDA 将其列入突破性治疗药物，2016 年批准上市，用于治疗慢性淋巴细胞性白血病（CLL）或小淋巴细胞性淋巴瘤（SLL），2020 年在中国上市，该药物即采用往复筒法进行

1　YU L X, WANG J T, HUSSAIN A S. Evaluation of USP apparatus 3 for dissolution testing of immediate–release products[J]. AAPS PharmSciTech, 2002, 4（1）: 1–5.

2　BRENDA E, FURLAN BF, OLIVEIRA PJM, et al. New approach for the application of USP apparatus 3 in dissolution tests: case studies of three antihypertensive immediate–release tablets[J]. AAPS PharmSciTech, 2018, 19（7）: 2866–2874.

3　CACACE J, REILLY EE, AMANN A. Comparison of the dissolution of metaxalone tablets（Skelaxin）using USP apparatus 2 and 3[J]. AAPS PharmScieTech, 2004, 5（1）: 1–3.

溶出度测定（表 5-4）。USP 2021 和 FDA 溶出度数据库共收载了 6 个普通口服固体制剂品种采用往复筒法进行溶出测定（表 5-4）。

表 5-4　采用往复筒法进行溶出测定的普通口服固体制剂（IR）

	介质	体积（ml）	往复频率（dip/min）	时间（min）	标准来源
盐酸羟嗪片（Hydroxyzine Hydrochloride tablets）	水	250	30	45	USP2021
碘塞罗宁钠片（Liothyronine Sodium tablets）	硼酸钠缓冲液（pH 10.0）	250	30	45	USP2021
维奈克拉片（Venetoclax tablets）	pH 6.8 的磷酸缓冲液（含 0.4% 的十二烷基硫酸钠）	250	20	0.25，0.5，0.75，1，1.5，2，3，3.5，4（h）	FDA 溶出度数据库
碳酸镧咀嚼片（Lanthanum Carbonate Chewable tablets）	0.25mol/L HCl	900	10	—	FDA 溶出度数据库
尼古丁含片（Nicotine Polacrilex Lozenges tablets）	pH 7.4 的磷酸缓冲液	250	20	15，30，45，60，90	FDA 溶出度数据库
雌二醇胶囊（Estradiol/Progesterone capsules）	0.1mol/L HCl（含 3% 的十二烷基硫酸钠）	250	—	10，20，30，45，60	FDA 溶出度数据库

4.2 口服缓释制剂

缓释制剂体外评价的重点之一，就是根据药物制剂在体内的胃肠道环境，考察制剂在不同 pH 介质中的药物溶出，作为药物处方、工艺筛选的重要依据，并选择与体内吸收特性最相关的多种介质作为质量控制条件。由于往复筒法的上述优势，国内外越来越多的研究者[1~4]采用该方法对缓释制剂进行体外溶出度及体内外相关性研究。

Bezerra 等[5]分别采用篮法、桨法和往复筒法三种装置开展了对格列齐特缓释片的溶出研究，结果发现，采用篮法时，骨架材料水化和溶胀后会堵塞转篮，而桨法装置会在溶出杯底部形成堆积。往复筒法可使崩解后的小颗粒在溶出杯中溶解，留在往复筒内的大颗粒可在下一轮溶出介质中进行溶出。结果表明，与篮法和桨法相比，往复筒法装置能建立更好的 A 级体内外相关性（IVIVC）。Mu 等[6]研究表明，往复筒法能够很好地预测缓释制剂在人体内的吸收情况，并且可以预测食物对药物溶出的影响。Ikeuchi等[7]分别使用桨法、往复筒法与流池法三种装置，在模拟空腹与餐后状态的多种生物溶出介质中，进行了加巴喷丁恩那卡比缓释片溶出特性研究。结果表明，与桨法和流池法相比，往复筒法可模拟胃排空的变异因素，使得体外溶出数据与体内数据建立了良好的相关性。往复筒法能较好预测食物对多糖缓释骨架片溶出特性的影响及药代动力学特性。梁爱仙等[8]采用往复筒法对碳酸锂缓释片进行了溶出度研究，考察了往复筒运动到上下端的停留时间、溶出介质的脱气、往复频率、筛网孔径等因素对溶出结果的

1　MWILAC C, KHAMANGAS MM, WALKERRB. Development and assessment of a USP apparatus 3 dissolution test method for sustained–release nevirapine matrix tablets[J]. Dissolutiontechnologies, 2016, 23（3）: 22–30.

2　KHAMANGA SMM, WALKER RB. The effects of buffer molarity, agitation rate, and mesh size on verapamil release from modified–release mini–tablets using USP apparatus 3[J]. Dissolutiontechnologies, 2007, 14（2）: 19–23.

3　KHAMANGA SM M, WALKER RB. Evaluation of rate of swelling and erosion of verapamil（VRP）sustained–release matrix tablets[J]. Drug development andindustrial pharmacy, 2006, 32（10）: 1139–1148.

4　BRANCN R P, HUMBERTO G F. Bio–dis and the paddle dissolution apparatuses applied to the release characterization of ketoprofen from hypromellose matrices[J]. AAPS PharmSciTech, 2009, 10（3）: 763–771.

5　BEZERRA K D C, PINTO E C, CABRAL L M, et al. Development of a dissolution method for gliclazide modified–release tablets using USP apparatus 3 with in vitro–in vivo correlation[J]. Chemical andpharmaceuticalbulletin, 2018, 66（7）: 701–707.

6　Mu X H, Tobyn M J, Staniforth J N. Development and evaluation of bio–dissolution systems capable of detecting the food effect on a polysaccharide–based matrix system[J]. Journal of controlled release, 2003, 93（3）: 309–318.

7　IKEUCHI S Y, KAMBAYASHI A, KOJIMA H, et al. Prediction of the oral pharmacokinetics and food effects of gabapentin enacarbil extended–release tablets using biorelevant dissolution tests[J]. Biological and pharmaceutical bulletin, 2018, 41（11）: 1708–1715.

8　梁爱仙，庞发根，刘晶晶，等. 往复筒法测定碳酸锂缓释片溶出度的基本特征[J]. 中国药物评价，2021，38（02）: 144–146.

影响。研究表明，往复频率与溶出速率呈正相关，筛网孔径对溶出速率的影响较为复杂，当采用较大孔径的筛网时，溶出介质可以平稳、快速地充满往复筒，但当筛网孔径小到一定程度时，介质交换就会出现问题，溶出速率显著下降。袁娜娜[1]等采用桨法与往复筒法对非洛地平缓释片体外溶出进行了比较，结果表明，往复筒法具有比桨法更高的区分能力，对制剂工艺的改进具有参考价值。

潘阿慧等利用往复筒法对非洛地平缓释片的体外溶出行为进行了研究，建立了具有区分力的缓释制剂的体外溶出方法，能够反映制剂处方和工艺参数的变化。并采用此方法对 5 个不同厂家的制剂（1 批参比制剂，4 批受试制剂）体外溶出行为进行了对比研究，结果如图 5-3 所示。

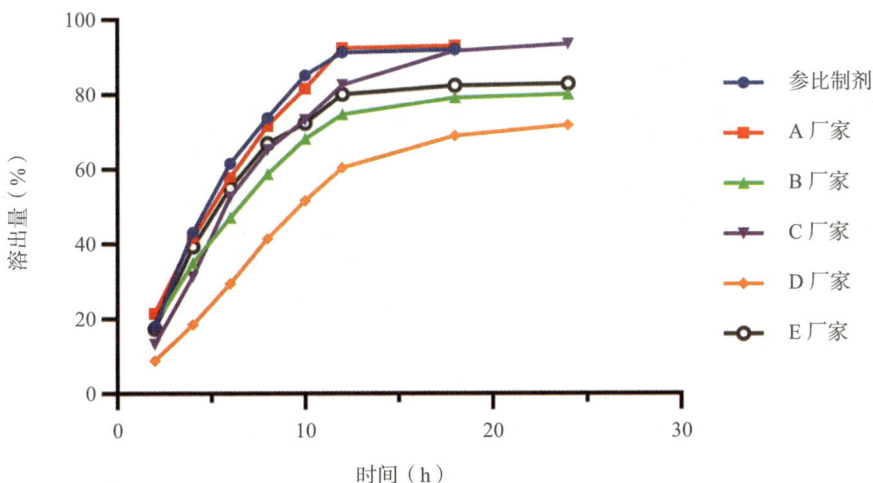

图 5-3 不同厂家非洛地平缓释片溶出曲线

USP 和 FDA 溶出度数据库共收载了 8 个口服缓释制剂品种采用往复筒法进行溶出测定（表 5-5），其中有 4 个药品采用了迟释加缓释（DR+ER）的处方。虽然往复筒法在法定药品标准中的应用不多，但其设计有利于缓释制剂的溶出特性研究。

1　袁娜娜，程杰，谢子立，等. 往复筒法测定非洛地平缓释片体外溶出度[J]. 中国新药杂志，2020, 29（07）: 804–809.

表 5–5　采用往复筒法进行溶出测定的口服缓释制剂（MR）

	介质	体积（ml）	往复频率（dip/min）	时间（h）	标准来源
碳酸锂缓释片	水	250	6	1，2，6	USP 2021
双丙戊酸钠缓释片	0.1mol/L HCl	250	30	1	USP 2021
	磷酸缓冲液（pH6.8）	250	30	2，12，24	
左利他西坦缓释片	醋酸缓冲液（pH4.5）	230	15	1，2，4，8（500mg） 1，2，4，10（750mg） 1，4，12（1000，1500mg）	USP 2021
硝苯地平缓释片	0.1mol/L HCl（含3%聚山梨酯80）	250	20	1	USP 2021
	磷酸缓冲液（pH6.8）	250	20	2，8，12，24	
盐酸奥昔布宁缓释片	0.1mol/L HCl	250	25	2	USP 2021
	磷酸缓冲液（pH6.8）	250		2，6，14	
马来酸氯苯那敏缓释片	0.1mol/L HCl	250	27	1	USP 2021
	磷酸缓冲液（pH7.5）	250		4	

4.3 肠溶迟释制剂

常见的肠溶制剂有肠溶片和肠溶胶囊，二者都属于迟释制剂，目的是避免药物在胃液中溶出，确保药物到达肠道后快速溶出并被人体吸收。

目前，肠溶制剂的溶出度测定主要采用篮法或桨法，分别测定人工胃液及缓冲液中的溶出量，但改变溶出介质操作较繁琐，酸液的残留也可能会对测定产生影响。而往复筒法可以方便地解决介质转换的问题，更好地开展肠溶制剂的溶出特性研究。Joshi 等[1] 采用往复筒法在 0.1mol/L 的盐酸溶液 2 小时、pH6.8 磷酸盐缓冲液 45 分钟的条件下，研究溶出介质体积（150、200、250ml）和往复频率（5、15、25dip/min）对异烟肼肠溶微丸溶出的影响，通过响应面法进行试验设计、建立数学模型和优化研究，最终拟合出 25dip/min 往复频率、225ml 介质体积的最优溶出条件，方法学验证结果表明，该溶出试验的条件具有较好的准确性与稳定性。

庞发根等[2] 采用往复筒法对氟西汀迟释胶囊进行了溶出度研究，对于酸敏感型药物的肠溶制剂，往复筒法可以同时改变所有介质的 pH，能更可靠地评估 pH 对药物溶出的影响。李伊娜、宁保明等对雷贝拉唑钠肠溶片的溶出研究表明，往复筒法可以对不同工艺和处方的制剂溶出特性进行区分。

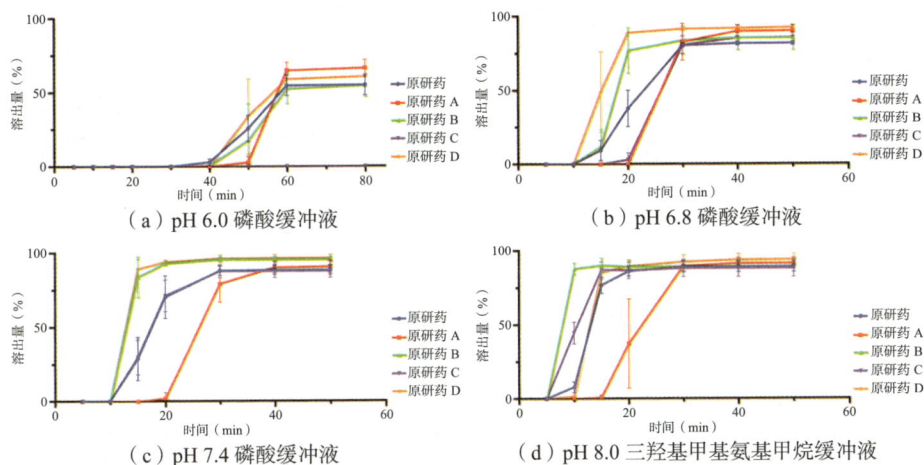

图 5-4　不同来源雷贝拉唑钠肠溶片在不同介质中的溶出曲线

水浴温度为 37℃ ±0.5℃；往复频率为 10dip/min，介质体积为 250ml

1　JOSHI A, PUND S, NIVSARKAR M, et al. Dissolution test for site-specific release isoniazid pellets in USP apparatus 3 (reciprocating cylinder): Optimization using response surface methodology[J]. European Journal of pharmaceutics and biopharmaceutics, 2008, 69(2): 769-775.

2　庞发根，梁爱仙，刘晶晶，等. 以氟西汀迟释胶囊为例探讨往复筒溶出度测定法的基本特征[J]. 中国药品标准，2020, 21(02): 150-153.

4.4 结肠定位制剂

口服结肠定位给药系统是指通过适当的处方工艺，使药物避免在胃、十二指肠、空肠与回肠中溶出，定位在结肠释药的制剂，具有避免首过效应、提高结肠治疗效果的优点。已有研究表明，往复筒法对于预测结肠定位制剂的体内释药和吸收行为具有较好的指导和实用价值[1~3]。

Li 等[4]和 Yang 等[5]对 pH 依赖型结肠定位制剂（CODES）对乙酰氨基酚片的溶出特性研究表明，往复筒法能区分不同的处方，并与比格犬体内实验数据建立了良好的体内外相关性。Wong 等[6]采用往复筒法考察了复方地塞米松与布地奈德结肠给药制剂的溶出特性，研究结果表明，往复筒法优于桨法，溶出介质中半乳甘露聚糖浓度为 0.01mg/ml 时，两种药物的体外溶出度与临床受试者空腹条件下的体内吸收情况一致。Klein 等[7]开展的咖啡因结肠定位制剂的体外溶出特性研究也表明，往复筒法体外溶出数据与健康受试者的体内吸收数据可建立良好的体内外相关性。

1 LI J H, YANG L B, FERGUSON S M, et al. In vitro evaluation of dissolution behavior for a colon-specific drug delivery system (CODES™) in multi-pH media using United States Pharmacopeia apparatus Ⅱ and Ⅲ[J]. AAPS PharmSciTech, 2002, 3 (4): 1-9.

2 NUNTHANID J, LUANGTANA A M, SRIAMORNSAK P, et al. Use of spray-dried chitosan acetate and ethylcellulose as compression coats for colonic drug delivery: effect of swelling on triggering in vitro drug release[J]. Europeanjournal of pharmaceuticsand biopharmaceutics, 2009, 71 (2): 356-361.

3 KLEIN S, RUDOLPH MW, SKALSKY B, et al. Use of the BioDis to generate aphysiologically relevant IVIVC [J]. Journal of controlled release, 2008, 130(3): 216-219.

4 LI J H, YANG L B, FERGUSON SM, et al. In vitro evaluation of dissolution behavior for a colon-specific drug delivery system (CODES™) in multi-pH media using United States Pharmacopeia apparatus Ⅱ and Ⅲ[J]. AAPS PharmSciTech, 2002, 3 (4): 1-9.

5 YANG L B, WATANABE S, LI J H, et al. Effect of Colonic Lactulose Availability on the Timing of Drug Release Onset in Vivo from a Unique Colon-Specific Drug Delivery System (CODES™)[J]. Pharmaceuticalresearch, 2003, 20(3): 429-34.

6 WONG D, LARRABEE S, CLIFFORD K, et al. USP dissolution apparatus Ⅲ(reciprocating cylinder)for screening of guar-based colonic delivery formulations[J]. Journal of controlled release, 1997, 47(2): 173-179.

7 KLEIN S, RUDOLPH MW, SKALSKY B, et al. Use of the BioDis to generate aphysiologically relevant IVIVC[J]. Journal of controlled release, 2008, 130(3): 216-219.

4.5 其他制剂

软胶囊或充液胶囊（lipid-based soft gelatin capusle，SGC）是将液体药物直接包封，或将药物与辅料制成的溶液、混悬液、半固体或固体密封于软质囊材或硬胶囊壳中制成的制剂。全球上市的药品中 2%~4% 的品种为软胶囊或充液胶囊。Monterroza 等[1] 采用篮法、桨法和往复筒法对黄体酮软胶囊的体外溶出度进行了研究，结果表明，采用篮法或者桨法测定软胶囊制剂时，会出现油滴悬浮在介质中的情况，影响药物溶出的测定结果。往复筒法装置能明显区分卵磷脂粒径、含量不同的黄体酮软胶囊制剂。Jantratid 等[2] 对 RZ-50 软胶囊的溶出研究也证实，即使采用生物溶出介质，桨法 75r/min 条件下，2 小时的药物溶出量也只能达到 5%；由于往复筒法装置不同于桨法的独特流体动力学性质，可使脂溶性药物在介质中得到更充分的分散并乳化，药物的溶出能达到 30%~60%。Jantratid 等的研究还证明，采用模拟餐后胃液的生物溶出介质，往复筒法体外溶出数据与动物体内药代动力学参数间能建立更好的相关性。

微球是具有靶向性、长效性等优点的新型制剂，Khananga 等[3] 对卡托普利微球的往复筒法体外溶出特性研究表明，往复频率大于 20dip/min 时会形成涡流，破坏凝胶层的网状结构，使药物溶出速率更快。研究还发现，羟丙甲纤维素有利于增加微球的悬浮力，丙烯酸树脂能够降低微球制剂的溶出速度。Trapani 等[4] 也采用往复筒法对谷胱甘肽微球进行了体外研究，

1 MONTERROZA D，PONCE DLL. Development of a USP apparatus 3 dissolution method for progesterone soft gelatin capsules[J/OL]．Docin Library，2017[2020-04-26] http://www.docin.com/p-1945520734.html.

2 JANTRATID E，JANSSEN N，CHOKSHI H，et al. Designing biorelevant dissolution tests for lipid formulations：Case example – Lipid suspension of RZ-50[J]．European Journal of pharmaceutics andbiopharmaceutics，2008，69（2）：776-785.

3 KHANANGA SMM，WALKER R. In vitro dissolution kinetics of captopril from microspheres manufactured by solvent evaporation[J]．Dissolutiontechnologies，2012，19（1）：42-51.

4 TRAPANI A，LAQUINTANA V，DENORA N, et al. Eudragit RS 100 microparticles containing 2-hydroxypropyl-β-cyclodextrin and glutathione：Physicochemical characterization，drug release and transport studies[J]．Europeanjournal of pharmaceuticalsciences，2007，30（1）：64-74.

通过三种介质模拟的胃肠道环境，表明往复筒法的溶出曲线可以反映处方和工艺的差异，联合使用羟丙甲纤维素与丙烯酸树脂，可制备溶出特性良好的微球。

5 | 展望

标准往复筒法装置的溶出介质体积较小，高剂量规格的药品、溶解度较低或难溶性药物制剂的溶出过程中可能会出现过饱和现象。虽然有防溶剂挥发的装置，但试验过程中溶剂的挥发几乎不可避免，而且很难保证每个溶出杯的挥发程度一致；溶出介质挥发严重时，会导致同批次样品溶出结果不一致，难以发挥该装置对处方和工艺的区分力。研究表明，当往复筒顶部的筛网孔径为 30 目或 40 目，往复频率超过 20dip/min 时，在上下往复运动的过程中，溶出介质未完全充满往复筒，顶部会一直有一段空气，使介质交换不顺畅，影响药物正常的流体动力学性质。若往复筒底部筛网孔径选择不合适，在往复运动过程中，介质通过底部筛网进入往复内筒时，会产生较大的阻力。由于不锈钢等材质的筛网弹性较小，在较大的阻力冲击下会扭曲变形，甚至完全张开，导致药物制剂颗粒从往复内筒中漏出，影响药物的溶出。当药物制剂崩散后形成的细小颗粒，即使选择孔径最小的筛网，药物也很容易透过筛网进入介质中；对于制剂中的高分子辅料，还可能黏附在筛网上，出现堆积现象，影响溶出试验的结果。要筛选出既能保证样品颗粒不从筛网漏下或不黏附于筛网，又能保证流体动力学性质的溶出方法，仍存在一定的难度。

另外，不同来源或型号的仪器可能对特定制剂的溶出结果产生显著影响，因此，应考察不同仪器装置对溶出曲线的影响，制定合理的溶出限度，避免不同实验室对同一产品的测定结果产生争议。

近年来，随着药品监管机构审评策略的调整与监管科学的发展，溶出度试验除了作为质量控制工具，保证批间质量一致外，研究人员对其有了更高要求。期望溶出方法既具有对不同处方、工艺的区分力，又能具备生物相关性或能预测体内药物作用，更加重视药物体外溶出与体内吸收的相关性研究[1~5]，往复筒法溶出仪与仿生渗透系统的联用为体外溶出研究提供了新的思路。

作为《中国药典》的溶出度测定方法之一，往复筒溶出度测定法将得到国内药品研发、生产和监管机构专业人员的广泛关注，除了把往复筒法作为质量研究的工具外，将有越来越多的制剂采用往复筒法作为质控工具，这使得往复筒法不仅能应用于国内药品注册，也将在国际药品注册中占有一席之地。

根据往复筒法装置的设计特点，该装置几乎适用于所有的口服固体制剂和非溶液型制剂的溶出研究，往复筒法装置在经过适当改装后可以具备转筒法、往复架法甚至流池法装置的功能，将更有助于扩展该装置在肠溶制剂、透皮贴剂、长效注射剂、药物涂层支架等药品或药械组合产品的体外评价应用。

1 KOBAYASHI M, SADA N, SUGAWAR M, et al. Development of a new system for prediction of drug absorption that takes into account drug dissolution and pH change in the gastro-intestinal tract[J]. International journal of pharmaceutics, 2001, 221(1–2): 87–94.

2 HE X, KADOMURA S, TAKEKUMA Y, et al. A new system for the prediction of drug absorption using a pH-controlled Caco-2 model: Evaluation of pH-dependent soluble drug absorption and pH-related changes in absorption[J]. Journal of pharmaceutical sciences, 2004, 93(1): 71–77.

3 王洋洋, 黄聪, 王彩君, 等. 基于平行人工膜渗透分析法对药物溶出/吸收仿生系统优化及其药物渗透性评价研究[J]. 药物评价研究, 2019, 42(8): 1544–1550.

4 徐雪芳, 李超, 王洋洋, 等. 药物溶出/吸收仿生系统法研究异欧前胡素溶出特征及与体内药代动力学相关性分析[J]. 锦州医科大学学报, 2018, 39(4): 1–8.

5 罗配, 孙精通, 王爱潮, 等. 单池药物溶出仿生系统考察卡马西平组合微丸的溶出特征[J]. 天津医科大学学报, 2015, 21(1): 80–83.

附录

附件 1

各批 USP 茶碱缓释颗粒和马来酸氯苯那敏缓释片溶出范围

表 5-6　USP 茶碱缓释标准颗粒数据

批次	时间（h）	15dip/min 往复频率下的溶出量（%）
F	2	18~28
	6	70~89
F1	2	16~25
	6	61~92

表 5-7　USP 马来酸氯苯那敏缓释片数据

批次	时间（h）	5dip/min 往复频率下的溶出量	30dip/min 往复频率下的溶出量（%）
F	1	22~30	—
	2	—	37–61
	4	51~67	—
	6	—	不得低于 79
G	1	26~33	—
	2	—	44–69
	4	57~68	—
	6	—	不得低于 86

批次	时间（h）	5dip/min 往复频率下的溶出量	30dip/min 往复频率下的溶出量（%）
G0B259	1	26~33（25~34）*	—
	2	—	44~69（42~71）*
	4	57~68（56~68）	—
	6	—	不得低于 86（85）*
G1J218	1	24~33	
	4	56~68	

* 括号中的数据是随后对该批标准片溶出范围的变更

附件 2

表 5–8　生物相关性介质组成

介质组成	浓度与相关条件					
	FaSSGF	FeSSGF	FaSSIF		FeSSIF	
			优化前	优化后	优化前	优化后
牛磺胆酸钠（mmol/L）	0.08	—	3	3	15	10
卵磷脂（mmol/L）	20	—	0.75	0.2	3.75	2
胃蛋白酶（mg/L）	0.1	—	—	—	—	—
氯化钠（mmol/L）	34.2	237.02	6.186	4.014	11.874	7.342
0.1mol/L 盐酸	调 pH 至 1.6	调 pH 至 5	—	—	—	—
纯化水	加至 1L	加至 1L	加至 1L	加至 1L	加至 1L	加至 1L
磷酸二氢钠（g）	—	—	3.438	—	—	—

介质组成	浓度与相关条件					
	FaSSGF	FeSSGF	FaSSIF		FeSSIF	
			优化前	优化后	优化前	优化后
马来酸（mmol/L）	—	—	—	19.12	—	—
氢氧化钠（mmol/L）	—	—	—	3.14	4.04	3.27
醋酸（mmol/L）	—	17.12	—	—	8.65	—
醋酸钠（mmol/L）	—	29.75	—	—	—	—
牛奶/醋酸缓冲盐	—	1：1	—	—	—	—
甘油单油酸酯（mmol/L）	—	—	—	—	—	5
油酸钠（mmol/L）	—	—	—	—	—	0.8
pH	—	—	6.5	6.54	5	5.8
缓冲容量[μmol/(L·ΔpH)]	—	25	~12	10	~72	25
渗透压摩尔浓度（mOsm/kg）	120.7 ± 2.5	400	~270	180 ± 10	~670	390 ± 10
表面张力（mN/m）	42.6	—	—	—	—	—

附件 3

表 5-9 术语（中英文对照）

缩略词	英文名称	中文名称
/	reciprocating cylinder apparatus	往复筒法装置
NF	National Formulary	美国国家处方集
USP	United States Pharmacopoeia	美国药典
FIP	International Pharmaceutical Federation	国际药学联合会
ISO	International Organization for Standardization	国际标准化组织
/	Calibrator	校正物质
PVT	performance verification test	性能确认试验
FDA	Food and Drug Administration	美国食品药品管理局
ABS	acetic acid buffer	醋酸缓冲液
PBS	phosphate buffer saline	磷酸盐缓冲液
FaSSGF	fasted state simulating gastric fluid	模拟空腹状态下胃液
FeSSGF	fed-state simulated gastric fluid	模拟进食状态下胃液
FaSSIF	fasted-state simulated intestinal fluid	模拟空腹状态下肠液
FeSSIF	fed-state simulated intestinal fluid	模拟进食状态下肠液
BCS	biopharmaceutics classification system	生物药剂学分类系统
HPMC	hypromellose	羟丙基甲基纤维素
/	peak vessle	有锥溶出杯
CLL	chronic lymphocytic leukemia	慢性淋巴细胞性白血病
SLL	small lymphocytic lymphoma	小淋巴细胞性淋巴瘤
IVIVC	in vitro-in vivo correlation	体内外相关性
CODES	colon-located preparation	结肠定位制剂
SGC	lipid-based soft gelatin capusle	软胶囊或充液胶囊

第六章

往复架法

概述

　　往复架法溶出度仪（reciprocating holder）又称往复碟（reciprocating disk）或"ALZA 溶出度仪"，最初由 ALZA 公司于 20 世纪 70 年代中期研制，用于公司研发的透皮贴剂与渗透泵制剂等新型缓释制剂的溶出试验。20 世纪 70 年代末至 80 年代初，随着 ALZA 公司研发的东莨菪碱透皮贴剂（transdermal scop）、吲哚美辛渗透泵型缓释片（osmosin）在美国和欧洲的成功上市，透皮贴剂与渗透泵制剂的研发成为热点。当时的美国食品药品管理局（FDA）要求，新型制剂质量控制用仪器必须为商业化的装置，因此，为满足药品监管部门的要求，ALZA 公司研发了往复碟溶出度仪并作为设备进行销售，与桨碟法、扩散池法等装置一起在透皮制剂研究领域得到广泛应用。随后，ALZA 公司与 Vankel 公司合作开发了往复架法商用溶出度仪，并于 1990 年被《美国药典》（USP）收载为药典标准溶出装置。该装置与往复筒法溶出度仪具有相同的工作原理，并可共享一个仪器平台，虽然收载往复架法早于往复筒法，但 USP 于 1995 年对收载的 7 种溶出装置进行重新排序时，将往复筒法排在往复架法之前。因此，往往会误以为往复架法是在往复筒装置基础上研制的。由于该装置往复运动方式、不同 pH 溶出介质的便捷切换和独特样品固定配件，除透皮贴剂、渗透泵制剂外，还广泛应用于非崩解型缓释制剂、支架等药械组合产品的溶出研究。国内已有数十家机构和企业采用往复架法开展药物制剂的溶出研究。

　　本章主要介绍往复架溶出装置的发展历史、原理、特点及其在渗透泵、透皮贴剂等复杂制剂和药械组合产品中的应用及展望。

1 | 发展历史

　　1968 年，Alejandro Zaffaroni 博士用他名字的四个字母在美国成立了 AlZA 公司，主要开展透皮贴剂[1, 2]、渗透泵[3~7]、脂质体及植入剂等复杂制剂的研发工作，1974 年，开始采用自己研制的往复溶出装置（reciprocating disk）进行体外溶出研究。图 6-1 所示为绰号"鱼缸"的早期往复架溶出仪器，是一套手动操作系统，将药品用样品架固定，以 2cm 的往复距离在下方的外管中垂直往复运动。往复运动由电机控制，水箱由内置的加热循环装置保温。1979 年，全球第一个透皮吸收制剂，可持续发挥药效 72 小时的东莨菪碱透皮贴剂（Transdermal Scop）在美国上市；1982 年，全球第一个渗透泵型缓释片——吲哚美辛片（Osmosin）研发成功，并在美国和英国上市；1983 年 10 月，渗透泵型制剂——苯丙醇胺片（Acutrim）获得 FDA 批准。1986 年，Mazzo 等[8]采用往复碟法、桨碟法、扩散池法三种溶出

1　ZAFFARONI A, Bandage for administratering drugs: US3598122[P]. 1971-08-10.

2　GERSTEL M S, PLACE V A, Drug delivery device: US 3964482[P]. 1976-06-22.

3　ROSE S, NELSON J F. A continuous long-term injector[J]. The australian journal of experimental biology and medical science, 1955, 33(4): 415-420.

4　HIGUCHI T, LEEPER H M. Improved osmotic dispenser employing magnesium sulphate and magnesium chloride: US 3760804[P]. 1973-09-25.

5　LAIDER P, MASLIN S C, GILHOME R W.What's New in Osmosin and Intestinal Perforation[J]. Pathology research and practice, 1985, 180: 74-76.

6　Acutrim may need and NDA[J]. American pharmacy, 1984, NS24(11): 70. DOI 10.1016/s0160-3450(16)32494-1.

7　WONG P S L, BARCLAY B L, DETER J C, et al.Osmotic device for administering certain drugs: US 4765989[P]. 1988-08-23.

8　MAZZO D J, FONG E K F, BIFFAR S E. A comparison of test methods for determining in vitro drug release from transdermal delivery dosage forms[J]. Journal of pharmaceutical and biomedical analysis, 1986, 4(5): 601-607.

装置，对东莨菪碱透皮贴剂开展了体外溶出研究；这是第一篇关于往复架法溶出装置的公开报道。1987 年，FDA 收到芬太尼透皮贴剂（Trandermal Theraputical System）的新药上市申请（NDA），由于该产品为储库型，释药面积最小为 $10cm^2$，无法对贴剂进行裁剪，因此，往复碟不适于作为样品架（holder），而是采用类似往复筒或转筒法的圆筒状透皮贴剂专用样品架。1989 年，首个第二代渗透泵制剂——硝苯地平缓释片在美国上市，FDA 溶出数据库公开的信息表明，该产品采用往复架法进行溶出度试验，以树脂玻璃（有机玻璃 Plexiglas）棒为样品架，用水溶性胶水将渗透泵片剂固定在样品架底部。

图 6-1　早期的 ALZA 往复架法溶出装置

1990 年，USP 收载了往复碟溶出度仪。1995 年，USP 将往复碟法更名为往复架法，并收载了用于透皮贴剂、渗透泵片等多种产品溶出试验的样品架。1990 年代，ALZA 公司与 LOGAN 公司合作，设计了全自动往复架溶出度仪。1998 年，芬太尼透皮贴剂在中国注册，中国食品药品检定研究院（NIFDC，中检院）引进了国内第一台往复架法装置（ALZA 装置，图 6-2），采用透皮贴剂专用圆筒样品架开展了溶出研究。2000 年，中检院采用往复架法对尼古丁透皮贴剂进行了溶出度研究，结果表明，可获得与转筒法相当的溶出曲线。

图 6-2　国内首台往复架法装置

2002 年 4 月，全球第一个药物涂层支架（DES）——西罗莫司涂层支架（Cypher™）在欧洲上市；同年，Varian 公司开始研制用于药物涂层支架体外溶出的改进型往复架法溶出装置，与 Boston Scientific 公司联合开发并开展药物涂层支架产品的体外溶出研究。2003 年，Boston Scientific 公司研发的首个紫杉醇药物涂层支架（Taxus Express2 stents）在欧洲上市，随后于 2004 年获得 FDA 批准。2005 年底，Varian 公司在 USP 展示了用于涂层支架研究的往复架法装置，2007 年正式投放市场。2009 年，Kamberi 等[1] 采用往复架法溶出装置进行了西罗莫司涂层支架的加速溶出研究。

2010 年，地塞米松玻璃体内植入剂获批用于视网膜中央静脉阻塞、视网膜分支静脉闭塞的治疗，上市申请的审评报告表明，地塞米松玻璃体内植入剂采用往复架法进行了药物溶出试验。

2019 年，国内多个仪器公司实现了往复架溶出度仪的国产化。2020 年，

1　KAMBERI M, NAYAK S, MYO-MIN, K, et al. A novel accelerated in vitro release method for biodegradable coating of drug eluting stents: Insight to the drug release mechanisms[J]. European Journal of Pharmaceutical Sciences, 2009, 37(3-4): 217-222.

国家药典委员会将往复架溶出度测定法列入国家药品标准提高课题，有望在未来作为标准方法被中国药典收载。往复架溶出装置将在透皮制剂、缓释制剂、植入剂、药物涂层支架等药物制剂或药械产品的研发和质控等方面得到更广泛的应用。

2 | 仪器装置与工作原理

2.1 仪器组成

往复架法装置由溶出杯、电动机、垂直往复移动样品的往复轴、恒温水浴或其他适当的温控系统组成。与往复筒法不同的是，往复架法用固定各种制剂产品的样品架（holder）替代了往复筒。

仪器溶出杯一般为六排七列，每排可更换不同介质，意味着至少可以使用6种介质进行试验，如果设计适当的程序，也可在完成第六种介质的溶出后，回到初始或适当的位置，在新的溶出杯或介质中继续试验。试验温度选择范围为5~55℃，温度控制精度为 ±0.1℃。对于不同的药物剂型或药械组合产品，可选配或定制能容纳 3~500ml 介质的溶出杯和样品架（表 6-1，图 6-3），10ml 是常用的小体积溶出杯。溶出杯一般为玻璃材质，也可采用其他适当的材料制造，采用经过校准有体积刻度标识的溶出杯更方便试验。样品架一般采用不锈钢、聚四氟乙烯（virgin PTFE）或树脂玻璃（plexiglas）材料。

表 6-1　往复架法装置样品架

样品架	适用的剂型	品种
往复碟	透皮贴剂	东莨菪碱透皮贴剂
倾斜碟	透皮贴剂	可乐定透皮贴剂
圆筒	透皮贴剂	尼古丁透皮贴剂
金属笼	植入剂	醋酸地塞米松眼植入剂

样品架	适用的剂型	品种
弹簧	口服缓释片	盐酸哌甲酯缓释片
棒	口服缓释片	硝苯地平缓释片、盐酸奥昔布宁缓释片、盐酸维拉帕米缓释片

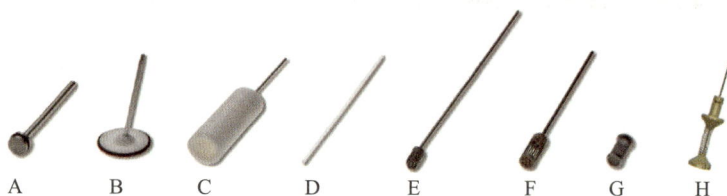

图 6-3　往复架法装置溶出杯和样品架

A. 往复碟；B. 倾斜碟；C. 圆筒；D. 棒状样品架；E. 弹簧状样品架；F. 篮状样品架；G. 带筛网的篮；H. 药物涂层支架用样品架

2.2 工作原理

根据测定样品的剂型或药物溶出特点，选用适当的样品架固定样品后（表6-1），与往复筒法装置工作原理类似，通过参数设置，可在规定的介质、温度、往复频率、往复距离运行一定时间后，将样品自动转移到新一排溶出杯中，继续溶出试验。往复架法装置标准的往复运动距离为2cm，往复频率为5~40dip/min，推荐的往复频率为30dip/min，相关药典对取样位置和取样体积没有明确的规定，用户可根据需要确定适当的往复频率、往复距离、取样的位置和体积。

对于溶出试验中的取样时间和取样点，建议至少设定3个取样时间点，每次取样的时间与规定的时间相差不得超过15分钟或2%，以最小的取样时间范围为准。对于透皮贴剂，溶出杯介质的温度一般为32℃±0.5℃，其余制剂为37℃±0.1℃，对于微球、药物涂层支架等制剂或药械组合产品，为了缩短试验周期，也可采用45℃±0.1℃或更高的试验温度，开展加速试验。另外，试验前还应对溶出介质进行脱气处理。

3 | 特点

往复架溶出度仪可模拟温度、介质、胃肠道蠕动等体内动态环境因素，通过样品架的往复运动，提供了与篮法、桨法不一样的流体动力学特性，在透皮制剂、渗透泵制剂等新型药物制剂领域得到广泛的应用。

与往复筒法、桨碟法和转筒法相比，往复架法可以提供适用于透皮贴剂、渗透泵等缓释制剂、植入和药物涂层支架等药械组合产品的样品固定装置，即样品架（holder）。在一定程度上，往复架法可以实现往复筒法、桨碟法和转筒法等装置的所有功能，是一种可用于多种制剂研究的通用型溶出装置。往复架装置实验过程全自动操作并可连续工作多天，可以通过选择不同的样品固定装置或自行定制，满足不同制剂或产品的溶出研究需要。芬太尼等一些透皮制剂因工艺设计的原因导致其溶出动力学非常缓慢，桨碟法等常规装置就无法完成体外溶出试验，对于这样的产品，往复架装置提供了新的研究手段。有研究表明[1]，桨碟法与往复架法得到的药物溶出曲线是相同的，但是往复架法获得的溶出数据更精密、重复性更好。

对于临床应用广泛的药物涂层支架（DES），药物的载样量低，通常为50~350μg，且药物溶解度较低，体外溶出试验复杂，释药周期长达数月。传统溶出装置无法满足试验需求或成本昂贵、工作效率低。采用磁悬浮技术的往复架装置可以用 3~10ml 的溶出介质，提高检测灵敏度，并实现无溶剂挥发的优点，为药物涂层支架这类低剂量产品的长周期药物溶出试验提

1　https://www.accessdata.fda.gov/drugsatfda_docs/nda/2008/077449Orig1s000.pdf

第六章　往复架法　**165**

供了有力工具。

除非采用特别的设计，往复架法溶出试验存在介质挥发的现象，因此，在每次取样前，可将溶出杯从水浴中移除，放冷至室温后，补加水或介质至试验规定体积。当然，如果没有配备全自动装置，上述操作也确实加重了实验人员的工作负担。

4 | 在药物制剂与药械组合产品中的应用

目前，作为公开的药物体外溶出度测定方法，往复架法主要用于透皮制剂和非崩解型口服固体制剂，USP 一共收载了采用该装置的透皮贴剂和渗透泵型缓释片两类剂型共 7 个品种（表 6-2）。除 USP 外，FDA 的溶出度数据库还收载了透皮贴剂、缓释片和植入剂三类剂型共 4 个品种（表 6-3）。另外，往复架法也可用于药物涂层支架等药械组合产品的药物溶出研究和质量控制。

表 6-2　USP（2021）收载的使用往复架法的品种

药品名称	测定法	介质	体积（ml）	往复频率（dip/min）	总测试时间（h）	样品架
可乐定透皮贴剂（5mg 规格及以下）（Clonidine Transdermal System）	1	0.001mol/L 磷酸溶液	80	30	8，24，96，168	倾斜碟
可乐定透皮制剂（5mg 规格及以上）（Clonidine Transdermal System）	1	0.001mol/L 磷酸溶液	200	30	8，24，96，168	倾斜碟
盐酸哌甲酯缓释片（Methylphenidate HCl Extended-Release Tablets）	2（24h）	pH 3.0 磷酸溶液	500	30	1，4，10	弹簧

药品名称	测定法	介质	体积（ml）	往复频率（dip/min）	总测试时间（h）	样品架
盐酸哌甲酯缓释片（Methylphenidate HCl Extended-Release Tablets）	6（24h）	pH 3.0 磷酸溶液	50	30	1 间隔 10	弹簧
尼古丁透皮贴剂（Nicotine Transdermal System）	1	磷酸溶液	250	30	2，12，24	圆筒
硝苯地平缓释片（Nifedipine Extended-Release Tablets）	1	水	50	15~30	4，8，12，16，20，24	树脂玻璃棒
硝苯地平缓释片（Nifedipine Extended-Release Tablets）	5	水	50	30	4，12，24	树脂玻璃棒
盐酸奥昔布平缓释片（Oxybutynin Chloride Extended-ReleaseTablets）	1	模拟胃液、无酶（pH 1.2）	50	30	4，10，24	/
盐酸奥昔布平缓释片（Oxybutynin Chloride Extended-ReleaseTablets）	3	模拟胃液、无酶（pH 1.2）	50	30	4，10，24	/
盐酸奥昔布宁缓释片（Oxybutynin Chloride Extended-ReleaseTablets）	6	模拟胃液、无酶	50	30	4，10，24	树脂玻璃棒
盐酸伪麻黄碱缓释片（Pseudoephedrine HCl Extended-Release Tablets）	2（24h）	0.9% 氯化钠溶液	50	30	2，8，14，24	特殊片剂支架尼龙网+塑料棒
盐酸维拉帕米缓释片（Verapamil HCl Extended-Release Tablets）	4	模拟胃液、无酶	50	20	3，6，9，14	树脂玻璃棒

表 6-3 FDA 数据库收载的使用往复架法测定制剂体外溶出度的药品

药品名称	剂型	样品固定装置	往复频率（dip/min）	介质	体积（ml）	建议采样时间（h）	数据更新
醋酸地塞米松眼植入剂（Dexamethasone）	植入	带筛网的篮，50目	30	含 0.05g/L 十二烷基硫酸钠磷酸盐缓冲盐水 45℃ ±0.5℃	30	12，24，48，72，96，120，144，168，192，216，240	2010/10/21
芬太尼贴片（Fentanyl）	经皮	圆筒样品架	30 往复移动距离约 2cm	0.005mol/L 磷酸溶液和 0.005mol/L 磷酸钠（pH~2.6）等摩尔混合物	75 和 100μg/h 规格为 250ml	0.5，1，2，4，24	2011/06/09
盐酸氢吗啡酮缓释片（Hydromorphone HCl）	缓释片	金属篮	30	水	50	1，2，4，6，8，10，12，16，20，24	2016/05/26
东莨菪碱贴片（Scopolamine）	经皮	透皮贴剂样品架	30~60 往复移动距离 2~3cm	水	25×150mm 试管，含 20ml	1，2，4，6，12，18，24，36，48，72	2009/07/15

4.1 透皮贴剂

透皮贴剂是由药物与背衬、聚合物骨架、压敏胶、保护层等材料制成，经由皮肤给药途径进入血液循环系统，发挥全身作用的制剂。具有避免肝脏首过效应、防止血药浓度过高，以及持续缓慢溶出、减少给药次数、延长给药间隔的优点。

1969 年，Zaffaroni 博士等申报了第一个通过皮肤和口腔黏膜吸收并持续给药的透皮制剂专利[1]。1971 年，ALZA 公司申报了第一个基于微针给药技术的透皮制剂专利[2]。从 1979 年与 Ciba-Geigy 联合研发上市第一个透皮贴剂——东莨菪碱透皮贴剂开始，陆续研发并上市了硝酸甘油、可乐定、雌二醇等多个药物的透皮贴剂，几乎主导了透皮贴剂这一新型制剂领域。尽管在 20 世纪 70 年代中期就研发了往复架法，并在工业界得到广泛应用，但公开报道的文献极少。1986 年，Mazzo 等[3] 首次报告了透皮贴剂的往复架法体外溶出研究工作，采用了倾斜往复样品架对东莨菪碱透皮贴剂进行了体外溶出研究，并与桨碟法、扩散池法的溶出数据进行了比较。当时上述三种装置都是未被药典收载的非标仪器，在崩解度仪的基础上，将与往复轴相连的吊篮改为面积 $10cm^2$ 并具有 O 型沟槽的圆形往复碟样品架，将东莨菪碱透皮贴剂用半透膜和 O 型橡胶圈等固定在样品架上，透皮贴剂的释药面与介质接触，往复碟样品架与往复轴呈一定角度，以防止样品在往复运动中脱落。Mazzo 等的研究报告表明，ALZA 公司研发的第一个透皮贴剂就采用了往复架法进行体外溶出质量控制。除溶出介质的体积外，样品架、往复频率等参数与 2009 年 FDA 公开的溶出方法一致。

1984 年，芬太尼透皮贴剂进入新药临床研究，并于 1990 年获得 FDA

1　ZAFFARONI A, Bandage for administratering drugs：US3598122［P］. 1971-08-10.

2　GERSTEL M S, PLACE V A, Drug delivery device：US 3964482［P］. 1976-06-22.

3　MAZZO D J, FONG E K F, BIFFAR S E. A comparison of test methods for determining in vitro drug release from transdermal delivery dosage forms［J］. Journal of pharmaceutical and biomedical analysis, 1986, 4（5）: 601-607.

批准。FDA 公开的药品标准表明，芬太尼透皮贴剂采用往复架法进行体外溶出试验，固定样品的装置为圆筒（表 6-3）。1991 年，尼古丁透皮贴剂（Nicoderm）获得 FDA 批准，是美国上市的第一个戒烟贴剂，目前共有四个尼古丁透皮贴剂在美国上市。目前，共有芬太尼、可乐定等 18 个国产化学药物贴剂产品共 42 个文号获得国家药品监督管理局的批准，溶出试验以桨碟法和往复筒法为主。

USP（2021）收载的尼古丁透皮贴剂药品标准有 4 种体外溶出试验测定法，其中，第一法是往复架法，将制剂置于干燥的 10cm×10cm 高分子透析膜中心位置，将制剂的压敏胶层与透析膜贴合。用两个 O 型圈将透析膜固定在样品架的圆筒上，使透皮系统的一个边缘与凹槽对齐，缠绕在圆筒上。介质为 250ml 的水，温度为 32.0℃ ±0.3℃。往复频率约为 30dip/min，往复距离为 2.0cm±0.1cm。在 2、12 和 24 小时，分别将样品架转移至新的介质中继续溶出，直至结束。

1984 年，美国 FDA 批准了 ALZA 公司的第三个透皮贴产品——可乐定透皮贴（商品名 Catapres），用于治疗轻度至中度高血压。目前共有 5 个可乐定透皮贴剂制剂。USP（2021）收载的可乐定透皮贴标准有 4 种体外溶出试验测定法，其中两种是往复架法，根据不同规格制剂的释药面大小，选用往复碟或圆筒样品架，介质为 80ml 或 200ml 的稀磷酸溶液。

4.2 渗透泵型缓释制剂^注

渗透泵制剂的概念始于 1955 年[1]，墨尔本大学的 Rose 和 Nelson 设计了首个基于渗透压的连续给药装置。1972 年，ALZA 公司的 Theeuwes 和

1　ROSE S, NELSON J. A continuous long-term injector[J]. Immunology & Cell Biology, 1955, 33（4）: 415-419.

注：　国外对渗透泵型制剂称为"缓释（ER 或 MR）"，国内称"控释（controlled release，CR）"，本书统称"缓释"。

堪萨斯大学的 Higuchi 教授共同研发并申请了初级渗透泵（EOS）专利[1]。1975 年，Theeuwes[2] 报告了氯化钾初级渗透泵片的体外溶出和体内结果，虽然报告中并未明确说明使用的装置为往复架溶出度仪，但往复距离 2.5cm、往复频率 30dip/min 等参数表明，该研究使用了往复架法装置。初级渗透泵内为含药片芯，外面包被一层半透膜，包衣膜上有一释药小孔，从而达到渗透目的。

硝苯地平是 L 型二氢吡啶类钙通道阻滞剂，作为一线降压药，对于各年龄段、各种类型的高血压均具有非常明显的降压效果，个体差异性小，控制血压达标率高。除此以外，硝苯地平还可抑制血小板的凝聚，防治动脉粥样硬化，预防及减少血管内皮功能受损，改善心肌供血供氧。硝苯地平的使用经历了几代产品的更迭，由最初的普通片剂到现在的缓释制剂，基本解决了硝苯地平半衰期短、清除率高、作用时间短、对血压控制时间短等问题。国内药品中硝苯地平缓释片共有 30 个批准文号，溶出方法为浆法或篮法。USP（2021）收载的硝苯地平缓释片药品标准有 8 种溶出测定法，其中两项为往复架法，以树脂玻璃棒为样品架，除取样时间和限度外，其他条件均相同，溶出介质为 50ml 的水。

盐酸维拉帕米为钙离子拮抗剂，主要用于治疗原发性高血压，通过调节心肌传导细胞、心肌收缩细胞以及动脉血管平滑肌细胞膜上的钙离子内流，发挥其药理作用，但不改变血清钙浓度。USP（2021）版收载的盐酸维拉帕米缓释片溶出试验，采用不含酶的模拟肠液。先从受试片剂侧边刮去约 2mm×2mm 的包衣；将样品用黏合剂固定到塑料棒样品架上。将每个塑料样品架连接到仪器的往复轴上，使片剂浸入含有 50ml 溶出介质的试管中，以 15~30dip/min 的往复频率运动，往复距离约 2cm，介质温度保持 37℃。在每个指定的测试间隔结束时，将系统转移到下一排含有 50ml 新鲜介质的溶出杯中。在最后一次测试间隔后取出溶出杯，并冷却至室温。向

---

1 HIGUCHI T, THEEUWES F. Osmatic dispensing device for releasing beneficial agent[P]. 1972–06–05.

2 THEEUWES F. Elementary osmotic pump[J]. Journal of pharmaceutical sciences, 1975, 64(12): 1987–1991.

每个溶出杯加入 2.0ml 1.0mol/L 磷酸，用水稀释至 50ml。混匀后，进行测定，即可绘制盐酸维拉帕米缓释片的溶出曲线。

4.3 其他特殊剂型

随着眼部植入剂、关节腔内混悬液等低剂量、长效溶出产品的研发上市，往复架溶出度仪为上述产品的体外溶出研究提供了溶出介质用量少、溶出周期长、标准化、自动化的标准方法。

4.3.1 眼部植入剂

眼部植入剂（ocular implant）是指将药物与高分子材料混合制备成一定制剂或装入微型装置中，通过手术植入眼部，从而使药物缓慢、持续溶出的剂型，其释药时间可长达数月至数年，多用于治疗眼后部感染等疾病。Iovino 等[1~5]对这类产品的应用进行了研究和综述。

地塞米松玻璃体内植入剂（Ozurdex）由 Allergan 公司研发，用于治疗白内障摘除并植入人工晶体后的术后眼内炎症，为 6.5mm×0.45mm 的棒状产品，用 22-G 针头经睫状体平坦部注入玻璃体腔，最早于 1958 年在美国上市，Ozurdex® 以生物可降解材料聚乳酸 – 羟基乙酸共聚物（PLGA）为载体，经水解后缓慢降解为乳酸和羟基乙酸，同时将地塞米松在玻璃体内持

1   IOVINO C, MASTROPASQUA R, LUPIDI M, et al. Intravitreal Dexamethasone Implant as a Sustained Release Drug Delivery Device for the Treatment of Ocular Diseases: A Comprehensive Review of the Literature[J]. Pharmaceutics, 2020, 12(8): 703–729.

2   BALASUBRAMANIAM J, SRINATHA A, PANDIT J K. Studies on Indomethacin Intraocular Implants Using Different in vitro Release Methods[J]. Indian Journal of Pharmaceutical Sciences, 2008, 70(2): 216–221.

3   TOIT L, CARMICHAEL T, GOVENDER T, et al. In vitro, in vivo, and in silico evaluation of the bioresponsive behavior of an intelligent intraocular implant[J]. Pharm Res, 2014, 31(3): 607–634.

4   ARCINUE C A, CERÓN O M, FOSTER C S. A Comparison Between the Fluocinolone Acetonide (Retisert) and Dexamethasone (Ozurdex) Intravitreal Implants in Uveitis[J]. Journal of Ocular Pharmacology & Therapeutics, 2013, 29(5): 501–507.

5   DA SILVA, FS LIGÓRIO, CAMARGO S R, et al. Implants as drug delivery devices for the treatment of eye diseases[J]. Brazilian Journal of Pharmaceutical Science, 2010, 46(3): 585–595.

续溶出约 6 个月。根据 FDA 溶出度数据库，Ozurdex 采用往复架法和 50 目筛网篮作为样品架，以 30ml 含有十二烷基硫酸钠的磷酸缓冲液作为介质，往复频率为 30dip/min，在 45℃下对地塞米松玻璃体内植入物进行溶出试验。这是一种加速药物溶出方法，为了缩短试验时间，FDA 建议眼部植入剂在 45℃的温度下进行高温溶出试验。

上海市食品药品检验研究院的乐健等采用往复架法，对三种处方的地塞米松玻璃体植入剂与原研制剂 Ozurdex® 进行了体外加速溶出行为的研究，建立了具有区分力的体外加速溶出条件。具体试验条件为：加速试验温度为 45℃，同时为满足醋酸地塞米松的漏槽条件，以 0.9% 氯化钠溶液 250ml 为溶出介质，选用 40 目筛网篮作为样品架，往复频率为 30dip/min，并根据试验结果绘制了如图 6-4 所示的溶出曲线。结果表明，该方法对不同处方的地塞米松玻璃体植入剂具有明显的区分力，可以作为处方筛选和质量控制的工具。

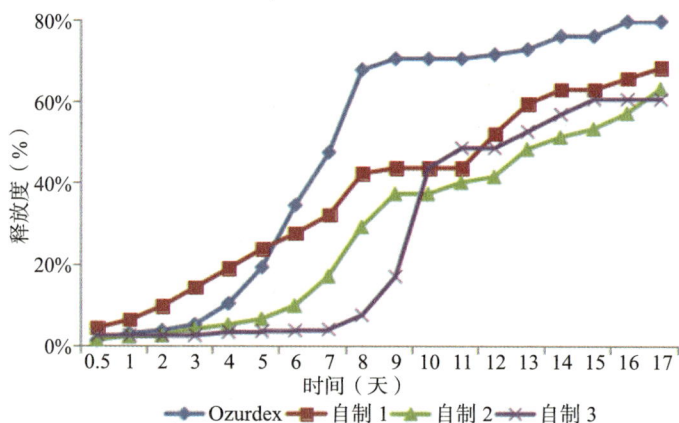

图 6-4　地塞米松玻璃体内植入剂的累积溶出曲线

4.3.2　长效注射剂

长效注射剂是 20 世纪 90 年代发展起来的新型制剂，包括前体药物、微球、微囊、凝胶等注射剂，主要通过肌内注射、皮下注射等局部注射方式给药。药物缓慢溶出后，以平稳的血药浓度在局部或全身维持一周乃至数月的治疗时间，在精神疾病、镇痛、降糖、降压等多种治疗领域有广泛的需求。药物的溶出行为是长效注射剂重要的质量研究和评价指标。

早在1981年，侯惠民就开展了长效注射剂的研究，指出长效注射剂在大多数情况下可改善药物的利用度，减少副作用及注射次数，对储库型式（depot-type）长效注射剂进行了介绍并申报了相关专利[1, 2]。

将注射用曲安奈德混悬置于药物涂层球囊中，然后再将球囊植入鼻窦中，药物可持续溶出数周，用于鼻窦炎的治疗。德国Greifswald大学的Klein等采用往复架法装置、药物涂层样品架和透析袋，考察了低剂量、长效缓释制剂的体外溶出。Probst等[3]分别采用流池法、往复架法装置和透析袋，对泼尼松龙、对乙酰氨基酚注射液和混悬液进行了体外溶出和体内研究，结果表明体外溶出数据与体内数据具有相关性，往复架法装置还具有介质体积小的优势。

4.3.3 大分子类药物

多肽和蛋白质等大分子药物在胃肠道中易降解且经黏膜的渗透率极低，是研发口服制剂必须面对的挑战，现阶段研究中提出了使用弹性体材料（elastomeric material）的口服给药装置的概念，这种装置具有增加胰岛素等多肽药物吸收的潜力。

Jørgensen等[4]采用往复架法开展体外溶出试验，采用5ml样品池，以pH 4.0的50mmol/L柠檬酸盐缓冲液和pH 7.0的50mmol/L磷酸盐缓冲液为溶出介质。将口服给药装置置于50目篮式样品架中，介质温度保持37℃，

1　侯惠民. 长效注射剂［J］. 世界临床药物，1982（4）：24-28.

2　侯惠民，何广安，栾瀚森，等. 一种纳曲酮长效注射微球组合物及制备方法和应用：CN，CN1415294 A［P］.［2002-11-07］

3　PROBST M, SCHMIDT M, TIETZ K, et al. In vitro dissolution testing of parenteral aqueous solutions and oily suspensions of paracetamol and prednisolone［J］. International Journal of Pharmaceutics, 2017: 519.

4　JØRGENSEN J R, THAMDRUP L, KAMGUYAN K, et al. Design of a self-unfolding delivery concept for oral administration of macromolecules［J］. Journal of controlled release, 2021, 329（10）: 948-954.

在 pH 4.0 的介质中溶出 1 小时，然后在 pH 7.0 的介质中继续溶出 5 小时，往复频率为 15dip/min。在 10、30、60、70、80、90、105、120、150、180、240 和 360 分钟定时自动取样 0.5ml，每次取样完成后将各溶出杯内介质全部用新鲜的溶出介质替换。在 60 分钟取样点后，用磷酸盐缓冲液替代柠檬酸盐缓冲液。结果表明，即使在相对酸性较强的胃酸条件下，弹性体材料也能起到很好的保护作用。当介质更换为 pH 7.0 的介质时，胰岛素开始溶出，持续溶出时间为 2~3 小时。这一体外溶出度试验充分体现出了往复架法可方便并及时更换介质的优越性，验证了弹性体材料的完全展开情况，并获得了胰岛素的溶出曲线，证实胰岛素制剂在胃肠道 pH 4.0 的条件下可得到保护。

4.4 药械组合产品

阴道环和药物涂层支架等新型药械组合产品是融合了传统器械和药品技术的复杂产品（complex products），2004 年起，国家药品监督管理部门就对这类产品的注册管理等事宜发布了相关文件。无论作为药品还是器械管理的组合产品，其中关键的一项质量指标就是产品中药物的溶出。往复架法和流池法是这类产品的常用溶出设备。

4.4.1 阴道环

阴道环是 20 世纪 70 年代初发展起来的新型药械组合产品，是一种缓释药物递送系统，其原理为将药物置于无活性的载体中，使药物通过载体的微孔向体内扩散，恒速释放最低有效剂量的药物。随后药物经阴道上皮黏膜吸收，直接进入血液循环，避免了肝肠的首过效应，并可维持血药浓度的相对稳定，达到长效作用目的。可用于局部或全身给药，对于蛋白质等生物利用度较低的新型给药系统，阴道环药械组合产品为药物的长期缓释提供了新途径。

2001 年，复方依托孕烯炔雌醇阴道环（NUVARING®）在美国上市，FDA 批准的体外评价方法采用自动控制释放系统（release-control system），介质为 37℃的 200ml 水，搅拌速度为 750r/min。Organon 公司申报的专利溶出装置[1]（图 6-4）与《中国药典》浆碟法类似，将样品固定在溶出杯一定位置，底部为磁力搅拌装置。Van Laarhoven 等[2,3] 采用该装置进行了体外溶出研究，试验时间长达一个月。Externbrink 等[4] 采用往复架法的研究表明，

Patent Application Publication Jan. 12,2006 Sheet 3 of 8　　US 2006/0005641 A1

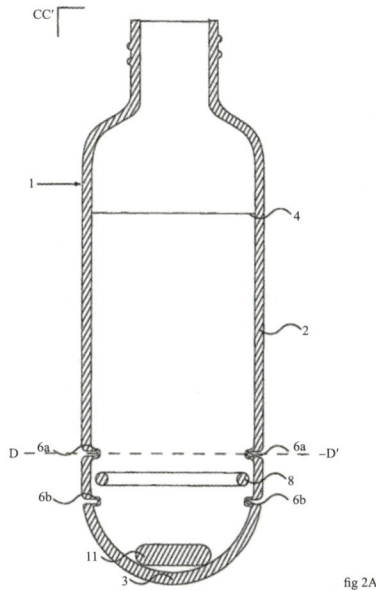

图 6-4　Organon 公司申报的专利溶出装置

1　KRAFT R. Method for dissolution testing of a pharmaceutical delivery device：US，US7357046 B2[P]．[2006-01-12]．

2　VAN LAARHOVEN J A H，KRUFT M A B，VROMANS H. In vitro release properties of etonogestrel and ethinyl estradiol from a contraceptive vaginal ring[J]．International journal of pharmaceutics，2002，232（1-2）：163-173.

3　VAN LAARHOVEN J A H，KRUFT M A B，VROMANS H. Effect of supersaturation and crystallization phenomena on the release properties of a controlled release device based on EVA copolymer[J]．Journal of controlled release，2002，82（2-3）：309-317.

4　EXTERNBRINK A，CLARK M R，FRIEND D R，et al. Investigating the feasibility of temperature-controlled accelerated drug release testing for an intravaginal ring[J]．European Journal of Pharmaceutics & Biopharmaceutics，2013，85（3）：966-973.

该产品采用水和模拟体液（VFS）的体外溶出曲线一致，并且与该产品在企业标准条件下的溶出趋势相似。表明往复架法与自动控制释放系统条件下的溶出均与介质的 pH、离子强度及表面活性剂浓度不相关。

将试验温度从 37℃提高到 50℃，改变溶出介质，可将体外溶出评价效率提高 5 倍。初步的加速试验对产品的区分力降低，可能是加速条件过于强烈所致，或者处理过程并不真实反映生产工艺的变动。上述研究还表明，往复架法是阴道环制剂长期和加速溶出试验研究的有用工具，由于阴道环体积一般较大，可将样品裁剪为合适的片段。经过优化后的往复架法具有精确的温度和蒸发损失量的控制，可满足低剂量、长周期缓释给药系统的药物溶出研究。

4.4.2 药物涂层支架

21 世纪初，以导管为基础的经皮冠状动脉血管腔介入治疗技术经过 30 多年的发展进入第三个发展阶段，药物涂层支架进入新时代。药物涂层支架（DES）是利用裸金属支架平台携带（载）抗血管内膜增生的药物，在血管局部持续溶出，有效抑制支架内膜增生，以预防支架内再狭窄。药物涂层支架包括以不锈钢或钴－铬制成的裸支架，这些支架被带有抗增生作用的药物载体所覆盖，其聚合物载药涂层有永久、可降解和无聚合物载药涂层技术，所载药物包括利莫司类和紫杉醇等。这类药械组合产品的体内研究一般都集中在血液中的药物等水平，而不是药物在靶部位的血药浓度，药物在组织中的浓度一般是在移除支架后的动物模型中进行确认，实验过程较为繁琐复杂，因此，开展体外研究是药物支架研发的重要手段。

西罗莫司（又称雷帕霉素）是 20 世纪 70 年代中期发现的一种天然大环内酯类抗生素，研究还发现，该药有抑制细胞增殖的作用。2002 年 4 月，全球第一个西罗莫司药物涂层支架（Cypher）在欧洲上市，并于 2003 年 4 月获得美国 FDA 批准。目前，《中国药典》（ChP）、《美国药典》（USP）、

《欧洲药典》（EP）和《日本药典》（JP）都没有专门用于药物涂层支架类药械组合产品的溶出度测定方法，使用最多的两种方法分别是往复架和流池法。Seidlitz[1,2]等采用流池法、改进流池法（VFTC）[3]和往复架法等多种装置对西罗莫司药物涂层支架的溶出特性进行了比较研究。其中，往复架法的溶出试验方法是将药物支架固定在样品架上，并将其置于装有10ml介质的溶出杯中，密闭溶出杯以防止介质蒸发。在试验过程中，通过电磁技术使药物涂层支架在密封的溶出杯中以一定的频率上下往复移动，往复距离一般为2cm。为考察机械应力对药物溶出的影响，分别采用5dip/min和40dip/min两种往复频率。结果表明，不同溶出装置的溶出特性具有显著差异，往复架法标准化的装置具有介质消耗少、重复性好、检测灵敏度高等优点，更适于开展药物支架的溶出研究。

Kamberi等[4,5]采用配有支架专用固定装置的往复架溶出度仪对依维莫司药物涂层支架进行了体外加速溶出研究，经过对检测方法的优化，可以采用紫外分光度法进行药物支架的溶出测定，检测结果与液相色谱法相当，不仅降低了检测成本，还提高了检测效率。如果能够实现光纤检测，就可以实现在线实时溶出试验。上述研究结果还表明，溶出介质的性质会显著影响支架的药物溶出特性曲线。

2003年，Boston Scientific公司研发的首个紫杉醇药物涂层支架（Taxus Express2 stent）在欧洲上市，并于2004年获得FDA批准。该公司与相关机

1　SEIDLITZ A, SCHICK W, RESKE T, et al. In vitro study of sirolimus release from a drug-eluting stent: Comparison of the release profiles obtained using different test setups[J]. European journal of pharmaceutics and biopharmaceutics, 2015,（93）: 328–338.

2　SEIDLITZ A, NAGEL S, SEMMLING B, et al. In Vitro Dissolution Testing of Drug-Eluting Stents[J]. Current pharmaceutical biotechnology, 2013, 14（1）: 67–75.

3　NEUBERT A, STERNBERG K, NAGEL S, et al. Development of a vessel-simulating flow-through cell method for the in vitro evaluation of release and distribution from drug-eluting stents[J]. Journal of controlled release, 2008, 130（1）: 2–8.

4　KAMBERI M, NAYAK S, MYO-MIN K, et al.A novel accelerated in vitro release method for biodegradable coating of drug eluting stents: insight to the drug release mechanisms[J]. European journal of pharmaceutical sciences, 2009, 37（3–4）: 217–222.

5　KAMBERI M, TRAN T N. UV-visible spectroscopy as an alternative to liquid chromatography for determination of everolimus in surfactant-containing dissolution media: A useful approach based on solid-phase extraction[J]. Journal of pharmaceutical and biomedical analysis, 2012（70）: 94–100.

构合作，采用往复架法进行药物支架体外溶出方面的研究。Parker 等[1]采用往复架法，对 Cordis 公司的西洛他唑新型药物涂层支架进行了药物溶出的动力学研究。研究表明，以添加牛血清白蛋白（BSA）的磷酸缓冲液作为溶出介质，可建立良好的体内外相关性，提示往复架法的体外溶出数据可以预测西洛他唑药物涂层支架的体内溶出行为。

尽管药物涂层支架在临床上得到了非常广泛的应用，但由于这类产品载药量低，通常为 50~350μg，且药物溶解度较低，体外溶出试验复杂，释药周期长，药物体外溶出研究的难点在于血药浓度低不易测定，只有少数体外溶出装置可供选择，实验方案和装置的选择存在很大的挑战。

1 PARKER T，V DAVÉ，FALOTICO R，et al. Control of cilostazol release kinetics and direction from a stent using a reservoir–based design[J]. Journal of biomedical materials ersearch part B applied biomaterials，2012，100B（3）：603–610.

5 | 展望

目前，往复架法主要应用于透皮制剂、非崩解型缓释制剂、植入剂等，对于崩解型制剂的应用研究极少。除 USP 外，往复架法尚未作为标准溶出测定法，加之溶剂的挥发和噪音，仪器的普及率远低于桨碟法、转筒法。因此，虽然往复架法在工业界有近半个世纪应用历史，但主要用于研发阶段的质量研究，在药品标准质量控制方法的应用还很有限。比如 TEVA 公司的芬太尼透皮贴剂仿制药就采用转筒法进行体外溶出控制。USP 收载的可乐定透皮贴剂，除往复架法外，也收载了转筒法、桨碟法等多个溶出测定法。USP 收载的硝苯地平缓释片及盐酸奥昔布平缓释片，除往复架法外，同时还有桨法、往复筒法等溶出测定法。

往复架溶出度仪最初由 ALZA 公司研制并应用于透皮贴剂和渗透泵型制剂的质量研究，但在药物涂层支架、植入剂、长效注射剂等药械组合产品和复杂制剂研究中，也显出了可改变溶出介质 pH 和组成、体积小、长时间自动运行等优点。由于其可以和往复筒法共用仪器平台进行便捷的切换，所以是一种既有特点，又具通用性的装置。随着国内仪器生产企业的技术进步，陆续解决了此类装置噪音大等装置的固有缺点，使国产仪器的性能得以显著提高。我国国家药典委员会正在委托中检院等机构开展研究，准备将往复架法收入《中国药典》。随着我国医药产业高质量发展战略的实施，改良型新药特别是缓释制剂的研发成为热点，往复架法在国内的应用得到快速增长。近几年往复架法溶出装置的采购量已经超过以往多年的总和，未来在长效注射剂、药械组合产品等复杂制剂的质量研究和质量控制中，往复架法将得到更广泛的应用。

附件

表 6-4 术语（中英文对照）

缩略词	英文名称	中文名称
	reciprocating holder	往复架
/	reciprocating disk	往复碟
/	Transdermal scop	东莨菪碱透皮贴剂
/	Osmosin	吲哚美辛渗透泵型缓释片
/	Trandermal Theraputical System	芬太尼透皮贴剂
NDA	new drug application	新药上市申请
/	Cypher™	西罗莫司涂层支架
/	Taxus express stents	紫杉醇药物涂层支架
/	holder	样品架
/	Nicoderm	尼古丁透皮贴剂
/	Catapres	可乐定透皮贴
EOS	elementary osmotic pump	初级渗透泵
/	NUVARING®	复方依托孕烯炔雌醇阴道环
/	release-control system	自动控制释放系统
VFS	/	模拟体液
DES	drug eluting stents	药物涂层支架
VFTC	vessel-simulating flowthrough cell	改进流池法
BSA	bovine albumin	牛血清白蛋白
/	elastomeric material	弹性体材料
/	ocular implant	眼部植入剂
/	OZURDEX	地塞米松玻璃体内植入剂
PLGA	Poly（lactic-co-glycolic acid）	聚乳酸－羟基乙酸共聚物
	depot-type	储库型

第七章

扩散池法和浸没池法

概述

我国使用皮肤外用制剂的历史悠久，膏药是我国最传统的皮肤外用制剂，其形成始于战国、秦汉时期。1972 年甘肃出土的《武威汉代医简》最早记载了膏药的配制方法，因膏药具有用药简便、安全等特点，在我国古代发展迅速，不仅应用于外科，还广泛应用于临床其他各科[1]。

长期以来，西方学术界一直认为，只有气体才可以透过皮肤，直到 20 世纪初才对皮肤的渗透性有了正确的认识[2]。20 世纪 70 年代以来，以东莨菪碱透皮贴剂、硝酸甘油软膏等为代表的药物制剂成功上市，使经皮给药实现药物全身作用的治疗方式成为重要的产品开发领域。作为复杂制剂的软膏、乳膏等外用半固体制剂和透皮贴剂，具有患者顺应性好、血药浓度稳定、可避免肝脏首过效应及胃肠灭活等临床优势[3]，而得到迅速发展。经皮给药制剂处方复杂，主成分混合或溶解、分散于基质中[4]，物理特性取决于多种因素，其中体外溶出 / 释放（IVRT）性及渗透性（IVPT）用于建立体外生物学特性与理化性质之间的关系、评估透皮给药的吸收速率和程度，是经皮给药制剂与药效相关的重要考察指标。不同于口服给药制剂的溶出度考察装置，经皮给药制剂在处方研究以及制剂质量评价中，采用扩散池法、动态浸没池法等装置对体外溶出和渗透特性进行研究，是其体

1　钟伯雄，刘伟志，秦阿娜，等. 外治膏药的历史沿革[J]. 长春中医药大学学报, 2011, 27(1): 134–137.

2　SCHEUPLEIN R J, BLANK I H. Permeability of the Skin[J]. Physiological review, 1971, 51(4): 702–741.

3　崔福德，药剂学[M]. 北京：人民卫生出版社, 2003.

4　国家食品药品监督管理局. 已上市化学药品变更研究的技术指导原则[EB/OL].（2008–5–13）. https://www.nmpa.gov.cn/xxgk/fgwj/gzwj/gzwjyp/20080515120001217.html.

外质量评价的关键手段，也是建立体内外相关性的前提和基础。

本章将对扩散池法和浸没池法装置的发展历史、工作原理及其在外用半固体制剂和透皮贴剂等制剂中的应用进行阐述。

1 | 发展历史

1.1 扩散池法装置

1.1.1 国外发展历史

1961 年，美国威斯康星大学药学院的 Wurster 教授和他的博士研究生 Kramer 发表了关于透皮吸收影响因素的研究论文[1]，设计了现代扩散池（Diffusion Cell）的原型装置，并对水杨酸甲酯等三种药物的透皮吸收进行了考察。在早期透皮研究中，多采用人或动物皮肤进行药物的扩散和渗透评价。但人体皮肤难以获得且存在变异性大等问题，限制了该方法在外用半固体制剂及透皮贴剂中的应用。随后人工合成膜走进人们的视野，逐渐应用于相关研究中。1964 年，Patel[2] 等利用平衡透析技术采用橡胶半透膜进行了药物的透析池研究。

1973 年，Franz 博士[3] 采用自己设计的扩散池对水杨酸等 12 种化合物进行了体外透皮吸收研究，结果表明，体外渗透数据与体内数据有较好的相关性。自此，由他设计的扩散池得到了广泛应用，研究人员又将其称为

---

1 WURSTER DE, KRAMER SF. Investigation of some factors influencing percutaneous absorption[J]. Journal of pharmaceutical sciences, 1961, 50(4): 288–293.

2 PATEL N K, FOSS N E. Interaction of some pharmaceuticals with macromolecules I. Effect of temperature on the binding of parabens and phenols by polysorbate 80 and polyethylene glycol 4000[J]. Journal of Pharmaceutical Sciences, 1964, 53(1): 94–97.

3 FRANZ T J. Percutaneous absorption. on the relevance of in vitro data[J]. Journal of Investigative Dermatology, 1975, 64(3): 190–195.

"Franz 扩散池"。1975 年，ALZA 公司采用"Franz 扩散池"开展的研究证实，东莨菪碱和硝酸甘油等药物可持续透过离体人体皮肤[1]。1976 年，Barry 等[2] 采用扩散池和醋酸纤维素膜，开展了氢化可的松等 4 种激素药物的跨膜渗透性研究。随后，东莨菪碱透皮贴和硝酸甘油透皮贴于 20 世纪 70 年代末至 80 年代初相继上市，"Franz 扩散池"的透皮吸收研究成果，推动了东莨菪碱和硝酸甘油透皮贴剂的研发与上市。

20 世纪 80 年代，美国食品药品管理局（FDA）的 Bronaugh[3, 4] 和罗格斯大学（Rutgers University）的 Chien 团队开展了扩散池的系列研究，并对"Franz 扩散池"进行了改进。1983 年，Chien、Ghannam 等[5] 完成了 Ghanam–Chien 扩散池的研究报告。1984 年，Chien 与 Valia[6] 对"Franz 扩散池"进行了改进，设计了 Valia–Chien 水平扩散池，并与 Nanopure 公司生产的商品化"Franz 扩散池"进行了对比研究。同年，Chien 与 Keshary[7] 采用 Keshary–Chien 立式扩散池，对 4 种硝酸甘油透皮贴剂进行了体外溶出与透皮吸收的比较研究。1985 年 1 月，Stewart 与 Bronaugh 在 Franz 扩散池的基础上，设计了流通扩散池（flow–through Diffusion Cell）[8]。各种扩散池的信息及结构如表 7–1 和图 7–1 至图 7–6 所示。

1　MICHAELS A S, Chandrasekaran S K, Shaw J E. Drug permeation through human skin：theory and in vitro experimental measurement[J]. AIChE Journal, 1975, 21(5): 985–996.

2　BARRY B W, EINI D. Influence of non–ionic surfactants on permeation of hydrocortisone, dexamethasone, testosterone and progesterone across cellulose acetate membrane[J]. Journal of Pharmacy & Pharmacology, 1976, 28(3): 219–227.

3　BRONAUGH R L, STEWART R F, CONGDON E R, et al. Methods for in vitro percutaneous absorption studies I. Comparison with in vivo results[J]. Toxicology and Applied Pharmacology, 1982, 62(3): 474–480.

4　BRONAUGH R L, STEWART R F, SIMON M. Methods for in vitro percutaneous absorption studies VII: Use of excised human skin[J]. Journal of Pharmaceutical Sciences, 1986, 75(11): 1094–1097.

5　TOJO K, SUN Y, GHANNAM M M, et al. Characterization of a membrane permeation system for controlled drug delivery studies[J]. AIChE Journal, 1985, 31(5): 741–746.

6　VALIA K H, CHIEN Y W. Development of a Dynamic Skin Permeation System for Long–Term Permeation Studies[J]. Drug Development Communications, 1984, 10(4): 575–599.

7　KESHARY P R, CHIEN Y W. Mechanisms of Transdermal Controlled Nitroglycerin Administration（Ⅰ）: Development of a Finite–Dosing Skin Permeation System[J]. Drug Development Communications, 1984, 10(6): 883–913.

8　BRONAUGH R L, STEWART R F. Methods for in vitro percutaneous absorption studies Ⅳ: The flow–through diffusion cell[J]. Journal of Pharmaceutical Sciences, 1985, 74(1): 64–67.

表 7-1 半固体制剂及透皮贴剂药物溶出/渗透试验用装置

扩散池/渗透池类型	名称	装置
水平	Ghanam-Chien 扩散池	图 7-1[1]
水平	Valia-Chien 扩散池	图 7-2[2]
立式	Franz 扩散池	图 7-3[3]
立式	Keshary-Chien 扩散池	图 7-4[4]
立式	Jhawer-Lord rotating-disk 扩散池	图 7-5[5]
立式	流通池	图 7-6[6]

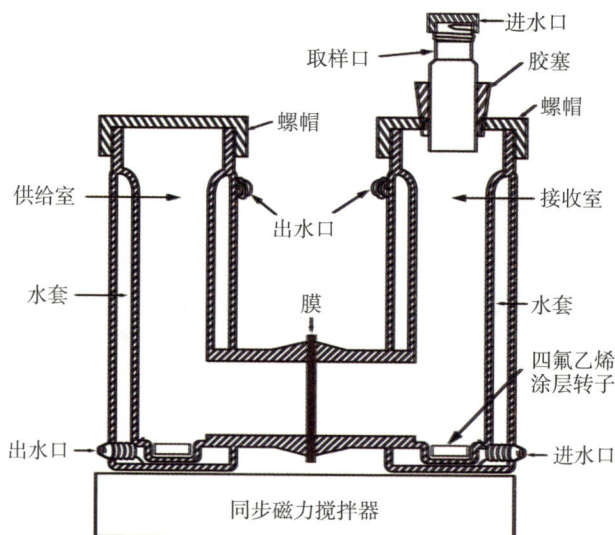

图 7-1 Ghanam-Chien 扩散池示意图

1 TOJO K, SUN Y, GHANNAM M M, et al. Characterization of a membrane permeation system for controlled drug delivery studies[J]. AIChE Journal, 1985, 31(5): 741-746.

2 VALIA K H, CHIEN Y W. Development of a Dynamic Skin Permeation System for Long-Term Permeation Studies[J]. Drug Development Communications, 1984, 10(4): 575-599.

3 FRANZ T J. Percutaneous absorption. on the relevance of in vitro data[J]. Journal of Investigative Dermatology, 1975, 64(3): 190-195. doi:10.1111/1523-1747.ep12533356

4 KESHARY P R, CHIEN Y W. Mechanisms of Transdermal Controlled Nitroglycerin Administration (I): Development of a Finite-Dosing Skin Permeation System[J]. Drug Development Communications, 1984, 10(6): 883-913.

5 BANAKAR U V. Pharmaceutical Dissolution Testing[M]. Boca Raton, FL 33487: CRC press, c1991:335.

6 BRONAUGH R L, STEWART R F. Methods for in vitro percutaneous absorption studies Ⅳ: The flow-through diffusion cell[J]. Journal of Pharmaceutical Sciences, 1985, 74(1): 64-67.

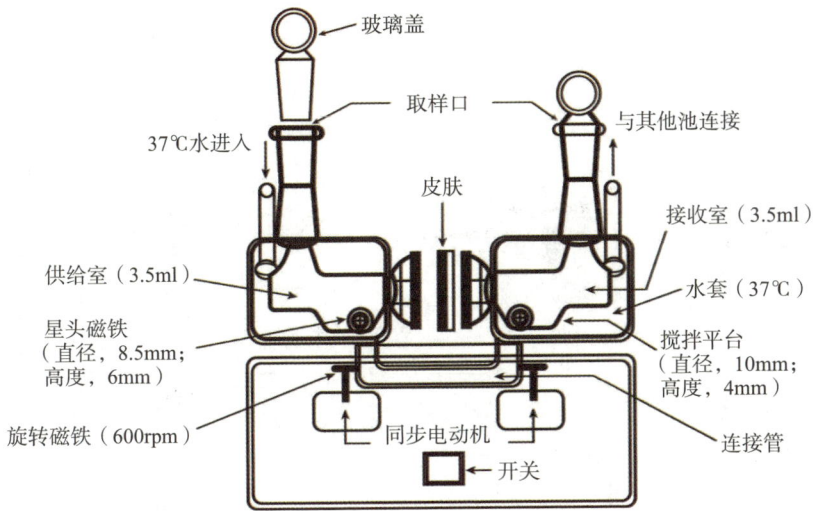

图 7-2　Valia-Chien 扩散池示意图

玻璃盖
取样口
与其他池连接
37℃水进入
皮肤
接收室（3.5ml）
供给室（3.5ml）
水套（37℃）
星头磁铁
（直径，8.5mm；
高度，6mm）
搅拌平台
（直径，10mm；
高度，4mm）
旋转磁铁（600rpm）
同步电动机
连接管
开关

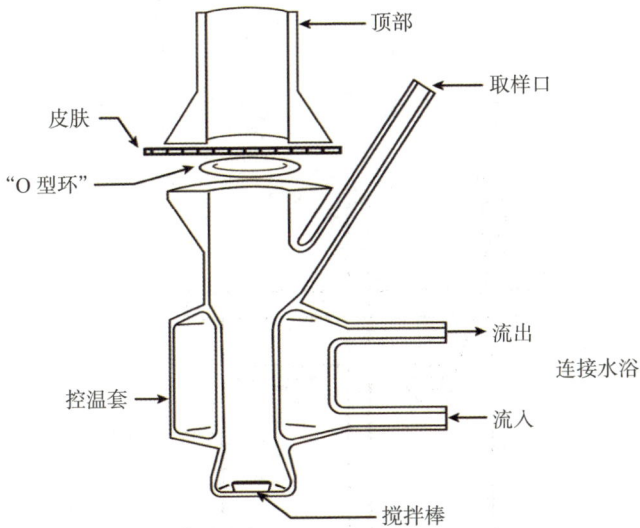

图 7-3　Franz 扩散池示意图

顶部
取样口
皮肤
"O 型环"
流出
连接水浴
控温套
流入
搅拌棒

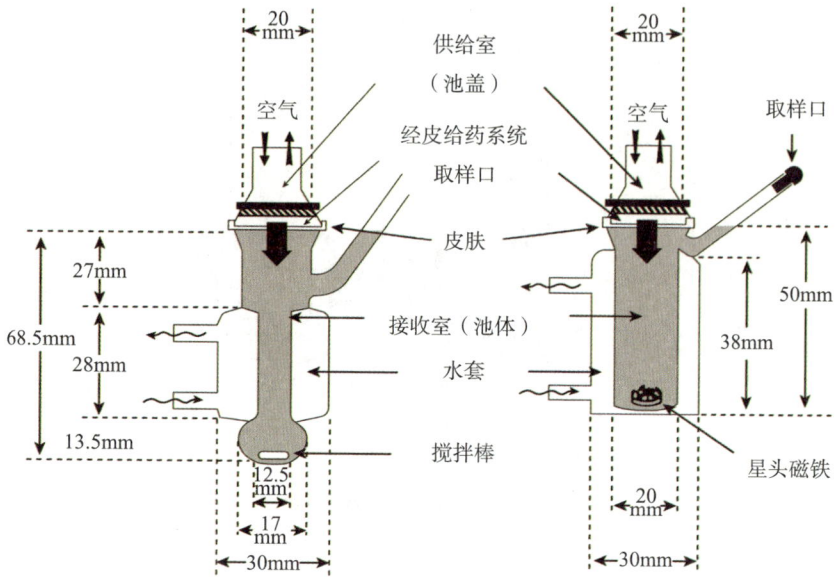

Franz 扩散池   Keshary–Chien 扩散池

图 7-4　Keshary–Chien 扩散池示意图

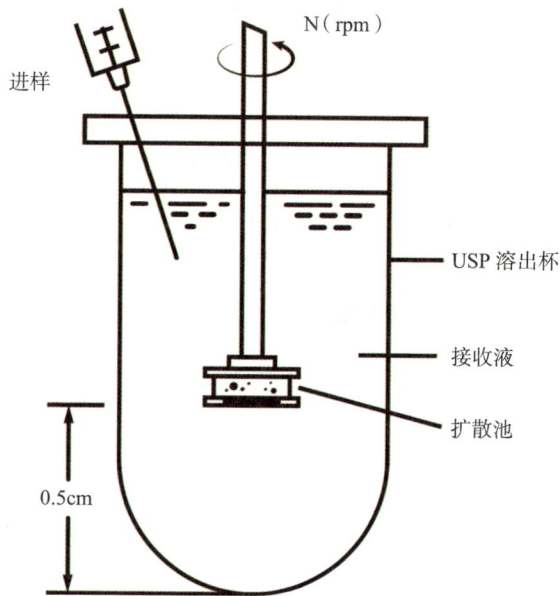

图 7-5　Jhawer-Lord rotating-disk 扩散池示意图

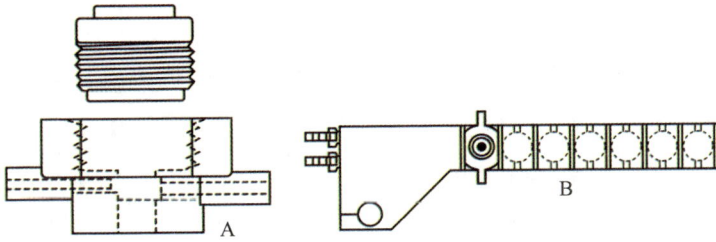

A. 流通池；B. 流通池固定装置

图 7-6　流通池示意图

1986 年，Bondi 等[1]申请了扩散池专利。同年，美国 FDA 和美国药学科学家协会（AAPS）联合召开了关于体外透皮制剂渗透研究的研讨会[2]，FDA 的 Shah 与 Franz 等专家根据已有的研究成果形成了专家共识：扩散池及其相关组件应由玻璃、不锈钢或聚四氟乙烯等惰性材料制成，接收液应为 pH 7.4 的等渗缓冲溶液，试验温度为 32℃ ±1℃，建议的试验剂量为 5mg/cm²。1987 年，Addicks[3]采用二甲基聚硅氧烷材质的渗透膜，通过流通扩散池和传统的"Franz 扩散池"对一系列对氨基苯甲酸酯类化合物的渗透行为进行了系统的比较研究。结果显示，两种方法均可用于考察不同烷烃链的对氨基苯甲酸酯的渗透行为，但流通池对化合物的混合更为均匀，使得渗透速率更快，可节省实验时间。1989 年，Shah[4]首次采用"Franz 扩散池"和醋酸纤维素膜等合成膜对氢化可的松乳膏体外溶出进行了研究，随后，采用同样方法测定了氢化可的松的多种外用制剂的体外溶出行为[5]。结果表明，与皮肤相比，合成膜变异性更小，证明了合成膜用于体外溶出研究的可能性。扩散池体外溶出可以区分不同的处方，可用于外用制剂的批间均匀性的质量控制。1992 年起，William Hanson 等申请了两项扩散池

1　BONDI J V, GRABOWSKI L A. Diffusion measuring device：US4594884[P]．1986-06-17.

2　SKELLY J P, SHAH V P, MAIBACH H I, et al. FDA and AAPS Report of the Workshop on Principles and Practices of In Vitro Percutaneous Penetration Studies：Relevance to Bioavailability and Bioequivalence[J]．Pharmaceutical research, 1987, 4（3）: 265-267.

3　ADDICKS W J, FLYNN G L, WEINER N. Validation of a Flow-Through Diffusion Cell for Use in Transdermal Research[J]．Pharm Res. 1987, 4（4）: 337-341.

4　SHAH V P, ELKINS J, LAM S Y, et al. Determination of in vitro drug release from hydrocortisone creams[J]．International Journal of Pharmaceutics, 1989, 53（1）: 53-59.

5　SHAH V P, ELKINS J, HANUS J, et al. In vitro release of hydrocortisone from topical preparations and automated procedure[J]．Pharmaceutics Research, 1991, 8（1）: 55-59.

装置的专利[1, 2]，实现了扩散池法的自动取样。

1997 年，美国 FDA 发布了关于半固体制剂体外溶出试验（又称体外释放试验，IVRT）和体内生物等效性要求的指导原则（SUPAC-SS）[3]，该指导原则首次提出半固体制剂批准后放大或变更时，在满足一定条件的情况下，可以用体外溶出试验代替临床研究。体外溶出速率可以反映原料药的溶解度、粒径以及制剂的流变学性质等多个物理和化学参数的综合作用，SUPAC-SS 指导原则同时也指出，由于半固体制剂溶出试验的体内外相关性（IVIVC）证据并不充分，因此，监管机构认为体外溶出试验更适合于考察半固体制剂变更前后的"相似性"。上述指导原则还指出，可采用"Franz 扩散池"与合成膜对外用半固体制剂进行体外溶出研究。1999 年，Shah 与 FDA 的同事 Williams 博士（后成为 USPC 首席执行官）[4]等发表了外用制剂体外扩散池法溶出试验的文章，评价了不同参数（包括接收液、搅拌速率以及合成膜种类等）对药物溶出速率的影响，为扩散池法体外溶出试验的建立提供了参考。2000 年，Hanson 公司推出了 Microette® 扩散池装置，2001 年，Blanchard 等以苯并咪唑磺酸为模型药物，醋酸纤维素合成膜为渗透膜，用 Microette® 扩散池和 Van Kel enhancer cell™ 增强池装置进行了体外溶出研究。结果表明，虽然两种装置所得到的体外溶出曲线不一致，但均可用于外用半固体制剂体外溶出一致性研究[5]。2009 年，从 FDA 退休的 Shah 与 USP 外用与透皮制剂咨询委员会等，在美国药典论坛（PF）发表了采用扩散池进行外用制剂体外溶出的文章，提出了药典标准扩散池的参数、测定法以及采用氢化可的松乳膏进行扩散池装置性能确证的程序[6]。

1　HANSON W A, VILLAGE W, SHAW S W, et al. Diffusion cell: US5198109[P]. 1992-03-23.

2　HANSON W A, VILLAGE W, SHAW S W, et al. Diffusion cell with filter screen: US5296139[P]. 1993-06-16.

3　Guidance for Industry Nonsterile Semisolid Dosage Forms Scale-Up and Postapproval Changes: Chemistry, Manufacturing, and Controls: In Vitro Release Testing and In Vivo Bioequivalence Documentation（SUPAC-SS）[S/OL]. https://www.fda.gov/regulatory-information/search-fda-guidance-documents/supac-ss-nonsterile-semisolid-dosage-forms-scale-and-post-approval-changes-chemistry-manufacturing

4　SHAH V P, ELKINS J S, WILLIAMS R L. Evaluation of the Test System Used for In Vitro Release of Drugs for Topical Dermatological Drug Products[J]. Pharmaceutical Development & Technology, 1999, 4（3）: 377-385.

5　RAPEDIUS M, BLANCHARD R J. Comparison of the Hanson Microette® and the Van Kel Apparatus for In Vitro Release Testing of Topical Semisolid Formulations[J]. Pharmaceutical Research, 2001, 18（10）: 1440-1447.

6　UEDA C, SHAH V, DERDZINSKI K, et al. Topical and transdermal drug products[J]. Pharmacopeial Forum, 2009, 35（4）: 750-764.

2004年，经济合作与发展组织（OECD）发布了关于测定经皮给药制剂吸收方法的指导原则[1]，详细阐述了体外渗透测定的仪器、参数设定、数据处理及报告要求，规定可采用静态或流通扩散池装置，并给出了静态扩散池的设计图（图7-7）。2013年，欧洲药品管理局（EMA）[2]发布了关于透皮贴剂质量控制的指导原则，在其附件1体外渗透研究中，推荐使用扩散池法（Franz扩散池及流通扩散池）进行透皮贴剂的体外经皮渗透研究。2013年2月，美国药典（USP）36版第一增补本新增了半固体制剂性能试验通则1724，收载了扩散池、浸没池和流池法三种体外溶出装置，并详细阐述了三种方法的装置及实验步骤[3]。2016年，《日本药典》（JP）新增的皮肤外用制剂体外溶出通则（6.13）也收载了扩散池法[4]。

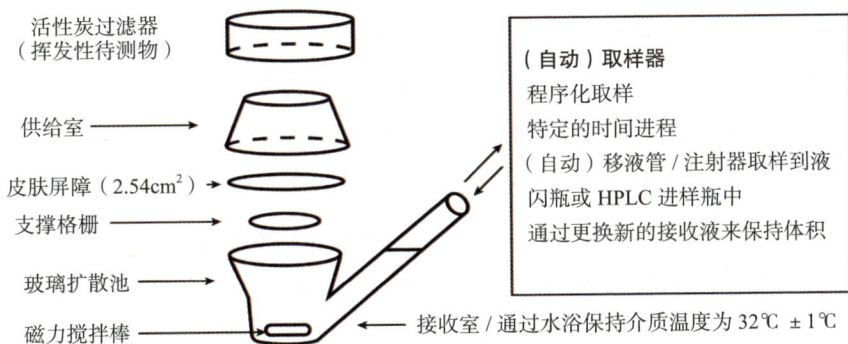

图7-7 体外渗透研究静态扩散池典型设计图

Logan公司于2012年最先设计开发出自动排气泡扩散池（图7-8），该扩散池能够满足USP通则1724的要求，接收池上部设计有排气泡的管路，接收池的底部兼有取样和补液的管路。在补液时只需要将扩散池倾斜并保持某一角度，就可以顺利地排出膜/皮肤下部的气泡，该独特设计对于扩散池法在技术领域具有划时代的创新意义。

1 OECD. Test Guideline 428: Skin absorption: in vitro Method Paris: OECD, 2004: 4.

2 EMA. Guideline on quality of transdermal patches[EB/OL].［2014-12-16］. https://www.ema.europa.eu/documents/scientific-guideline/guideline-quality-transdermal-patches_en.pdf.

3 U.S.Pharmacopeia, 1724 Semisolid drug products-performance tests[S]. 43th ed., The United States Pharmacopeial Convention.2020.

4 The Japanese Pharmacopoeia Commission.Japanese Pharmacopoeia 2016[S]. 17th ed., The Ministry of Health, Labour and Welfare. 163-166.

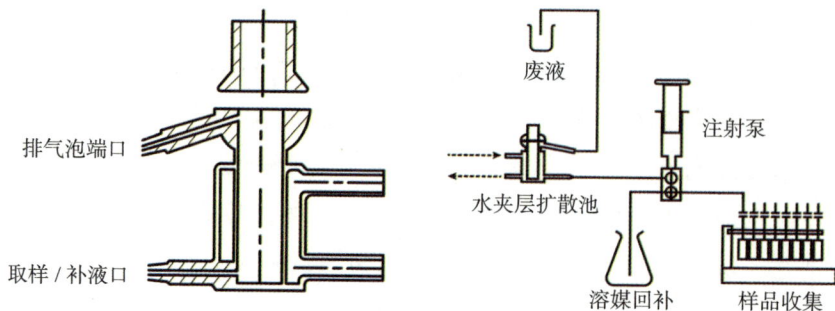

图 7-8　体外渗透自动排气泡扩散池设计图

图中标注：排气泡端口、取样/补液口、废液、注射泵、水夹层扩散池、溶媒回补、样品收集

1.1.2 国内发展历史

1981 年，裴元英采用扩散池法，对聚乙烯吡咯烷酮（PVP）与磺胺噻唑（ST）和氢化可的松（HC）共沉淀物的膜转运性质进行了研究[1]。1989年，崔东贤等[2]考察了氮酮对消炎痛软膏体外透皮吸收的促进作用，分别采用水平和垂直扩散池进行了大白鼠离体皮肤透皮吸收研究。同年，杨基森等[3]首次采用扩散池法考察了中药贴膏剂中乌头碱的体外溶出，表明扩散池法模型与皮肤减量法具有良好的相关性。1992 年，徐益众等[4]采用Valia-Chien 扩散池法对噻吗洛尔透皮特性及影响其透皮吸收的因素进行了研究。1994 年，吴宋夏等[5]将二室扩散池改进为组合式扩散池，提高了实验效率。1995 年，侯惠民、李志鸿等[6]对扩散池的扩散面积、体积以及搅拌装置进行了改进。同年，上海黄海药检仪器厂的梁和平、孙力员等在侯惠民的指导下开始研制透皮扩散仪。

1　裴元英. 应用高能药物－聚乙烯吡咯烷酮（PVP）共沉淀体增加药物的膜转运[J]. 国外医学. 药学分册，1981, 8（2）: 129-130.

2　崔东贤，李凤龙. 氮酮促进消炎痛透皮吸收的探讨[J]. 延边医学院学报，1989（2）: 94-96.

3　杨基森，林亚平，张光强，等. 伤湿止痛橡皮膏中乌头碱体外释放的研究[J]. 中成药，1989, 11（11）: 2-4.

4　徐益众，徐惠南. 噻吗洛尔的透皮特性及影响其透皮吸收的因素[J]. 药学学报. 1992, 27（6）: 467-471.

5　吴宋夏，王宗锐. 一种在体外研究药物透皮吸收的高效率实验装置[J]. 中国药理学通报，1994, 10（2）: 150-151.

6　李志鸿，孙鸿安，王浩，等. 透皮给药研究中体外扩散池的改进[J]. 中国医药工业杂志，1995, 26（7）: 309-333.

2016 年起，国家药品监督管理局药品审评中心（CDE）的田洁[1]、张星一[2]、王亚敏[3]等对外用半固体制剂和透皮贴剂的体外溶出、体外渗透研究进行了阐述。指出基于开放扩散池系统的体外透皮吸收对比试验，已经广泛用于皮肤外用半固体制剂处方和工艺研究，可考察皮肤外用半固体制剂的仿制品或处方工艺变更后产品，与原研品在透皮吸收程度的差异。在相关制剂的开发过程中，通常需进行体外透皮吸收试验，以确定药物的透皮吸收行为，并为药物的临床用药安全提供相应的支持。采用扩散池法的离体皮肤体外透皮试验最为接近临床应用的实际情况。2018 年，CDE 发布《新注册分类的皮肤外用仿制药的技术评价要求（征求意见稿）》[4]，建议采用扩散池法研究皮肤外用仿制药体外溶出（IVRT）和体外渗透（IVPT）。随后颁布的皮肤外用及透皮贴剂指导原则[5,6]也对扩散池法在体外溶出和渗透研究中的应用进行了论述。

2016 年，上海 Logan 公司开发了干加热排气泡扩散池，用以取代传统的水夹层扩散池。新开发的扩散池解决了试验中气泡对结果的干扰问题，同时也能够实现介质全部取出的试验要求，这对于全自动的体外溶出和体外透皮试验具有重要意义。

2018 年，上海 Logan 公司设计的流通扩散池可应用于中药外用制剂的测试和研究，设计采用皮下 / 膜下介质动态流通的原理，通过增加药物和皮肤的接触面积，同时降低流通介质的体积，解决了中药外用制剂体外测试的技术难点。

1　田洁. 皮肤外用半固体制剂体外透皮吸收对比试验常见问题分析[J]. 中国新药杂志, 2016, 25（18）: 2113–2115.
2　张星一, 田娜. 皮肤科药物研发中的若干问题解析[J]. 中国新药杂志, 2017, 26（18）: 2171–2176.
3　郭涤亮, 徐萍蔚, 王亚敏. 皮肤局部外用仿制药质量等同性评价的一般考虑[J]. 中国新药杂志, 2018, 27（18）: 2116–2120.
4　《新注册分类的皮肤外用仿制药的技术评价要求（征求意见稿）》[EB/OL].［2018–07–12］. http://www.cde.org.cn/news.do?method=largeInfo&id=9f58eb9a8abeed59.
5　《化学仿制药透皮贴剂药学研究技术指导原则》[EB/OL].［2020–07–24］. http://www.cde.org.cn/news.do?method=largeInfo&id=ff0fc2d6c6e517c4.
6　《皮肤外用化学仿制药研究技术指导原则（试行）》[EB/OL].［2021–03–16］. http://www.cde.org.cn/search.do?method=searchTitle.

2021 年，锐拓公司研制生产了国内的商用扩散池法装置，此装置检测结果精密度高，重复性好。采用该装置对不同处方乳膏剂的体外溶出进行的研究结果表明，扩散池对添加了不同辅料的处方的溶出行为具有良好的区分力。此外，该装置还可应用于不同剂型的半固体制剂的体外溶出行为一致性评价研究。

目前，国内 200 多家药品生产企业及科研院所已经购置了扩散池法装置，用于外用半固体制剂和透皮贴剂的体外溶出（IVRT）和渗透（IVPT）研究。国家药典委员会也已将扩散池溶出度测定法列入 2022 年度药品标准制修订研究课题[1]，中国食品药品检定研究院（中检院）正在牵头开展该课题的研究。扩散池法在国内制药行业中已有 40 年的应用历史，随着药典的收载和国产扩散池装置的生产、推广，该装置将在药品研发和监管科学领域得到更广泛和深入的应用。

1.2 浸没池法装置

浸没池装置（immersion cell）又称增强池（enhancer cell），是 20 世纪 80 年代逐渐发展起来的，用于外用半固体制剂体外溶出研究的装置。1984 年起，Plakogiannis 等发表了吲哚美辛软膏等一系列软膏制剂体外溶出及体内溶出的研究工作[2~6]。试验时，在塑料小杯中充满样品，用半透膜覆盖样品，然后将小杯倒置于盛有 37 ℃缓冲液的大烧杯中并对介质进行持续搅拌，

1　关于征集 2022 年国家药典委员会药品标准制修订拟立项课题承担单位的通知. 国家药典委员会. https://www.chp.org.cn/gjyjw/tz/16488.jhtml.

2　KAZMI S, KENNON L, PLAKOGIANNIS FM. Medicament Release from Ointment Bases: I. Indomethacin. In Vitro and in Vivo Release Studies[J]. Drug Development & Industrial Pharmacy, 1984, 10(7): 1071–1083.

3　PARIKH N H, BABAR A, PLAKOGIANNIS FM. Medicament Release from Ointment Bases: II. Testosterone: in vitro Release and Effects of Additives on its Release[J]. Drug Development and Industrial Pharmacy, 1986, 12(14): 2493–2509.

4　MUKTADIR A, BABAR A, CUTIE AJ, et al. Medicament Release from Ointment Bases: III. Ibuprofen: In Vitro Release and In-Vivo Absorption in Rabbits[J]. Drug Development & Industrial Pharmacy, 1986, 12(14): 2521–2540.

5　DALLAS P, SIDEMAN M B, POLAK J, et al. Medicament Release from Ointment Bases: IV. Piroxicam: In-vitro Release and In-Vivo Absorption in Rabbits[J]. Drug Development and Industrial Pharmacy, 1987, 13 (8): 1371–1397.

6　RAHMAN M S, BABAR A, PATEL N K, et al. Medicament Release From Ointment Bases: V. Naproxen In-Vitro Release and In-Vivo Percutaneous Absorption In Rabbits[J]. Drug Development Communications, 1990, 16(4): 651–672.

避免产生浓度梯度。上述体外溶出研究用装置与浸没池具有相同的原理，但由于体外溶出和渗透试验用装置及渗透膜尚未标准化，不能满足监管机构对试验数据重复性的要求。

1990 年起，VanKel 公司的 Swon 和 Little 等申请了两种用于外用半固体制剂扩散研究的装置专利[1, 2]，其中一种可调节池体体枳的增强池就是最早的浸没池装置，开启了外用半固体制剂体外溶出装置的标准化进程。1992年 11 月，Sanghvi 和 Collins[3] 在美国药学科学家协会（AAPS）年会上首次报告了使用增强池法和"Franz 扩散池法"对氢化可的松软膏体外渗透性能的对比研究工作。实验室可利用已有的桨法溶出仪进行增强池法体外溶出或渗透研究，不必购置全新的仪器，节省成本。结果表明，与扩散池法相比，无论使用纤维素膜还是动物皮肤，增强池法均表现为累积渗透量更高、耐用性更好且操作更为简便。除池体底部为半球体外，增强池法的其余设计与后来的标准浸没池一致（图 7-9）。1995 年，Corbo[4] 报道了四种用于半固体制剂体外溶出研究的装置（扩散池法、桨碟法、增强池法以及反向增强池法），并采用四种装置分别对特康唑乳膏和脂溶性药物软膏的体外溶出进行了比较研究。结果表明，对于在水溶性缓冲液中溶出较为快速的特康唑，扩散池与增强池测定的体外溶出速率结果基本一致；但对于脂溶性药物的外用半固体制剂，增强池法更能反映药物的固有溶出特性。上述研究表明，在测定外用半固体制剂的体外溶出行为时，应根据药物的不同理化性质选择适当的方法，以正确反映药物的体外溶出特性。

1998 年，Zatz 等[5] 发表了关于半固体制剂体外溶出测定技术的文章，

1 LITTLE A C, SWON J E. Transdermal patch holder: US5108710[P]. 1992-04-28.

2 COLLINS C C, LITTLE A C, SANGHVI P P, et al. Transdermal cell test matter volume-adjustment device: US5408865[P]. 1995-04-25.

3 SANGHVI P P, COLLINS C C. Comparison of Diffusion Studies of Hydrocortisone Between the Franz Cell and the Enhancer Cell[J]. Drug Development Communications, 1993, 19(13): 1573-1585.

4 CORBO M. Techniques For Conducting In Vitro Release Studies On Semisolid Formulations[J]. Dissolution Technologies, 1995, 2(1): 3-6.

5 ZATZ JL, SEGERS JD. Techniques for Measuring In Vitro Release From Semisolids[J]. Dissolution technologies, 1998, 5(1): 3-17.

介绍了不同生产厂家的扩散池法和浸没池法装置，其中 VanKel 公司的增强池法和 Hanson 公司的软膏池法（oinment cell）均属于浸没池法并已经实现了自动取样。2001 年，Blanchard 等[1] 对 Microette® 和增强池法装置进行了对比研究。2003 年，Liebenberg 等[2] 采用扩散池、增强池及流通扩散池法，对氢化可的松等凝胶剂、乳膏和软膏剂产品的体外溶出进行了对比研究。结果表明，"Franz 扩散池"法和增强池法的体外溶出曲线一致，与流通池比较，"Franz 扩散池"和增强池更易于操作，且测定结果更为稳定；增强池法还能利用已有药典标准溶出装置，有利于低剂量规格制剂的体外溶出研究。2013 年，USP 半固体制剂性能试验通则 1724 收载了浸没池等三种体外溶出装置。

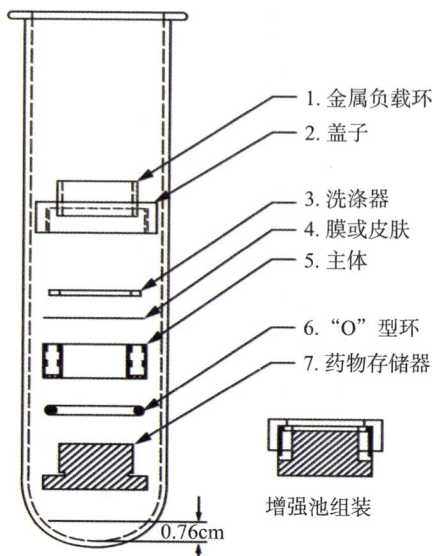

1. 金属负载环
2. 盖子
3. 洗涤器
4. 膜或皮肤
5. 主体
6. "O"型环
7. 药物存储器

增强池组装

0.76cm

图 7-9　Sanghvi 和 Collins 设计的浸没池（增强池）示意图

目前除黄体酮阴道缓释凝胶等进口药品标准外，国内对浸没池法的研究报道不多，王东凯[3]、洪利娅[4]、罗婷婷[5] 等发表的综述对浸没池法装置进行了介绍，中检院的溶出试验团队已经开展了对浸没池法的研究，争取尽早将其列入中国药典通则。

1　RAPEDIUS M, BLANCHARD R J. Comparison of the Hanson Microette® and the Van Kel Apparatus for In Vitro Release Testing of Topical Semisolid Formulations[J]. Pharmaceutical Research, 2001, 18(10): 1440–1447.

2　LIEBENBERG W, ENGELBRECHT E, WESSELS A, et al. A comparative study of the release of active ingredients from semisolid cosmeceuticals measured with Franz, enhancer or flow–through cell diffusion apparatus[J]. Journal of Food and Drug Analysis, 2003, 11(4): 90–99.

3　侯晶旭，王东凯. 关于半固体制剂中药物的体外释放研究进展[J]. 中国药剂学杂志，网络版，2019(4): 135–140.

4　邵鹏，郑金琪，潘芳芳，等. 外用半固体制剂的体外释放试验和等效性评价[J]. 中国现代应用药学，2021, 38(20): 2481–2487.

5　罗婷婷，庹莉菊，宁保明，等. 外用半固体制剂质量研究与体外评价技术进展[J]. 药物分析杂志，2022, 42(5): 748–760.

2 仪器装置与工作原理

2.1 扩散池

扩散池分为立式扩散池和水平扩散池，按加热方式又可分为水夹套式（water jacket）扩散池和干加热式（dry heating）扩散池。与水夹套式扩散池相比，干加热扩散池采用干加热模块取代了水夹套的设计，加热速度更快。干加热扩散池还可以使用除玻璃外的其他适宜惰性材料，耐用、不易破碎，还可消除水夹套管路滋生细菌难以清洗的缺点。常见的干加热扩散池如图 7-10 所示。

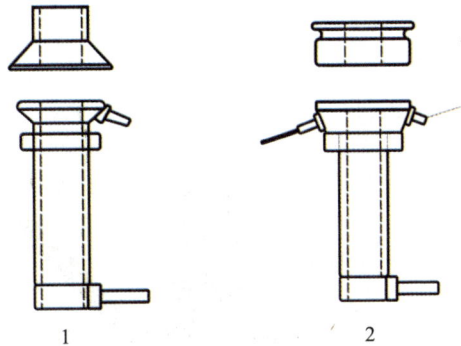

图 7-10 干加热扩散池装置示意图

图 7-10（1）为干加热无气泡池，适用于局部作用的产品；供给池暴露在室温环境。图 7-10（2）为干加热无气泡池，适用于半固体制剂、透皮贴剂或药物渗透过真皮层到达皮下组织或血液中的产品；可同时加热供给池和接收池，并有温度探头，可实时显示温度值。

2.1.1 立式扩散池法

立式扩散池法可模拟皮肤等外用制剂使用部位的生理条件，供给池剂量相当于临床应用中每平方厘米的药物浓度，膜与供给池接触的一侧是非浸润的[1]。

立式扩散池（vertical diffusion cell）由供给池、接收池和硅胶垫圈组成，按结构特点可分为 Hanson Microette 扩散池（USP 第一法装置 Model A）、Franz 扩散池（池体内径 11.28mm 的 USP 第二法装置 Model B、池体内径 15mm 的 USP 第二法装置 Model C）和改良 Franz 扩散池等。其中，Franz 扩散池和改良 Franz 扩散池是常用装置，除池体内径不同外，主要通过不同规格的硅胶垫圈控制给药剂量和给药面积（图 7-11）。部分仪器还为扩散池设计了保温、避光的保护盖，以及对补充介质进行在线脱气的装置。与 Franz 扩散池相比，改良 Franz 扩散池可在实验过程中自动排除气泡，无需实验人员手动操作，提高检测效率并避免气泡对实验结果的影响。此外，在每个取样时间点，改良 Franz 扩散池可以取出接收池内的部分样品介质，也可以取出接收池内的全部样品介质，保证实验所需的漏槽条件，使体外实验更符合临床用药的生理环境。

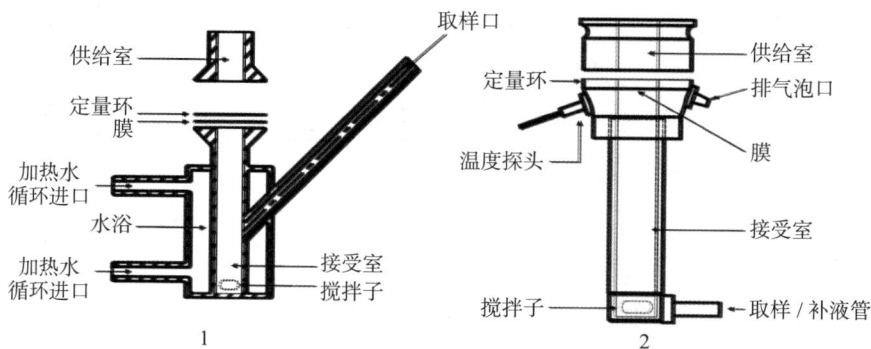

图 7-11　立式扩散池法装置图

1. Franz 水夹套式扩散池；2. 改良的 Franz 扩散池

多年来，通过对立式扩散池不断地改进，使其成为一种精密的体外试验仪器。通常，扩散池主体由硼硅酸盐玻璃制成，也可使用其他材料制造扩散池主体及配件，但所用材料不应与待测药物发生明显的吸附或反应。标准接收池的

1　Draft Guidance on Acyclovir［EB/OL］.［2016-12］. https://www.accessdata.fda.gov/drugsatfda_docs/psg/Acyclovir_topical%20cream_RLD%2021478_RV12-16.pdf.

体积是 7ml，也有小体积（4ml）和大体积（12ml）的接收池，每个接收池的高度和几何形状应一致，以减少接收池体积的波动对实验结果的影响。接收池包括能定量补充介质的接收口和取样口，一定体积的补充介质通过接收口进入接收池后，就能从取样口获得等体积的样本。接收池和供给池的腔孔直径可以根据实验的目的而有所不同，但需在规定直径的 ±5% 以内，其决定了体外溶出以及渗透实验的给药面积。实验时，可采用 3 个、6 个、12 个、18 个或 24 个扩散池的设计，将制剂样品涂抹或贴附在屏障膜上，朝向供给池并固定在供给池和接收池之间，设定实验温度在 32℃ ±0.5℃，使用平稳的搅拌装置以保持接收器中溶液的均一性，并根据规定的时间取样进行溶出速率的测定。

目前新型的立式扩散池增加了一些新的设计：①排除气泡的设计，当介质从接收池底部灌注时，膜下的通风口可将气泡排出；②在膜附近插入一个温度传感器以监测介质温度；③供给池顶部、接收池及其底部均采用特氟龙材料制成，增加耐用性；④设计供给池的加热功能，可保证样品的温度与作用于身体部位的温度一致。皮表温度监测功能可以检测并实时显示皮肤表面的温度。

立式扩散池的仪器确证（qualification）应至少包括接收池和供给池腔孔的面积、接收池体积，还应该对立体维度进行确认，以充分了解扩散池之间的差异对方法转换的影响。接收池和供给池腔孔的面积可以用游标卡尺测定；接收池体积应在所有部件（如搅拌子）就位后测定其体积，测量精确到 0.01ml，或者在接收池中加入已知体积的介质，介质的体积采用校准过的设备（如移液管）测定。建议采用测量的实际体积而不是标示体积进行计算。立式扩散池系统应进行适当的维护及定期确证，加热系统应保持清洁，并对其进行评估，以确保加热系统能够使溶出膜或试验用皮肤保持在设定的温度条件下。搅拌系统及取样系统也应进行评估以保证其正常运行。

2.1.2 水平扩散池法

水平扩散池（horizontal diffusion cell）也称横式扩散池，一般由两个对称的玻璃池体组成（图 7-12），溶出用膜或者皮肤被夹在两个池体之间，皮肤的角质层朝向供给池。该装置特别适用于皮肤外用制剂和滴眼剂等制剂的长时间溶出和渗透性研究。

图 7-12　水平扩散池法装置示意图

2.2 浸没池

浸没池由图 7-13、图 7-14 中组件组成（型号 A 参见图 7-13；型号 B 参见图 7-14），其中固定环用于将膜固定在池体上并确保与样品完全接触；垫圈用于膜、固定环和池体之间密封并防止样品泄漏；膜或皮肤可将样品保留在样品室中；池体为样品提供容器；调节板可改变池内的样品体积。使用时将半固体制剂放入池体中，将裁好的膜放置在药物容器的顶部然后放置垫圈并安装固定环，旋紧，使药物与膜充分接触并排除空气。

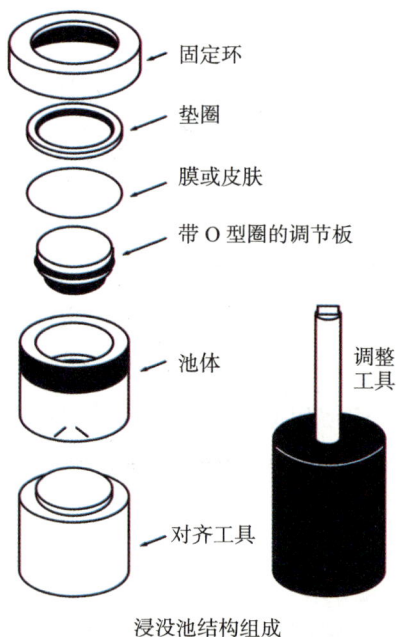

固定环
垫圈
膜或皮肤
带 O 型圈的调节板
池体
调整工具
对齐工具

浸没池结构组成

图 7-13　浸没池（型号 A）装置组件

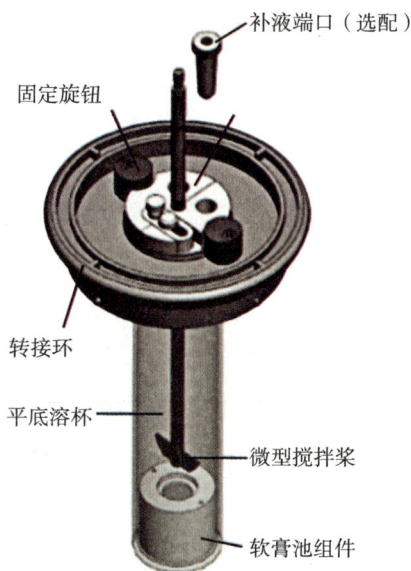

补液端口（选配）
固定旋钮
转接环
平底溶杯
微型搅拌桨
软膏池组件

图 7-14　浸没池（型号 B）装置组件

该装置可与桨法装置一起使用，容器容积从 100ml 到 400ml 不等，其中 150~200ml 的容器最为常用。使用 150~200ml 平底容器可以避免在使用圆底容器时池体底部的无效体积问题。在与桨法装置一起使用时，应进行适当的改装，包括小体积容器的支架以及采用合适的桨代替标准桨，也可能需要重新定位自动取样系统及管路系统。

浸没池法的仪器确证应至少包括接收池和供给池腔孔的面积、接收池体积。接收池和供给池腔孔的面积可以用游标卡尺测定；供给池的体积可通过直径和高度进行计算，也可将已知体积的介质加入容器中来测定供给池的体积。浸没池只能与经过确证的溶出仪器一起使用。

浸没池法有如下优点：①可以利用实验室现有溶出装置进行半固体制剂体外研究，可降低成本；②浸没池为聚四氟乙烯材质，不易破损；③药膏和皮肤在整个实验过程中均处于隔离状态，一定程度上可减少暴露于空气中引起的药物降解。结果显示，与扩散池相比，使用该装置累积溶出量更高、耐用性更好。采用鼠皮进行体外渗透的相关研究发现，使用浸没池装置时的累积渗透量比使用扩散池装置高了约 180 倍[1]。

1　COLLINS C C, LITTLE A C, SANGHVI P P, et al. Transdermal cell test matter volume-adjustment device：US5408865［P］. 1995-04-25.

3 | 方法开发的考虑要点

3.1 体外溶出试验

3.1.1 介质

溶出介质应该无毒、无腐蚀性、稳定且不与药物发生反应，尽量与生理条件接近。皮肤外用制剂常用的溶出介质包括生理盐水、pH 7.4 的磷酸盐缓冲液（PBS）等。

选择的溶出介质应对药物有足够的溶解度，一般要求满足漏槽条件，即溶出介质体积为药物饱和溶液所需体积的 3 倍及以上（推荐每次取样前均取出全部介质），从而不影响药物从溶出膜到接收液的扩散或分配速度。通常，水溶性好的药物选择如生理盐水或缓冲盐水溶液等水溶性溶液，水溶性较差的药物可适当加入不同浓度的乙醇、丙二醇、甲醇[1]、PEG400[2] 等有机溶剂或吐温 80 表面活性剂。此外，也可通过降低上样剂量或调节溶出介质 pH 的方法来实现漏槽条件。对于一些不稳定的化合物，接收液中还需添加抗氧剂、螯合剂或使用酸化水（pH 4.0）等方法以增加其稳定性。

为了保证溶出试验用多孔合成膜（溶出膜）与溶出介质充分接触，防止膜与溶出介质接触界面产生气泡，需要对溶出介质预先做脱气处理。此

1　古丽巴哈尔·卡吾力，高晓黎. 不同促透剂对黄体酮软膏经皮吸收作用的影响[J]. 新疆医科大学学报，2007, 30（4）: 360–364.

2　刘红，吴迪，谷亦平，等. 咪喹莫特微乳的制备及体外透皮评价[J]. 中国医药工业杂志，2007, 38（7）: 496–498.

外，在试验开始时、进行中均需监测接收池中是否有气泡。介质的脱气方法与液相检测中流动相脱气方式类似，可采用抽真空脱气、超声脱气和加热（或煮沸）脱气等。对于特别敏感的药物，还需考虑介质中氧气含量对溶出的影响。

3.1.2 溶出膜

溶出试验（IVRT）用多孔合成膜，简称溶出膜，仅对药物或制剂起到支撑和分离的作用，防止制剂与接收液直接接触。半固体制剂体外溶出可选用醋酸纤维素、聚醚砜、尼龙混合酯及聚四氟乙烯膜等人造材质的膜，其中醋酸纤维素是亲水膜，对有机溶剂不耐受。因此，当介质中含有机溶剂时，另外三种膜是更好的选择。

目前，主要的膜生产厂家有津腾、Merck、Pall 和 Whatman 等，提供的 IVRT 用膜的孔径多为 0.2~0.45μm，膜孔径的选择主要取决于制剂中活性药物成分（API）的粒径，应使用孔径小于 API 粒径的膜进行 IVRT，否则不溶性药物颗粒可通过膜进入接收液，影响制剂的溶出速率。由于膜孔径是通过间接的方法测定的，所以当待测制剂中 API 粒径与膜孔径较为接近时，应进行膜滞留特性的检测以评估膜是否可以截止全部的药物颗粒。表 7-2 为孔径 0.2μm 的溶出膜截止特性。

表 7-2　0.2μm 溶出膜对 0.3μm 乳胶颗粒的截止特性检测结果

溶出膜	截止比例（%）	
	仪器 A	仪器 B
亲水性聚四氟乙烯膜	97.6 ± 1.7	未检测
聚丙烯膜	未检测	78.6 ± 1.9
聚偏氟乙烯膜	97.9 ± 2.6	78.1 ± 3.2
尼龙膜	95.1 ± 4.5	98.0 ± 1.7
聚醚砜	98.1 ± 1.5	94.2 ± 5.0

大多数膜的孔隙结构是在生产过程中随机形成的（表7–3），只有通过电子束曝光，并采用化学蚀刻（聚碳酸酯和聚酯）制造的膜，才具有固定孔径、穿过膜的圆柱形孔隙。但为防止孔隙合并，这种类型的膜的孔隙率非常小（5%~20%）。另一方面，含有随机孔隙结构的膜，其孔隙率在60%~80%，这种高孔隙率有助于加快溶液的过滤。孔隙率越小，膜的作用就越像屏障而不是过滤器。

表 7–3　不同种类的膜及其特性

溶出膜	优点	缺点	孔隙形态
亲水性聚四氟乙烯膜	与水溶液和有机溶液兼容；低萃取物；小分子API的结合力低	低到中等的蛋白结合力	
疏水性聚四氟乙烯	与大部分有机溶剂兼容	不适合 IVRT	
亲水性聚偏氟乙烯膜	与水溶液兼容；低萃取物；蛋白结合力极低	与有机溶剂的相容性有限	
尼龙膜	与水溶液和有机溶液兼容	与分析物结合力高，在高或低 pH 条件下易水解	

溶出膜	优点	缺点	孔隙形态
聚醚砜膜	与水溶液兼容；蛋白结合力低	与有机溶剂的相容性有限	
再生纤维素膜	与水溶液兼容；低萃取物；低结合力	与有机溶剂的相容性有限	未分析
混合纤维素酯膜	与水溶液兼容	与有机溶剂的相容性有限；高蛋白结合力	
聚碳酸酯膜	圆柱形孔隙；光滑的/玻璃状表面，适合显微镜检查	低孔隙度；低流量；有限的机械强度	
聚丙烯膜	与水溶液和有机溶液兼容；低萃取物	低到中等的蛋白结合力	未分析
PB-M 人工合成纤维素膜（IVRT 用）	与水溶液和有机溶液兼容；低萃取物；低结合力	与硝酸铈铵和盐酸的相容性有限	

对于溶出试验用膜类型，应根据实验目的、制剂的特性进行选择。药物与膜的相容性决定膜的适用性。在较差的情况下，膜可以在与其不相容的药物中溶解。但在大多数情况下，当膜的化学相容性较低时，接收液会萃取出膜中低分子量的杂质，进入接收液中，这可能会影响 API 的液相色

谱定量分析结果。表 7-4 提供了常用膜与实验室中使用的一些水溶液及有机溶液的化学相容性。大多数亲水膜也会被有机溶剂浸湿，因此用于 IVRT 的膜通常是亲水性膜。在极少数情况下，当制剂和接收液都只包含有机组分及有机溶剂时，可以使用疏水膜。

表 7-4　不同种类膜对常用化学品的化学相容性

溶出膜	乙腈	甲醇	乙醇	3M 氢氧化钠	氢氧化铵	碳酸钠溶液	1N 盐酸	卤水	十二烷基硫酸钠	聚山梨酯20
	极性有机溶剂			水溶性碱性溶液			酸	盐	表面活性剂	
亲水性聚四氟乙烯膜	E	E	E	E	E	E	E	E	G	G
疏水性聚四氟乙烯膜	E	E	E	不能在水溶液中使用						
聚丙烯膜	E	E	E	E	E	E	E	E	G	G
再生纤维素膜	P	G	P	P	P	G	P	E	E	E
聚偏氟乙烯膜	G	G	E	E	E	E	E	E	G	G
尼龙膜	E	G	E	P	P	P	G	E	G	G
聚醚砜膜	G	G	E	P	P	P	E	E	G	G
PB-M 人工合成纤维素膜（IVRT 用）	P	E	E	E	E	E	P	E	E	E

（E：非常好，G：好，P：较差）

在 IVRT 中，制剂中 API 可能会与膜相结合，从而导致接收液中 API 浓度降低。一般来说，较弱的次级反应，比如氢键、静电作用以及疏水作用会导致 API 与膜的结合。建议采用与 API 有较弱结合力的膜进行实验。表 7-5 列出了各种常用膜的化合物结合特性，为溶出试验用膜种类的选择提供参考。

表 7-5 不同种类膜的化合物结合特性

溶出膜	功能基团	与化合物结合机制	结合特性
亲水聚四氟乙烯膜	氟烷基	疏水作用；氢键	低
亲水性聚偏氟乙烯膜	氟烷基	疏水作用；氢键	低
再生纤维素膜	羟基；醚	氢键	低
聚丙烯膜	烷基	疏水作用	低
聚醚砜膜	砜；醚	氢键；静电作用	中
混合纤维素酯膜	醋酸；硝酸；醚	氢键；静电作用	高
尼龙膜	氨基；羧酸；酰胺	氢键；静电作用	高
PB-M 人工合成纤维素膜（IVRT 用）	羟基、醚	氢键	低

Ng 等[1]使用立式扩散池得到了布洛芬在 13 种膜上的扩散速率，并试图建立扩散速率与膜特性（膜厚度、孔径和分子量截留等）之间的相关性。尽管作者根据 IVRT 结果将膜分为高通量［8~18mg/（$cm^2 \cdot h$）］和低通量［0.1~3mg/（$cm^2 \cdot h$）］，但药物通量与膜特性并没有显示出很强的相关性。目前尚未获得膜特性影响 IVRT 结果的规律，但不同类型的膜对特定制剂扩散阻力有很大差异。

综上所述，选择合适的膜对合理设计 IVRT 至关重要，膜应与制剂具有较好的相容性，并不影响主药的回收[2]。筛选合成膜时应明确，所选的合成膜必须作为惰性支撑而不是屏障，对药物扩散的阻碍作用越小越好。此外，为了尽可能减少膜与介质接触时产生的气泡，膜应预先在介质中饱和至少 20 分钟，使用无气泡池，且操作时避免产生气泡。

1 NG S F, ROUSE J, SANDERSON D, et al. Comparative study of transmembrane diffusion and permeation of ibuprofen across synthetic membranes using franz diffusion cells[J]. Pharmaceutics.2010, 2（2）: 209-223.

2 ISADORE K, SEEPRARANI R, POTIWA P, et al. In Vitro Release Testing of Semi-solid Dosage Forms[J]. Dissolution technologies, 2017, 8: 53-60.

3.1.3 取样

国内外药品监管机构关于透皮贴剂及外用半固体制剂的指导原则均建议通过收集数据建立完整的药物溶出曲线，溶出试验时间一般不小于制剂的使用时间。如制剂溶出较快，试验时间可于达到制剂溶出平台期截止（每 2 小时采集样品，连续三个时间点的药物溶出没有增加，则视为达到平台期）。样品采集点包含应溶出曲线的前、中、后三段，且每段至少设置一个采样点。样品采集量根据设备和试验需要可部分或全部采集。推荐使用全部采集的方式。

3.1.4 环境温度及湿度

体外溶出试验的环境温湿度会影响到供试品称量的准确性、供试品制备过程中的稳定性以及仪器达到平衡的时间。体外溶出研究的国内外文献中均没有明确规定试验环境的温湿度，均是在室温条件下进行。美国 FDA 于 2014 年发布的指导原则[1]中推荐阿昔洛韦软膏的体外溶出试验的实验室环境温度为 21℃ ±2℃，相对湿度范围为 50% ± 20%。

实验室应根据产品的稳定性、引湿性等特征理化性质选择适宜的温湿度范围。

3.2 体外渗透试验

3.2.1 介质

体外渗透试验的目的是考察药物透过皮肤（包括动物或人体皮肤和人造皮肤）的能力。渗透试验的接收介质在满足溶出试验接收介质要求的同

1　Draft Guidance on Acyclovir［EB/OL］.［2016–12］. https://www.accessdata.fda.gov/drugsatfda_docs/psg/Acyclovir_topical%20cream_RLD%2021478_RV12–16.pdf.

时，还应对皮肤屏障功能的影响最小。为了能够尽可能反映临床使用的情况，体外渗透试验（IVPT）的介质一般选择生理盐水或 pH 7.4 的 PBS，应避免使用乙醇等有机溶剂，因其可能破坏皮肤屏障或影响接收液浓度（从接收池反向扩散）。此外，进行长期 IVPT 时建议在介质中添加叠氮化钠、庆大霉素等适量的防腐剂以抑制微生物生长及皮肤组织的降解[1, 2]。

3.2.2 试验用皮肤

国内外的指导原则中均明确表示体外渗透试验应采用"立式扩散池"。采用"立式扩散池"法考察外用半固体制剂或透皮吸收制剂的药物体外渗透性研究，经过近半个世纪深入而广泛的应用，已经发展成为国际药品监管机构认可的一种主流研究方法。该方法作为关键质量研究工具，将皮肤（黏膜）、药物和处方建立科学联系，不仅在处方的设计和筛选中应用广泛，在化合物毒性评估和产品质量控制方面也发挥了重要的作用。使用"Franz 扩散池"时制剂暴露于空气中，与制剂在临床使用中的场景是一致的。"立式扩散池"法可用于考察制剂批间的一致性，也可用于考察处方工艺的改变对制剂渗透行为的影响。扩散池法进行药物体外渗透研究时，通常采用离体的人或动物的皮肤，人的皮肤是最理想的模型，但人体皮肤难以获得且价格昂贵，因此运用动物皮肤模型进行透皮吸收研究具有现实意义。许多研究使用大鼠、小鼠、家兔及乳猪等替代人体皮肤进行体外渗透试验。有研究表明，人和猪表皮的组织结构最为相似，猪皮代替人皮肤进行体外渗透研究的价值已被广泛认可[3~5]。在进行体外渗透试验前，应先确定试验

1　Transdermal and Topical Delivery Systems–Product Development and QualityConsiderations[EB/OL]．[2019–09]．https://www.fda.gov/regulatory–information/search–fda–guidance–documents/transdermal–and–topical–delivery–systems–product–development–and–quality–considerations.

2　BOD S, BAERT B, VANGELE M, et al. Stability of the OECD model compound benzoic acid in receptor fluids of franz diffusion cells[J]．Die Pharmazie, 2007, 62(6): 470–471.

3　SCHMOOK FP, MEINGASSNER JG, BILLICH A. Comparison of human skin or epidermis models withhuman and animal skin in in–vitro percutaneous absorption[J]．International Journal of PHarmaceutics, 2001, 215(1): 51–56.

4　BARBERO AM, FREDERICK HF. Pig and guinea pig skin as surrogates for humanin vitro penetration studies: A quantitative[J]．Toxicology in Vitro, 2008, 23(1): 1–13.

5　柳т生，郑家润. 用猪作人透皮实验动物模型的有关资料[J]．国外医学皮肤性病学分册. 2001, 27(4): 243–244.

用皮肤的厚度，因为皮肤厚度的显著变化会影响体外渗透试验的结果。在试验过程中，应保持每片试验用皮肤的温度在 32℃ ±1℃，因皮肤表面的温度波动会影响药物的扩散，增加试验的变异性。

试验用离体皮肤存在以下缺点：不易获得合格的试验用皮肤；易受季节、气候、处理方式、保存条件等因素的影响；皮肤供体的个体差异大，受种属、年龄、状态等多因素影响；同一供体不同部位皮肤的变异性高。这些缺点严重影响体外渗透研究结果的重复性。中检院崇小萌等采用同一供体（巴马香猪）不同部位的 6 片离体皮肤利用扩散池法对乳膏剂体外渗透进行分析，由图 7-15 可知，不同离体皮肤的体外渗透曲线斜率即渗透速率相差较大［斜率最大为 62.88μg/（cm² · h），最小为 36.16μg/（cm² · h）］，说明不同皮肤对乳膏剂的渗透能力是不同的，这直接影响了渗透试验的结果评估。但目前尚未见体外渗透相关指导原则中阐述评价离体皮肤质量的标准。为了避免上述问题，人工合成的仿生膜应运而生。

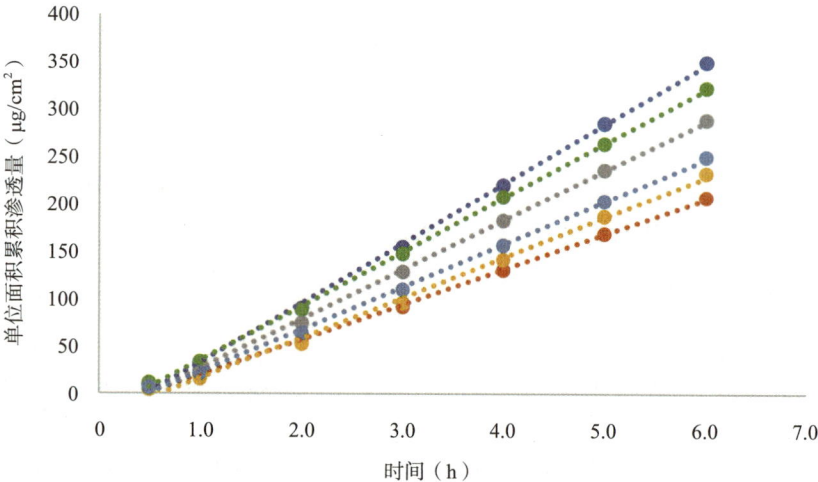

图 7-15　同一供体不同部位皮肤乳膏剂体外渗透曲线

3.2.3 给药剂量和技术要求

IVPT 一般要求有限的给药剂量，且需要特定的工具，比如移液管、微型注射器和小直径定量给药工具（图 7-16）等，给药剂量必须通过称重法记录，药物须均匀涂抹在皮肤上。

图 7-16　小直径定量给药工具

3.2.4 取样时间

IVPT 给药前，要求介质须先与皮肤完全接触，样品与皮肤接触时开始计时，取样操作要确保在间隔时间的 ±2% 内完成。而 IVRT 要求先将药物涂抹在膜上，之后介质和膜同时完全接触。为了避免温度波动产生差异，建议填充并预热接收池体积 90% 的介质，待温度到达设定值后，再完全补满接收池并开始实验。

3.2.5 仿生膜

人工合成仿生膜性质稳定、平行性好、可长时间储存，且能够很好地模拟生物皮肤或黏膜的渗透性。对于试验用皮肤，人工培养的表皮模型也是一种前景良好的研究方向，其具有与皮肤高度相似的组成、结构和功能，可以满足体外皮肤渗透试验的需求。其中应用最广泛的是 Strat-M 膜和 PB-M 膜。

PB-M 膜是一种人工合成纤维素膜，属于皮肤仿生膜。其性质稳定，便于长时间储存，且对药物具有与皮肤类似的屏障和渗透功能。Logan 应用实验室使用三种水杨酸局部给药系统研究了该膜与 Strat-M 膜的体外透皮对比试验，结果表明，PB-M 膜具有更好的稳定性及实验数据的重现性，同时，与 Strat-M 相比，药物在 PB-M 膜中的渗透量更低，PB-M 膜对药物的阻隔效果更强，更接近人体皮肤的渗透特性。

SC-M 膜是另一种皮肤仿生膜，是一种类似三明治结构的人工合成纤维素膜，由皮肤脂类物质和纤维素膜组成，其独特的结构和仿生材料的应用，使药物在 SC-M 膜中的渗透性与在皮肤中渗透性更为接近，是替代真实皮肤的仿生皮肤膜，因此，可作为 PB-M 膜的升级版应用于体外药物渗透试验（IVPT）中。Logan 应用实验室[1]使用饱和双氯芬酸钠的丙二醇溶液进行了体外透皮试验，通过比较使用不同合成膜与皮肤时药物的渗透研究，发现醋酸纤维素膜（CA）对药物无阻隔作用，SC-M 膜与 Strat-M 膜均可在一定程度上模拟皮肤的屏障功能，其中，SC-M 膜的体外渗透试验表现更接近于人体皮肤渗透表现。

近年来，Logan 公司研发了 3D 表皮模型，其是由人的表皮角质形成细胞，在体外构建的 3D 模型中培养而成。经由气液界面条件培养的 3D 表皮模型，与人的表皮组织结构和细胞形态非常相似且高度分化，可用于化学品、药物制剂和化妆品的体外渗透研究。3D 表皮模型的角质形成细胞来源于人的皮肤，是将表皮层剥离，经过胰酶消化分离、离心提取等一系列操作后获得原代细胞，然后进行迭代培养、构建气液界面的方式建立 3D 表皮模型。其组织学结构与人的表皮相似，均由基底层、棘层、颗粒层和角质层组成，且该表皮模型具有活跃的有丝分裂和代谢水平。同仿生皮肤膜相比，表皮模型由人类表皮角质细胞培养而来，更接近人类皮肤的渗透特性，同时，表皮模型的组织学结构及代谢酶等活性物质能高度模拟药物在皮肤

1 HAQ A, GOODYEAR B, AMEEN D, et al. Strat-M synthetic membrane: Permeability comparison to human cadaver skin[J]. Int J Pharm, 2018, 547(1-2), 432-434.

的渗透过程中发生的结合、解离和代谢等行为。3D 表皮模型的整个培养过程必须在无菌环境下完成，产品的规格可以分为 6 孔板和 12 孔板两种，产品的质量严格按照相关指南的建议进行控制。图 7-17 为 3D 表皮模型生产过程。采用表皮模型分别在透皮扩散仪和培养箱中进行 RVS 贴片的体外渗透试验，结果显示，在 24 小时内，人工皮肤在两种不同的设备下有相似的体外渗透行为。3D 表皮模型冷冻运输后的活性研究表明，两组试验结果无显著性差异，说明表皮模型经过冷冻运输之后再复苏，依然拥有较高的生物活性。

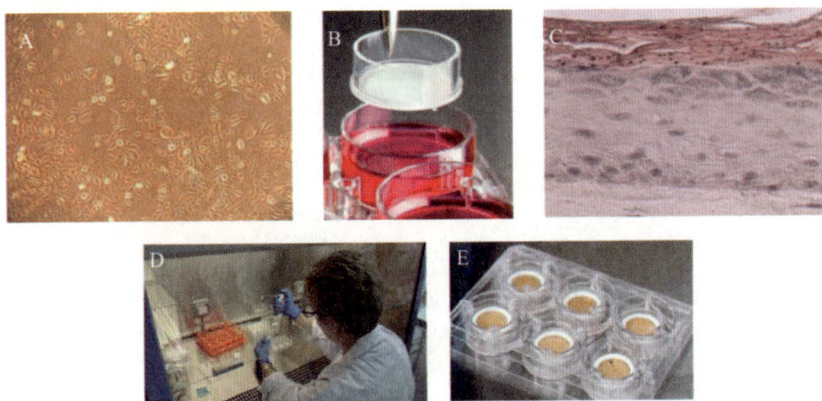

图 7-17　3D 表皮模型生产过程

A. 培养中的角质形成细胞；B. 构建的 3D 气液界面；C. 表皮模型的组织学结构；
D. 无菌操作环境；E.6 孔板规格

3.2.6 环境温度与湿度

在 IVPT 中，环境的温湿度不仅会影响供试品的称量及稳定性，还会对皮肤的渗透性有一定的影响。IVPT 研究的国内外文献中均没有明确规定实验环境的温湿度，同 IVRT 一样，均是在室温条件下进行。美国 FDA 的指导原则[1]推荐阿昔洛韦软膏的 IVPT 的实验室环境温度为 21℃ ±2℃，相

1　Draft Guidance on Acyclovir[EB/OL].［2016-12］. https://www.accessdata.fda.gov/drugsatfda_docs/psg/Acyclovir_topical%20cream_RLD%2021478_RV12-16.pdf.

对湿度范围为 50%±20%。OECD 于 2004 年发布的指导原则[1] 推荐体外渗透试验的最佳环境相对湿度为 30%~70%。EMA 于 2014 年发布的透皮贴剂质量指导原则[2] 也指出进行体外渗透试验时，实验室应避免极端的相对湿度（高于 70% 以及低于 30%）。由此可见，体外渗透试验的最佳环境温度为 21℃ ±2℃、湿度为 50%±20%，实验室可根据产品的特征理化性质进行适当的调整。

1　OECD. Test Guideline 428：Skin absorption：in vitro Method Paris：OECD, 2004：4.

2　EMA. Guideline on quality of transdermal patches［EB/OL］.［2014-12-16］. https://www.ema.europa.eu/ documents/scientific-guideline/guideline-quality-transdermal-patches_en.pdf.

4 | 半固体制剂的体内外相关性研究进展

体内外相关性（in vitro–in vivo correlation，IVIVC）的建立可以追溯到 20 世纪 50 年代，是一种用于描述药物制剂的体外特性和相关体内效应之间的关系的预测数学模型。一般来说，体外特性是指制剂的溶出速度和程度，体内效应是指血浆中药物的浓度或吸收量。截至目前，尚无针对用半固体制剂和透皮贴剂的 IVIVC 指南。目前多以 FDA 发布的针对口服缓释剂的 IVIVC 指南为参考，探索开发半固体制剂和透皮贴剂的体内外相关性方法[1]。但局部外用半固体制剂和透皮贴剂属于复杂制剂（complex drug product），缺乏能够模拟体内药物溶出条件的体外方法，建立适宜的 IVIVC 极具挑战性。挑战之一是如何尽可能模拟药物穿过人体皮肤的过程。美国药典（USP）收载了多种体外溶出方法，但这些方法均不能充分反映药物在皮肤中渗透/扩散的复杂机制[2]。药典的方法中，"Franz 扩散池"由于与实际用药环境相似，可能更有利于建立半固体制剂的 IVIVCs。挑战之二是缺乏与生物相关的体外溶出方法，该方法应尽可能真实地反映制剂作用时复杂而时刻变化的体内环境。挑战之三是缺乏监测体内药物性能的可靠分析技术。体内药物溶出多通过分析血浆或血液中的药物浓度来确定，但局部

---

1 Shah V P, YACOBI A, et al. A science based approach to topical drug classification system（TCS）[J]. International Journal of Pharmaceutics，2015，491（1–2）: 21–25.

2 SIEWERT M, DRESSMAN J, BROWN CK, et al. FIP/AAPS Guidelines to dissolution/in vitro release testing of novel/special dosage forms[J]. AAPS PharmSciTech，2003，4（1）: 43–52.

起效的制剂在血液中的暴露量一般来说与其药效没有直接关系，因此，基于血液中暴露量的传统药代动力学研究（PK）方法一般并不适用于局部皮肤用药的生物等效性研究。

　　合理的 IVIVC 可用于验证并支持体外溶出方法的使用，可评估药物开发不同阶段处方和工艺变化对制剂性能的影响，制定科学合理的质量标准以确保产品质量。最重要的是，当 IVIVC 的建立经过体内试验验证后，制剂发生处方、生产工艺、设备和场所等重大变更时，体外溶出就可以成为生物等效性研究的替代方法，可显著节约研究时间和费用。成功建立一种有意义的 IVIVC，可以从药物产品的体外性能准确预测体内性能，从而减少人体或动物实验，降低开发成本。因此，建立外用半固体制剂的体内外相关性仍是皮肤外用制剂开发的重大挑战。

5 | 扩散池法及浸没池法应用

5.1 扩散池法

扩散池法作为经皮给药制剂最为常用的体外溶出（IVRT）、渗透（IVPT）研究的方法，不仅广泛应用于透皮制剂及常规制剂，比如软膏剂、乳膏剂、凝胶剂等外用半固体制剂及透皮贴剂的处方筛选、工艺变更对制剂体外及体内作用及批间一致性的考察中，而且已逐步应用到脂质体、纳米颗粒等新型制剂的工艺优化研究中。"Franz 扩散池"适用于半固体制剂的体外溶出及渗透研究，具有区别外用制剂处方的能力。目前，扩散池法与新技术的联用以及新的数据处理方法的使用，使得扩散池法在药物体外溶出、渗透方面的研究更加深入，范围更加广泛。

Klein[1]以双氯芬酸钠为模型药物，考察了扩散池的参数对外用半固体制剂体外溶出的影响，结果显示，药物性质及仪器参数设定对药物体外扩散、溶出具有显著的影响，此项研究结果为扩散池法的参数选择提供了指导作用，促进了扩散池法在药物体外溶出、渗透行为研究中的应用。Salamanca 等[2]采用"Franz 扩散池"法比较了酮洛芬凝胶剂及混悬剂的体外溶出行为，证明扩散池法可以用于外用半固体制剂的剂型开发和处方筛

1　KLEIN S. Influence of different test parameters on in vitro drug release from topical diclofenac formulations in a vertical diffusion cell setup[J]. Pharmazie.2013，68（7）：565-571.

2　SALAMANCA CH，BARRERA-OCAMPO A，LASSO JC, et al. Franz Diffusion Cell Approach for Pre-Formulation Characterisation of Ketoprofen Semi-Solid Dosage Forms. Pharmaceutics.2018，10（3）：148-157.

选研究。Alves 等[1]采用扩散池法结合低压液相色谱的方法考察咖啡因纳米颗粒的体外渗透行为。Aswathy 等[2]采用"Franz 扩散池"法对双氯芬酸新型液晶凝胶剂的体外溶出行为进行了比较研究，结果显示，液态凝胶的体外符合零级动力学方程，与凝胶剂、乳胶剂以及软膏剂相比，液态凝胶剂具有更快的溶出速率且具有持续溶出的能力。黄碧瑜等[3]采用"Franz 扩散池"测定鬼臼毒素固体脂质纳米粒的经皮渗透速率及皮内驻留情况，证明了此纳米粒具有较强的皮肤靶向性。刘利萍等[4]采用"Franz 扩散池"和鼠皮比较了醇质体和脂质体作为克霉唑经皮给药载体的体外渗透性及抗菌活性，结果显示，克霉唑醇质体的经皮渗透性和抗菌活性都优于其脂质体，醇质体是一种有效的经皮给药载体。

Baert 等[5]采用布洛芬作为模型药物，利用扩散池法结合离子迁移色谱法对布洛芬的体外渗透进行研究，结果证明，此方法分析速度快、灵敏度高、成本较低。Le 等[6]采用"Franz 扩散池"法结合傅里叶红外光谱（FTIR）成像的方法，比较了实验室自制的氘代叔丁基苯基氯乙基尿素制剂与市售药品的体外透皮行为，证明了 FTIR 光谱成像和扩散池法是研究药物在皮肤中的扩散的补充技术。赵志伟等[7]首先采用"Franz 扩散池"法测定了硝苯啶透皮贴剂的体外渗透，然后分别采用导数吸光光度法和液相色谱法测定其累计渗透量，两种定量方法所得结果一致，导数吸光光度法效

1　ALVES A C, RAMOS I, NUNES C, et al. On-line automated evaluation of lipid nanoparticles transdermal permeation using Franz diffusion cell and low-pressure chromatography[J]. Talanta.2016, 146: 369-374.

2　ASWATHY B, SHINEABI S, VISHNU U, et al. Formulation and invitro evaluation of novel gel containing liquid crystals of diclofenac in the treatment of arthritic disorders[J]. Indian Research Journal of Pharmacy and Science, 2020, 7(2): 2266-2276.

3　黄碧瑜，黄海潮. 鬼臼毒素固体脂质纳米粒经皮渗透和皮肤贮留研究[J]. 广东药学院学报, 2009, 25(6): 564-569.

4　刘利萍，毛威，安原初. 克霉唑醇质体和脂质体的体外经皮渗透性及抗菌性的对比研究[J]. 中国药学杂志, 2009, 44(4): 278-282.

5　BAERT B, VANSTEELANDT S, De SPIEGELEER B. Ion mobility spectrometry as a high-throughput technique for in vitro transdermal Franz diffusion cell experiments of ibuprofen[J]. J Pharm Biomed Anal.2011, 55(3): 472-478.

6　LE Q C, LEFEVRE T, GAUDREAULT R C, et al. Transdermal diffusion, spatial distribution and physical state of a potential anticancer drug in mouse skin as studied by diffusion and spectroscopic techniques[J]. Biomedical Spectroscopy & Imaging, 2018, 7(1-2): 47-61.

7　赵志伟，于铁力. 导数吸光光度法快速测定药物的体外经皮渗透量[J]. 理化检验－化学分册. 2003, 39(3): 153-155.

率更高，更适合筛选药物处方时大样本量的检测。陆兆光等[1]采用改良的 Franz 扩散池评价剂型改进后的金黄凝胶的体外渗透效果，对供试品接收液的 HPLC 指纹图谱进行主成分分析（PCA），确定金黄凝胶和金黄油膏在接收液及皮内驻留样品中，HPLC 指纹图谱均存在显著差异。采用 PCA 载荷图直观地展示出金黄凝胶药物组分的整体透皮效果优于金黄油膏。此项研究表明，改进剂型后的金黄凝胶整体体外透皮吸收效果更好。PCA 法是研究中药经皮给药制剂体外透皮吸收试验的有效手段。

目前，扩散池法在中药透皮贴剂的体外溶出研究中也得到广泛的应用。中药贴剂是中药材提取物与适宜的高分子材料制成的薄片状贴膏剂，其成分复杂，活性成分从基质释放、透皮吸收是其发挥治疗作用的关键，也是中药贴剂质量评价的重要内容。目前，《中国药典》对中药贴剂的透皮吸收试验方法尚无统一标准，探索如何开展中药贴剂的透皮吸收试验方法十分重要。

研究人员采用扩散池法，探索性地开展了以单一药效成分为指标和多成分为指标的透皮成分渗透特性研究。杜守颖等[2]采用"Franz 扩散池"法，考察风湿骨痛贴中青藤碱的体外透皮吸收行为，发现青藤碱体外透皮吸收性能良好，12 小时累积透皮吸收百分率为 44.86%，透皮行为符合韦布尔方程（Weibull Equation）。渠莉等[3]采用"Franz 扩散池"法考察三九膏中芥子碱硫氰酸盐的体外透皮吸收行为，发现其 12 小时累积透皮吸收百分率约为 22%，提示需要进行处方改进，如使用促渗剂或改良剂型，提高透皮吸收率，从而缩短临床贴治时间，减少过敏等不良反应的发生。汪艳秋等[4]采用改良"Franz 扩散池"法，考察不同促渗剂对小儿牛黄退热巴布贴中栀子苷体外透皮吸收行为的影响，发现处方中加入复合促渗剂（1,2-丙二醇/氮酮，

1　陆兆光，闫明，杨晶等. 基于主成分分析的金黄凝胶体外透皮吸收研究[J]. 中草药，2016, 47（15）：2635-2640.

2　杜守颖，陆洋，任晓慧，等. 风湿骨痛凝胶贴膏中青藤碱体外释放及透皮吸收研究[J]. 世界科学技术 – 中医药现代化，2012, 14（3）：1652-1655.

3　渠莉，李宏伟，张金科. 三九膏体外透皮吸收性质的研究[J]. 现代药物与临床，2016, 31（010）：1535-1537.

4　汪艳秋. 三威跌打风湿贴药学及体外透皮吸收研究[D]. 广州：广州中医药大学，2014.

V/V，2/3）时促渗效果最佳，为该贴剂的处方工艺优化提供了依据。

袁伟彬等[1]使用改良的 Franz 扩散池装置，考察不同促渗剂对温性经筋通贴膏中补骨脂素和异补骨脂素体外透皮吸收行为的影响，发现冰片和氮酮可使补骨脂素和异补骨脂素的体外透皮速率提高约 40 倍，为进一步优化处方工艺提供了信息。

马聪玉等[2]以骨通贴膏为研究对象，探索了同时多成分透皮渗透特征研究技术，建立了"中药贴剂提取物－体外透皮成分－体内透皮成分"逐层递进的中药贴剂透皮吸收成分研究策略：首先，采用超高效液相色谱－四极杆飞行时间质谱联用技术全面识别和鉴定骨通贴膏化学成分，针对已鉴定成分建立了高灵敏的超高效液相色谱－三重四极杆质谱联用靶向分析方法，实现微量透皮成分的定量分析。其次，采用水平式双室扩散池获得骨通贴膏接受液，采用靶向分析方法从接受液中快速发现和识别了 63 个骨通贴膏体外透皮成分，并进一步开展了骨通贴膏在关节炎大鼠体内的透皮吸收试验，发现约 88% 的体内透皮成分可被体外经皮渗透试验成功预测。研究结果表明，"体外－体内"透皮成分具有良好的相关性，采用扩散池法以多成分为指标评价中药贴剂成分的透皮渗透特性具有科学性。

抗菌药物的外用半固体制剂多为软膏剂，一般为大环内酯类抗生素（红霉素软膏）、多肽类抗生素（多黏菌素 B 软膏、杆菌肽软膏）、氨糖类抗生素（复方新霉素软膏）、喹诺酮类抗生素（诺氟沙星软膏）、莫匹罗星软膏以及抗真菌药物（硝酸咪康唑软膏）。主要用于治疗局部皮肤、软组织的细菌或真菌感染以及继发性感染[3]。李新圃等[4]采用简易扩散池法考察了两种促渗剂对诺氟沙星软膏体外渗透速率的影响，在实验中也同时指出离体皮肤对实

1　袁伟彬，刘桂联，吴涵，等. 温性经筋通贴膏体外释放和透皮特性的研究[J]. 中药新药与临床药理，2017（04）：130–133.

2　CONGYU M, NING S H, GAONA S H, et al. An efficient approach to probe the bioactive transdermal components of traditional Chinese herbal patches by UHPLC-MS: Gutong patch as a case[J]. Phytomedicine, 2021, 93, 153776.

3　BANDYOPADHYAY D. Topical Antibacterials in Dermatology[J]. Indian J Dermatol, 2021, 66（2）：117–125.

4　李新圃，郁杰，罗金印等. 诺氟沙星软膏的透皮吸收试验[J]. 中国兽医科技，2000，30（8）：29–31.

验结果有较大影响。田青平等[1]采用扩散池法考察了促渗剂对两性霉素 B 微乳的体外渗透作用，为处方筛选提供了数据支持。梁亚伟等[2]采用扩散池法对原研及 6 个国内厂家的莫匹罗星软膏的体外渗透情况进行了对比研究，结果显示莫匹罗星软膏原研制剂与 5 家仿制制剂体外渗透的释药趋势一致，仿制药与原研药在亲脂性接收液中体外渗透及在两种接收液中的皮内滞留量差异较大。综上所述，目前国内对抗菌药物外用半固体制剂的 IVRT 或 IVPT 研究并不普遍，但现有研究均采用扩散池法进行处方筛选以及体外渗透行为研究，也证明了扩散池法可以用于原研药与仿制药体外一致性评价。

中检院罗婷婷、崇小萌等采用扩散池法建立了具有区分力的复方乳膏剂 IVRT、IVPT 研究方法，能够反映处方和工艺变化，可用于处方筛选、扩大生产和变更后制剂的一致性评价。并采用此体外渗透方法对自研、原研制剂体外渗透行为进行了比较研究，其渗透曲线及渗透速率曲线如图 7-18 所示。

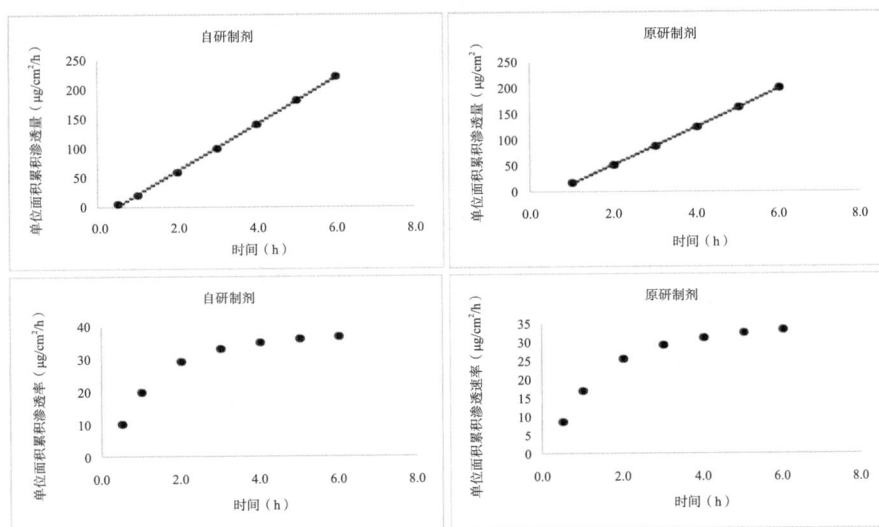

图 7-18　原研及自研乳膏剂（各 1 批）体外渗透行为比较（样品由四川海思科制药有限公司提供）

1　田青平，李鹏，王雷等. 两性霉素 B 微乳的制备及体外经皮渗透研究[J]. 中国药学杂志，2009，44（4）：283-287.
2　梁亚伟，王小亮，张秉华等. 莫匹罗星软膏体外透皮吸收率的测定及质量评价[J]. 中国抗生素杂志 2021，46（3）：251-255.

5.2 浸没池法

Bisharat 等[1]选择曲马多凝胶作为模型药物，并采用浸没池法考察不同孔径人工膜对药物 IVRT 的影响，结果表明，使用不同的人工膜会得到显著不同的试验结果。Ciolan 等[2]制备了除防腐剂外，其他成分均相同的 2 种酮康唑软膏，并以浸没池装置进行 IVRT，其结果表明上述两种软膏药物 IVRT 行为具有显著差异。经分析研究发现，软膏制备过程中不同的冷却速率和均质搅拌速率可产生不同的基质微观结构，从而造成药物溶出速率的差异，同时也证明使用浸没池法进行的 IVRT 具有区分相似处方的能力。

2015 年以来，半固体制剂 IVRT 较多采用浸没池配套溶出仪的方法[3]。浸没池法不仅有区分不同处方的能力，并且相较于扩散池，浸没池能精确控制供给室和接收室的温度，且能实现更高程度的自动化操作，可在一定程度上避免手动取样造成的误差。但该方法每次可同时试验的样品数量较少。

中检院庾莉菊、陈天伊等利用浸没池法对外用半固体制剂 IVRT 行为进行了研究。以复方乳膏剂（四川海思科制药有限公司）为模型药物，考察不同实验条件及上药量对其 IVRT 的影响，确定了最佳的实验条件，建立了浸没池法考察乳膏剂 IVRT 的研究方法。采用此方法对 3 个不同厂家（1 批原研、2 批自研）制剂的 IVRT 行为进行了对比研究，结果如图 7-19 所示。

1　LORINA B, DIEGO P, ALBERTO B, et al. Influence of Testing Parameters on In Vitro Tramadol Release from Poloxamer Thermogels using the Immersion Cell Method[J], AAPS PharmSciTech, 2017, 18: 2706–2716.

2　CIOLAN D F, MINEA A, ANDRIE A A, et al. The influence of compendial cells design and experimental setup on the in-vitro similarity of ketoconazole topical creams[J], 2015, 63(6): 865–871.

3　侯迪旭，吴于萍，李树英，等 . 基于体外释放的半固体制剂透皮吸收及其影响因素探讨[J]. 中国新药杂志，2018, 27(15): 1807–1812.

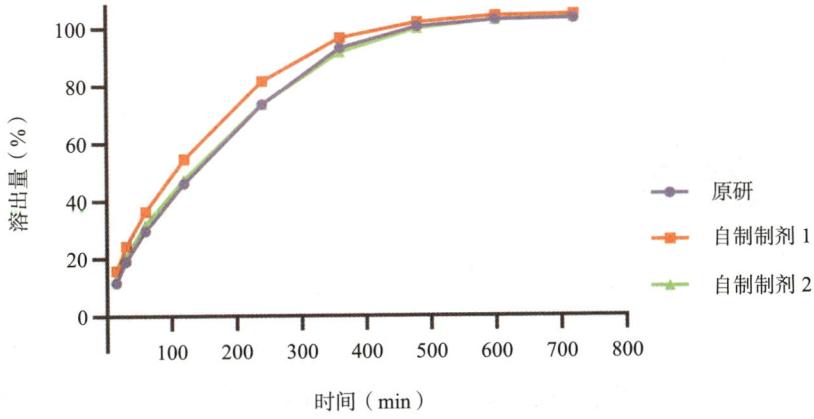

图 7-19 浸没池法测定不同厂家乳膏剂溶出行为

6 | 展望

　　扩散池法和浸没池法是外用半固体制剂及透皮贴剂体外溶出（IVRT）、体外渗透（IVPT）研究的常用装置。两种方法各有其特点，需根据药物性质和经皮给药制剂处方特点选择合适的实验装置。扩散池可以取出接收池内的部分或全部样品介质，保证实验所需的漏槽条件，使体外实验更符合临床用药的生理环境。浸没池可以充分利用桨法溶出仪进行实验，药膏和皮肤在整个实验过程中均处于隔离状态，不仅减少了暴露于空气而引起的药物降解，而且浸没池法获得的药物溶出数据具有更高的一致性及重现性[1]。实验装置的商品化和自动化，不仅提高了检测效率，也保障了数据可靠性。

　　国内外经皮给药制剂 IVRT、IVPT 的相关指导原则均推荐采用上述两种方法，进行制剂的处方筛选、工艺变更考察及批间质量一致性的考察，扩散池法已广泛应用到仿制药 IVRT、IVPT 行为的一致性评价研究。体外渗透试验中重要的影响因素是动物离体皮肤的质量，即渗透功能的一致性，决定了实验的重复性和准确性。目前，用于检测皮肤完整性的常用方法包括经皮水分散失（TEWL）、经皮电阻测定（ER）、氚化水渗透试验（THO）等，三种方法有其各自的适用范围及特点，对皮肤完整性的灵敏度也不尽相同，但三种方法的关联性较弱[2~4]，且尚未见应用于动物离体皮肤完整性

1　侯迪旭，王东凯. 关于半固体制剂中药物的体外释放研究进展[J]. 中国药剂学杂志, 2019, 17（4）: 135–140.

2　FASANO W J, MANNING L A, GREEN J W. Rapid integrity assessment of rat and human epidermal membranes for in vitro dermal regulatory testing: correlation of electrical resistance with tritiated water permeability[J]. Toxicology in Vitro, 2002（16）: 731–740.

3　HEYLINGSA J R, CLOWESA H M, HUGHESB L. Comparison of tissue sources for the skin integrity function test（SIFT）[J]. Toxicology in Vitro 2001（15）: 597–600.

4　KATHARINA G, MONIKA S.K, ERIC F, et al. Suitability of skin integrity tests for dermal absorption studies in vitro[J]. Toxicology in Vitro 2015（29）: 113–123.

评价的报道。在今后的研究中，应探索建立表征离体人体及动物皮肤质量的指标，考察关键参数与渗透试验的关系，逐步建立离体人体及动物皮肤质量考察方法，或建立离体人体及动物皮肤数据与皮肤仿生膜数据的相关性，以进一步提高体外渗透试验的准确性。随着药物制剂微观结构研究的不断深入、实验装置的持续改进、皮肤仿生膜技术的进步、离体皮肤质量标准的不断推进，扩散池和浸没池法进行体外溶出、渗透试验的数据不仅更加准确、可靠，与体内作用的相关性研究应用前景也会更加光明。

附件

表 7-6　术语（中英文对照）

缩略词	英文名称	中文名称
FDA	Food and Drug Administration	美国食品药品管理局
AAPS	American Association of Pharmaceutical Scientists	美国药学科学家协会
IVRT	in vitro release test	体外溶出（释放）试验
IVPT	in vitro penetration test	体外渗透试验
SUPAC-SS	nonsterile semisolid dosage forms guidance for industry scale-Up and post-approval changes: in vitro release testing and in vivo bioequivalence	非无菌半固体制剂扩大规模和上市后变更：体外释放试验和体内生物等效性要求
OECD	Organisation for Economic Cooperation and Development	经济合作与发展组织
EMA	European Medicines Agency	欧洲药品管理局
USP	United States Pharmacopeia	美国药典
EP	European Pharmacopoeia	欧洲药典
JP	Japanese Pharmacopoeia	日本药典
CDE（NMPA）	Center for Drug Evaluation	国家药品监督管理局药品审评中心
ICH	The International Council for Harmonisation of Technical Requirements for Pharmaceuticals for Human Use	国际人用药品注册技术协调会

缩略词	英文名称	中文名称
IVIVC	in vitro–in vivo correlation	体内外相关性
NMPA	National Medical Products Administration	国家药品监督管理局
USPC	The United States Pharmacopeial Convention	美国药典委员会
API	active pharmaceutical ingredient	活性药物成分
PK	pharmacokinetic	药物代谢动力学
FTIR	Fourier–transform Infrared Spectroscopy	傅里叶红外光谱
PCA	principal component analysis	主成分分析
HPLC	high performance liquid chromatography	高效液相色谱
TEWL	transepidermal water loss	经皮水分散失
ER	transepidermal electrical resistance	经皮电阻测定
THO	tritiated water permeability	氚化水渗透
DC	diffusion cell	扩散池
FDC	flow–through diffusion cell	流通扩散池
IC	immersion cell	浸没池
EC	enhancer cell	增强池
OC	oinment cell	软膏池
WJ	water jacket	水夹套
DH	dry heating	干加热
VDC	vertical diffusion cell	立式扩散池
HDC	horizontal diffusion cell	水平扩散池
CDP	complex drug product	复杂制剂
PF	pharmacopeial forum	药典论坛
PVP	polyvinyl pyrrolidone	聚乙烯吡咯烷酮
PBS	phosphate buffer solution	磷酸盐缓冲液
ST	sulfathiazole	磺胺噻唑
HC	hydrocortisone	氢化可的松

第八章

溶出装置的确证

概述

在药品全生命周期的质量研究和质量控制领域，无论生产、质控还是药品检验机构的专业人员，经常面临的挑战就是检测数据不平行或者检测结果超标（out of specification，OOS），技术人员必须回答是处方、工艺和产品质量的问题，还是检测的问题导致结果异常。在调查过程中，仪器装置是否经过校准（calibration）、是否运行正常往往是关注的焦点。2018年国家基本药物目录的375个化药品种中，超过2/3的有口服固体制剂，上市后监管中口服固体制剂出现不合格的情况，约50%是溶出度不合格。

20世纪初，人们开始关注药物片剂的崩解性能，到20世纪70年代，随着篮法、桨法等溶出装置被药典收载，口服固体制剂的药物溶出度研究逐步深入。对药物开展溶出试验等科学实验前，首先要对溶出装置进行研究，确证实验的方法、仪器装置的科学性和可靠性。口服固体制剂的批间甚至批内溶出试验的结果，常常表现出一定的变异性（variability），除样品本身外，溶出试验数据的变异性主要来源于方法、仪器装置以及取得数据的过程。批间或批内溶出结果的差异，既可能来源于处方、工艺的波动，也可能是溶出度仪或操作过程的变异性所致，通常，实验结果的波动叠加了产品间的差异和溶出过程的变异。溶出结果的准确性、可靠性与溶出仪器的性能密切相关，只有将仪器、方法、操作的变异性控制在最低或可接受的水平，溶出结果才能真实反映制剂的处方、工艺或批间差异。提高溶出装置确证和维护工作的质量是保障数据可靠的重要前提。

目前，2020年版《中国药典》已收载篮法、桨法、小杯法、桨碟法、转筒法、流池法、往复筒法；正在开展往复架法、固有溶出度法、扩散池法研究并考虑收载，尚未收载但有较广泛应用的方法还有浸没池法等，本章将就溶出装置确证的相关概念、常用溶出装置的确证程序、历史沿革等进行阐述。

为与"确认（verification）"一词相区别，本书特别将"qualification"对应的中文术语用"确证"表述，尽管在许多国内的指导原则或文献中，该术语多被译成"确认"。术语列表见附件 2。

1 | 溶出装置的确证与发展历史

1.1 溶出装置的确证

溶出度仪是药物质量研究和质量控制用关键设备，为确保溶出装置持续处于良好的稳定状态，保证试验数据的质量，更好地反映药物处方、工艺的变化，保障药品生产质量的持续一致性。按照药物非临床研究质量管理规范（GLP）[1]与药品生产质量管理规范（GMP）[2]的要求，应进行四个阶段的确证工作[3]，即设计确证（design qualification，DQ）、安装确证（installation qualification，IQ）、运行确证（operational qualification，OQ）和性能确证（performance qualification，PQ）。性能确证详细操作参见中国食品药品检定研究院官方网站文件或参考国外相关机构的技术指南。

1.1.1 设计确证

设计确证（DQ）是根据仪器的预定用途和供应商遴选标准，确定仪器功能与技术参数的质量活动的全部过程及其记录的文件[4]。DQ 可由仪器制造商或用户实施，主要目的是保证仪器技术参数满足使用要求。采购溶

1　国家食品药品监督管理总局.《药物非临床研究质量管理规范》[S]. 2017.

2　国家药品监督管理局食品药品审核查验中心. 药品生产质量管理规范（2010 年修订）（卫生部令第 79 号）[S]. 2011.

3　中国合格评定国家认可委员会. CNAS-GL040 仪器验证实施指南[S]. 2019.

4　USP General Chapter <1058>, Analytical Instrument qualification, USP43-NF38, 15 August, 2020.

出设备前，应根据用途和可供选择的设备情况，制定用户需求文件（user requirement specification，URS）。用户应首先评估溶出装置的功能和操作的方便性，是否满足质量研究或质控试验的需求，还应考虑是否为药典标准装置。药典一般只规定主要部件的规格和尺寸，对仪器的操作等并不做具体要求，所以，不同来源的同一种溶出装置可能有不同的操作和控制方法。设计确证一般是在仪器设备采购前进行的，但也有特殊情况，即当用户想改变现有仪器设备用途，且该新用途不在当初采购时的 URS 范围内时，就需要重新进行设计确证，确保已有设备满足新用途。

1.1.2 安装确证

安装确证（IQ）就是根据仪器供应商或用户的程序文件或设计要求，在溶出装置安装过程中进行的一系列质量活动及其记录的文件。为保证仪器的正确安装、操作及维护保养，应进行下列确证工作。

（1）制定安装确证文件，相关人员对文件进行审核并签名，记录仪器及各部件序列号、仪器安装位置，填写仪器内部编号。

（2）对环境温度、湿度、电源、实验台面水平、承重能力、振动等安装环境进行确认并记录。

（3）按照供应商手册对主机及配件的数量及完好性进行检查并记录，在指定位置进行仪器各部件的安装连接，并记录。

（4）进行水平调整，使桨、篮高度等部件的位置准确，并记录。

（5）开机试机，检查循环加热器等各部件运转是否正常，检查水浴池有无渗漏，并记录。

（6）操作人员、复核人员等签名。

1.1.3 运行确证

运行确证（OQ）是为保证仪器的关键功能和参数指标，符合供应商文件及药典等法规要求，通过有代表性的关键仪器参数的运行，开展的一系列质量活动并记录的文件。为保证仪器关键运行参数符合要求，应进行下列确证工作。

（1）制定运行确证文件，文件应经过审核并有签名，记录仪器配置信息，包括主机、加热循环泵、取样装置等各功能部件的序列号。

（2）记录确证用工具的信息并确认其有效性，包括序列号、计量或校准的时间、有效期等。

（3）用秒表等计时工具确认仪器计时功能的准确性。

（4）检查操作菜单的功能，确认各部件运行正常，说明书所列功能全部实现。

（5）使用测量工具对转速/往复频率、篮桨高度、转轴的垂直度、溶出杯的垂直度、中心度、水浴温度、溶出杯内介质温度等物理参数进行测量记录。

溶出装置的运行确证内容与机械校准（mechanical calibration，MC）有重叠，机械校准是运行确证的主要内容，其具体操作方法详见后文。

1.1.4 性能确证

性能确证（PQ）是在正常的运行环境下，采用水杨酸标准片等标准样品或溶出性能已知的质控样品，确认溶出系统的整体性能符合设计要求，溶出结果与参考值或参考实验室的结果一致[1]。PQ 是证明溶出试验室的检测能力达到标准要求，溶出结果可靠、可重复的一种手段，详细操作参见中国食品药品检定研究院官方网站文件或参考国外相关机构的技术指南。当没有标准样品或质控样品时，也可通过参加权威机构或实验室组织的能力验证计划（PTS），证明实验室的溶出装置和操作符合要求。

1　宁保明，何兰，张启明，等. 国内外溶出度试验用标准片的研究及应用[J]. 药物分析杂志 2012, 32（8）：199–205.

1.2 溶出装置的确证历史

1970 年，美国药典（USP）和国家处方集（NF）收载溶出度测定法，并对泼尼松片等收载品种开展溶出度检查。早期的溶出试验发现，溶出结果的再现性（reproducibility）差，对于同批次样品，不仅实验室间差异显著，即使同一实验室内同型号不同仪器间的溶出结果也有显著的差异。药物研发和监管机构开始将溶出度与药物的体内作用联系起来，希望建立口服固体制剂的体内外相关性，美国食品药品管理局（FDA）开展了对仪器的标准化研究。1975 年，美国药典委员会（USPC）开始研制溶出度性能确证用标准片，在美国药品研究与制造企业协会（The Pharmaceutical Research and Manufacturers of America，PhRMA）的协调下，USP、FDA 和制药企业的实验室开展了协作研究。当时选择了泼尼松片、硝基呋喃妥因片和水杨酸片 3 种片剂进行研究，其中，泼尼松片和硝基呋喃妥因片为崩解型片剂，水杨酸片为非崩解型片剂，由于呋喃妥因片溶出速率过快，USP 与 PhRMA 的溶出度专家委员会建议，将 50mg 泼尼松片和 300mg 水杨酸片作为溶出装置性能确证用校正片（calibrator tablet）。

1978 年，隶属于 FDA 的国家药物分析中心[注]发布了溶出度指导原则[1]，提出了仪器确证的要求，采用的术语是仪器的检查和调整（inspection and alignment of apparatus）。同年，USP 制备了用于溶出仪系统适用性试验的首批水杨酸片［300mg，Lot F，由普强公司（Upjohn）生产］和泼尼松片［50mg，Lot F，由罗氏公司生产］，全称为"溶出系统适用性试验用美国药典溶出度校正片（USP Dissoluiton Calibrator for Apparatus Suitability Test）"。1979 年 5 月，USP 第 19 版第五增补本要求在开展溶出度试验前，采用校正片进行溶出装置的系统适用性试验。

---

1 COX D, DOUGLAS C, FURMAN W, et al. Guidelines for dissolution testing[J]. Pharmaceutical technology, 1978, 2(4): 40-53.

注：The National Center for Drug Analysis, NCDA, 位于密苏里州的圣路易斯市（St.Louis）。

1981 年，国际药学联合会（FIP）发布了口服固体制剂溶出度指导原则[1]，提出了仪器校准（apparatus calibration）的要求，认为校正片试验仅是对溶出装置性能的一种综合性评价手段。美国制药工业协会的溶出度专家委员会认为，溶出度仪的性能确证工作并未完全直接反映仪器的机械性能，1996 年成立了机械校准工作组，2000 年在美国药典论坛（Pharmacopeial forum）上发表的文章建议，应采用严格机械校准（enhanced mechanical calibration）进一步提高溶出仪机械指标的可靠性。虽然工业界和学术界一致认为，为保证溶出结果的一致性和可靠性，开展校准工作是必要的，但对采用机械校准还是化学校准（即采用标准片进行溶出试验）有不同观点，有时候符合机械校准要求的溶出仪却无法通过采用标准片的溶出度系统适用性要求，而且与机械校准的限度相比，标准片给出的合格范围更宽松，因此，对标准片的研制机构也提出了挑战。

2005 年起，USP、FDA 等机构开展了多项溶出装置参数的影响研究[2~7]，圣路易斯药物分析实验室（DPA）注起草了篮法和桨法溶出装置的机械确证文件（Mechanical Qualification of Dissolution Apparatus 1 and 2），2005 年 10 月 25 日，根据 Zongming Gao、Terry Moore 等人的研究结果，FDA 药物科学咨询委员会（Advisory Committee on Pharmaceutical Science，

1　FIP. Guidelines for Dissolution Testing of Solid Oral Products[J]. Die Pharmazeutische Industrie, 1981, 43（4）: 334–343.

2　TANAKA M, FUJIWARA H, FUJIWARA M. "Effect of the Irregular Inner Shape of a Glass Vessel on Prednisone Dissolution Results." Dissolution Technologies. 2005, 12（4）: 15–19.

3　EATON J, GANG D, HAUCK W W, et al. Perturbation Study of Dissolution Apparatus Variables–A Design of Experiment Approach[J]. Dissolution Technologies, 2007, 14（1）: 20–26.

4　MCCARTHY L G, KOSIOL C, HEALY A M, et al. Simulating the Hydrodynamic Conditions In the United States Pharmacopeia Paddle Dissolution Apparatus[J]. Aaps Pharmscitech, 2003, 4（2）: 83–98.

5　BAXTER J L, KUKURA J, MUZZIO F J. Shear–Induced Variability In the United States Pharmacopeia Apparatus 2: Modifications to the Existing System[J]. Aaps Journal, 2005, 7（4）: E857–E864.

6　DENG G, ASHLEY A J, BROWN W et al. The USP Performance Verification Test, Part I: USP Lot P Prednisone Tablets—Quality Attributes and Experimental Variables Contributing to Dissolution Variance[J]. Pharmaceutical Research, 2008, 25（5）: 1100–1109.

7　GLASGOW M, DRESSMAN S, BROWN W, et al. The USP Performance Verification Test, Part II: Collaborative Study of USP's Lot P Prednisone Tablets[J]. Pharmaceutical Research, 2008, 25（5）, 1110–1115.

注：　美国 FDA 在圣路易斯的实验室，后更名为 Division of pharmaceutical Analysis，DPA，即现在的 Division of Complex Drug Analysis。

ACPS）批准使用严格机械确证程序。2006 年 6 月，该文件在圣路易斯药物分析实验室（DPA）正式生效。同年，美国测试与材料协会（ASTM international）[1]起草了关于篮法和桨法溶出度仪的机械确证标准（Standard Practice for Qualification of Basket and Paddle Dissolution Apparatus），并于 2007 年 4 月，正式发布了溶出装置的确证规范（E 2503 – 07）[2]。

2007 年 10 月，USP 发布了溶出度确证工具程序（Dissolution Toolkit Procedures）[3]，同时，FDA 也发布了机械校准的工业指南草案（Draft Guidance for Industry The Use of Mechanical Calibration of Dissolution Apparatus 1 and 2 – Current Good Manufacturing Practice）[4]，并于 2010 年 1 月正式发布实施。FDA 指导原则建议对脱气、振动和溶出杯的尺寸进行测量。当前还只是针对有限的参数进行测量确证，还有一些重要的参数还没有纳入机械校准的范围，例如溶出杯内部结构测量，实验数据表明，溶出杯精度控制不好可能会影响溶出结果，对平均溶出量的影响占到 12.8%[5]。Eaton 等[6]对泼尼松标准片的研究结果表明，溶出介质的脱气、溶出杯的类型和篮桨高度对实验结果影响较大。

自溶出装置开始用于药物制剂的质量研究与控制，对篮法和桨法溶出装置物理参数的研究和确证就一直是热点和难点，除温度、转速、中心度、

1 美国测试与材料协会（American Society for Testing and Materials，ASTM，）成立于 1898 年，原是国际测试与材料协会（IATM）的分支机构，2001 年，更名为 ASTM international

2 ASTM international. ASTM E 2503–07 Standard Practice for Qualification of Basket and Paddle Dissolution Apparatus[S]. 2007.

3 United States Pharmacopoeia. Toolkit Dissolution Procedure：Mechanical Calibration and Performance Verification Test Version 1.0 Draft 5.1[S]. 2007.

4 Food and Drug Administration. The Use of Mechanical Calibration of Dissolution Apparatus 1 and 2 – Current Good Manufacturing Practice（CGMP）[S]. 2010.

5 叶红宇，高玉成，赵海山，等. 一种基于仿制药质量和疗效一致性评价的溶出系统研究[J]. 中国新药杂志，2019，28（5）：589–592.

6 EATON J, GANG D, HAUCK W W, et al. Perturbation Study of Dissolution Apparatus Variables—A Design of Experiment Approach[J]. Dissolution Technologies, 2007, 14（1）: 20–26.

溶出杯类型等参数的影响研究外，Zongming Gao 等[1~3]是最早开展振动对溶出影响研究的团队，研究表明，振动对崩解型片剂的溶出有影响。

20 世纪 70 年代，中国学者开始对溶出技术进行研究，原中国药品生物制品检定所（现中国食品药品检定研究院，简称中检院）与相关机构开展了溶出度校正片的合作研究。1985 年，《中国药典》二部收载溶出度测定法，采用水杨酸片作为溶出装置性能确证用标准片。同年，中国药品生物制品检定所制备并分发了首批水杨酸片溶出度标准片。到目前为止，已经制备了 10 多批次的水杨酸标准片。

2004 年起，中检院与世界卫生组织（WHO）、国际药学联合会（FIP）、美国药典（USP）、美国食品药品管理局（FDA）、美国药学科学家协会（AAPS）等机构，共同召开了多次溶出度技术研讨会，有力推动了国内溶出度技术的研究和应用。2010 年以来，随着世界卫生组织药品质量控制实验室认证（WHO Prequalification of Quality Control Laboratories）及仿制药质量一致性评价工作的开展，进一步促进了溶出装置的确证研究与应用。天大天发公司是国内最早开展溶出确证工具标准化研发的机构，通过与中检院等机构的合作，2012 年，成功研制了可溯源至国家计量标准的数字化计量工具和确证模块。2016 年 4 月 29 日，国务院药品监管部门发布了"药物溶出度仪机械验证指导原则"[4]，标志着溶出装置确证工作的技术支撑作用获得国家药品监管机构的认可，使溶出确证的技术要求和应用更加广泛和深入。

1 GAO Z M, MOORE T W, DOUB W H. Vibration effects on dissolution tests with USP apparatuses 1 and 2[J]. Journal of pharmaceutical sciences, 2008, 97(8): 3335–3343.

2 GAO Z M, MOORE T W, BUHSE L F, et al. The random vibration effects on dissolution testing with USP apparatus 2 [J]. Journal of pharmaceutical sciences, 2009, 98(1): 297–306.

3 GAO Z M, THIES A, DOUB W. Vibration effects of lab equipment on dissolution testing with USP paddle method [J]. Journal of pharmaceutical sciences, 2010, 99(1): 403–412.

4 国家食品药品监督管理总局. 总局关于发布药物溶出度仪机械验证指导原则的通告（2016 年第 78 号）[S]. 2016.

2 | 溶出装置的确证

2.1 篮法和桨法

运行确证（OQ）和性能确证（PQ）是溶出装置确证的主要内容。目前，主要经济体的药典和相关组织，对溶出装置的机械校准都提出了明确的指导原则。常用的有中国药典《药物溶出度仪机械验证指导原则》、USP<Dissolution Toolkit 2.0>、FDA<DPA–LOP.002>、美国测试与材料协会（ASTM）E2503–13 等，各指导原则中的项目和标准基本一致，但也有些不同的地方，所以在开展确证工作前，应选择或参考合适的指导原则。

2.1.1 目视检查与确证工具

开展运行确证前，应对溶出装置各部件进行外观检查，如有部件破损或变形（图 8-1），应更换新的部件之后变更相应部件的序列号，再进行运行确证。

图 8-1 篮法、桨法溶出装置破损或变形图

2.1.2 确证工具

对溶出仪进行确证工作时，需要使用相关的确证工具。目前，常用的

确证工具分为两类：传统机械工具，即使用游标卡尺、螺旋测微器（千分尺）、百分表等量具，配合不同的夹具，手动测量每一个测试项，人工判定结果并手动填写数据至纸质报告；新型集成化工具，即利用现代电子技术和传感器来即时获取测量结果，工具安装到测试位置后可快速同时获取多个测试项的结果，测量过程无需人工调整干预。结果通常会由软件自动生成电子化的数据报告。

（1）传统机械工具

1）温度计：通常使用数显温度计，显示精度达到 0.1℃ 或 0.01℃，用于确认溶出内置温度传感器的准确性，从而确证仪器控温的准确性；至于使用何种精度的温度计，取决于溶出仪的显示精度。

2）百分表或千分尺：数显或机械表盘都可以，配合固定支架用于测量转轴或转篮的晃动度，也可用于测量桨篮距杯底高度。

3）转速表：通常采用非接触式光电计数原理测量转速，用以测量溶出仪的转动速度或往复频率等。

4）深度卡规：用来测量桨篮底部距溶出杯底部高度的专用卡尺；或使用适当的转换卡使用百分表来测量。

5）中心度计：用来测量轴与杯的中心度；或配置适当的转换卡后使用百分表来测量。

6）数显水平尺：用来测量溶出平台水平度、轴的垂直度及溶出杯壁的垂直度。

7）秒表：用来测量仪器的计时准确度。

8）测振仪：用来测量环境及仪器振动度。

（2）新型集成化工具

在运行确证工作中，既可采用传统测量工具，也可采用具备数据采集传输的数字化量具。目前，商品化的集成工具主要由一些国外溶出仪生产公司提供，使用集成工具有如下优势：①数据可靠性高，集成化工具可以减少手动测量时的人为误差；②每次确证时可以保证测量位置一致，数据可比性较高；③集成工具可以几个参数同时测量，工作效率高。

但是，集成工作也有劣势：①工具不易购得，由于是溶出仪厂家设计制造的专用设备，并非市场通用工具，需要从溶出仪厂家购得；②工具的再确证困难，由于高度集成了各种功能，目前计量检定机构还没有能力计量这类工具，只能送原厂确证，故而确证费用较高。

2.1.3 项目和标准

篮法和桨法溶出仪的确证方案和接受标准，各国药典及相关组织都发布了指导原则，详见本章附件1。在确证过程中，需要注意以下几方面。

（1）测量轴及溶出杯垂直度时，要确保数显水平尺的边与轴或溶出杯竖边保持平行，不然所测数据会有偏差。

（2）测量轴或篮的晃动度时，百分表或千分表需使用支架固定好再测量，手持会有人为误差，对测量值会有较大影响。

（3）对于小杯法的测量，由于小杯法溶出杯内部空间较小，用于正常溶出杯的工具可能不适用于小杯法，因此需要用到一些特别的工具。

1）小杯法平台水平度确证：要在小杯的支撑平台上测试。

2）溶出杯的垂直度：需用到T形角度尺，将滑动T形角度尺一端，沿溶出杯内壁（尽量贴紧溶出杯）后，另一端贴住溶出杯口上沿法兰部分，测量垂直度，再以同样的方式，旋转90°测量，即每个溶出杯的X/Y轴方向各测量一次，且每个溶出杯两次测量的数值均不得超出 $90.0° \pm 1.0°$（图8-2）。

3）溶出杯与篮（桨）轴同轴度：需用到内分规仪，可通

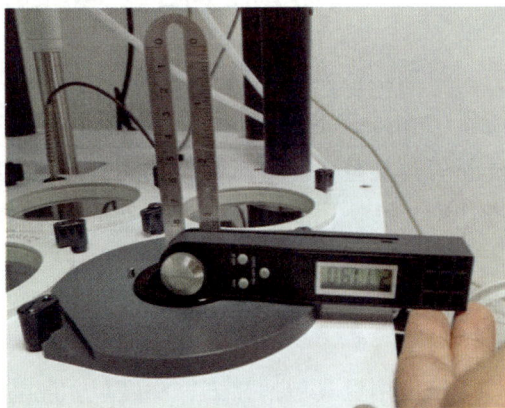

图8-2 T型角度尺校准图

过采用内分规仪测定溶出杯内壁和转轴之间的距离。在 X/Y 轴 4 个位置上，测量内分规仪在溶出杯内壁和转轴的两个接触点之间的距离，最大值与最小值之差均不得超出 2.0mm（图 8-3）。

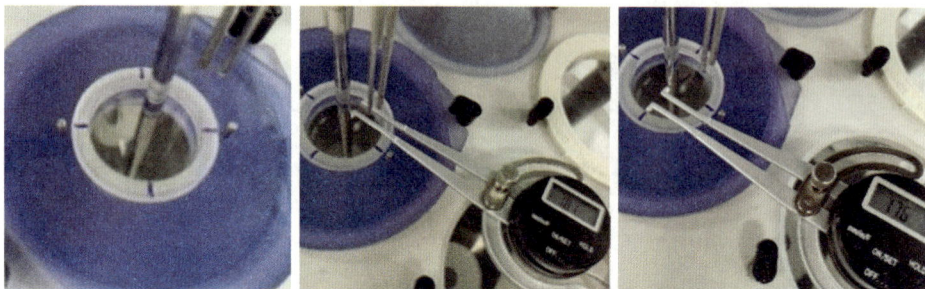

图 8-3　内分规仪校准图

4）桨深度：用经过计量的游标卡尺，准确测量定位球的直径，并给定位球标记序列号，然后用定位球精确定位每个溶出杯内桨（篮）下缘与溶出杯底部的距离后，锁紧转轴顶部的紧固环。定位球的直径应控制在 15mm ± 2mm（图 8-4）。

图 8-4　桨深度校准图

2.2 往复筒法和往复架法

目前，未见药品监管机构或药典对往复筒法和往复架法溶出装置进行确证的相关技术导原则，但按照药品生产质量管理规范（GMP）或实验室质量管理规范，应进行装置的 4Q 确证，其中设计确证、安装确证要求与篮桨法溶出装置相同。本节重点描述其运行确证的方法。

2.2.1 测量工具

确证用量具包括秒表、深度尺／直尺、温度计等。所用工具应经过校准并在有效期内使用。

2.2.2 确证步骤

（1）水浴温度准确性测定：测定溶出仪水浴加热温度能否稳定在设定温度值的 ±0.5℃以内，水浴温度传感器的显示准确度为真实温度的 ±0.5℃以内。

将溶出仪水浴槽按照规定加纯化水至标准水位，设定水浴温度为37.0℃并开启循环加热，一般约30分钟后，水浴温度到达设定值。使用经校准的温度传感器在水浴温度传感器附件位置测量水浴的温度，并记录溶出仪显示的水浴温度。

（2）往复频率和计时准确性测定：根据表8-1中的往复频率参数建立一个溶出方法，并开始实验。

使用秒表测试对应的测试时间长度以及往复次数。通常使用5、15、30dip/min，也可以根据操作使用的频率来确证。频率标准为设定值 ±5%；时长标准为设定值 ±1 秒。

表 8-1　往复频率和计时准确性测定参数

往复频率（dip/min）	样品排数	保持时间（s）	实验时长（min）	停留时间/滴水时间（s）
5	第一排	10	1	10
15	第二排	10	2	10
30	第三排	10	3	10

（3）往复距离：往复筒和往复架法的往复位距离（位移）应符合药典或药品标准规定的限度。

1）建立一个方法或手动开始，设定保持时间为 30 秒或更长。

2）使用计量过的尺在机头下方的往复轴上记录轴的开始位置。

3）开始步骤1中的方法，往复轴会向下位移并停止在最低位置约30

秒或更长。

4）记录往复轴在最低位置时轴的位移并记录。

（4）往复位移标准：除另有规定外，往复筒法为 99~101mm，往复架法为 18~22mm。

2.3 流池法溶出装置

依据国际人用药品注册技术协调会（ICH）协调后的文本要求，对流池法装置各参数进行测量并记录。

2.3.1 测量工具

流池法确证用量具主要包括温度计、秒表、天平、水平尺等。所用工具应经过校准并在有效期内使用。

2.3.2 确证步骤

（1）外观检查

1）对所用到的流通池进行外观检查，没有破损磨损，内壁光滑。
2）各连接部分密封圈完整，密封正常，无漏液。

（2）流通池升降基础板水平度：通过水平尺对仪器流通池的水平度进行确证。水平的标准为不得超出 0.5°。

（3）恒温水浴池温度：对仪器的恒温水浴池的显示温度的正确性进行确证。使用经校准的温度计对水浴池温度进行测量并记录。

（4）流通池内温度：虽然主要的流池法装置配置了流通池池内温度探头，用于实验中介质温度的监控，但需要对内置的温度探头进行确证，确认恒温水浴池的温度到达 37℃后对各个流通池的温度进行确证。

使用流通池专用池盖才能进行池内温度测量（图8-5），记录下每个流池内的温度（表8-2）。温度标准参考药典规定。

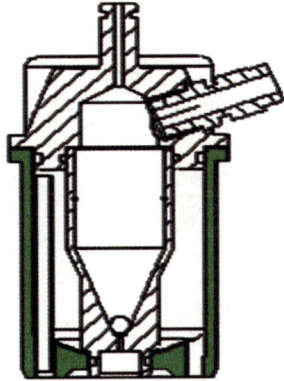

图 8-5　流通池温度测量专用池盖

表 8-2　流通池温度记录参考表

项目	分项	标准	仪器显示值	实际测量值	结论
池内温度确证	流通池 1	显示差：±0.5℃以内			
	流通池 2				
	流通池 3				
	流通池 4				
	流通池 5				
	流通池 6				
	流通池 7				

（5）流速：流速是流池法非常重要的参数，应对流池法所用到的流速进行确证。

1）可采用计时或称重法。

2）选择需确证的流速，可参考药典规定的流速，也可选择实验用到的流速。

3）如果设备可以设定多种脉冲，建议每种脉冲的条件下均应进行各选定流速的确证。

4）确证流速时，应加装滤膜，真实模拟实验状态下的流速。

推荐的确证程序如下：①设定流速，8ml/min、16ml/min，时间设定5分钟；②设定一种脉冲（如果有多种可选）；③每个通道准备一个足够 5 分钟液量体积的容器，编号，称重，记录重量 m_1；④准备足量的纯化水；⑤设定实验温度，待温度稳定后，运行泵，同时收集泵后流出的纯化水；⑥结束后对取样容器称重，记录重量 m_2；⑦计算流速，

$$流速 = \frac{m_2 - m_1}{5 \times 密度}$$；⑧将所得流速记录在文件中（表 8-3）。

表 8-3　流池法流速记录表

水的参考密度：1ml = ____ g
水温：____ ℃
运行时间：5 分钟
流速接受标准：±2%

测定值	项目	流通池 1	流通池 2	流通池 3	流通池 4	流通池 5	流通池 6	流通池 7
8ml/min	m_1（g）							
	m_2（g）							
	净重（g）							
	流速（ml/min）							
16ml/min	m_1（g）							
	m_2（g）							
	净重（g）							
	流速（ml/min）							

（6）时钟准确性：使用经校准过的秒表，对仪器内置时钟系统的准确度进行确证。

推荐的确证程序如下：①通过仪器手动进行送液操作对 15 分钟的经过时间进行测定，对正确性进行确证；②通过自动运行对时钟的 15 分钟经过时间进行测定，对正确性进行确证；③将所得结果记录在文件中（表 8-4）。

表 8-4　时钟准确性确证记录表

秒表 __ No _____

项目	检定基准	测定工具	显示时间	测定时间	结论
内部时钟的正确性检测	15 分 ±1 秒	秒表			

3 | 其他装置的确证

3.1 自动取样器

溶出自动取样器几乎是溶出设备的标配，自动取样器可极大提高工作效率，被溶出试验室大量应用。在溶出试验中，使用自动取样器时，存在取样器性能影响试验结果的风险，而且自动取样器是机械运转设备，所以需要对自动取样器进行相关的 3Q 确证（取样器没有相应的 PQ 要求）。采购新机时进行全部 3Q 确证，取样器的再确证周期可参考溶出仪的确证周期。

目前未见药典和法规对溶出自动取样装置确证的规定和指导原则。由于没有统一的要求，确证的标准均为各生产商的内部标准。在进行确证时，可在生产商内部标准的基础上，根据实际情况，设定相应的判定限度。

3.1.1 测量工具

溶出自动取样器的确证用量具包括秒表、天平、温度计等。

3.1.2 确证项目和步骤

自动取样器的关键参数主要有取样泵的流速、定量取样、溶出介质回补、可编程定时取样，有的取样装置还有稀释、pH 调节功能，如果实验中用到这些功能，也要对相应的准确度进行确证。由于大多数自动取样器是根据程序自动运行的，所以对上述参数的确证，需要通过编程运行模拟实验的方法进行。

（1）设定自动取样程序，将需要确证的参数设置在方法中。

（2）纯化水作为测试溶出介质。

（3）采用称重法进行体积测量，实验前对相关容器进行称重，记录初始重量。

（4）设定温度，待温度达到并稳定后，运行设定好的自动取样程序。

（5）与此同时，使用计量过的秒表记录开始时间，待自动取样器开始取样时再记录时间，确证时间准确性。

（6）使用另一秒表，记录样品自取样针开始向试管进样至结束进样的时间，计算泵的流速，并记录。

（7）结束后，对相关容器再次进行称重，记录重量。

（8）参考相应温度下水的密度，计算各体积的准确度。

3.2 溶出介质脱气机

对溶出介质进行脱气处理是一项很重要的工作，很多实验室开始使用溶出介质的自动制备设备，主要有自动脱气、定量和预热溶出介质。应对相关装置进行确证。

目前未见溶出介质脱气装置确证的规定和指导原则。由于没有统一的要求，确证的标准均为各生产商的内部标准。在进行确证时，可在生产商内部标准的基础上，根据实际情况，设定相应的判定限度。可通过测定介质中溶解的氧或二氧化碳含量，确证脱气效果；称重法可用于确证介质体积分配的准确度等。

3.2.1 测量工具

确证用量具或工具主要包括溶解氧测定仪、二氧化碳测定仪、电子天平和温度计等。

3.2.2 确证项目和步骤

（1）取足够量的纯化水作为介质使用。

（2）测量该纯化水的原始溶解气的含量和原始温度。

（3）在设备上运行一次脱气或分配一定体积的纯化水，用以润洗系统。

（4）准备一只足够容量的容器中，称重并记录质量 m_1。

（5）在设备上设定分配体积，分配溶出介质至容器中，同时将温度计和溶氧仪的探头置于容器中，测量温度和溶解氧数值。

（6）分配结束后将容器连同溶出介质一起，称重并计录质量 m_2；计算出分配至容器中介质的质量，使用该温度下纯化水的密度，计算出体积，从而判读出体积分配的准确度是否合格。

（7）分配体积精度要涵盖我们常用体积，每个相同条件建议重复测量6次。

（8）将相关数据计录在相应的文件中（表 8-5）。

表 8–5 溶出介质确证项目记录表

	体积接受标准：参考药典要求 1%								
	溶解氧接受标准：参考美国药典建议值 6ppm（Dissolution Toolkit 2.0）								
	250ml			500ml			900ml		
	体积	溶解氧	温度	体积	溶解氧	温度	体积	溶解氧	温度
1									
2									
3									
4									
5									
6									
原始值									
结果									

3.3 光纤溶出仪的确证

3.3.1 光纤溶出仪的机械参数的确证

光纤溶出仪主要用于篮法和桨法，机械参数的确证参见篮法和桨法（2.1）。

3.3.2 光纤溶出仪的光学确证

目前尚未见药品监管机构或药典对光纤溶出装置进行确证的相关技术导原则，其基本检测原理也是依据朗伯－比尔定律，因此，光纤溶出仪的光学系统确证可以参照《中国药典》中紫外－可见分光光度法通则进行。另有部分参数在《中国药典》中未收载确证方法，但会对检测结果产生显著影响，可参照《JJG178–2007紫外、可见、近红外分光光度计检定规程》中相关要求进行确证。

3.3.3 确证工具

波长准确度及重复性可采用标准汞氩灯光源进行确证；吸光度准确度采用基准重铬酸钾溶液进行确证。

3.3.4 确证项目和步骤

（1）波长准确度确证

参照《中国药典》通则0401紫外–可见分光光度法，将标准汞氩灯光源连接至光纤溶出仪光学检测器，使用光学检测器对标准汞氩灯光源进行光谱采集，将采集的光谱与标准汞氩灯光源的特征波长进行比对。

标准汞氩灯光源常用较强谱线253.652nm、296.728nm、302.15nm、313.155nm、334.148nm、365.015nm、404.656nm、435.833nm、546.074nm、576.96nm、579.066nm进行确证。

仪器波长确证的允许误差为 ±0.5nm。

（2）波长重复性确证

参照《中国药典》通则0401紫外–可见分光光度法、《JJG178–2007紫外、可见、近红外分光光度计检定规程》，依照波长准确度确证方法及步骤连续扫描三次，在特征波长处三次测得波长的最大与最小值之差，即为波长重复性。

各波长处重复性应≤ ±0.5nm。

（3）吸光度准确度确证

参照《中国药典》通则0401紫外–可见分光光度法，可用重铬酸钾的硫酸溶液进行吸光度准确度确证。取在120℃干燥至恒重的基准重铬酸钾约60mg，精密称定，用0.005mol/L硫酸溶液溶解并稀释至1000ml，在光纤溶出仪上，选择5mm探头，在规定的波长处测定其吸收光度并计算其吸收系数，与规定的吸收系数比较，应符合表8-6中的规定。

表8-6　吸光度准确度确证表

波长（nm）	235	257	313	350
吸收系数（$E_{1cm}^{1\%}$）的规定值	124.5	144.0	48.6	106.6
吸收系数（$E_{1cm}^{1\%}$）的许可范围	123.0~126.0	142.~146.2	47.0~50.3	105.5~108.5

注：当若光纤溶出仪配有其他改变液层厚度的探头时，可依据实际液层厚度配制相应浓度重铬酸钾的硫酸溶液进行吸光度准确度确证。

（4）基线平直度确证

参照《JJG178-2007紫外、可见、近红外分光光度计检定规程》，选择5mm探头安装在光纤末端，在空气中扫描200~600nm光谱，谱图中谱线相对于0 Abs（吸收比坐标零点）线的最大偏移量，即为基线平直度。

基线平直度应≤ ±0.002 Abs。

（5）基线漂移确证

参照《JJG178-2007紫外、可见、近红外分光光度计检定规程》，仪器开机预热30分钟，选择5mm探头安装在光纤末端，设定采集间隔30秒（15小时基线漂移确证可采用300秒间隔），在波长220nm处校零后分别在空气中扫描1小时和15小时，读出220nm波长处吸光度最大值和最小值之差即为基线的漂移。

基线漂移应≤ ±0.01 Abs/h；≤ ±0.015 Abs/15h。

4 | 展望

半个多世纪以来，对装置确证的研究和技术指导原则主要集中在篮法和桨法，对用户众多的往复筒、流池法、扩散池法等装置的确证研究较少，除药典对部分参数的规定外，目前还没有权威机构颁布相应的确证技术指导原则。为确保研发、生产和上市后监管等环节的药品质量，未来需要对往复筒等溶出装置开展深入的确证研究，制定合理、适用、操作性强的确证要求及指导原则。

对脱气、取样等装置的确证研究也鲜有报道，上述装置是溶出试验的重要组成部分，可能显著影响溶出结果。在开展溶出装置确证或方法学验证时，应通过相应的程序和标准，将相关装置的性能波动对溶出结果的影响控制在合理水平。

振动对溶出的影响取决于药物特性、处方和溶出方法等。需要更多的研究，深入分析实验室环境中可能出现的典型振动水平，如何真实测量溶出试验中的振动，如何将振动测量标准化，以及如何将振动筛选纳入方法确证和（或）常规溶出度检测。

随着药品国际注册技术要求和药典标准协调的进程，作为药品全生命周期研究和监管领域重要的仪器装置，确保溶出度装置及其配套设备性能的持续稳定和标准化，越来越受到利益相关方的重视，期待未来能有溶出装置确证的专用工具书，为研发、生产、质控和检验机构的技术人员提供系统、全面、标准化的确证指导。

附件

附件 1

表 8-7　溶出机械确证指导原则对比

项目	中国药典《药物溶出仪机械验证指导原则》	ICH 协调一致（USP，JP，EP）	美国食品药品管理局 DPA-LOP.002	美国测试与材料协会 E2503-13	美国药典 ToolkitVer.2.0
水平度测量	≤ 0.5°	未予测定	未予测定	未予测定	≤ 0.5°

建议的合理校准频率：每六个月校准一次

篮和桨的深度（mm）	25 ± 2	25 ± 2	25 ± 2	25 ± 2	25 ± 2

建议的合理校准频率：如果溶出度仪的转动轴是可以调整的（非固定式），每次进行溶出度测试之前必须进行校准检测。如果溶出度仪的转动轴是固定高度 / 深度的，可以每六个月校准一次。

转速	± 4%	± 4%	± 2r/min	± 2r/min，或 2%	± 1r/min

建议的合理校准频率：每六个月校准一次。在定期校准时可以同时检测最低使用速度和最高使用速度来框列合理的使用范围（也可以检测最低转速和最高转速）

转动轴的摆动	范围 ≤ 1.0mm	无明显摆动	范围 ≤ 1.0mm	范围 ≤ 1.0mm	范围 ≤ 1.0mm

建议的合理校准频率：每六个月一次。转动规最好采用支架来固定，手工固定会不稳，造成不同的人员测试结果不一致的情况出现

转篮的摆动	范围 ≤ 1.0mm	± 1mm	范围 ≤ 1.0mm	范围 ≤ 1.0mm	范围 ≤ 1.0mm

建议的合理校准频率：每次进行溶出度测试之前。测试时要注意，如果篮体变形较大，只要篮的上下钢圈能同心，也有可能通过晃动度确证，但这个测试值对这个篮已没有意义，所以测试前外观检查很重要

项目	中国药典《药物溶出仪机械验证指导原则》	ICH协调一致（USP,JP,EP）	美国食品药品管理局DPA-LOP.002	美国测试与材料协会E2503-13	美国药典ToolkitVer.2.0
溶出杯中心度	偏离中心≤1.0mm	偏离中心≤2mm	偏离中心≤1.0mm	偏离中心≤1.0mm	不超过2.0mm（最大最小值差）

建议的合理校准频率：如果对每个溶出装置所使用的溶出杯针对使用的位置特别标定，置入的角度位置也特别标定。所以，每次进行溶出度测试时的设定不变。在此前提下，可以每六个月校准一次，或换用溶出杯时进行校准。不进行特别表示的话，每次进行溶出度测试之前必须进行校准检测

项目	中国药典	ICH	DPA	ASTM	USP
转动轴垂直度	偏差≤0.5°	未予测定	偏差≤0.5°	偏差≤0.5°	偏差≤0.5°

建议的合理校准频率：每六个月一次

项目	中国药典	ICH	DPA	ASTM	USP
溶出杯垂直度	偏移≤1.0°	未予测定	偏移≤1.0°	偏移≤1.0°	2个90°角的测量差，不超过0.5°

建议的合理校准频率：如果对每个溶出度仪所使用的溶出杯针对使用的位置特别标定。置入的角度位置也特别标定。所以，每次进行溶出度测试时的设定不变。在此前提下，可以每六个月校准一次，或换用溶出杯时进行校准。不进行特别表示的话，每次进行溶出度测试之前必须进行校准检测

项目	中国药典	ICH	DPA	ASTM	USP
温度	$37℃ \pm 0.5℃$	$37℃ \pm 0.5℃$	$37℃ \pm 0.5℃$	设定值$\pm 0.5\%$	$\pm 0.4℃$（36.7~37.1℃）

建议的合理校准频率：每六个月一次

项目	中国药典	ICH	DPA	ASTM	USP
振动度	溶出度装置运转时，整套装置应保持平稳，均不应产生明显的晃动或振动（包括所处的环境）	溶出装置的除了平稳搅拌部件外，其他任何部分，包括装置所在的环境，都不会产生显著的移动、搅动或振动	溶出装置的除了平稳搅拌部件外，其他任何部分，包括装置所在的环境，都不会产生显著的移动、搅动或振动	溶出装置或介质中不能有明显的振动	合适的工作台必须是水平的，坚固的，并能提供一个高惯性质量，以限制振动。诸如放置大容量溶液容器等扰动可能会产生瞬态振动，但不应影响表面的水平度

建议的合理校准频率：每六个月一次。目前很多用户采用0.1mils的标准，即位移不超过0.00254mm。测量方法是，分别在溶出仪0、100、200r/min的转速下，在溶出杯平台测量位移振动

附件 2

表 8-8 术语（中英文对照）

缩略词	英文名称	中文名称
/	qualification	确证
OOS	out of specification	检测结果超标
/	variability	变异性
/	verification	确认
GMP	Good Manufacturing Practice	药品生产质量管理规范
GLP	Good Laboratory Practice	药物非临床研究质量管理规范
DQ	design qualification	设计确证
IQ	installation qualification	安装确证
OQ	operational qualification	运行确证
PQ	performance qualification	性能确证
URS	user requirement specification	用户需求文件
MC	mechanical calibration	机械校准
USP	United States Pharmacopoeia	美国药典
NF	National Formulary	国家处方集
/	reproducibility	再现性
FDA	Food and Drug Administration	美国食品药品管理局
USPC	The United States Pony Clubs	美国药典委员会
PhRMA	The Pharmaceutical Manufacturers Association	美国药品研究与制造企业协会
/	calibrator tablet	校正片
/	inspection and alignment of apparatus	仪器的检查和调整
FIP	International Pharmaceutical Federation	国际药学联合会

缩略词	英文名称	中文名称
/	apparatus calibration	仪器校准
PF	Pharmacopeial Forum	美国药典论坛
/	dissolution toolkit procedures	溶出度确证工具程序
cGMP	Current Good Manufacturing Practice	药品生产质量管理规范
WHO	World Health Organization	世界卫生组织
AAPS	American Association of Pharmaceutical Scientists	美国药学科学家协会
/	prequalification of quality control laboratories	实验室认证

第九章

溶出曲线比较

概述

化学、制造和控制（chemical manufacturing and control，CMC）是制药行业里非常重要的环节，指在新药的研发初期，应对药物制剂中活性药物成分（API）的化学性质（chemistry）有明确的认识，经处方工艺的深入研究后进入生产阶段（manufacturing），在此过程中需要完整的质量管理体系，全面保证药物的安全性、有效性和质量可控性（control）。药物的吸收取决于 API 从制剂中的溶出，及其在胃肠道的渗透，体外溶出试验可以提供药物溶出速度和程度的信息，在一定程度上与体内行为具有相关性。

20 世纪 70 年代，随着溶出度技术研究的不断深入，研究人员对口服固体制剂溶出曲线的比较也越来越重视。1986 年，Mauger 等[1] 系统回顾了溶出曲线比较的统计学方法。1994 年，Moore 和 Flanner 在第九届美国药学科学家协会（AAPS）年会上提出了采用差异因子（f_1）和相似因子（f_2）进行溶出曲线比较的报告。1995 年，Amidon 等[2] 提出了生物药剂学分类系统（biopharmaceutics classification system，BCS）的概念。同年，美国食品药品管理局（FDA）颁布了普通口服固体制剂的 CMC 指导原则（SUPAC-IR）[3]，首次提出采用 f_2 相似因子法（f_2 similarity factor，f_2 因子），将体外

---

1 MAUGER J W, CHILKO D, HOWARD S. On the Analysis of Dissolution Data[J]. Drug Development and Industrial Pharmacy, 2008, 12(7): 969–992.

2 AMIDON G L, LENNERNAS H, SHAH V P, et al. A Theoretical Basis for a Biopharmaceutic Drug Classification: The Correlation of In Vitro Drug Product Dissolution and In Vivo Bioavailability[J]. Pharmaceutical Research, 1995, 12: 413–420.

3 Food and Drug Administration Center for Drug Evaluation and Research(CDER).Guidance for Industry Immediate-Release Solid Oral Dosage Forms: Scale-Up and Post-Approval Changes: Chemistry, Manufacturing and Controls, In Vitro Dissolution Testing, and In Vivo Bioequivalence Documentation(SUPAC-IR)[S]. November, 1995.

溶出曲线的比较作为变更前后药品质量一致性评价的工具。1997 年，FDA 颁布的普通口服固体制剂溶出度指导原则[1]指出，根据药物的 BCS 分类，可以用体外溶出曲线的比较替代体内研究，并引用了 Flanner 等[2]的研究成果。

2004 年，中国食品药品检定研究院（中检院）与世界卫生组织（WHO）等联合召开了首次国际溶出度会议，越来越多的国内专业人员开始关注溶出曲线的比较。2010 年，国家药品监督管理局药品审评中心（CDE）和中检院等机构的专家起草溶出度试验指导原则及溶出曲线的比较研究规范。

2015 年，CDE 颁布了普通制剂（IR）的溶出度试验技术指导原则[3]。全球主要经济体的药品监管机构都颁布了关于体外溶出曲线比较的指导原则，不仅适用于工艺放大等变更前后制剂的质量一致性评价，也广泛应用于仿制与参比制剂的质量一致性评价。2021 年 4 月，我国国家药品监督管理局（NMPA）发布公告，实施国际人用药品注册技术协调会（ICH）基于生物药剂学分类系统的生物等效性豁免指导原则（M9）[4]。

评价两个样品的溶出曲线是否等效并不是一件简单的事，f_2 因子法是目前公认的最简单且应用最广泛的方法。在尚未建立出更加合理可靠的生物相关溶出测试方法和符合临床药效的溶出度指标系统之前，f_2 因子法的应用，可为仿制药质量一致性评价、口服固体制剂体外评价提供借鉴。

1　Food and Drug Administration Center for Drug Evaluation and Research（CDER）. Guidance for Industry Dissolution Testing of Immediate Release Solid Oral Dosage Forms[S]. August 1997.

2　FLANNER H, MOORE J W. Mathematical comparison of curves with an emphasis on dissolution profiles[J]. Pharmaceutical Technology, 1996, 20(6): 64–74.

3　国家药品审评中心.《普通口服固体制剂溶出度试验技术指导原则》[S]. 2015 年 2 月 5 日.

4　ICH. ICH HARMONISED GUIDELINE M9 Biopharmaceutics Classification System–based Biowaiver[S]. 20 November, 2019.

1 溶出曲线比较的基本概念

1.1 相似因子的概念

溶出曲线的比较最初用于药物研发阶段的处方、工艺筛选与优化，工艺放大和批准后变更研究。对两个药物制剂产品的溶出曲线进行比较时，通常使用非模型依赖（model independent）统计方法。随着对 BCS 科学框架的深入研究，溶出曲线的比较进一步扩展到已上市产品新增制剂规格的研究、仿制与参比制剂的比较研究，除考察产品质量的一致性外，用体外溶出曲线的比较研究替代费时、昂贵的体内研究，逐步成为应用的热点。

采用相似因子（f_2 因子）衡量两条溶出曲线的相似度，是得到行业和监管机构公认并广泛应用的方法，计算公式如下：

$$f_2 = 50 \cdot \log \left\{ \left[1 + \frac{1}{n} \sum_{t=1}^{n} (R_t - T_t)^2 \right]^{-0.5} \times 100 \right\}$$

首先计算两条曲线不同时间点溶出量的偏差的平方和，对上述偏差的平方和取平均值后加 1 再进行开方，获得平方根的倒数，对平方根的倒数乘以 100 后进行对数转换，最后再乘以 50，获得的相似因子（f_2）即为评价两条曲线溶出百分率（%）相似性的参数。其中，n 为取样时间点个数，R_t 为参比制剂（或变更前产品）在 t 时刻的平均溶出度值，T_t 为仿制制剂（或变更后样品）在 t 时刻的平均溶出度值。

相似因子（f_2）的基本功能是，通过衡量两条溶出曲线是否相似，帮助技术人员判定参比与受试制剂的溶出特性是否一致。换言之，当两条溶出曲线相似因子数值较低时，可判定两条溶出曲线不相似，参比与受试制剂或变更前后的制剂存在"生物不等效"的风险。

1.2 相似因子法（f_2）的判断原则[1]

判定两条溶出曲线相似的限度值为 50，若 $f_2 \geqslant 50^{[2\sim6]}$，可认为两个制剂的溶出特性相似。对不同处方或不同批次的制剂，如仿制药与原研药、同一企业同一制剂不同规格、工艺放大和批准后变更（SUPAC）以及生物豁免（biowaiver）的申报，所谓的参比制剂应该选择与最初始的关键生物批次（pivotal bio-batch）一致的产品。一般情况下，当仿制与参比制剂、变更前后制剂每个时间点溶出度的相对标准（偏）差（relative standard deviation，RSD；又称变异系数，CV）均小于 10%，且 $f_2 > 50$ 时，药品监管机构会认可两个制剂的体外溶出特性"相似"，我们可称之为"体外等效"。虽然业界对此标准有不同观点，但经过近 30 年的实践证明，相似因子判定法适用于绝大多数产品。

采用相似因子法开展溶出曲线比较研究时，应遵循下列原则。

1 NIAZI S K. Waiver of In Vivo Bioavailability and Bioequivalence Studies for Immediate-Release Solid Oral Dosage Forms Based on a Biopharmaceutics Classification System: Guidance for Industry［M］//Handbook of Pharmaceutical Manufacturing Formulations，Third Edition. CRC Press, 2019: 27-35.

2 Food and Drug Administration Center for Drug Evaluation and Research（CDER）. Guidance for Industry Immediate-Release Solid Oral Dosage Forms: Scale-Up and Post-Approval Changes: Chemistry, Manufacturing and Controls, In Vitro Dissolution Testing, and In Vivo Bioequivalence Documentation（SUPAC-IR）［S］. November, 1995.

3 Food and Drug Administration Center for Drug Evaluation and Research（CDER）.Guidance for Industry Dissolution Testing of Immediate Release Solid Oral Dosage Forms［S］. August 1997.

4 Food and Drug Administration Center for Drug Evaluation and Research（CDER）. Guidance for Industry SUPAC-MR: modified release solid oral dosage forms scale-up and postapproval changes: chemistry, manufacturing, and controls; in vitro dissolution testing and in vivo bioequivalence documentation［S］. September 1997.

5 Food and Drug Administration Center for Drug Evaluation and Research（CDER）. Guidance for Industry Bioavailability and Bioequivalence Studies for Orally Administered Drug Products—General Considerations［S］. October, 2000.

6 Food and Drug Administration Center for Drug Evaluation and Research（CDER）. Guidance for industry: bioavailability and bioequivalence studies submitted in NDAs or INDs—general considerations［S］. April 2022.

（1）在完全相同的环境和测定条件下，分别取仿制和参比制剂各 12 片（粒 / 袋），选择相同的时间点取样并测定其溶出曲线。

（2）第一个取样时间点溶出量的相对标准差不得超过 20%，其余取样时间点溶出量的 RSD 不得超过 10%。

（3）适合于 3~4 个或者更多取样点的溶出曲线比较，结果更具有统计学意义。

（4）当一个制剂的溶出检测时间点的选取分布合理，各点溶出量的 RSD 均不超过 10% 时（第一个取样时间点溶出量的 RSD 不超过 20%），在此条件下绘制的溶出曲线能充分反映处方、工艺或制剂的溶出特性。这样的曲线比较及相似因子的数值更有代表性或者对不同处方、工艺的制剂更具体外区分力。

（5）药物的溶出量超过 85% 的取样点不超过一个。

相似因子的计算是一种纯数学的统计处理方法，未考虑检测方法的优劣与时间点的分布。在溶出试验过程中，经常会遇到参比或仿制制剂批内数据的变异性大，不能满足第 1 个时间点溶出结果的 RSD ≤ 20%，或自第 2 个时间点至最后时间点溶出结果的 RSD ≤ 10% 的限定条件。这种情况通常发生在非常早期获批上市的制剂产品，随着药学科技的发展，通过优化溶出条件及改进处方、工艺亦可避免上述困境。

2 | 相似因子的作用

制药行业应用体外溶出度试验已有半个世纪之久，作为体外溶出一致性评价的相似因子法的应用也超过了 25 年。虽然中国、美国、欧盟等主要经济体的药品监管机构颁布的指导原则，对 f_2 相似因子法的背景及监管中的应用均有阐述，但在实践中，相似因子法广泛应用的背后还存在着一些不确定性。当初将 50 作为相似判定的限度，基本上是依据两条溶出曲线在每一点的平均值的差异在 10% 之内的科学理论支撑，可将 f_2 因子作为相似性评价的判断工具，是体外等效的必要条件而不是充分条件。任何规范都是"通则"，并未考虑药物溶出的类型与溶出的时间，在实践判断中会出现"特例"，也就是凡规律必有例外，需要具体情况具体分析。虽然经过多年的实践，但还经常面临模棱两可难以判断的个案，在具体应用过程中还存在下列误解。

（1）将相似因子视为金标准，不考虑药物制剂特点和溶出方法的局限性。

保证药品质量的基础是研发人员对药物制剂原料、辅料、包装材料的特性和检验方法的全面了解和深刻认识，对物料理化性质的全面把握。优化处方、持续改进生产工艺是确保产品质量的核心，检验只是部分反映药物产品质量的手段。从药物研发和生产的角度，应以科学、严谨的态度，从药品设计之初就严格把好生产、制造环节中的所有质量关，用质量源于设计（quality by design，QbD）的理念，以生产环节的全面质量控制实现质量保证的目标。这样，通过事前、事中的质量控制即可保证药品具有一致的品质，而不是仅仅依赖对制剂成品溶出曲线相似因子的评估，判定药品质量的一致性。反之，不重视物料的质控及生产过程中的工艺参数控制，将相似因子的指标作为药品质量和安全性的唯一标准，即缺乏科学依据，也与设立溶出曲线比较工具的初衷南辕北辙。

（2）将溶出曲线的相似作为最高目标。

无论创新还是仿制药物的研发，最终目标是获批上市，满足药品的可及性。为了达到口服固体制剂研发的预期，有时候会不自觉地将获得"好"数据作为目标，试图通过对溶出装置的转速、介质、取样点等参数的简单调整，使仿制与参比制剂或变更前后的制剂溶出曲线相似因子大于50。而不是通过处方、工艺的深入研究，建立既有体外区分力又有体内预测性的溶出方法。宁保明等[1]对非洛地平片的研究表明，当体外溶出方法的搅拌速度过于剧烈，对处方、工艺没有区分力时，期望简单通过溶出曲线的比较得到"体外等效"的 f_2 因子，不仅无助于仿制制剂的体内等效研究，而且由于体外评价方法没有坚实的科学基础，甚至会有增加研发时间成本和费用的风险。FDA 关于质量源于设计（QbD）指导原则中普通制剂（IR）[2]和缓释制剂（MR）[3]的案例也证实了上述结论。

溶出曲线比较、体外等效与体内等效三者之间的关系，是一个科学问题，应以科学和实事求是的态度对待。如果不掌握物料、处方和工艺对制剂特性的数据和影响规律，将 f_2 因子视为帮助研发判断的万能工具，把研发中的所有问题简单套用 f_2 因子试错，往往会造成误判。在研究初期，由于溶出方法不成熟、制剂处方不明确，实验数据往往具有较高的"不可靠性"。科学、可靠的选择应该是按照质量源于设计（QbD）的理念，通过深入、细致、大量的处方筛选和工艺研究，确定影响处方和工艺的关键参数以及参数的可接受变化范围，并加以控制和改进，实现药品安全、有效、质量可控的目标。

1 宁保明，韩鹏，牛剑钊，等. 非洛地平缓释片释放度测定方法存在问题的探讨[J]. 中国药品标准，2011，12（6）：403–405.

2 Food and Drug Administration. Quality by Design for ANDAs: An Example for Immediate–Release Dosage Forms［S］. April 2012.

3 Food and Drug Administration. Quality by Design for ANDAs: An Example for Modified Release Dosage Forms［S］. December 2011.

3 | 监管机构对溶出曲线比较的考虑

虽然目前全球主要的监管机构基本上都要求使用相似因子法（f_2）作为溶出度的评价方法，在实际应用中，相似因子的相关规则和规范在各个国家和地区并不一致，尚未取得统一。随着各国和区域监管机构关于溶出曲线相似性比较的要求不断增加，不同监管机构要求的差异也不断显露出来。从跨国公司和药品国际贸易的角度来看，这会导致不同监管机构对同一个制剂的溶出曲线比较研究有不同的要求，给药品研发和申报带来大量、不必要的工作，而且这种监管差异带来的工作量对于保证产品的安全性和有效性几乎没有益处。

表 9–1 为全球主要经济体的药品监管机构，可在其官方网站获取相关的文件[1]。

表 9–1　全球主要经济体的药品监管机构及其官方网址

国家 / 地区	监管机构	官方网站
澳大利亚	Therapeutic Goods Administration（TGA）	https://www.tga.gov.au/
巴西	National Health Surveillance Agency（ANVISA）	https://www.gov.br/anvisa/pt–br

---

1　DIAZ D A, COLGAN S T, LANGER C S, et al. Dissolution similarity requirements: how similar or dissimilar are the global regulatory expectations?[J]. The AAPS journal, 2016, 18(1): 15–22.

国家/地区	监管机构	官方网站
加拿大	Health Canada	https://www.canada.ca/en/health-canada.html
中国	国家药品监督管理局	https://www.nmpa.gov.cn
欧盟	European Medicines Agency（EMA）	https://www.ema.europa.eu/en
印度	Central Drugs Standard Control Organization（CDSCO）	http://cdsco.nic.in
日本	Pharmaceuticals and Medical Devices Agency（PMDA）	http://www.pmda.go.jp
墨西哥	Ministry of Health	http://www.salud.gob.mx
俄罗斯	Ministry of Public Health	http://www.minzdrav-rf.ru
泰国	Ministry of Public Health	http://www.moph.go.th
土耳其	Ministry of Health	https://www.saglik.gov.tr/
南非	Medicines Control Council（MCC）	http://www.mccza.com
韩国	Ministry of Food and Drug Safety（MFDS）	http://www.kfda.go.kr/
美国	US Food and Drug Administration（FDA）	https://www.fda.gov/home

3.1 一致性判定标准

根据世界各地 14 个监管机构发布的溶出度试验技术指导原则，当 $f_2 >$ 50（50~100）即可确认两条溶出曲线具有相似性或等效性；当 $f_2 < 50$ 时（接近 50），如有合理的科学证据，也可视为等效。

3.2 可豁免体内研究的要求

一般来说，豁免体内研究（biowaiver）的对象主要是 BCS 分类为 1 类和 3 类的药物，这两类药物为高溶解性药物，口服普通制剂（IR）的溶出速率快，往往在 30 分钟内，甚至在 15 分钟内就完全溶出。如果受试制剂和参比制剂在 15 分钟内平均溶出量均不低于 85%，无需考虑溶出曲线的实际情况，即可认定两个产品的溶出曲线相似，符合豁免体内研究的要求。若将此延伸到肠溶制剂等其他 BCS 分类的药物产品，则作为个案进行考虑和分析，因情况复杂，不在此赘述。

3.3 取样时间点

要求至少三个取样时间点（不包括零点），且受试和参比制剂所选定的取样时间点必须相同。在实际试验过程中，选择三个以上时间点才能充分表征溶出曲线的特点。取样时间点的选取应尽可能以溶出量等分为原则，并兼顾整数时间点，但溶出量在 85% 以上的时间点仅能选取 1 个。在开展溶出曲线比较前，特别是对于仿制药品的研发，可能事先需要开展相应的预实验，探索建立科学、合理的溶出度方法，以选择最合适的取样时间点。不同国家和地区指导原则对取样时间点数的规定如表 9-2 所示。

表 9-2　不同国家和地区指导原则取样时间点数的规定

国家 / 地区	取样时间点数
中国[1]	至少三个时间点（不包括零点），直到药物溶出达到 85% 以上或达到溶出平台
欧盟[2]、俄罗斯、土耳其[3]、澳大利亚[4]	至少三个时间点（不包括零点）

1　China FDA. Center for Drug Evaluation. Technical guidelines for supplementary application of chemical drugs（The Second Draft）. 2015 March.

2　European Medicines Agency. Committee for medicinal products for human use. Guideline on the investigation of bioequivalence（CPMP/EWP/QWP/1401/98 Rev.1/Corr）. 2010.

3　Ministry of Health, Republic of Turkey. Pharmaceuticals and pharmacy general directorate number B.10.0.IEG.0.10.00.03– 301.99–.On Bioequivalence Files 24305.

4　Therapeutic Goods Administration. Minor variations to registered prescription medicines: chemical entities and biological medicines[S]. May 2013.

国家 / 地区	取样时间点数
美国[1]、南非[2]、泰国[3]	至少三个时间点
印度[4]	适当间隔的时间点可为检测样品提供完备资料，呈现完整的溶出曲线（例如 10、20、30 分钟）
加拿大[5]	应进行足够的采样，直到从药品达到 90% 的药物溶出或达到溶出平台
墨西哥[6]	至少五个采样点。只有两个点将位于曲线的平台上，其他三个点将分布在上升阶段和拐点阶段之间
巴西[7]	至少五个时间点（不包括零点）
日本[8, 9, 10]	溶出度 ≥ 85%；在 15~30 分钟内：三个时间点 溶解度 ≥ 85%；在 pH 1.2 溶出介质下 120 分钟；口服普通制剂与肠溶制剂在其他溶出介质下 360 分钟：四个时间点（口服缓释制剂 24 小时） 溶解度 50%~85%；在 pH 1.2 溶出介质下 30~120 分钟；或在其他溶出介质下 30~360 分钟：八个时间点 溶解度 < 50%；在 pH 1.2 溶出介质下 30~120 分钟；或在其他溶出介质下 30~360 分钟：八个时间点

1　Food and Drug Administration Center for Drug Evaluation and Research（CDER）. Guidance for Industry Dissolution Testing of Immediate Release Solid Oral Dosage Forms[S]. August 1997.

2　Medicines Control Council, Department of Health, Republic of South Africa. Registration of Medicines：Dissolution. 2007 June；Version 2.

3　Drug Control Division, Thailand. Guidelines for the Conduct of Bioavailability and Bioequivalence Studies Adopted from BASEAN Guidelines for the Conduct of Bioavailability and Bioequivalence Studies. 2009.

4　Central Drugs Standard Control Organization, Ministry of Health and Family Welfare, Government of India. Guideline for bioavailability and bioequivalence studies. 2005.

5　Health Canada. Drugs and Health Products. Post–Notice of Compliance（NOC）Changes：Quality document. 2013；File Number 13–107786–650.

6　Comisión Federal para la Protección contra Riesgos Sanitarios（COFEPRIS）. Official Mexican Standard NOM–177–SSA1–2013. Official Gazette. 2013.

7　National Health Surveillance Agency, Brazil. About the studies of pharmaceutical equivalence and comparative dissolution profile. Collegiate Directory. August 2010；Resolution–RDC No. 31.

8　Pharmaceuticals and Medical Devices Agency, Japan. Guideline for bioequivalence studies for formulation changes of oral solid dosage forms. English translation of Attachment 3 of DivisionNotification 0229 No. 10 of the Pharmaceutical and Food Safet Bureau. February 2012 .

9　Pharmaceutical Food and Safety Bureau, Japan. Guideline for Bioequivalence Studies of Oral Solid Formulations with Formulation Changes. 2000 February；PMSB/ELD Notification Number 67, Revised November 2006.

10　Pharmaceutical and Food Safety Bureau, Japan. The guideline for bioequivalence studies for supplemental formulations with different dosage forms. May 2001；PMSB/ELD Notification Number 783.

3.4 截止时间点的选择

绝大多数国家和地区的指导原则将连续两点溶出量均达 85% 以上时，即可作为截止时间点。但是，最后一个取样时间点选择的要求，因国家和地区而异，略有不同，具体见表 9–3。

表 9–3　不同国家和地区指导原则截止时间点的规定

国家 / 地区	f_2 计算最后时间点的确定
日本[1, 2, 3]	当参比制剂达到 85% 的溶出度，视为最终时间点（或平台期的第一点）
韩国[4]，墨西哥[5]	当参比制剂达到 85% 的溶出度
欧盟[6]，俄罗斯，土耳其[7]，澳大利亚[8]	参比或仿制产品中的任何一种已达到 85% 溶出度（或达到渐近线）

1　Pharmaceuticals and Medical Devices Agency，Japan. Guideline for bioequivalence studies for formulation changes of oral solid dosage forms. English translation of Attachment 3 of DivisionNotification 0229 No. 10 of the Pharmaceutical and Food Safet Bureau. February 2012 .

2　Pharmaceutical Food and Safety Bureau，Japan. Guideline for Bioequivalence Studies of Oral Solid Formulations with Formulation Changes. 2000 February；PMSB/ELD Notification Number 67，Revised November 2006.

3　Pharmaceutical and Food Safety Bureau，Japan. The guideline for bioequivalence studies for supplemental formulations with different dosage forms. May 2001；PMSB/ELD Notification Number 783.

4　Korea Ministry of Food and Drug Safety. KFDA guidelines for comparative dissolution test. June 2010；KFDA Notification No. 2010–44.

5　Comisión Federal para la Protección contra Riesgos Sanitarios（COFEPRIS）. Official Mexican Standard NOM–177–SSA1–2013. Official Gazette. 2013.

6　European Medicines Agency. Committee for medicinal products for human use. Guideline on the investigation of bioequivalence（CPMP/EWP/QWP/1401/98 Rev.1/Corr）. 2010.

7　Ministry of Health，Republic of Turkey. Pharmaceuticals and pharmacy general directorate number B.10.0.IEG.0.10.00.03– 301.99–.On Bioequivalence Files 24305.

8　Therapeutic Goods Administration. Minor variations to registered prescription medicines: chemical entities and biological medicines［S］. May 2013.

国家 / 地区	f_2 计算最后时间点的确定
美国[1]，南非[2]，泰国[3]，巴西[4]	当测试药物及参比药物的溶出度均达到 85% 后，仅可采用一个测量时间点。
加拿大[5]	当仿制制剂达到 85% 的溶出量
印度[6]	检测结果达到近乎完全溶出的程度
中国[7]	仅允许一个时间点的药物溶出达到 85% 以上

3.5 溶出数据的统计学要求

相似因子（f_2）的试验中，仿制（受试）和参比制剂均仅采用了 12 片（粒）计算平均溶出度的方法，因此，数据处理中加入相对标准差（RSD）是非常必要的，可以提供分析结果的精密度。一般来说，普通制剂（IR）在多数指导原则中的规定为"较早时间点或第一个取样时间点"溶出量的 RSD 不得超过 20%，其余取样时间点溶出量的 RSD 不得超过 10%。但是，在这些指导原则中往往没有明确规定什么是所谓的"较早时间点"，也就是说，同一数据可能只能满足部分国家和地区指导原则中的标准，不同国家和地区关于变异系数（RSD）的具体要求见表 9-4。

1　Food and Drug Administration Center for Drug Evaluation and Research（CDER）.Guidance for Industry Dissolution Testing of Immediate Release Solid Oral Dosage Forms[S]． August 1997.

2　Medicines Control Council, Department of Health, Republic of South Africa. Registration of Medicines: Dissolution. 2007 June；Version 2.

3　Drug Control Division, Thailand. Guidelines for the Conduct of Bioavailability and Bioequivalence Studies Adopted from BASEAN Guidelines for the Conduct of Bioavailability and Bioequivalence Studies. 2009.

4　National Health Surveillance Agency, Brazil. About the studies of pharmaceutical equivalence and comparative dissolution profile. Collegiate Directory. August 2010；Resolution–RDC No. 31.

5　Health Canada. Drugs and Health Products. Post–Notice of Compliance（NOC）Changes：Quality document. 2013；File Number 13–107786–650.

6　Central Drugs Standard Control Organization, Ministry of Health and Family Welfare, Government of India. Guideline for bioavailability and bioequivalence studies. 2005.

7　China FDA. Center for Drug Evaluation. Technical guidelines for supplementary application of chemical drugs（The Second Draft）. 2015 March.

表 9-4　不同国家和地区指导原则变异系数的规定

国家 / 地区	变异系数的要求
美国[1]，加拿大[2]，南非[3]，巴西[4]	较早时间点的变异系数百分比应不大于 20%，而其他时间点应不大于 10% 巴西：曲线的前端溶出度在 40% 以内的时间点，被认为是"较早时间点"
中国[5]，欧盟[6]，墨西哥[7]，土耳其[8]，澳大利亚[9]，俄罗斯	第一个时间点的变异系数应百分比不超过 20%，而其他时间点应不大于 10%
韩国[10]	所有时间点的变异系数百分比均不得超过 15%
泰国[11]	从第二个时间点到最后一个时间点的变异系数百分比应不大于 10%
日本[12~14]	日本监管机构要求使用"溶出度平均值的绝对差"作为附加条件

1　Food and Drug Administration Center for Drug Evaluation and Research（CDER）.Guidance for Industry Dissolution Testing of Immediate Release Solid Oral Dosage Forms[S]. August 1997.

2　Health Canada. Drugs and Health Products. Post-Notice of Compliance（NOC）Changes：Quality document. 2013；File Number 13-107786-650.

3　Medicines Control Council, Department of Health, Republic of South Africa. Registration of Medicines：Dissolution. 2007 June；Version 2.

4　National Health Surveillance Agency, Brazil. About the studies of pharmaceutical equivalence and comparative dissolution profile. Collegiate Directory. August 2010 ；Resolution-RDC No. 31.

5　China FDA. Center for Drug Evaluation. Technical guidelines for supplementary application of chemical drugs（The Second Draft）. 2015 March.

6　European Medicines Agency. Committee for medicinal products for human use. Guideline on the investigation of bioequivalence（CPMP/EWP/QWP/1401/98 Rev.1/Corr）. 2010.

7　Comisión Federal para la Protección contra Riesgos Sanitarios（COFEPRIS）. Official Mexican Standard NOM-177-SSA1-2013. Official Gazette. 2013.

8　Ministry of Health, Republic of Turkey. Pharmaceuticals and pharmacy general directorate number B.10.0.IEG.0.10.00.03- 301.99-.On Bioequivalence Files 24305.

9　Therapeutic Goods Administration. Minor variations to registered prescription medicines：chemical entities and biological medicines[S]. May 2013.

10　Korea Ministry of Food and Drug Safety. KFDA guidelines for comparative dissolution test. June 2010；KFDA Notification No. 2010-44.

11　Drug Control Division, Thailand. Guidelines for the Conduct of Bioavailability and Bioequivalence Studies Adopted from BASEAN Guidelines for the Conduct of Bioavailability and Bioequivalence Studies. 2009.

12　Pharmaceuticals and Medical Devices Agency, Japan. Guideline for bioequivalence studies for formulation changes of oral solid dosage forms. English translation of Attachment 3 of DivisionNotification 0229 No. 10 of the Pharmaceutical and Food Safet Bureau. February 2012 .

13　Pharmaceutical Food and Safety Bureau, Japan. Guideline for Bioequivalence Studies of Oral Solid Formulations with Formulation Changes. 2000 February；PMSB/ELD Notification Number 67, Revised November 2006.

14　Pharmaceutical and Food Safety Bureau, Japan. The guideline for bioequivalence studies for supplemental formulations with different dosage forms. May 2001；PMSB/ELD Notification Number 783.

目前，全球各个国家和地区监管机构对相似因子应用的相关标准还没有完全统一，但基本原则一致，属于共同但有区别的共识，其中日本的相关要求更加全面、细致和严格。

4 | 统计学方法应用与比较

近年来，针对口服制剂溶出曲线的对比，有很多学者采用不同的统计方法进行研究和比较。在实际操作过程中，只要提出的统计学方法有足够的理论支持，也是可以被监管机构认可的，但是认可过程往往会很复杂。相比较而言，f_2 相似因子的计算方法是最简单可靠的。2017 年，日本厚生劳动省统计了 360 个溶出曲线的相关案例，其中有 141 个是非常快速溶出（very rapid dissolution）的产品，即 15 分钟内平均溶出率达到 85% 以上，这些产品符合豁免体内研究的标准，不需要进行溶出曲线的对比。剩余 219 个案例中，就有 61 个案例的变异性较高，由此可见，大约有 30% 的口服固体制剂存在溶出变异性大的情形，不适用 f_2 因子比较法。探索建立新的、适用范围更广的可替代相似因子法的统计学方法是非常必要的，因此，对其他统计学方法的特点和适用性的探讨变得十分重要。

一般来说，没有人希望碰到这类繁琐的问题，每当这类问题出现时，都需要实验室花费大量的人力、时间和资源处理。多数实验室遇到上述问题后，往往作为个案来处理，很少有实验室愿意投入更多的资源，系统地开展研究。事实上，如果一个实验室能够建立一套完备的程序，在相似因子法不适用的情况发生后，采用指定的替代统计方法或工具，对溶出曲线进行比较至关重要，这样可以节省由于人员流动，需要不断重复学习而投入的时间与资源。

2018 年，美国某药企发布的研究报告显示，经过十多年的经验累积后，在溶出曲线比较方面做出了一个比较完整、系统的研究。该企业通过采用真实案例的数据，对各种统计方法的设计和性能进行了综合的评估。下文总结归纳了各统计方法优劣，并进行简要阐述[1, 2]。

4.1 f_2 相似因子的计算

f_2 因子法计算简便，应用最为广泛，相关技术指导原则的介绍也最为详细。

优点：①计算容易；②方法公认；③拥有明确的判定标准（$f_2 \geqslant 50$）。

缺点：①只计算了平均值；②方法的适用性受数据变异性的影响，当变异性较大时，方法不适用；③缺乏对第一类错误（type Ⅰ error）的控制，第一类错误即原假设是正确的，却拒绝了原假设；④未明确 f_2 因子的统计分布情况。

大多数国家和地区的监管机构对溶出数据的变异性有具体的附加要求。

4.2 f_2 自助法（f_2 Bootstrap）

1977 年，美国斯坦福大学统计学教授 Efron 在总结前人成果的基础上，提出了一种新的非参数统计法 Bootstrap 法[3,4]，作为一种测量小数据样本可靠性的方法，Bootstrap 方法为解决小规模子样试验评估问题提供了很好的思路，并获得了 2018 年度国际统计学奖。

1　ZHENG Y, HAN J H, REYNOLDS J, et al. Decision tree for dissolution profile comparison in product quality assessment of similarity[R]．ASA Biopharmaceutical Section Regulatory–Industry Statistics Workshop. 2018.

2　ZHENG Y, HAN J H., REYNOLDS J, et al. Rational statistical analysis practice in dissolution profile comparison for product quality assessment of similarity through real case studies: industry perspective[R]．M–CERSI Workshop：In Vitro Dissolution Profiles Similarity Assessment in Support of Drug Product Quality: What, How, and When. 2019.

3　EFRON B. The 1977 Rietz Lecture Bootstrap Methods: Another Look at the Jackknife[J]．The Annals of Statistics，1979, 7(1)：1–26.

4　SHAH V P, TSONG Y, SATHE P, et al. In Vitro Dissolution Profile Comparison—Statistics and Analysis of the Similarity Factor, f2[J]．Pharmaceutical Research, 1998, 15(6)：889–896.

庾莉菊等采用流池法，对不同处方 A 软胶囊剂中药物的溶出行为进行了研究，根据每个处方各 12 粒的溶出数据，在第一个取样点 15 分钟的 RSD > 20%，在第二个取样点 30 分钟的 RSD > 10%（表 9-5，表 9-6），不适于采用相似因子法（f_2）进行溶出曲线比较，采用 Bootstrap f_2 法进行比较，以 90% 置信区间，Bootstrap f_2 值为 72。

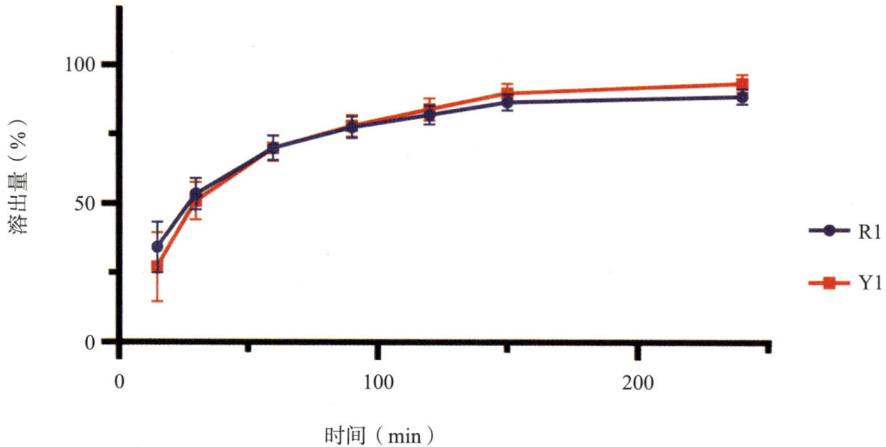

图 9-1　软胶囊 A 的溶出曲线（批号：R1 和 Y1）

优点：①与 f_2 相似因子法有直接的关联性；②同时考虑了曲线的平均值和数据的变异性；③拥有明确的判定标准（f_2 的 90% 置信区间的下限 ≥ 50）。

缺点：与 f_2 相似因子法相比，该法是比较保守严谨的。

Bootstrap 法容易被监管机构认可，是溶出数据变异性较高时，取代 f_2 因子法的首选。

表 9-5 A 软胶囊的溶出数据（批号：R1）

取样时间（min）	溶出量（%）												平均溶出量（%）	RSD（%）
	1	2	3	4	5	6	7	8	9	10	11	12		
15	31.54	35.22	29.78	34.33	53.55	39.13	40.06	37.69	32.65	35.24	14.47	26.52	34.18	26.82
30	53.23	56.20	54.29	53.76	61.22	54.46	52.36	57.13	46.48	51.86	40.09	59.93	53.42	10.65
60	73.92	74.79	74.63	71.41	70.57	70.43	70.07	70.83	65.12	66.50	59.61	72.04	69.99	6.26
90	81.92	81.78	81.68	78.88	75.71	77.04	79.14	77.73	74.02	73.47	68.84	78.95	77.43	5.06
120	85.96	85.55	86.21	83.06	79.37	81.92	83.03	81.38	78.97	77.79	75.64	83.38	81.86	4.11
180	90.36	89.35	90.90	87.34	84.77	87.30	86.84	85.07	82.98	82.50	82.03	87.59	86.42	3.46
240	92.19	90.53	92.95	89.66	88.28	90.37	88.06	87.19	84.60	85.20	85.32	89.04	88.62	3.06

表 9-6　A 软胶囊的溶出数据（批号：Y1）

取样时间（min）	溶出量（%）												平均溶出量（%）	RSD（%）
	1	2	3	4	5	6	7	8	9	10	11	12		
15	28.29	20.53	45.75	11.21	20.51	17.90	9.33	30.00	24.65	27.54	40.53	47.49	26.98	46.07
30	51.48	43.02	63.53	46.31	45.83	49.80	42.64	48.67	50.82	47.82	58.47	60.91	50.78	13.41
60	74.36	65.44	75.39	70.49	66.10	63.04	66.19	66.69	74.24	66.48	75.12	74.34	69.82	6.60
90	81.76	74.61	81.74	79.45	75.76	71.92	73.99	74.73	83.15	75.22	81.25	80.94	77.88	4.95
120	88.01	84.61	88.61	87.95	84.39	76.03	79.51	79.95	88.13	80.81	84.93	82.93	83.82	4.86
180	95.26	91.06	93.76	94.25	90.50	84.87	86.95	85.84	91.49	86.30	89.77	87.35	89.78	3.92
240	98.16	95.15	97.09	97.61	94.02	89.43	89.09	90.13	94.51	89.73	92.90	92.47	93.36	3.51

4.3 Chow 法

1997 年，针对缓释制剂的溶出曲线比较，Chow 和 Ki[34] 提出了一种基于溶出曲线各个时间点的溶出量比值的方法，即 Chow 法[1, 2]，该法采用时间序列模型来模拟溶出曲线时间点之间的相关性，从而对两条药物溶出曲线进行统计学比较。Chow 法可作为在某个时间点及整体溶出量的比例的度量，并从统计学分布、统计学参数推导、相关性以及随机效应模型建立的基础上论证了方法的科学性。

优点：①具有明确而科学的统计学理论基础；②考虑到溶出曲线的相关性和数据分布；③可以用于溶出曲线单个时间点及整体曲线相似性的比较。

缺点：①缺乏该方法对于溶出曲线相似性的判断能力及对第一类错误的控制的研究；②没有明确的判定标准。

Chow 法是一个专注于缓释制剂应用的统计方法，可用于评估两种缓释制剂的相似性。尽管 Chow 法具有较完备的统计学理论基础，但美国 FDA 及其他监管机构的指导文件中均未提及，也未见工业界实际应用的报道。

4.4 多元统计距离法

1936 年，印度统计学家马哈拉诺比斯（P.C. Mahalanobis）[3] 提出了新的统计量 D^2，这就是著名的"马哈拉诺比斯距离"或"马氏距离"，表示

1　CHOW S C, KI FYC. Statistical comparison between dissolution profiles of drug products[J]. Journal of Biopharmaceutical Statistics, 1997, 7(2): 241–258.

2　CHOW S C, SHAO J. Statistics in Drug research: methodologies and recent developments.[M]. M. Dekker, 2002:66–75.

3　MAHALANOBIS P C. On the Generalized Distance in Statistics[J]. proceedings of the national institute of sciences, 1936, 2(1): 47–55.

点与一个分布之间的距离。多元统计距离法（multivariate statistical distance method）[1] 是一种计算两个未知样本集相似度的方法。1996年，FDA的Tsong等首先提出了采用多变量统计矩（multivariate statistical distance，MSD）进行溶出曲线比较的非模型依赖多变量置信区间法[2]。2010年，中国药科大学的张勇、周建平等开发了用于计算溶出曲线比较的DDsolver软件，使MSD法的应用更加便捷。按照药品监督管理局和FDA指导原则，采用MSD法进行溶出曲线比较的步骤如下。

（1）根据参比制剂溶出量的批间差异，确定MSD的相似性限度。

（2）确定仿制和参比制剂平均溶出量的MSD。

（3）确定仿制和参比制剂实测溶出量MSD的90%置信区间。

（4）仿制制剂溶出量的MSD置信区间上限，不大于参比制剂的相似性限度，可认为两个处方的制剂具相似性。

优点：①同时考虑了曲线的平均值和数据的变异性；②在实际案例的应用中显示出良好的统计能力，能够准确地判断相似性和第一类错误。

缺点：用来做判断的标准值是随机的，并且取决于数据。

多元统计距离法相对容易被监管机构认可，但是很难规定一个准确、通用的判定标准。

1 SARANADASA H, KRISHNAMOORTHY K. A multivariate test for similarity of two dissolution profiles[J]. Journal of Biopharmaceutical Statistics, 2005, 15(2): 265–278.

2 ZHANG Y, HUO M, ZHOU J, et al. DDSolver: An Add–In Program for Modeling and Comparison of Drug Dissolution Profiles[J]. Journal of the American Association of Pharmaceutical Scientists, 2010, 12(3): 263–271.

4.5 SK 方法

1961 年，Halperin[1] 提出了关于单样本共同均值（common mean）的无偏估计的推定公式。2005 年，Saranadasa 和 Krishnamoorthy[2] 共同提出了进行两条溶出曲线相似性比较的多变量统计学方法——SK 方法（Saranadasa and Krishnamoorthy's method），这是一种关于双样本共同均值的统计评价。

优点：①同时考虑了曲线的平均值和数据的变异性；②以溶出均值相差小于等于 10% 为判定标准，进行假设检验。

缺点：①必须预先假设两条溶出曲线呈平行关系；②在实际应用和模拟探索中发现此法的判定结果相对宽松。

在实际工作中，两溶出曲线呈平行关系的假设往往是不符合实际的。

4.6 霍特林统计法

1931 年，Hotelling[3] 将单变量检验进行了扩展，建立了 T^2 统计，后被称为霍特林 T^2 统计（Saranadasa's Hotelling T^2–based method），是一种常用多变量检验方法，用于两组均向量的比较。2001 年，Saranadasa[4] 提出了采用霍特林统计量（hotelling T^2）进行溶出曲线比较的建议。

优点：①同时考虑了曲线的平均值和数据的变异性；②根据相关文献

1　HALPERIN M. Almost linearly–optimum combination of unbiased estimates[J]. Journal of the American Statistical Association.1961, 56：36–43.

2　SARANADASA H, KRISHNAMOORTHY K. A multivariate test for similarity of two dissolution profiles[J]. Journal of Biopharmaceutical Statistics, 2005, 15（2）：265–278.

3　HOTELLING H. The Generalization of Student's Ratio[J]. The Annals of Mathematical Statistics, 1931, 2（3）：360–378.

4　SARANADASA H. Defining similarity of dissolution profiles through hotelling's T2 statistic[J]. Pharmaceutical Technology, 2001, 25（2）：46–54.

要求以溶出均值相差小于等于 6% 为判定标准；③克服了双样本 t 检验的缺点，t 检验未考虑取样时间点对溶出曲线的影响。

缺点：必须预先假设两条溶出曲线呈平行关系。

霍特林统计法中关于两溶出曲线呈平行关系的假设往往是不符合实际的，且这一方法尚停留在理论阶段，并未上升到实际应用。

4.7 交 – 并检验法

对于需要做出更精确比较的两组数据，仅用两组数据总体的平均值和标准差进行比较结果往往不能满足要求。Berger 提出的交 – 并检验（Intersection–Union test，IUT ）[1-3] 方法适用于构造多参数在指定显著性水平 α 下的整合检验[4]。1999 年，Wang[5] 等详细论述了 IUT 法在多变量生物等效评价中的应用。2005 年，Saranadasa 和 Krishnamoorthy[1] 对 IUT 法在溶出曲线比较中的应用进行了评估。

优点：①同时考虑了曲线的平均值和数据的变异性；②能够识别出不能通过相似性判断的取样时间点。

缺点：①各个时间点的对比计算是完全独立考虑的；②因为该方法的相似性判定要求每个取样时间点都必须相似，因此认为其对相似性的认定是非常保守严谨的。

1　SARANADASA H, KRISHNAMOORTHY K. A multivariate test for similarity of two dissolution profiles[J]. Journal of Biopharmaceutical Statistics, 2005, 15(2): 265–278.

2　LANGENBUCHER F. Letters to the Editor: Linearization of dissolution rate curves by the Weibull distribution[J]. Journal of Pharmacy and Pharmacology, 1972, 24(12): 979–981.

3　SATHE P M, TSONG Y, SHAH V P. In–vitro dissolution profile comparison: statistics and analysis, model dependent approach[J]. Pharmaceutical research, 1996, 13(12): 1799–1803.

4　BERGER R.Multiparameter hypothesis testing and acceptance sampling[J]. Technometrics.1982, 24: 295–300.

5　WANG W, HWANG J T G. DASGUPTA A. Statistical Tests for Multivariate Bioequivalence[J]. Biometrika, 1999, 86: 395–402.

一般认为 IUT 方法过于保守严谨。

注：4.1~4.7 的方法均为"非模型依赖的方法"。

4.8 模型依赖法（model-dependent approaches）[1~5]

优点：受试制剂和参比制剂可以在不同的取样时间点进行取样检测。

缺点：①难以选择合适的模型；②难以明确判定的标准；③取样时间点的间隔可能会限制模型的选择。

本方法适用于溶出曲线的取样时间点不相同的实验方法，但是很难设定一个准确的评判标准。

1　LANGENBUCHER F. Letters to the Editor：Linearization of dissolution rate curves by the Weibull distribution［J］. Journal of Pharmacy and Pharmacology，1972，24（12）：979–981.

2　SATHE P M，TSONG Y，SHAH V P. In-vitro dissolution profile comparison：statistics and analysis，model dependent approach［J］. Pharmaceutical research，1996，13（12）：1799–1803.

3　POLLI J E，REKHI G S，AUGSBURGER L L，et al. Methods to compare dissolution profiles and a rationale for wide dissolution specifications for metoprolol tartrate tablets［J］. Journal of Pharmaceutical Sciences，1997，86（6）：690–700.

4　TSONG Y，SATHE P M，SHAH V P. In vitro dissolution profile comparison［M］. Encyclopedia of Biopharmaceutical Statistics，Second Edition，Marcel Dekker，Inc.，New York，2003：456–462.

5　YIKSEL N，KANIK A E，BAYKARA T. Comparison of in vitro dissolution profiles by ANOVA-based，model-dependent and-independent methods［J］. International journal of pharmaceutics，2000，209（1–2）：57–67.

5 | 计算方法选择流程

基于系统的溶出曲线比较研究结果，Zheng 等整合了 4.1–4.3 的方法构造了一个决策树（Decision Tree）结构，如图 9-2 所示。

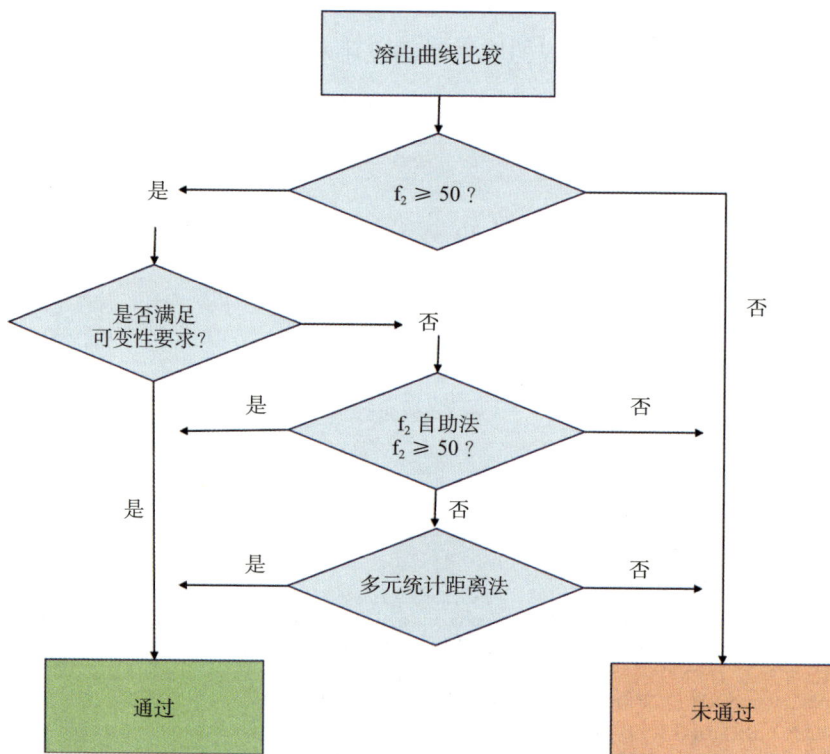

图 9-2　溶出曲线比较方法选择决策树

上述决策树结构，考虑了以下几个关键因素。

首先，决策树中的评估方法应有良好的统计能力，并且可以有效地规避第一类错误，使得判定的结果可靠，从而保证产品的质量。

其次，决策树中用以替代 f_2 相似因子法的 f_2 自助法和多元统计距离法，在 ICH 成员国的监管机构中被广泛应用。与 f_2 相似因子法相比，上述两种评估方法更加保守严谨，因此，由上述两种方法计算所得结果的通过率会低于 f_2 相似因子法。这就表明这两种方法的选择和使用并不是为了更容易通过申报，而是确保产品的品质。

如果产品的相似性无法通过此决策树的认定，则表明产品存在潜在的差异，应在得出最终结论之前进行更深入的探讨和彻底的评估。

为了使得决策树的应用更加简便、普适，在决策树的基础上，相关企业还开发了一个可供全球各分公司使用的网络程序，只要将所有样品溶出检测的数据输入程序，就会自动算出一目了然的判定结果。结果显示如图 9-3 所示。

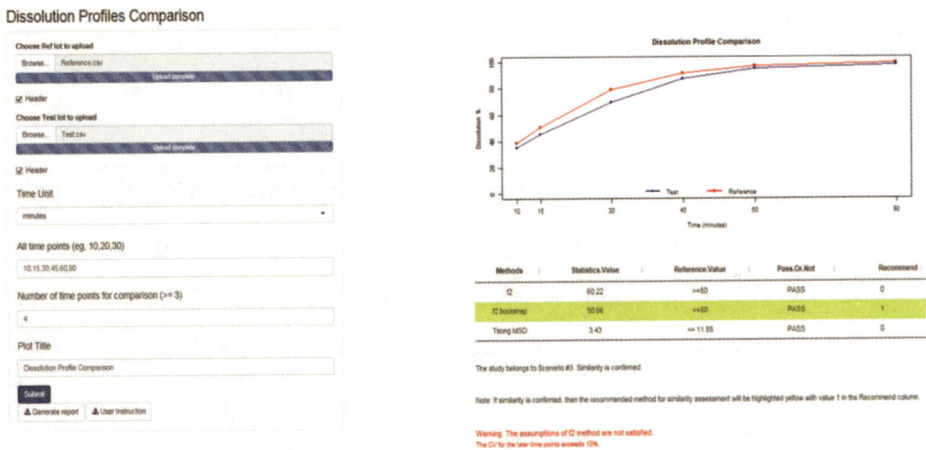

图 9-3　网络程序所显示的溶出曲线判断结果

左边是数据档案的输入选项及时间点的设定，右边可直接画出溶出曲线图并显示比较及判定结果。

总之，在溶出曲线对比时，选择合适的统计学方法的关键前提是，研究人员对物料、处方、工艺充分了解，建立的溶出方法对处方、工艺、设备的变更有良好区分力，在提供充足的统计学依据后，任何统计方法均可使用。一个企业有强大的统计研发小组及充足有经验的研究人员，统计工具的选择就不会是一个太大的烦恼。反之，如果溶出方法没有足够的区分力，即使采用公认可行的方法进行溶出曲线的比较，看起来"好"的体外统计结果也不能保证研发的制剂体内等效或达到处方设计的要求。

溶出曲线的比较应用广泛，包括处方筛选阶段不同处方的比较、稳定性研究、SUPAC 要求的比较，以及仿制药与原研药的比较。无论仿制、原研还是变更前后的溶出比较，一个产品的研发如果按照质量源于设计（QbD）的理念，使用精密且有具有分辨力的溶出方法，科学遴选处方中的原料药及各种辅料，加上对重要工艺参数的精准控制，则制造的优良产品即可保证批间质量的一致性，使用 f_2 相似因子法进行溶出曲线比较就能获得科学、可靠的结果，也就不需要降低判定标准采用其他的统计方法以期获得体外溶出"相似"的结果。

附件

表 9-7　术语（中英文对照）

缩略词	英文名称	中文名称
CMC	chemical manufacturing and control	化学、制造和控制
API	active pharmaceutical ingredient	活性药物成分
AAPS	American Association of Pharmaceutical Scientist	美国药学科学家协会
BCS	biopharmaceutics classification system	生物药剂学分类系统
FDA	Food and Drug Administration	美国食品药品管理局
NMPA	National Medical Products Administration	国家药品监督管理局
ICH	The International Council for Harmonisation of Technical Requirements for Pharmaceuticals for Human Use	国际人用药品注册技术协调会

缩略词	英文名称	中文名称
RSD	relative standard deviation	相对标准偏差
QbD	quality by design	质量源于设计
MSD	multivariate statistical distance	多变量统计距

第十章

两相溶出测定法

概述

在传统的溶出度试验中，考虑到药物在胃肠道中的吸收情况，一般要求药物在溶出介质中的浓度远低于饱和浓度，即满足漏槽条件。对于难溶性药物，为了满足上述条件，经常需要使用大量的溶出介质、添加表面活性剂或有机溶剂等方法。但这种体外溶出环境与体内的实际生理环境相差甚远，因此获得的溶出数据往往不能准确反映药物在胃肠道的崩解、溶出和吸收情况，无法建立良好的体内外相关性。近年来，越来越多的研究人员使用具有生物相关性的溶出介质并在非漏槽条件下进行溶出度试验，但这种单相介质中的药物溶出曲线，由于缺乏分配动力学，也不能准确反映药物，特别是难溶性药物制剂，在胃肠道中的溶出和吸收过程。

以水和与水不相溶的有机溶剂组成的两相溶出系统作为介质，将制剂置于水相中，在溶出过程中，药物从制剂溶出后不断分配进入有机相中，可在一定程度上模拟药物在胃肠道溶出时的溶解和吸收共存现象，即使采用篮法或桨法等装置，往往也可获得较好的体内外相关性。1966 年，Levy 等首次在美国药学科学家协会（AAPS）年会上提出了采用两相系统进行药物溶出度测定的思路。次年，Niebergall 等[1]发表了第一篇研究论文，但后期进展相对缓慢。随着近年来溶出度体内外相关性研究的深入，两相溶出测定方法（biphasic dissolution）在难溶性药物的盐型或晶型等固态形式的筛选，固体分散体、脂质处方、纳米制剂及缓释制剂（ER/MR，又称调释或缓控释制剂）的处方和工艺优化中得到了广泛的应用。

1　NIEBERGALL P J, PATIL M Y, SUGITA E T. Simultaneous determination of dissolution and partitioning ratesin vitro[J]. Journal of Pharmaceutical Sciences, 1967, 56(8): 943–947.

1 | 两相溶出测定系统的特点

1.1 模拟药物体内吸收过程

与传统的单相溶出介质相比，两相溶出测定法加入了与水不相溶的有机溶剂充当药物的"吸收室"。药物在水相中溶出后，快速分配进入有机相，可以同时考察药物溶出和分配行为，模拟在胃肠道的转运过程，在一定程度上更接近药物制剂在体内的溶出环境。采用合适的测定条件，在有机相中积累的药物量可以反映体内的吸收情况，从而获得良好的体内外相关性。

1.2 模拟药物体内生理环境

在传统的溶出度测定中，为了满足难溶性药物的漏槽条件，常通过添加表面活性剂或有机溶剂来增加药物的溶解度。但是，当添加的表面活性剂或有机溶剂超过一定量时，就无法模拟药物制剂在胃肠道环境中的崩解与溶出。两相溶出系统采用一定量的生理相关的水性介质作为溶出相，加入与水不相混溶的有机溶剂作为吸收相，使水相中溶出的药物不断向有机相转运，模拟药物在体内的吸收转运过程，不需要大体积的溶出介质，也不需要在介质中添加大量表面活性剂或与水相混溶的有机溶剂，更符合药物在胃肠道溶出的真实生理环境。

无定形固体分散体、某些药物的盐或共晶等超饱和给药系统在胃肠道中会生成过饱和溶液，进而发生药物的析出，单相溶出介质无法准确模拟其过饱和度及析出环境。两相溶出系统用有机相的分配模拟药物在胃肠道的吸收转运过程，可较好地模拟药物制剂在胃肠道中的溶出（解）、分配和析出的竞争过程。

1.3 提高难溶性药物溶出度测定的灵敏度

在难溶性药物的溶出度测定中，为满足漏槽条件，需要大量的溶出介质，常导致溶解或溶出的药物浓度过低而无法采用分光光度法或液相色谱法准确定量检测。如果在非漏槽条件下测定时，一些超饱和给药系统又会产生液液相分离并析出纳米大小的颗粒[1]，严重干扰游离药物浓度的准确测定。两相溶出测定系统中，有机相中的药物浓度由水相中游离药物的浓度决定。因此，通过测定有机相中的药物浓度，可推算出水相中的药物溶出量，有效地解决了水相中游离药物浓度过低或分离困难等药物分析问题。

1.4 不足之处

当然，两相溶出系统也有许多不足之处。由于人体胃肠道结构和生理功能的复杂性，两相溶出系统并不能完全模拟胃肠道生理环境因素和功能，尤其是对于一些需要载体转运和具有吸收部位特异性的药物，两相溶出测定系统常无法获得良好的体内外相关性。对于一些吸收快速的药物，有时因有机溶剂中的溶解度和分配系数以及油水接触面积的限制，使其向有机相的分配速率无法达到吸收速率。有机溶剂的挥发性、恶臭味和对操作人员的毒性问题等，也是阻碍两相溶出测定系统广泛应用的原因。另外，生理相关水性介质中的表面活性剂等成分可分配进入有机相或使有机相乳化，从而改变水相溶出介质的性质并影响两相溶出度测定结果的可靠性。

1 PUROHIT H S，TAYLOR L S.Phase Behavior of Ritonavir Amorphous Solid Dispersions during Hydration and Dissolution[J]．Pharmaceutical Research，2017，34（12）：2842–2861.

2 | 测定方法

2.1 溶出装置

与质量控制用溶出度测定方法不同，两相溶出系统是为了建立与生理或临床相关的溶出度试验方法，目前尚未建立统一的标准，不同文献使用的溶出装置不尽相同[1~4]。

早期的两相溶出测定多在夹套烧杯中进行，后期一般采用符合药典标准的溶出装置，并对搅拌桨做适当改进，以提供适当的流体力学特性。篮法可有效地将制剂置于水相介质中，但对有机相中的搅拌性能较差，因此较少采用。标准的药典桨法装置一般不能使水相和有机相同时获得足够的剪切力，提高桨的转速可以改善流体力学性质，但桨速的提高使两相界面不能保持恒定甚至形成乳化，会导致实验重复性差等问题。因此，两相溶出测定时的搅拌桨转速一般不超过 75r/min。为了在低搅拌速度下提供足够的流体力学条件，常使用同轴双桨装置，即在标准的搅拌桨轴上再增加一

1　SHI Y, ERICKSON B, JAYASANKAR A, et al. Assessing Supersaturation and Its Impact on In Vivo Bioavailability of a Low-Solubility Compound ABT-072 With a Dual pH, Two-Phase Dissolution Method[J]. Journal of Pharmaceutical Sciences, 2016, 105(9): 2886-2895.

2　PILLAY V, FASSIHI R. A New Method for Dissolution Studies of Lipid-Filled Capsules Employing Nifedipine as a Model Drug[J]. Pharmaceutical Research, 1999, 16(2): 333-337.

3　GABRIELS M, PLAIZIER-VERCAMMEN J. Design of a dissolution system for the evaluation of the release rate characteristics of artemether and dihydroartemisinin from tablets[J]. International Journal of Pharmaceutics, 2004, 274(1-2): 245-260.

4　DENG J, STAUFENBIEL S, HAO S L, et al. Development of a discriminative biphasic in vitro dissolution test and correlation with in vivo pharmacokinetic studies for differently formulated racecadotril granules[J]. Journal of Controlled Release, 2017, 255: 202-209.

个桨（图 10-1A），其中一个桨叶位于溶出杯底部 25mm 处，另一个桨叶位于上层溶出液的中心位置。

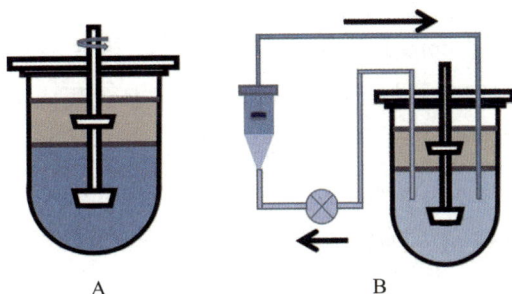

图 10-1　常见的两相溶出测定装置示意图
A 桨法装置，B 流通池结合桨法装置

采用桨法进行两相溶出测定时，为了避免制剂与有机相的接触，常需用不锈钢网篮或适当的装置使制剂始终处于水相中。这对于一些非崩解型的制剂有较好的效果，但对于崩解型的片剂或胶囊剂，一般的固定装置不能保证药物颗粒不进入有机相。采用透析袋装载制剂可避免制剂与有机相的接触，但透析袋的种类和性质对药物溶出有显著影响，应用较少[1]。采用流池法和桨法相结合的方法，将制剂置于流通池中，水相溶出介质在流通池与桨法溶出杯水相系统之间形成闭合回路循环，可有效避免制剂与有机相的接触（图 10-1B）。这种流池法和桨法联用装置具有操作简单、重复性好、易于标准化及适用性强等特点，现已成为两相溶出测定最常用的装置[2~4]。

1　TAKAHASHI M, MOCHIZUKI M, ITOH T, et al. Studies on dissolution tests for soft gelatin capsules. IV. Dissolution test of nifedipine soft gelatin capsule containing water soluble vehicles by the rotating dialysis cell method[J]. Chemical & Pharmaceutical Bulletin, 1994, 42(2): 333–336.

2　VABGABI S, LI X, ZHOU P, et al. Dissolution of poorly water–soluble drugs in biphasic media using USP 4 and fiber optic system[J]. Clinical Research and Regulatory Affairs, 2009, 26(1–2): 8–19.

3　PESTIEAU A, LEBRUN S, CAHAY B, et al. Evaluation of different in vitro dissolution tests based on level A in vitro–in vivo correlations for fenofibrate self–emulsifying lipid–based formulations[J]. European Journal of Pharmaceutics and Biopharmaceutics, 2017, 112: 18–29.

4　XU H, KRAKOW S, SHI Y, et al. In vitro characterization of ritonavir formulations and correlation to in vivo performance in dogs[J]. European Journal of Pharmaceutical Sciences, 2018, 115: 286–295.

2.2 溶出介质的选择

两相溶出测定系统的介质由水相和与水不相混溶的有机相组成。水相一般选择药典规定的不同 pH 的溶出介质。为了获得更好的体内外相关性，也可以采用生物相关性溶出介质，如空腹或餐后状态的人工胃液和肠液[1,2]。对于弱酸性或弱碱性药物，也可以通过实时改变水相介质的 pH 以模拟胃肠道转运时的 pH 变化。

有机溶剂的选择，由药物在水相和有机相之间的分配系数决定。为了更接近药物在体内的吸收转运过程，选择的有机溶剂应对药物有足够的溶解度，一般要求有机溶剂能溶解的药物量应超过制剂规格的 5 倍以上。已报道的有机溶剂主要有甲苯、氯仿、环己烷、氯丁烷、异辛烷、正丁醇及正辛醇等，其中以正辛醇最为常见，主要基于其下列物理化学特性：①几乎不溶于水，100ml 水中的溶解度仅为 0.05g，且不易乳化；②密度比水小，在 20℃时的相对密度为 0.825，易于取样；③挥发性低，沸点为 195℃，可以保持相对恒定的有机相体积；④具有较高的药物分配系数和溶解度。

两相溶出测定时，水相和有机相的体积一般为 200~500ml。考虑到在新药研发早期阶段获得的药物量有限，Frank 等[3]采用类似《中国药典》小杯法的思路，对溶出杯和浆进行缩小，以满足少量药物在 100ml 以下介质中的两相溶出测定。他们用改进后的小型溶出装置考察 pH 变化条件下（0~2小时水相 pH 为 1，2~3 小时的 pH 为 5.5，3 小时后的 pH 为 6.8）双嘧达莫和 BCS Ⅱ类弱碱性药物 BIXX 的溶出行为，结果表明该装置能够有效地预测双嘧达莫在胃肠道中的过饱和及沉淀行为，正辛醇中的 BIXX 浓度与比格犬体内的吸收有良好的相关性。

1　FAN X, SHI S, HE J, et al. Development of In Vivo Predictive pH–Gradient Biphasic Dissolution Test for Weakly Basic Drugs: Optimization by Orthogonal Design[J]. Dissolution Technology, 2021, 8: 24–29.

2　宁保明，杨永健主译. 生物药剂学在药物研发中的应用[M]. 北京：北京大学医学出版社，2012.

3　FRANK KJ, LOCHER K, ZECEVIC DE, et al. In vivo predictive mini–scale dissolution for weak bases: Advantages of pH–shift in combination with an absorptive compartment[J]. European Journal of Pharmaceutical Sciences, 2014, 61: 32–39.

3 | 药物溶出和分配动力学

两相溶出系统涉及药物在水相中的溶解与药物在水相和有机相间的分配，对一些超饱和给药体系或模拟胃肠道 pH 动态变化的溶出体系还会涉及药物的析出。因此，两相系统中药物浓度的动态过程非常复杂，至今尚未建立具有普遍适用性的动力学模型。但可通过适当的假设，将两相溶出复杂系统进行简化处理，推导出适用于特定情况的药物浓度变化方程，更好地定量评价药物在两相系统中的溶出特性。

3.1 药物溶液的分配动力学

药物溶液在两相系统中的分配过程可看成是两相中的药物相对扩散的综合结果。根据扩散动力学可求得水相中药物浓度的变化公式[1]如下。

$$C_w = \frac{K_{ow}M_T}{K_{wo}V_o + K_{ow}V_w} - \left(\frac{K_{ow}M_T}{K_{wo}V_o + K_{ow}V_w} - C_{w0} \right)e^{-A\frac{K_{wo}V_o + K_{ow}V_w}{V_oV_w}t} \qquad （式 10-1）$$

式中，M_T 为两相中的药物总量，V_w 和 V_o 分别为水相和有机相的体积，C_{w0} 为零时刻水相中的药物浓度，K_{wo} 和 K_{ow} 分别表示从水相到有机相的扩散速率常数和从有机相到水相的扩散速率常数，A 为两相接触面积。

1 GRUNDY J S, ANDERSON K E, ROGERS J A, et al. Studies on dissolution testing of the nifedipine gastrointestinal therapeutic system. II. Improved in vitro-in vivo correlation using a two-phase dissolution test[J]. Journal of Controlled Release, 1997, 48（1）: 9-17.

Amidon 等[1]根据扩散理论并结合油水分配系数（k_{ap}）的定义，推导出了水相和有机相中药物浓度（C_w 和 C_o）的变化公式如下。

$$C_w = \frac{M_T}{V_w(1+\beta)} \left[e^{-\frac{A}{V_w}P(1+\beta)t} + \beta \right] \qquad （式10-2）$$

$$C_o = \frac{M_T}{V_o(1+\beta)} \left[1-e^{-\frac{A}{V_w}P(1+\beta)t} \right] \qquad （式10-3）$$

式中，P 为药物在油水界面的渗透速率常数，$\beta = \dfrac{V_w}{V_o k_{ap}}$。

因此，有机相中药物百分数（F_o）的变化公式如下。

$$F_o = \frac{1}{1+\beta} \left[1-e^{-\frac{A}{V_w}P(1+\beta)t} \right] \qquad （式10-4）$$

当 k_{ap} 足够大时，β 约为 0，上式可简化为：

$$F_o = 1-e^{-\frac{A}{V_w}Pt} = 1-e^{-k_p t} \qquad （式10-5）$$

式中 $k_p = \dfrac{A}{V_w}P$，为药物从水相向有机相的分配速率常数。

如果药物在体内的吸收符合一级动力学过程，当 k_p 与药物的吸收速率常数 k_a 相等时，即 $\frac{A}{V_w}P = k_a$，药物向有机相的转运速率与体内的吸收速率一致，有机相可模拟体内药物的吸收。因此，如果已知药物的 k_a，通过调整 $\frac{A}{V_w}$ 和 P，使 k_p 和 k_a 相似或相等，可以建立一个与体内相关性良好的两相溶出测定系统。

Amidon 等提出了根据 k_a 确定两相溶出测定条件的基本步骤：

（1）根据 k_a 和 P 值，计算 $\frac{A}{V_w}$，确定溶出杯的尺寸和水相体积 V_w。

1　GRASSI M，COCEANI N，MAGAROTTO L. Modelling partitioning of sparingly soluble drugs in a two-phase liquid system[J]. International Journal of Pharmaceutics，2002，239（1-2）：157-169.

k_a 可通过查阅药动学参数直接获得，也可以通过测定黏膜渗透系数 P_{eff} 计算而得。P 值可通过两相分配实验拟合求得，也可根据 $P = \dfrac{D_w}{h_w}\left(\dfrac{k_{ap}}{9.1 + k_{ap}}\right)$ 近似求得（D_w 为药物在水中的扩散速率常数，可用 Hayduk–Laudie 等公式计算；h_w 为水相扩散层的厚度，可近似取值为 30μm）。根据计算所得的 $\dfrac{A}{V_w}$ 值，结合常用的溶出杯尺寸确定 V_w。

（2）根据 $\dfrac{M_T}{V_w} = \dfrac{D}{V}$ 计算投药量 M_T（D 为剂量、V 为胃肠道液体体积）。

（3）根据 $\beta = \dfrac{V_w}{k_{ap}V_o}$ 计算有机相体积 V_o，β 值可通过 $\beta = \dfrac{1-F_a}{F_a}$ 计算，F_a 值通过 $F_a = 1-e^{-k_a t_{res}}$ 来计算，其中 t_{res} 为药物在吸收部位的停留时间，可近似取值 3.5 小时。

上述步骤提供了一种理想的两相溶出测定条件的选择方法，但受实验装置和药物性质所限，该方法在实际应用中经常无法有效实施。目前所用的两相溶出测定条件还是以经验为主。

3.2 非崩解型片剂溶出和分配动力学

难溶性药物的非崩解片一般具有较低的溶出度，可将溶出面积视为恒定，则其在两相系统中的溶出和分配过程可简化为下列动力学过程。

$$A \xrightarrow{\ k_1\ } B \xrightarrow{\ k_2\ } C$$

其中，A 代表片剂中的药物，B 代表水相中的药物，C 代表有机相中的药物，k_1 为溶出速率常数，k_2 为药物从水相向有机相的分配速率常数。

根据各相中药物量的变化规律和质量守恒定律，可求得水相中药物量的变化公式如下。

$$B = \frac{k_1 W_s}{k_1 + k_2}(1 - e^{-(k_1 + k_2)t}) \qquad （式 10\text{-}6）$$

式中，W_s 为饱和水相所需的药物量。当 t 充分大时，$e^{-(k_1+k_2)t}$ 趋向于 0，水相中的药物趋向于稳态。此时，药物的溶出速率等于从水相向有机相中的转运速率，即

$$\frac{dC}{dt} = k_2 B = k_1 (W_s - B) = -\frac{dA}{dt} \qquad （式 10-7）$$

通过测定有机相中的药物变化速率和水相中的药物量，即可通过式 10-7 求得分配速率常数 k_2，再根据药物在水相中的溶解度求得溶出速率常数 k_1。

Nibergall 等[1] 最早研究了非崩解型水杨酸片在 pH 2.0 盐酸氯化钾溶液 – 正辛醇两相系统中的溶出行为（图 10-2），结果发现用式 10-6 和式 10-7 对实验数据进行回归，所得的 k_1 和 k_2 值一致性良好（表 10-1）。他们还考察了搅拌速度和温度对 k 值的影响，结果分别符合指数方程和阿伦尼乌斯方程，证实了上述公式的正确性。

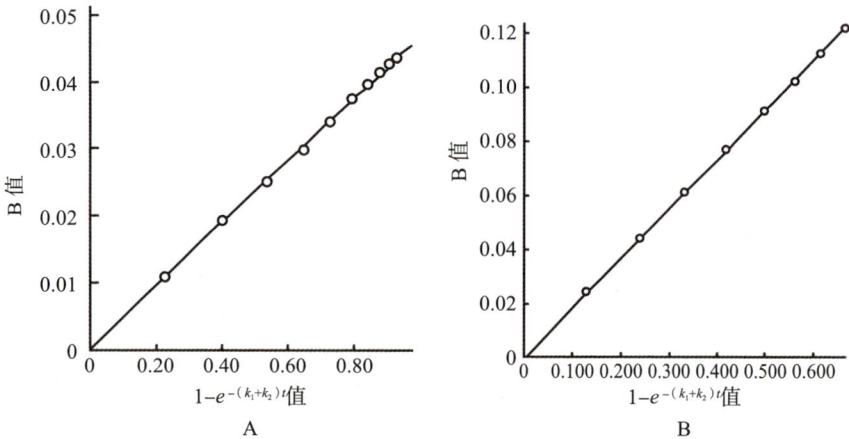

图 10-2　用式 10-6 处理非崩解型水杨酸片两相溶出时水相药物数据的线性关系图

A：水相为 pH 2.0 盐酸氯化钾溶液；B：水相为含 0.1% 聚山梨酯 80 的盐酸氯化钾溶液

1　NIEBERGALL P J, PATIL M Y, SUGITA E T. Simultaneous determination of dissolution and partitioning rates in vitro[J]. Journal of Pharmaceutical Sciences, 1967, 56(8): 943-947.

表 10-1　不同公式回归求算 k_1 和 k_2 值的比较

速率常数（min^{-1}）	用式 10-6 求算	用式 10-7 求算
k_1	0.00293	0.00291
k_2	0.0316	0.0314

当水相中的药物浓度远低于药物的饱和浓度时，药物的溶出过程可看成零级动力学，即 $k_1(W_s-B) \approx k_1 W_s = k_0$，则

$$B = \frac{k_0}{k_2}(1-e)^{-k_2 t} \qquad （式 10-8）$$

$$C = k_0 t - \frac{k_0}{k_2}(1-e)^{-k_2 t} \qquad （式 10-9）$$

当 t 充分大时，$e^{-k_2 t} \to 0$，则式 10-8 和 10-9 分别变为

$$B = \frac{k_0}{k_2} \qquad （式 10-10）$$

$$C = k_0 t - \frac{k_0}{k_2} \qquad （式 10-11）$$

在两相溶出测定时，一般选用的有机溶剂具有较强的药物转运能力，即有较大的 k_2 值，因此，在实际工作中常可用式 10-10 和式 10-11 来处理水相和油相中药物量的变化，显得更为简单。

3.3 符合一级动力学的药物溶出和分配过程

对于一些在水相中以一级动力学释药的处方，可采用以下模型处理：

$$A \xrightarrow{k_d} B \xrightarrow{k_p} C$$

其中 A、B、C 分别为制剂、水相和有机相中的药物量，k_d 为溶出或溶出速率常数，k_p 为油水相中的分配速率常数。

根据一级动力学速率方程和质量守恒定律，可求各相中的药物量经时间变化方程为：

$$A = A_0 e^{-k_d t} \qquad （式 10-12）$$

$$B = \frac{k_d A_0}{k_p - k_d}（e^{-k_d t} - e^{-k_p t}） \qquad （式 10-13）$$

$$C = A_0 - \frac{A_0 k_p}{k_p - k_d} e^{-k_d t} + \frac{A_0 k_d}{k_p - k_d} e^{-k_p t} \qquad （式 10-14）$$

其中 A_0 为原始制剂中的药物量。

若 $k_p \gg k_d$，当 t 充分大时，

$$C = A_0 - A_0 e^{-k_d t} \qquad （式 10-15）$$

$$\ln（A_0 - C）= \ln A_0 - K_d t \qquad （式 10-16）$$

因此，选择合适的有机溶剂和实验条件，使 $\dfrac{k_p}{k_d} \geq 10$，则经过较短一段时间后，根据有机相中的药物量和投药量即可求算 k_d，从而比较不同处方药物溶出的快慢。

图 10-3 是甲氧沙林不同脂质处方两相溶出测定所得的有机相中待分配百分数和时间的关系图[1]。从该图中可看出，待药物溶出 5%~15% 后，有机相中待分配百分数的对数与时间呈良好的线性关系。利用该直线的斜率，即可很好地区分不同处方的溶出速率，且与体内的吸收情况一致。

1 KINGET R, GREEF H D. In vitro assessment of drug release from semi-solid lipid matrices[J]. European Journal of Pharmaceutical Sciences, 1995, 3(2): 105-111.

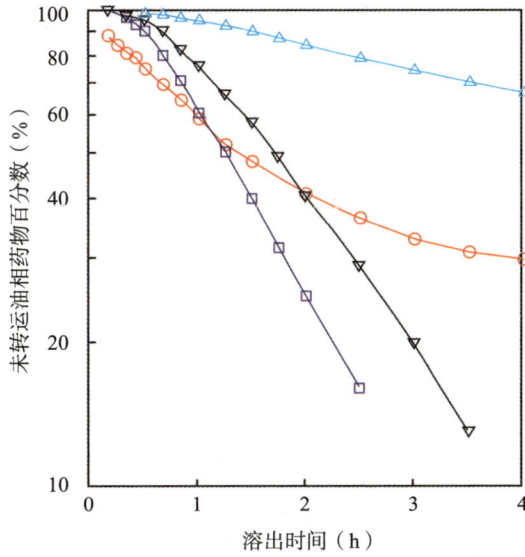

**图 10–3　甲氧沙林不同脂质胶囊两相溶出时正辛醇中未转运油相药物百分数
经时曲线**

□：Cremophor RH60，▽：Gelucire 44/14，○：可可豆脂–Cremophor RH 60–玉米油（18∶27∶55），△：白蜂蜡–玉米油（1∶9）

4 应用示例

采用两相溶出系统，使得药物在水性介质中溶出后，不断向有机相分配，可在一定程度上模拟药物胃肠道的溶解和吸收过程，作为难溶性药物处方优化和生物利用度预测的一种手段。在难溶性药物固体分散体、口服自乳化给药系统、晶型或盐型等固态形式的选择及缓控释制剂的设计和评价中也有较好的应用前景。

4.1 固体分散体

固体分散体由于能使药物以分子、无定形或微晶等高能状态高度分散于载体中，从而显著提高难溶性药物的溶解度和溶出度，是当前研究极为活跃的药物增溶技术之一。这些高能分散的固体分散体在胃肠道中常形成药物的超饱和溶液，具有热力学不稳定性，在到达吸收部位前，溶解的药物易结晶析出，使其溶解度优势丧失。这些药物在胃肠道中的过饱和状态及其维持时间对制剂的生物利用度至关重要，且这种过饱和状态的维持与其在胃肠道中的过饱和度直接相关。因此，急需一种与体内胃肠道系统类似的溶出条件，准确地反映药物在体内溶出时的实际环境。

虽然近年来提出了具有生物相关性的溶出介质，但这种采用单相溶出介质的体外溶出测定方法，无论是在漏槽条件还是在非漏槽条件下的溶出，由于缺乏模拟体内的吸收转运过程，无法反映难溶性药物固体分散体在体内溶出时的溶解、沉淀和吸收的综合过程。两相溶出系统使用有机相来模拟药物在胃肠道的吸收转运过程，已越来越多地用于难溶性药物固体分散体的处方开发和体内外相关性研究。

伊曲康唑是一种高效的抗真菌药物，但其水溶性差，在 pH 1.0 盐酸中的溶解度约为 4μg/ml，在中性环境下溶解度仅为 1ng/ml，为典型的 BCS Ⅱ 类药物。市售制剂 Sporanox® 是以 HMPC 为载体，采用喷雾干燥法制得的伊曲康唑胶囊。Thiry 等[1]比较了微粉化的伊曲康唑原料药、Sporanox® 胶囊和自制伊曲康唑 –Soluplus® 热熔挤出固体分散体的体外溶出度，结果发现，采用不同的溶出度测定方法，溶出行为差异显著。以 900ml 0.1mol/L 盐酸为介质，采用桨法测得的溶出度大小顺序为：挤出物 > 市售制剂 >> 原料药（图 10-4A），采用含 0.7%SDS 的盐酸溶液为介质测得的溶出度大小顺序为：市售制剂 > 挤出物 > 原料药（图 10-4B），而以含 0.7%SDS 盐酸溶液为介质采用流池法测得的溶出度大小顺序为：市售制剂 >> 原料药 > 挤出物（图 10-4C）。如果采用生物相关性溶出介质，即用 FaSSGF 为介质，桨法测得的溶出度大小顺序为：市售制剂 >> 挤出物 > 原料药（图 10-4D）。

Thiry 等对产生这些差异的原因进行了分析，发现表面活性剂的加入增加了 Soluplus® 的疏水性，从而阻碍了挤出物的崩解和溶出。最后，采用桨法和流池法联合装置，以盐酸为水相、正辛醇为有机相，测定了这三种制剂的两相溶出行为，得到溶出度大小顺序为：挤出物 > 市售制剂 > 原料药（图 10-4E），这与文献报道的体内生物利用度大小顺序一致。

对于弱碱性药物的固体分散体，在胃酸条件下可较好溶解，但进入小肠后因 pH 的增加，过饱和度进一步升高，更易析出沉淀。传统溶出测定中由于缺乏吸收过程，往往会高估这种超饱和及沉淀趋势，采用两相溶出法不仅可以模拟药物的吸收过程，还可通过测定有机相中药物浓度推算出水相中的药物浓度，从而避免水相中析出的药物微粒对含量测定的影响，因此，在弱碱性药物的固体分散体溶出度评价中有更好的应用。

1　THIRY J, BROZE G, PESTIEAU A, et al. Investigation of a suitable in vitro dissolution test for itraconazole–based solid dispersions[J]. European Journal of Pharmaceutical Sciences, 2016, 85: 94–105.

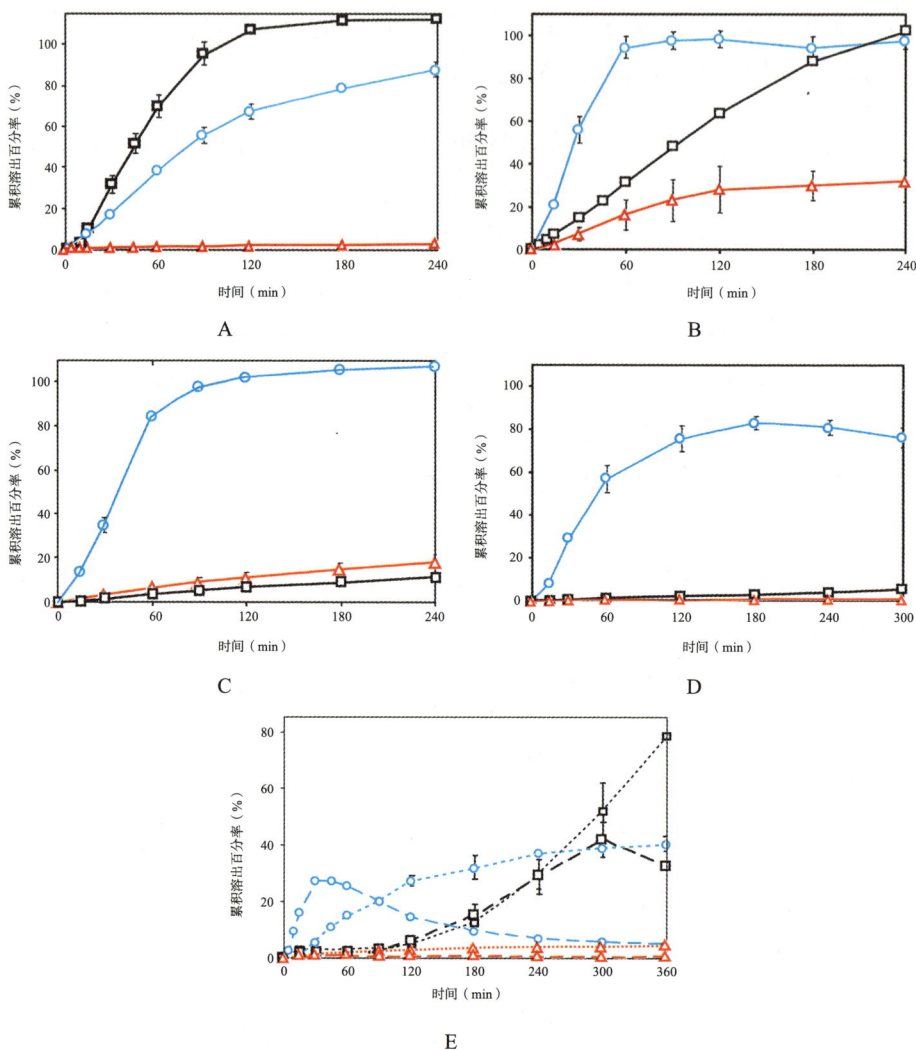

图 10-4　伊曲康唑原料药（△）、Sporanox® 胶囊（○）和挤出物（□）在各
种条件下的溶出曲线

A：0.1mol/L 盐酸，桨法；B：0.7%SDS 盐酸溶液，桨法；C：0.7%SDS 盐酸溶液，流池法；D：FaSSGF，桨法；E：两相溶出法，短虚线为有机相，长虚线为水相

Xu 等[1]详细研究了弱碱性药物利托那韦无定型固体分散体在生物相关性介质中的体外溶出行为，并与人体内的药动学数据进行比较。分别采用人工肠液置换胃液的二阶溶出法和两相溶出法考察了市售的利托那韦口服液、PVP-VA 固体分散体片剂和粉末的溶出度。结果发现，当固体分散体片剂在 30ml FaSSGF 中溶出 30 分钟后加入 120ml FaSSIF，药物浓度从 230μg/ml 迅速降为 60μg/ml，且能在 6 小时内维持该浓度（图 10-5A）。而固体分散体粉末样品的药物浓度变化与其类似，只不过开始浓度为 420μg/ml。

如果采用 FeSSGF 和 FeSSIF 作为溶出介质，固体分散体粉末和片剂的浓度都从 50μg/ml 迅速上升至 160μg/ml，并维持在此浓度 6 小时不变（图 10-5B）。上述结果表明，餐后状态下利托那韦的溶出度明显高于空腹状态，可推测食物可以提高利托那韦固体分散体的生物利用度。但这与体内吸收情况严重不符。图 10-6 是空腹和中等脂肪饮食状态下三种利托那韦制剂的血药浓度经时曲线，可以看出，中等脂肪饮食会显著降低利托那韦的生物利用度（AUC 降低 20%，C_{max} 下降 23%~40%）。

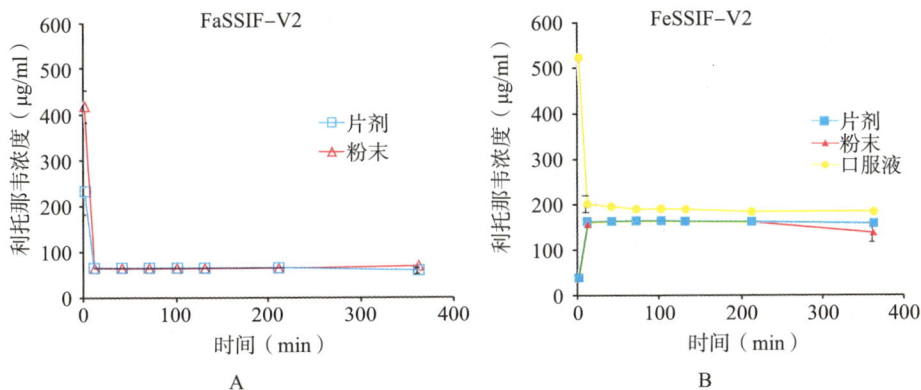

图 10-5　二阶溶出法测得 FaSSIF（A）和 FeSSIF（B）中利托那韦的药物浓度经时变化曲线

1　XU H, VELA S, SHI Y, et al. In vitro characterization of ritonavir drug products and correlation to human in vivo performance[J]. Molecular Pharmaceutics, 2017, 14（11）: 3801-3814.

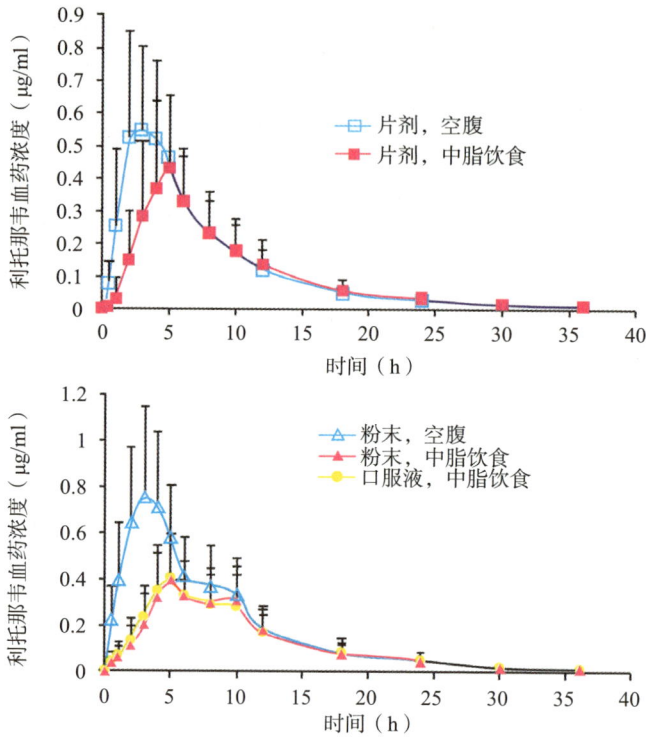

图 10-6 空腹和中等脂肪饮食餐后口服利托那韦溶液、固体分散体片剂和粉末的血药浓度经时曲线

因此，上述研究表明，即使采用生物相关性溶出介质和酸碱转化，采用单相介质 pH 变化二阶溶出法，也不能很好地表征固体分散体在体内的实际溶出过程。除了缺乏吸收过程，还有一个重要的原因就是单相溶出中所测的样品浓度不仅包括游离药物，实际上还常包含胶束增溶的药物、液液相分离的药物及纳米分散的药物，因此，其测得过饱和度往往较正常值偏高。

最后，他们采用药典桨法–流池法联用技术测定了三种利托那韦制剂的两相溶出度，先采用 41ml FaSSGF 或 FeSSGF 在直径 2.2cm 的流通池中以 5ml/min 的速度循环 30 分钟，然后接入含 200ml 正辛醇和 200ml FaSSIF 或 FeSSIF 的两相溶出系统中，测得两相中的药物浓度变化如图 10-7 所示。结果表明，两种状态下两相溶出时水相中的药物浓度远小于二阶溶出法，而且以 FaSSIF 为水相时有机相中的药物量要高于以 FeSSIF 为水相时的量。

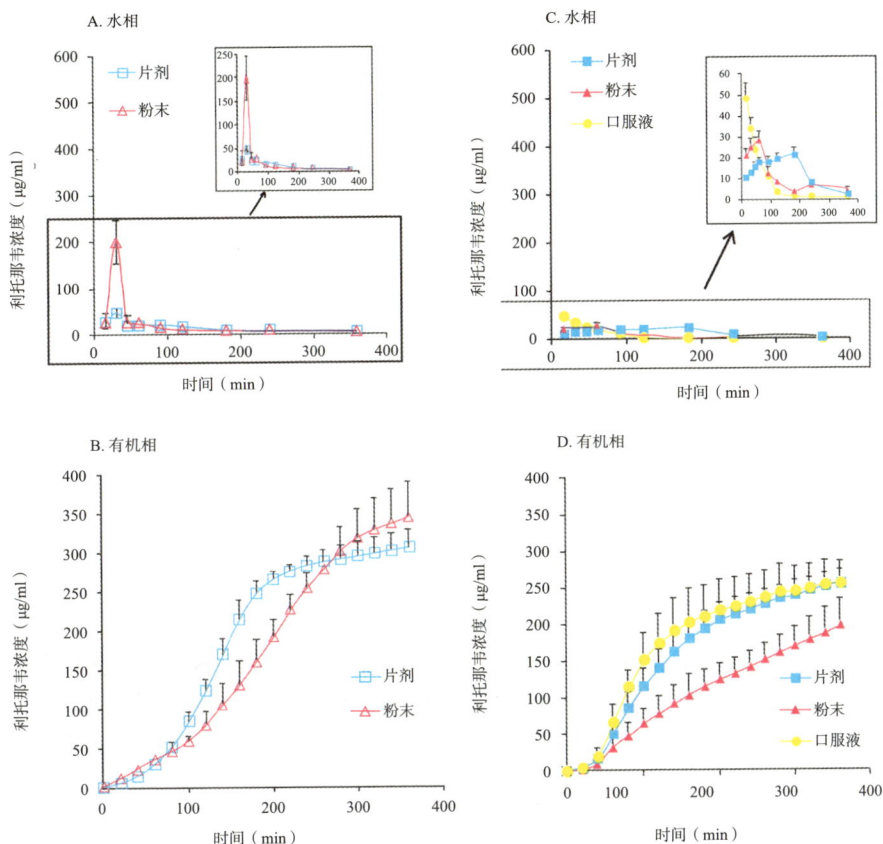

图 10-7　两相溶出法测得水相（A，C）和有机相（B，D）中利托那韦的药物浓度经时变化曲线

A，B 水相为 FaSSIF；C，D 水相为 FeSSIF

将人体内的血药浓度用 Wagner-Nelson 法计算各时间点的吸收百分数，将正辛醇中药物量除以 6 小时的累积溶出量计算各时间点的溶出百分率，按 Levy 法对时间进行校正后，采用三种制剂在空腹和中等脂肪饮食餐后的体外溶出和体内吸收百分率数据，获得了良好的 A 级体内外相关性（图 10-8）。

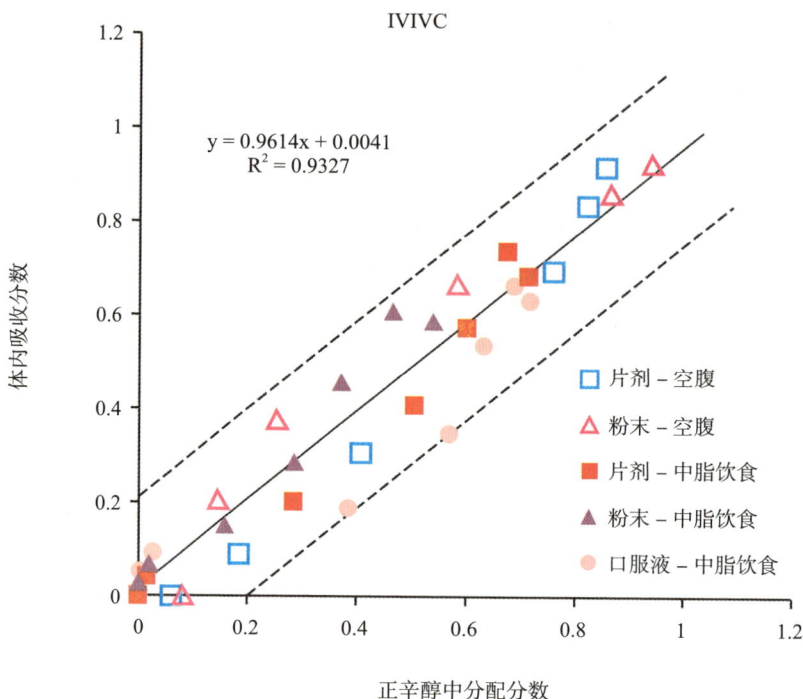

图 10-8　利托那韦三种制剂在空腹和中等脂肪饮食餐后口服吸收百分率和两相溶出测定有机相转移百分率的相关性（虚线为 20% 的误差范围）

4.2　自乳化给药系统

　　近年来，脂质处方在提高难溶性药物的生物利用方面有较快的进展，其中以自乳化给药系统的发展最快，已有多个产品上市。虽然在脂质处方的质量评价中大量应用常规溶出度试验方法，但越来越多的研究表明，常规的溶出度试验往往不能反映药物在体内的溶出。Pestieau 等采用各种溶出介质（0.1mol/L 盐酸、0.1mol/L 盐酸 +1% 聚山梨酯 80、FaSSGF、FaSSIF、FeSSIF 以及含有水和正辛醇的两相介质），考察非诺贝特自乳化制剂的溶出特性。结果表明，只有使用两相溶出介质才能够建立 A 级体内外相关性，且 C_{max} 和 AUC 的预测误差均小于 10%。因此，两相溶出法在自乳化给药系统的体内外溶出相关性研究中有着广阔的应用前景。

塞来昔布是一种选择性环氧合酶-2抑制剂，广泛应用于骨关节炎、类风湿关节炎和急性疼痛的缓解和治疗，水溶性差但黏膜渗透性好，属于典型的BCS Ⅱ类药物。Shi等[1]应用桨法装置结合流通池，考察了塞来昔布自乳化制剂的单相溶出特性和双相溶出行为，并与塞来昔布口服液（含乙醇和聚山梨酯80）和市售Celebrex®胶囊进行比较。图10-9A是采用900ml含2%SDS的磷酸缓冲液（pH 6.8）为介质的三种制剂体外溶出曲线，从中可看出，三种制剂在漏槽条件下的溶出都很快，口服液和市售胶囊在15分钟时溶出即超过90%，自乳化制剂稍慢，但30分钟时的溶出也达到与前两者相同的水平。图10-9B是采用250ml磷酸缓冲液（pH 6.8）为介质的单相溶出行为，从中可看出，在这种非漏槽条件下，市售胶囊在2小时的测定时间内，溶解的药物浓度一直保持其平衡溶解度（5μg/ml）水平；而口服液在10分钟内的浓度迅速达到85μg/ml，之后略有下降；自乳化制剂的溶出与口服液类似，也处于超饱和状态。如果以250ml磷酸缓冲液（pH 6.8）为水相介质、200ml正辛醇为有机相介质，采用两相溶出法测定三种制剂的体外溶出，结果如图10-10所示。与非漏槽条件下的单相溶出相似，市售胶囊在磷酸缓冲液中的浓度还是很低，口服液在磷酸缓冲液中的浓度仍处于较高的超饱和状态，但在正辛醇中的药物浓度溶液剂仅比市售胶囊略高。而自乳化制剂在水相中的浓度有明显的提高（尤其是1~60分钟），正辛醇中的药物浓度远高于溶液剂和市售胶囊，2小时后正辛醇中的药物浓度可达0.35mg/ml。

1 SHI Y, GAO P, GONG Y, et al. Application of a Biphasic Test for Characterization of In Vitro Drug Release of Immediate Release Formulations of Celecoxib and Its Relevance to In Vivo Absorption[J]. Molecular Pharmaceutics，2010，7（5）：1458-1465.

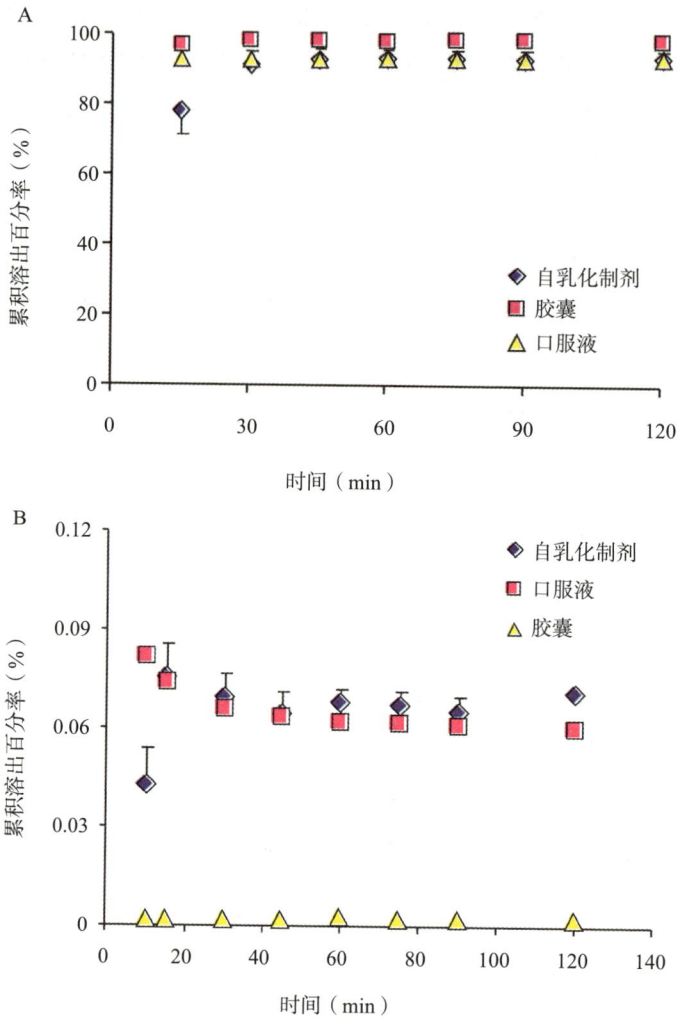

图 10-9　塞来昔布自乳化制剂、市售胶囊和溶液剂在漏槽（A）和非漏槽（B）条件下的单相溶出行为

A. 溶出介质为 900ml 含 2%SDS 磷酸缓冲液；B. 溶出介质为以 250ml 磷酸缓冲液

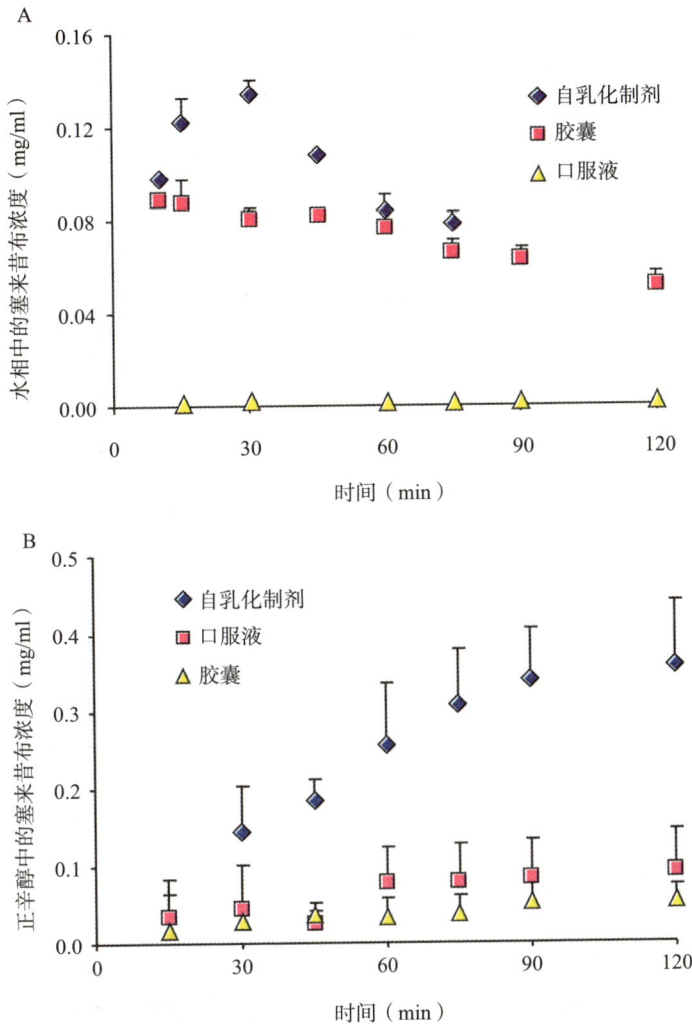

图 10-10　塞来昔布自乳化制剂、市售胶囊和溶液剂两相溶出行为

A. 为水相中的药物浓度变化；B. 为有机相中的药物浓度变化

　　研究人员将这三种制剂的人体药动学数据与上述体外溶出数据进行比较，用水相的药物浓度曲线计算 2 小时内体外溶出的 AUC，并与体内血药浓度的 AUC 进行相关性分析（图 10-11）。图 10-11A 为非漏槽条件下单相溶出时水相药物浓度的 AUC 和血药浓度 AUC 的关系，很明显不具有相关性。图 10-11B 为两相溶出时水相的 AUC 和血药浓度 AUC 的关系，也不具有相关性。如果将两相溶出时有机相中药物浓度的 AUC 与人体血药浓度 AUC 或 C_{max} 作图，可获得较好的相关性（图 10–12），表明有机相中的药物浓度能很好地反映体内的吸收情况。

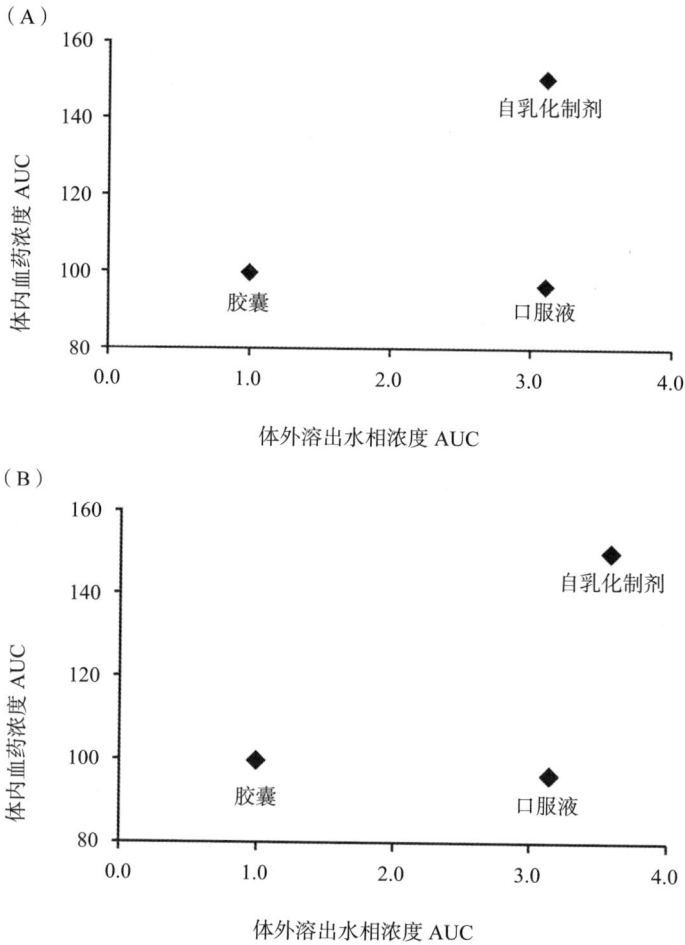

（A）

（B）

图 10–11　单相（A）和两相（B）溶出时水相中的药物浓度 AUC 和
人体血药浓度 AUC 的关系

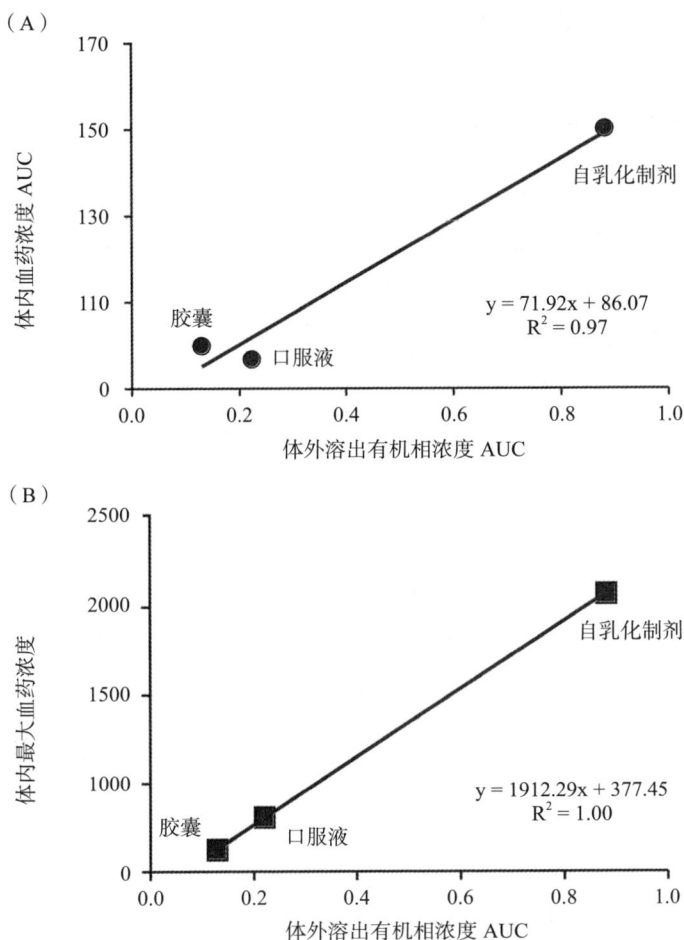

（A）

（B）

图 10-12　两相溶出时正辛醇中的药物浓度 AUC 和人体血药浓度 AUC（A）、Cmax（B）的关系

4.3　难溶性药物缓释制剂

口服缓释制剂设计的主要策略，就是通过控制药物的溶出来调节药物的吸收，从而维持长时间血药浓度的平稳，因此，缓释制剂的溶出度（对于缓释制剂有时也称为释放度）是处方和工艺优化的主要依据，具有非常重要的意义。因此，缓释制剂的溶出度测定，不仅应满足药物质量控制方

法的要求，还应能反映药物在体内的实际溶出情况。两相溶出系统正是基于体内外相关性的新型药物溶出测定方法，在缓释制剂体外溶出度评价中具有较好的应用前景。

　　硝苯地平在水中溶解度小于 $10\mu g/ml$，采用生物相关性溶出介质也不能满足漏槽条件，不推荐添加表面活性剂或有机溶剂达到漏槽条件，因为这些物质的添加改变了缓控释材料对药物溶出的控制机制。Swanson 等[1] 用转篮法以人工胃液为溶出介质、采用每 2 小时全部更换介质的方式测定了 30mg 和 60mg 两种规格硝苯地平渗透泵片 Adalat®XL 的体外释药行为，发现 24 小时内药物的溶出已基本完成。但是这两种制剂的体内血药浓度数据表明 30 小时还存在吸收的过程，说明这种溶出方法不能完全反映药物的体内溶出。而 Grundy 等[2] 用两相溶出法测定，发现 30 小时时有机相中的药物量还不到 90%，表明双相溶出法比单相溶出法更能反映该药物制剂的体内溶出和吸收行为。将体内的血药浓度数据用 Wagner–Nelson 法和仅卷积法进行处理，计算各时间点的药物吸收百分数，并与两相溶出时各时间点有机相药物转移百分数进行相关性分析，得到图 10-13 所示的 A 级相关性。

1　SWANSON D R, BARCLAY B L, WONG P，et al. Nifedipine gastrointestinal therapeutic system[J]. American Journal of Medicine, 1987, 83(6B): 3–9.

2　GRUNDY J S, ANDERSON K E, ROGERS J A, et al. Studies on dissolution testing of the nifedipine gastrointestinal therapeutic system. Ⅱ. Improved in vitro–in vivo correlation using a two–phase dissolution test[J]. Journal of Controlled Release, 1997, 48(1): 9–17.

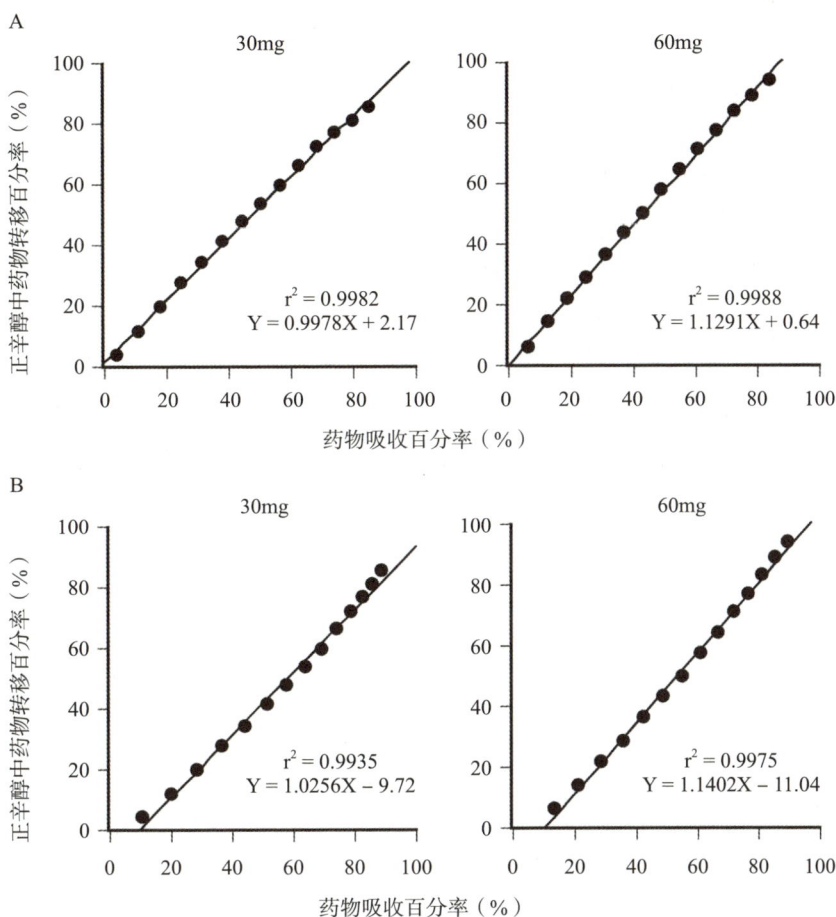

图 10-13　30mg 和 60mg 硝苯地平渗透泵片各时间点口服吸收百分率和两相溶出时正辛醇转移百分率的相关性

A. Wagner-Nelson 法，B. 反卷积法

Heigoldt 等[1]采用 pH 调节的两相溶出系统研究了双嘧达莫和 BIMT 17 的四种控释制剂的溶出。结果表明，与传统的 pH 1、5.5 或 6.8 单相介质的溶出试验相比，pH 梯度调节的两相溶出法更能准确地预测基于不同溶出原理的渗透泵制剂体内溶出行为和生物利用度。

1　HEIGOLDT U, SOMMER F, DANIELS R, et al. Predicting in vivo absorption behavior of oral modified release dosage forms containing pH–dependent poorly soluble drugs using a novel pH–adjusted biphasic in vitro dissolution test[J]. European Journal of Pharmaceutics and Biopharmaceutics, 2010, 76(1): 105–111.

4.4 其他

两相溶出测定法由于具有较高的灵敏度，还可以区分难溶性药物常释制剂中处方或工艺的影响。Deng[1]等考察了干法制粒、水为润湿剂的湿法制粒以及淀粉浆为粘合剂的湿法制粒三种工艺对卡多曲颗粒剂溶出度的影响。结果表明，采用传统的药典溶出度测定方法，无论是漏槽条件（以 900ml 含 0.75%SDS 的 pH 6.8 磷酸缓冲液为溶出介质）还是非漏槽条件（以 500ml pH 6.8 磷酸缓冲液为溶出介质），均无法区分三种工艺的差异（图 10-14）。采用两相溶出法（100ml pH 6.8 磷酸缓冲液 +20ml 正辛醇）可很好地区分三种工艺，4 小时时，正辛醇中的溶出百分率与大鼠体内的药动学参数 C_{max} 和 AUC 具有良好的相关性（图 10-15）。

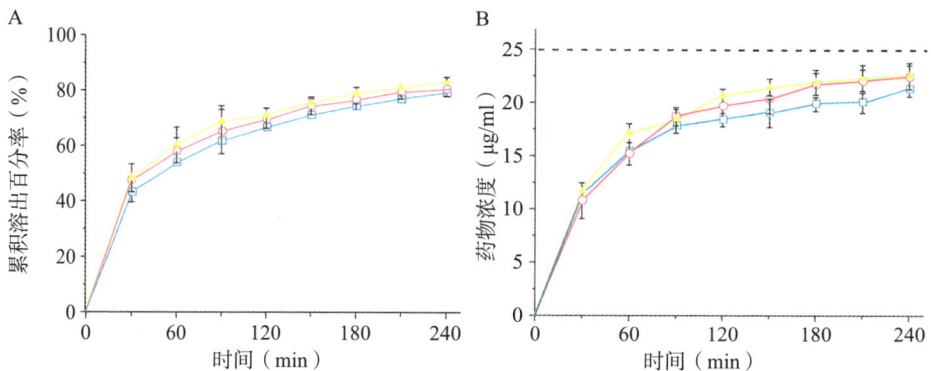

图 10-14 三种工艺所得卡多曲颗粒剂在漏槽（A）和非漏槽（B）条件下的溶出曲线

▲：淀粉浆湿法制粒，○：水湿法制粒，□：干法制粒

1 DENG J, STAUFENBIEL S, HAO S L, et al. Development of a discriminative biphasic in vitro dissolution test and correlation with in vivo pharmacokinetic studies for differently formulated racecadotril granules[J]. Journal of Controlled Release, 2017, 255: 202-209.

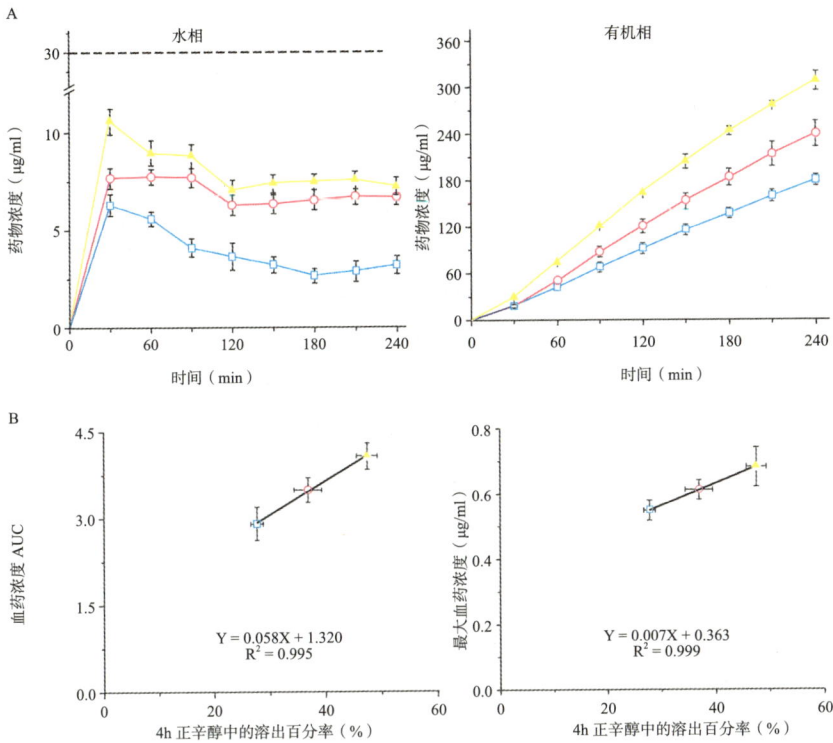

图 10-15　三种工艺所得卡多曲颗粒剂的两相溶出曲线（A）及其体内外相关性（B）

▲：淀粉浆湿法制粒，○：水湿法制粒，□：干法制粒

Durdun 等[1] 采用两相溶出方法评价了不同粒径地拉罗司分散片和参比制剂 Exjade® 的溶出行为。结果表明，正辛醇相中的药物量变化具有较好的区分度，药物溶出分数与体内吸收分数具有良好的 A 级体内外相关性。

两相溶出系统还可以评价不同药物晶型的生物利用度。Bodmeier 等[2] 采用两相溶出法测定了卡马西平晶型 Ⅰ、晶型 Ⅲ 和水合物的体外溶出度，发现 3 小时时，正辛醇中的药物量和体内药动学参数 AUC 和 C_{max} 均具有良

1　DURDUNJI A, ALKHATIB HS, AL-GHAZAWI M. Development of a biphasic dissolution test for Deferasirox dispersible tablets and its application in establishing an in vitro-in vivo correlation[J]. European Journal of Pharmaceutics and Biopharmaceutics, 2016, 102: 9-18.

2　JIA D, STAUFENBIEL S, BODMEIER R.Evaluation of a biphasic in vitro dissolution test for estimating the bioavailability of carbamazepine polymorphic forms[J]. European Journal of Pharmaceutical Sciences, 2017, 105: 64-70.

好的相关性，即 C 级相关。而以 900ml 1%SDS 溶液为溶出介质的单相溶出法对不同晶型的药物没有区分力，三种晶型的卡马西平在 20 分钟内的溶出均超过 80%，以 400ml 磷酸缓冲液（pH 6.8）为介质的非漏槽条件下的单相溶出也无法区分晶型Ⅲ和晶型Ⅰ。

最近，Daniela 等[1] 提出用两相溶出测试法作为支持口服制剂豁免体内研究的可行性。采用桨法和两相溶出法测定了市场上四种不同厂家生产的甲硝唑片和美国的参比制剂 Flagyl 250 的体外溶出度。结果发现，采用药典桨法测得的四种市售制剂与参比制剂均不等效，而两相溶出法测得有机相中的药物浓度与参比制剂一致。说明对于溶解性良好的药物，传统的药典方法过度区分了药物的溶出度，不能反映药物在体内的吸收情况，而两相溶出测试法能更好地反映药物的吸收情况。

1 DANIELA A S, KATHERINE J C, NEAL M D, et al. A BCS–Based Biowaiver Approach Using Biphasic Dissolution Test[J]. Dissolution Technologies, 2021, 11: 40–48.

5 | 展望

两相溶出测定法采用有机相作为药物的吸收室，模拟药物在胃肠道溶出后的吸收转运，较传统的单相溶出测定法更接近实际，因此，常可获得更好的体内外相关性。但药物制剂在胃肠道的崩解、溶出、吸收是一个非常复杂的过程，受药物制剂的生物药剂学性质、胃肠道的生理环境和状态等多种因素的影响，建立一个功能和结构均与人体胃肠道系统相似的体外溶出仿生系统是一件非常困难的系统工程。两相溶出系统最大的优势就是利用已溶解的药物向有机相的分配来模拟胃肠道的吸收，但实际上药物的胃肠道吸收远比有机相的分配复杂得多。虽然已有大量的文献报道两相溶出测试法具有较好的体内外相关性，但不同的药物在胃肠道中的吸收机制不尽一致，甚至在胃肠道不同部位吸收速率也不相同。而且受实验装置的限制，有些药物向有机相分配的速率与体内药物的吸收速率相差过大，因此，对许多药物而言，两相溶出测试法并不总能获得良好的体内外相关性。另外，两相接触面积易受搅拌装置和设备震动而发生波动，药物浓度在线检测装置或取样操作等也会对溶出和分配行为产生影响，这些都会影响两相溶出测定结果的重现性，在实验操作时必须多加注意。总之，作为一种新型的药物溶出测定方法，从科学假设、学术研究到应用研究，两相溶出测定法还需要不断吸收相关学科的最新成果，通过科学实践和探索继续完善。

附件

表 10-1 术语（中英文对照）

缩略词	英文名称	中文名称
AAPS	American Pharmaceutical Association	美国药学科学家协会
BCS	biopharmaceutics classification system	生物药剂学分类系统
HMPC	hydroxypropyl methylcellulose	羟丙甲纤维素
SDS	sodium dodecyl sulfate	十二烷基硫酸钠
FaSSGF	fasted state simulated gastric fluid	模拟人空腹状态下的胃液
FeSSGF	fed state simulated gastric fluid	模拟人餐后状态下的胃液
FeSSIF	fed state simulated intestinal fluid	模拟人餐后的肠液
FaSSIF	fasted state simulated intestinal fluid	模拟人空腹状态下的肠液
AUC	area under curve	药时曲线下面积
/	biphasic disslution test	两相溶出度测定法

概述

在创新药和仿制药研发过程中，体外溶出度试验不仅是口服固体药物制剂质量控制的重要手段，而且通常被作为体外替代方法，为体内生物等效性试验和体内 – 体外相关性（IVIVC）研究提供指导[1, 2]。因此，越来越多的研究者致力于体外溶出技术研究，通过胃肠道（gastrointestinal tract，GIT）生理特征和环境的模拟，预测口服药物制剂在体内溶出和吸收过程。目前，常用的传统体外溶出方法有转篮法、桨法、往复筒法、流池法等，多国药典均有收载。尽管上述方法已成为全球溶出度试验的金标准[1, 3]，但是这类方法在药物制剂的处方筛选和质量控制中遇到多种问题与挑战，主要表现在：传统溶出方法常采用成分组成单一的溶出介质和仿生程度较低的静态溶出装置，不能准确模拟体内胃肠道蠕动和流体动力学等生理条件；一定程度上忽略了药物通过胃肠道时的动态过程（崩解、溶解、沉淀、过饱和等），致使得到的体外溶出曲线，特别是难溶药物，不能真实地反映体内实际的溶出行为[4, 5]。为此，许多学者致力于更具生物相关性的连续、动

1　李自强，何新，刘昌孝. 基于胃肠道生理驱动的药物溶出 / 透过特征同步评价技术研究进展［J］. 药学学报，2016，051（010）：1540-50.

2　BUTLER J, HENS B, VERTZONI M, et al. In vitro models for the prediction of in vivo performance of oral dosage forms：Recent progress from partnership through the IMI OrBiTo collaboration［J］. European Journal of Pharmaceutics and Biopharmaceutics，2019，136（70-83）.

3　张伟，刘建芳，赵彩霞. 口服固体制剂溶出度测定方法的研究与应用进展［J］. 中国医药导报，2016，013（003）：48-50，63.

4　李自强，何新，刘昌孝. 基于胃肠道生理驱动的药物溶出 / 透过特征同步评价技术研究进展［J］. 药学学报，2016，051（010）：1540-50.

5　BUTLER J, HENS B, VERTZONI M, et al. In vitro models for the prediction of in vivo performance of oral dosage forms：Recent progress from partnership through the IMI OrBiTo collaboration［J］. European Journal of Pharmaceutics and Biopharmaceutics，2019，136（70-83）.

态体外仿生胃肠道模型的开发和应用，并取得了较大的进展。目前已有文献报道了多种单腔室或多腔室体外动态胃肠道模型。本章将对其中用于药物测试研究的四种代表性动态仿生胃肠道模型进行逐一介绍，重点阐述其各自的结构和原理、优缺点以及在药物测试方面的应用。此外，在此基础上，对体外仿生胃肠道模型的优化和设计提出了建议和展望，以期推动口服药物溶出技术的进一步发展，进而提高药物的筛选效率和准确度，缩短药物的研发周期。

1 | 单腔室模型

1.1 动态胃模型

1.1.1 结构、原理与应用

动态胃模型（dynamic gastric model，DGM）是由英国食品研究所设计开发的单腔室体外胃模型[1]（图 11-1）。DGM 由两个连续的隔室组成：用于胃液与食物混合的胃底和提供剪切力和胃研磨功能的胃窦。DGM 胃底呈倒锥形，容积达 800ml。通过位于胃底顶端的穿孔环加入酸和酶液，消化液的流动速率根据胃内 pH 变化由计算机动态控制。在胃底，通过对 37℃水套的周期性加压，模拟胃内容物与胃分泌物的蠕动非均质混合。胃窦由筒体和活塞组成，活塞在水套内移动。当活塞通过从胃底进入胃窦的进气阀吸取食团时，筒的向上和向下运动对胃窦内容物施加剪切应力，从而模拟人胃的节律性蠕动收缩。胃排空由一个阀门控制，该阀门允许较小的颗粒离开胃窦，获得胃排空速率、粒径分布等数据，而较大的颗粒被回流到顶部的腔室以便进一步消化[2]。

DGM 最初用于胃消化期间食物的生化和物理变化、胃的不同解剖区

---

1 WICKHAM M, FAULKS R, MANN J, et al. The design, operation, and application of a dynamic gastric model[J]. Dissolution Technology, 2012, 19(3): 15–22.

2 伍鹏，王晶晶，董志忠，等. 体外仿生消化系统的研究进展——从静态到动态[J]. 生物产业技术, 2019, 06): 26–41.

域功能性的差异以及食物结构对营养活性成分释放率的影响研究等[1, 2]。此后，该模型也用于预测食品成分和生理混合对药物溶出曲线的影响。Vardakou 等[3] 在 DGM 和体内分别测定了不同胶囊壳的药物溶出起始延迟时间（胶囊破裂时间），结果表明 DGM 和体内数据非常一致。Mann 和 Pygall[4] 研究了单层和双层两种普通剂型，结果表明，两种剂型的溶出速率与体内排序一致。

1.1.2 适用性

DGM 的主要优势在于可以准确地模拟真实食物在胃内的混合和运输行为，并提供在正常生理范围内的物理剪切力[5]。胃消化过程中，可根据胃排空速度和胃内容物的物理性质，对模拟胃酸和酶的分泌速率进行动态调整。但是，DGM 模型通过水套的正弦波周期性挤压以及活塞的挤压运动，并不能真实模拟胃壁的蠕动收缩[6, 7]。DGM 的胃底与胃窦垂直排列且不具备真实人胃的形状，导致胃内容物在胃内的分布和排空顺序与真实情况不符[8, 9]。该模型在药物领域的应用仍较少，尚未建立良好的 IVIVC。

1 WICKHAM M, FAULKS R, MANN J, et al. The design, operation, and application of a dynamic gastric model[J]. Dissolution Technology, 2012, 19(3): 15–22.

2 BALLANCE S, SAHLSTRøM S, LEA P, et al. Evaluation of gastric processing and duodenal digestion of starch in six cereal meals on the associated glycaemic response using an adult fasted dynamic gastric model[J]. European Journal of Nutrition, 2013, 52(2): 799–812

3 VARDAKOU M, MERCURI A, NAYLOR T A, et al. Predicting the human *in vivo* performance of different oral capsule shell types using a novel *in vitro* dynamic gastric model[J]. International Journal of Pharmaceutics, 2011, 419(1): 192–9.

4 MANN J C, PYGALL S R. A formulation case study comparing the dynamic gastric model with conventional dissolution methods[J]. Dissolution Technologies, 2012, 19(4): 14–9.

5 VARDAKOU M, MERCURI A, BARKER S A, et al. Achieving antral grinding forces in biorelevant *in vitro* models: Comparing the USP dissolution apparatus ii and the dynamic gastric model with human *in vivo* data[J]. AAPS PharmSciTech, 2011, 12(2): 620–6.

6 MERCURI A, FAULKS R, CRAIG D, et al. Assessing drug release and dissolution in the stomach by means of the Dynamic Gastric Model (DGM): a biorelevant approach[J]. Journal of Pharmacy and Pharmacology, 2009, 61: A5.

7 GUERRA A, ETIENNE–MESMIN L, LIVRELLI V, et al. Relevance and challenges in modeling human gastric and small intestinal digestion[J]. Trends in Biotechnology, 2012, 30(11): 591–600.

8 LI C, YU W, WU P, et al. Current *in vitro* digestion systems for understanding food digestion in human upper gastrointestinal tract[J]. Trends in Food Science & Technology, 2020, 96(114–26).

9 DUPONT D, ALRIC M, BLANQUET–DIOT S, et al. Can dynamic in vitro digestion systems mimic the physiological reality?[J]. Critical Reviews in Food Science and Nutrition, 2019, 59(10): 1546–62.

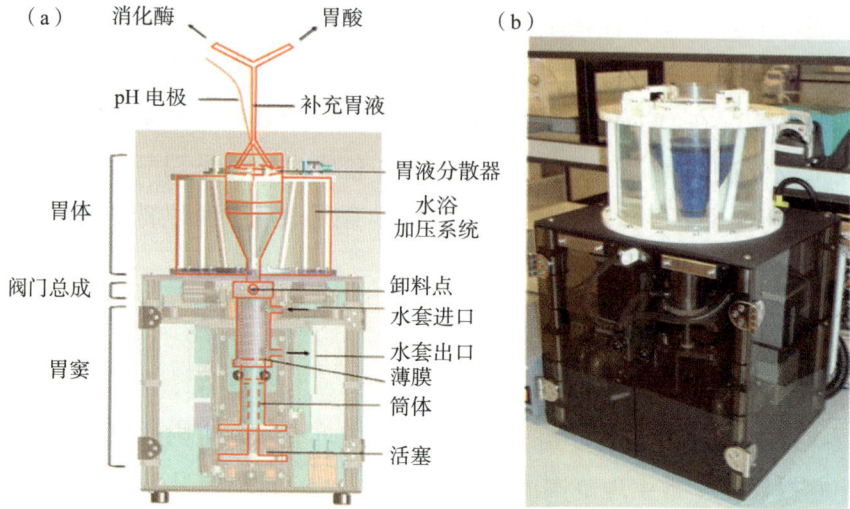

图 11-1 动态胃模型（DGM）

（a）结构示意图（经 Vardakou 等许可改编）；（b）装置图（https://www.pbltechnology.com/technologies/health-and-medicine/02301-dynamic-gastric-model-and-model-gut）

1.2 新型人工胃模型

斯洛文尼亚卢布尔雅那大学 Vrbanac 等[1] 最近提出了一个新型人工胃模型（advanced gastric simulator，AGS），用以研究胃排空对药物溶解和吸收动力学的影响。AGS 主要包括可弯曲的柔性硅橡胶胃腔、收缩环、幽门阀、保温盒、天平、计算机软件等（图 11-2）。胃腔的形状和大小与人的胃相似，上端较宽，最宽处达 10cm，类似于贲门；下端狭窄呈管状，开口约 1cm，类似于幽门。胃腔最多可容纳 1L 的液体。通过关闭或打开环绕胃腔的收缩环，可改变胃腔的形状和体积。作为胃模型，AGS 在药物研究方面的应用较少。Vrbanac 等[2] 以 4 种不同剂型的核苷逆转录酶抑制剂普通片为

---

1 VRBANAC H, TRONTELJ J, BERGLEZ S, et al. The biorelevant simulation of gastric emptying and its impact on model drug dissolution and absorption kinetics[J]. European Journal of Pharmaceutics and Biopharmaceutics, 2020, 149(113-20).

2 VRBANAC H, TRONTELJ J, BERGLEZ S, et al. The biorelevant simulation of gastric emptying and its impact on model drug dissolution and absorption kinetics[J]. European Journal of Pharmaceutics and Biopharmaceutics, 2020, 149(113-20).

BCS Ⅲ类模型药，利用 AGS 模型评估胃排空速度对不同剂型吸收特性的影响。结果表明，与桨法溶出仪相比，AGS 对不同剂型的吸收行为表现出更好的鉴别能力，且与基于核磁共振成像（MRI）技术获得的体内结果具有良好的相关性。

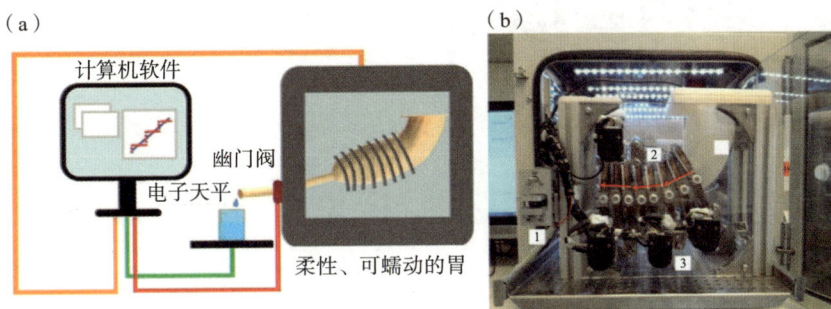

图 11-2　新型人工胃模型（AGS）（经 Vrbanac 等许可改编）
（a）结构示意图；（b）装置图

2 | 多腔室模型

2.1 人工胃－十二指肠模型

2.1.1 结构、原理与应用

人工胃－十二指肠（artificial stomach–duodenum，ASD）模型是由美国辉瑞公司 Carino 等[1] 设计的，基于计算机控制的自动化动态溶出装置。ASD 模型（图 11-3）由两个玻璃腔室组成，分别代表胃（直径约 7.6cm，高度约 8.9cm）和十二指肠（直径约 4.4cm，高度约 4.8cm），分别盛有模拟胃液和模拟肠液。每个腔室内配有桨叶，为药物溶解提供生物相关的流体动力条件，pH 和温度探头实时监测腔室内 pH 和温度的变化。口服固体制剂在胃室中不断崩解、溶出，通过蠕动泵以一定的速率随着溶出介质进入十二指肠室，随后可能发生溶解、沉淀、重结晶等动态过程。在溶出过程中，可以持续注入新鲜的模拟胃肠液，促使胃和十二指肠隔室中药物浓度的持续变化。

对该模型胃和十二指肠隔室中的药物，可采用紫外－可见光纤法进行原位定量分析[2]，也可通过内置的自动进样器系统从两个隔室中采样后离线分析[1]。

1　CARINO S R, SPERRY D C, HAWLEY M. Relative bioavailability estimation of carbamazepine crystal forms using an artificial stomach–duodenum model[J]. Journal of Pharmaceutical Sciences, 2006, 95（1）: 116–25.

2　CARINO S R, SPERRY D C, HAWLEY M. Relative bioavailability of three different solid forms of PNU–141659 as determined with the artificial stomach–duodenum model[J]. Journal of Pharmaceutical Sciences, 2010, 99（9）: 3923–30.

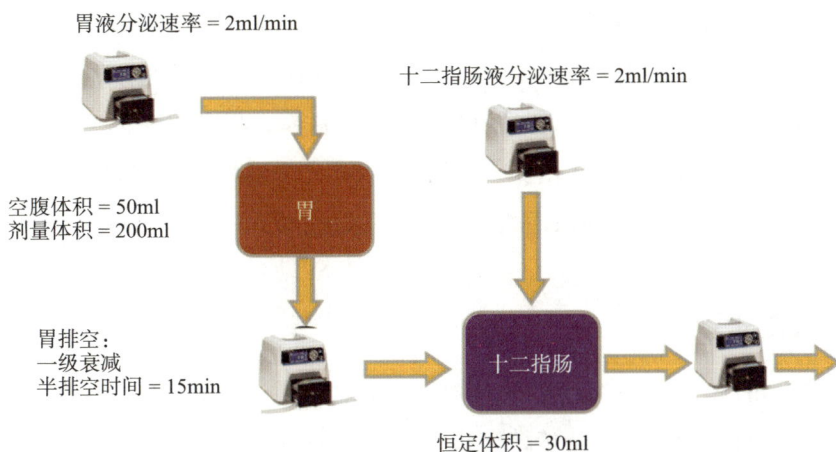

胃液分泌速率 = 2ml/min

十二指肠液分泌速率 = 2ml/min

空腹体积 = 50ml
剂量体积 = 200ml

胃

胃排空：
一级衰减
半排空时间 = 15min

十二指肠

恒定体积 = 30ml

图 11-3 人工胃 - 十二指肠（ASD）模型示意图及其标准操作条件[1, 2]

在不同晶体 / 非晶态形式和药物配方的排序和评估给药液对药物溶出 / 沉淀行为的影响方面，ASD 模型表现出良好的分辨能力和适用性。Carino 等[1] 使用 ASD 装置模拟了犬空腹和进食状态下不同晶型卡马西平的溶出情况。以十二指肠室中的药物浓度绘制浓度 - 时间曲线，得到药时曲线下面积 "AUC"，与犬体内药物浓度 - 时间曲线下的 AUC 相比较，发现卡马西平不同晶型的溶出曲线与体内生物利用度数据之间具有良好的相关性。以三种不同固体剂型（无水物、水合物和无定形物）的难溶性药物 PNU-141659ASD 为模型药，Carino 等继续评估了 ASD 预测原料药及其制剂体内相对生物利用度的能力。发现水合形式的 PNU-141659ASD 生物利用度最高，表明口服制剂的晶型可影响其体内性能。该结果与犬体内研究结果具有良好的相关性[3]。Polster 等[4] 利用 ASD 模型比较了不同剂型的难溶性

1　CARINO S R, SPERRY D C, HAWLEY M. Relative bioavailability estimation of carbamazepine crystal forms using an artificial stomach–duodenum model[J]. Journal of Pharmaceutical Sciences, 2006, 95（1）: 116–25.

2　POLSTER C S, ATASSI F, WU S–J, et al. Use of artificial stomach–duodenum model for investigation of dosing fluid effect on clinical trial variability[J]. Molecular Pharmaceutics, 2010, 7（5）: 1533–8.

3　CARINO S R, SPERRY D C, HAWLEY M. Relative bioavailability of three different solid forms of PNU–141659 as determined with the artificial stomach–duodenum model[J]. Journal of Pharmaceutical Sciences, 2010, 99（9）: 3923–30.

4　POLSTER C S, WU S–J, GUEORGUIEVA I, et al. Mechanism for enhanced absorption of a solid dispersion formulation of LY2300559 using the artificial stomach duodenum model[J]. Molecular Pharmaceutics, 2015, 12（4）: 1131–40.

酸性药物 LY2300559 在胃和十二指肠内的浓度变化，并合理解释了固体分散制剂比常规高剪切湿造粒（HSWG）制剂具有更高血浆浓度的原因。类似地，Bhattachar 等[1]采用 ASD 模型的研究显示，与悬浮液剂型的转化生长因子抑制剂 LY2157299 相比，酸性缓冲溶液剂型可以通过调节胃 pH 和十二指肠过饱和来提高吸收潜力。

2.1.2 适用性

对于 pH 依赖、溶解度低的难溶性化合物，胃 pH 变化和胃排空率显著影响其生物利用度[2~4]。与传统溶出仪相比，ASD 模型可以更好地模拟生理条件，因而对此类药物的体内溶解行为可能具有良好的预测能力[5]。

但是，ASD 模型的真实生物预测能力可能会受到限制。首先，该装置中没有吸收池，而且仅包含十二指肠腔室，不能反映整个小肠内药物吸收的真实情况[6]。其次，简单的机械搅拌在胃腔中产生的流体动力学条件与体内不符，不能有效模拟体内固体药物制剂的崩解和初始溶出行为[7]。因此，ASD 模型对于建立 IVIVC 的作用有限。另外，采用光纤测定法时，分散的固体颗粒可能会导致光阻塞或测量中的背景强度较高，使药物浓度较高的情况下可能会造成错误估计。

1　BHATTACHAR S N, PERKINS E J, TAN J S, et al. Effect of gastric pH on the pharmacokinetics of a bcs class II compound in dogs: Utilization of an artificial stomach and duodenum dissolution model and gastroplus ™ simulations to predict absorption[J]. Journal of Pharmaceutical Sciences, 2011, 100(11): 4756–65.

2　TSUME Y, AMIDON G L, TAKEUCHI S. Dissolution effect of gastric and intestinal pH for a BCS class II drug, pioglitazone: new in vitro dissolution system to predict in vivo dissolution[J]. Journal of Bioequivalence and Bioavailability, 2013, 5(6): 224–7.

3　KOZIOLEK M, KOSTEWICZ E, VERTZONI M. Physiological considerations and in vitro strategies for evaluating the influence of food on drug release from extended-release formulations[J]. AAPS PharmSciTech, 2018, 19(7): 2885–97.

4　KATO T, NAKAGAWA H, MIKKAICHI T, et al. Establishment of a clinically relevant specification for dissolution testing using physiologically based pharmacokinetic (PBPK) modeling approaches[J]. European Journal of Pharmaceutics and Biopharmaceutics, 2020, 151(45–52).

5　胡昌勤，潘瑞雪. 溶出度试验评价 / 预测固体口服制剂生物等效性的研究进展[J]. 中国新药杂志, 2014, 1.

6　SHRIVAS M, KHUNT D, SHRIVAS M, et al. Advances in in vivo predictive dissolution testing of solid oral formulations: How closer to in vivo performance?[J]. Journal of Pharmaceutical Innovation, 2020, 15(3): 296–317.

7　KOSTEWICZ E S, ABRAHAMSSON B, BREWSTER M, et al. In vitro models for the prediction of in vivo performance of oral dosage forms[J]. European Journal of Pharmaceutical Sciences, 2014, 57(342–66).

2.2 三室胃肠道模型

2.2.1 结构、原理与应用

2013 年，美国密歇根大学 Tsume 等[1] 提出一种新型三室胃肠道模型（gastrointestinal simulator，GIS），包括胃腔（容量 50~300ml）、十二指肠腔（容量 50~125ml）和空肠腔三部分（图 11-4），用于预测药物从胃到肠运输过程中的浓度变化。胃和十二指肠腔与 pH 探针相连，可在溶解试验期间连续监测液体的 pH。各腔室通过两个蠕动泵串联，允许流体在腔室之间输送，具有模拟不同胃排空率和传输时间的灵活性。另外两个泵用于控制模拟胃液和十二指肠液的分泌速率。在 GIS 内，药物首先进入胃腔，随着胃的转运，胃腔中的酸性介质伴随着药物会不断进入十二指肠腔，接着再转运进入具有更强缓冲能力的空肠腔，以此模拟真实的体内药物在胃肠道中的溶解转运行为。

GIS 已成功预测了多种弱碱性药物（BCS IIb 类药物）的体内性能。Takeuchi 等[2] 通过对 BCS IIb 类药物吡格列酮片剂进行溶出试验，证明了 GIS 预测难溶性弱碱性药物过饱和度的能力。对美托洛尔和普萘洛尔片的研究表明，当胃半排空时间在 5~10 分钟时，体外溶出度数据与体内数据非常接近[3]。Tsume 等[4] 应用 GIS 预测弱碱性药物达沙替尼与酸抑制剂的相互

1　TSUME Y, AMIDON G L, TAKEUCHI S. Dissolution effect of gastric and intestinal pH for a BCS class II drug, pioglitazone: new *in vitro* dissolution system to predict *in vivo* dissolution[J]. Journal of Bioequivalence and Bioavailability, 2013, 5(6): 224-7.

2　TAKEUCHI S, TSUME Y, AMIDON G E, et al. Evaluation of a three compartment in vitro gastrointestinal simulator dissolution apparatus to predict in vivo dissolution[J]. Journal of Pharmaceutical Sciences, 2014, 103(11): 3416-22.

3　TAKEUCHI S, TSUME Y, AMIDON G E, et al. Evaluation of a three compartment *in vitro* gastrointestinal simulator dissolution apparatus to predict *in vivo* dissolution[J]. Journal of Pharmaceutical Sciences, 2014, 103(11): 3416-22.

4　TSUME Y, TAKEUCHI S, MATSUI K, et al. *In vitro* dissolution methodology, mini-Gastrointestinal Simulator (mGIS), predicts better *in vivo* dissolution of a weak base drug, dasatinib[J]. European Journal of Pharmaceutical Sciences, 2015, 76(203-12).

作用，研究发现，达沙替尼与酸抑制剂一起服用会显著降低药物的生物利用度。在该团队的后续研究中，用 GIS 结合小鼠肠道输注手段评估 BCS Ⅱb 类药物双嘧达莫和酮康唑的沉淀速率、过饱和水平以及持续时间与其口服吸收之间的关系[1]。结果发现，GIS 溶出度研究中的药物浓度与小鼠输注研究中的血浆浓度之间存在良好的线性相关性，且证明延长弱碱性药物的过饱和程度可以提高其生物利用度。

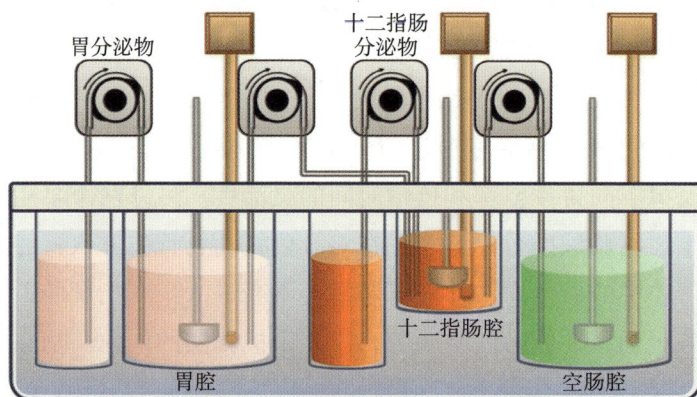

图 11-4　三室胃肠道模型（GIS）结构示意图
图片经 Matsui 等[2]许可改编，Copyright（2017）American Chemical Society

此外，研究人员发现桨法和 GIS 都能够预测 BCS Ⅰ 类药物氟康唑的体内溶出行为。尽管与桨法相比，GIS 能更好地预测 BCS Ⅱ 类药物双嘧达莫的 pH 依赖性溶出曲线和过饱和 / 沉淀[2]，但 GIS 模型研究中药物沉淀部分（50%）显著高于临床试验结果（7%）。研究人员认为，体外和体内观察结果之间存在差异的原因可能是 GIS 缺乏模拟体内条件的吸收功能。为了克服 GIS 的上述不足，Tsume 等[3]将双相溶出装置与 GIS 相结合，一定

1　TSUME Y, MATSUI K, SEARLS A L, et al. The impact of supersaturation level for oral absorption of BCS class IIb drugs, dipyridamole and ketoconazole, using *in vivo* predictive dissolution system: Gastrointestinal Simulator（GIS）[J]. European Journal of Pharmaceutical Sciences, 2017, 102（126-39）.

2　MATSUI K, TSUME Y, AMIDON G E, et al. In vitro dissolution of fluconazole and dipyridamole in Gastrointestinal Simulator (GIS), predicting in vivo dissolution and drug-drug interaction caused by acid-reducing agents[J]. Molecular Pharmaceutics, 2015, 12（7）: 2418-28.

3　TSUME Y, IGAWA N, DRELICH A J, et al. The combination of GIS and biphasic to better predict *in vivo* dissolution of BCS class IIb drugs, ketoconazole and raloxifene[J]. Journal of Pharmaceutical Sciences, 2018, 107（1）: 307-16.

程度上提高了 GIS 对 BCS Ⅱb 类药物酮康唑和雷洛昔芬的溶出和吸收行为的预测能力。此外，为了提高 GIS 的生物预测能力，Matsui 等[1]在 GIS 中使用生物相关性溶出介质（FaSSIF）代替模拟肠液，研究表明使用 FaSSIF 的 GIS 更能反映伊曲康唑口服制剂的体内溶出行为。上述研究团队还评估了 GIS 与数学药代模型组合对弱碱性药物的体内溶出 / 吸收特性的预测能力[2]。以双嘧达莫为 BCS Ⅱb 模型药物的相关研究发现，GIS 溶出度数据与药代数学模型组合预测的腔内药物浓度 – 时间曲线（图 11-5a）及血浆药物浓度 – 时间曲线（图 11-5b）[3]与临床数据一致[4]。

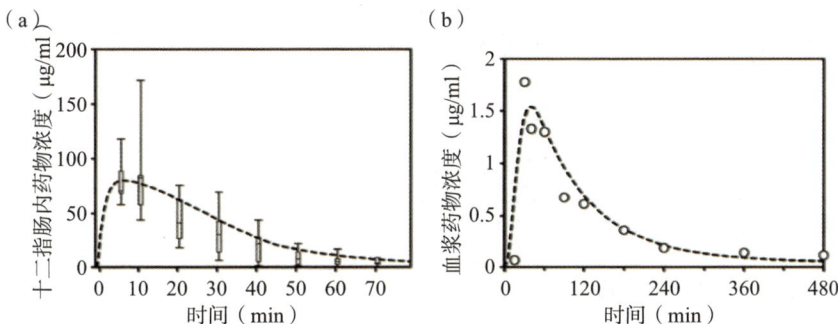

图 11-5　双嘧达莫十二指肠及血浆药物浓度曲线

（a）双嘧达莫（给药量 30mg）在十二指肠内药物浓度随时间的变化曲线（箱线图表示临床试验的观测数据，虚线表示基于 GIS 与数学模型组合得到的预测曲线）；（b）单次口服 50mg 双嘧达莫后健康受试者血浆浓度曲线（白色圆圈表示临床试验的观测数据，虚线表示模型预测曲线）。图片经 Matsui, Tsume, Takeuchi, Searls and Amidon 许可改编，Copyright（2017）American Chemical Society。

1　MATSUI K, TSUME Y, AMIDON G E, et al. The evaluation of *in vitro* drug dissolution of commercially available oral dosage forms for itraconazole in gastrointestinal simulator with biorelevant media[J]. Journal of Pharmaceutical Sciences, 2016, 105（9）: 2804-14.

2　MATSUI K, TSUME Y, TAKEUCHI S, et al. Utilization of gastrointestinal simulator, an *in vivo* predictive dissolution methodology, coupled with computational approach to forecast oral absorption of dipyridamole[J]. Molecular Pharmaceutics, 2017, 14（4）: 1181-9.

3　PSACHOULIAS D, VERTZONI M, GOUMAS K, et al. Precipitation in and supersaturation of contents of the upper small intestine after administration of two weak bases to fasted adults[J]. Pharmaceutical Research, 2011, 28（12）: 3145-58.

4　RUSSELL T L, BERARDI R R, BARNETT J L, et al. pH-related changes in the absorption of dipyridamole in the elderly[J]. Pharmaceutical Research, 1994, 11（1）: 136-43.

2.2.2 适用性

与其他复杂的多腔室模型相比，GIS 的设计和操作简单，是预测口服固体制剂在胃肠道不同部位内过饱和和沉淀行为的有效动态溶出装置。多数 GIS 的应用研究是基于 BCS 分类比较不同药物以建立 IVIVC，但很少将相同药物的缓释与普通制剂进行比较研究，并建立可靠的 IVIVC[1~3]。GIS 的预测能力极易受溶出参数的影响，比如模拟胃液的 pH 和胃转运时间 / 速率，都会显著影响药物在小肠中的过饱和水平。此外，对于胃肠道中的高渗透性药物，溶解的药物会被快速吸收，但是在不含吸收室的 GIS 中测到的药物浓度会高于人体肠道内的药物浓度。

2.3 TNO 胃肠道模型

2.3.1 结构和原理

TNO 胃肠道模型（TNO Gastro-Intestinal Model，TIM-1）是一种计算机控制的多腔室人工胃肠道系统，由荷兰应用科学研究组织的 Minekus 等于 1995 年开发[4]。TIM-1 旨在模拟上消化道内的真实环境，包括 pH 变化、温度、蠕动、消化酶、胆汁和胰液的分泌以及消化产物的吸收等。TIM-1 由 4 个连续隔室组成，依次模拟胃、十二指肠、空肠和回肠[1]（图 11-6），TIM-2 在此基础上增加了大肠模型[5]。TIM-1 和 TIM-2 的每一个腔室都是

1　VRBANAC H, TRONTELJ J, BERGLEZ S, et al. The biorelevant simulation of gastric emptying and its impact on model drug dissolution and absorption kinetics[J]. European Journal of Pharmaceutics and Biopharmaceutics, 2020, 149(113-20).

2　TSUME Y, AMIDON G L, TAKEUCHI S. Dissolution effect of gastric and intestinal pH for a BCS class II drug, pioglitazone: new in vitro dissolution system to predict in vivo dissolution[J]. Journal of Bioequivalence and Bioavailability, 2013, 5(6): 224-7.

3　SHRIVAS M, KHUNT D, SHRIVAS M, et al. Advances in in vivo predictive dissolution testing of solid oral formulations: How closer to in vivo performance?[J]. Journal of Pharmaceutical Innovation, 2020, 15(3): 296-317.

4　MINEKUS M, MARTEAU P, HAVENAAR R, et al. A multicompartment dynamic computer-controlled model simulating the stomach and small intestine[J]. Alternatives to Laboratory Animals Atla, 1995, 23(2): 197-209.

5　MINEKUS M, SMEETS-PEETERS M, BERNALIER A, et al. A computer-controlled system to simulate conditions of the large intestine with peristaltic mixing, water absorption and absorption of fermentation products[J]. Applied Microbiology and Biotechnology, 1999, 53(1): 108-14.

由两个内壁可自由运动的玻璃夹套组成，夹套中间有一根柔韧而有弹性的硅橡胶软管，通过泵的作用将37℃的温水持续不断地通过软管输送至玻璃夹套之间用于保温。通过改变水压的方式对玻璃夹套进行交替压缩和舒张，以模拟胃肠道内壁的蠕动收缩过程，促进食糜混合。通过持续不断地向软管内通入氮气，以维持腔室内的厌氧环境。温度传感器和pH电极分别对各腔室温度和pH实时监测，并通过计算机实时调节37℃温水的输入速率及1M HCl和1M NaHCO₃的分泌速率，以维持胃腔和肠道内提前设置好的参数。模拟胃液、胆汁和胰液的分泌速率也由计算机控制。此外，TIM可以利用空肠和回肠相连的中空纤维膜的透析作用以模拟水和小分子物质在肠道中的吸收过程，从而防止代谢产物对消化和吸收过程的抑制作用[1]。

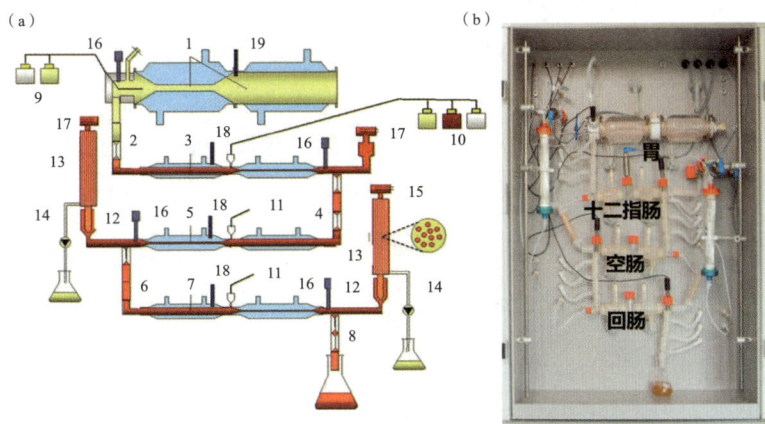

图 11-6　TNO 胃肠道模型（TIM-1）

（a）示意图；（b）装置图；图片经 Minekus 和 Verwei 等[1, 2]许可改编

1.胃；2.幽门；3.十二指肠；4.蠕动阀；5.空肠；6.蠕动阀；7.回肠；8.回肠-盲肠瓣膜；9.胃液；10.十二指肠液；11.碳酸氢盐；12.预滤器；13.过滤系统；14.生物可给部分过滤；15.中空纤维系统（横截面）；16.pH电极；17.液位传感器；18.温度传感器；19.压力传感器

1　MINEKUS M. The TNO Gastro-Intestinal Model（TIM）[M]//VERHOECKX K, COTTER P, LóPEZ-EXPóSITO I, et al. The Impact of Food Bioactives on Health: in vitro and ex vivo models. Cham: Springer International Publishing. 2015: 37-46.

2　VERWEI M, MINEKUS M, ZEIJDNER E, et al. Evaluation of two dynamic in vitro models simulating fasted and fed state conditions in the upper gastrointestinal tract（TIM-1 and tiny-TIM）for investigating the bioaccessibility of pharmaceutical compounds from oral dosage forms[J]. International Journal of Pharmaceutics, 2016, 498（1）: 178-86.

2.3.2 应用案例

TIM-1 最初作为一种体外消化模型，主要应用于食品和营养补充剂领域，包括食物在胃肠道内的消化和营养成分的释放和吸收[1, 2]、功能性食品的安全性和功效性评估[3, 4]等。自 2000 年以来，TIM-1 开始在药物制剂溶出度和生物利用度评估方面受到了广泛关注和应用。Blanquet 等[5]以对乙酰氨基酚为模型药物，利用 TIM-1 评估了胃排空时间变化和食物效应对口服剂型药物溶出行为的影响，并在空腹和餐后状态下分别建立了 A 级（点对点相关）IVIVC。类似地，Souliman 等[6]利用 TIM-1 研究了模拟胃肠液消化酶、胃肠 pH、胃肠蠕动和转运时间等因素对口服药物制剂对乙酰氨基酚片体外溶出／释放和跨膜透过（吸收）的影响。结果发现，TIM-1 模型在空腹和餐后状态下的 IVIVC 相关性系数分别为 0.9128 和 09984（图 11-7）；与传统的桨法相比，TIM-1 模型能更准确地预测对乙酰氨基酚片的体内溶出和吸收行为。Tenjarla 等[7]对美沙拉秦缓释片的 pH 依赖性溶出动力学进行了研究，结果表明，在空腹和餐后状态下，制剂在 TIM-1 上消化道腔室（包括胃和十二指肠）中溶出的药物量非常少，而在结肠中溶出的药物量相当大，该结果与临床试验数据一致。此外，有临床试验数据表明，食

1 GIL-IZQUIERDO A, ZAFRILLA P, TOMáS-BARBERáN F A. An in vitro method to simulate phenolic compound release from the food matrix in the gastrointestinal tract[J]. European Food Research and Technology, 2002, 214（2）: 155-9.

2 BELLMANN S, MINEKUS M, ZEIJDNER E, et al. TIM-carbo: a rapid, cost-efficient and reliable in vitro method for glycaemic response after carbohydrate ingestion[M]//KAMP J W V D. Dietary Fibre New Frontiers for Food & Health. Wageningen; Wageningen Academic Publishers. 2010: 467-73.

3 RIBNICKY D M, ROOPCHAND D E, OREN A, et al. Effects of a high fat meal matrix and protein complexation on the bioaccessibility of blueberry anthocyanins using the TNO gastrointestinal model（TIM-1）[J]. Food Chemistry, 2014, 142: 349-57.

4 OOSTERVELD A, MINEKUS M, BOMHOF E, et al. Effects of inhomogeneity on triglyceride digestion of emulsions using an in vitro digestion model（Tiny TIM）[J]. Food & Function, 2016, 7（7）: 2979-95.

5 BLANQUET S, ZEIJDNER E, BEYSSAC E, et al. A dynamic artificial gastrointestinal system for studying the behavior of orally administered drug dosage forms under various physiological conditions[J]. Pharmaceutical Research, 2004, 21（4）: 585-91.

6 SOULIMAN S, BLANQUET S, BEYSSAC E, et al. A level A in vitro/in vivo correlation in fasted and fed states using different methods: Applied to solid immediate release oral dosage form[J]. European Journal of Pharmaceutical Sciences, 2006, 27（1）: 72-9.

7 TENJARLA S, ROMASANTA V, ZEIJDNER E, et al. Release of 5-aminosalicylate from an MMX mesalamine tablet during transit through a simulated gastrointestinal tract system[J]. Advances in Therapy, 2007, 24（4）: 826-40.

物对口服缓释片剂的体内溶出和吸收具有延迟效应[1-3]。Brouwers 等[2]利用 TIM-1 模型对此进行了证明，比较了福沙普列那韦片剂在空腹和餐后状态下的溶出曲线，观察到普通片在空腹状态下的溶出 / 吸收滞后时间为 60 分钟，而在餐后状态下为 80 分钟。这种差异是由于食物的摄入影响了片剂在胃肠道内的崩解，进而延迟了药物的溶出和吸收。

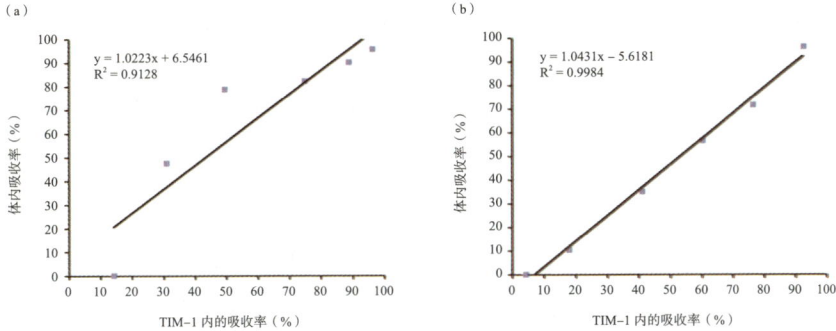

图 11-7　体外与体内相关性（IVIVC）
（a）禁食状态；（b）进食状态；图片经 Souliman 等[4]许可改编

TIM-1 不仅对普通口服制剂的体内溶出度有良好的预测能力，而且对难溶药物（BCS Ⅱ 类和 Ⅳ 类）也表现出显著优势。当 mTOR 抑制剂 AZD8055 以溶液 / 悬浮液和片剂剂型分别给药时，TIM-1 能够区分不同剂型的溶出行为的差异，表明该系统可以为选择合适的原料药形式（游离碱或盐形式）提供指导[5]。此外，研究人员还发现，脂质膜微滤系统比透析

1　KOZIOLEK M, KOSTEWICZ E, VERTZONI M. Physiological considerations and *in vitro* strategies for evaluating the influence of food on drug release from extended-release formulations[J]. AAPS PharmSciTech, 2018, 19（7）: 2885-2897.

2　BROUWERS J, ANNEVELD B, GOUDAPPEL G-J, et al. Food-dependent disintegration of immediate release fosamprenavir tablets: In vitro evaluation using magnetic resonance imaging and a dynamic gastrointestinal system[J]. European Journal of Pharmaceutics and Biopharmaceutics, 2011, 77（2）: 313-319.

3　PENTAFRAGKA C, SYMILLIDES M, MCALLISTER M, et al. The impact of food intake on the luminal environment and performance of oral drug products with a view to in vitro and in silico simulations: a PEARRL review[J]. Journal of Pharmacy and Pharmacology, 2019, 71（4）: 557-580.

4　SOULIMAN S, BLANQUET S, BEYSSAC E, et al. A level A in vitro/in vivo correlation in fasted and fed states using different methods: Applied to solid immediate release oral dosage form[J]. European Journal of Pharmaceutical Sciences, 2006, 27（1）: 72-79.

5　DICKINSON P A, ABU RMAILEH R, ASHWORTH L, et al. An investigation into the utility of a multi-compartmental, dynamic, system of the upper gastrointestinal tract to support formulation development and establish bioequivalence of poorly soluble drugs[J]. The AAPS Journal, 2012, 14（2）: 196-205.

膜装置能更有效地去除动态溶解的药物分子，降低药物的过饱和风险，从而提高对难溶药物肠壁吸收的预测能力。

2.3.3 特点

TIM-1 模型比较真实地模拟了完整的胃肠道，与传统的溶解仪和其他动态胃肠道模型相比，其突出优势在于能够更准确地预测口服药物制剂在胃肠道内的崩解、溶出/释放和跨膜透过等动态过程。TIM-1 是迄今为止发展起来的最先进和最具有生理相关性的胃肠道系统，但是 TIM-1 的成本高昂、结构复杂、操作繁琐，实验周期长，无法对其进行有效的质量控制。TIM-1 通过利用中空纤维膜的透析作用模拟药物分子的吸收过程，只能实现小分子的自由扩散行为，与体内真实主动吸收过程不同。此外，TIM-1 产生的蠕动收缩力较弱，缺乏对胃肠道的几何形态和内部结构的模拟，导致药物在胃肠道内的流动及分布与真实胃肠道情况显著不同[1, 2]。

2.3.4 TIM-1 的改进和优化

为了弥补 TIM-1 的一些不足，Den Abeele 等[3] 在 TIM-1 系统的基础上增加了一个更先进的胃腔室，形成改进型 TIM 胃模型（TIM advanced gastric compartment，TIMagc）。TIMagc 的胃腔体由一个接近真实人胃形状的柔性硅胶胃体和胃窦组成（图 11-8），与胃窦混合同步的幽门阀模拟幽门括约肌的开合，以控制液体和直径小于 3~5mm 固体颗粒的胃排空。这种胃腔室是根据人胃的解剖和生理特征设计的，比 TIM-1 管状的胃腔室更适合研究食物和药物在胃内的分布、流动和混合对药物崩解和溶出特性

1　LI C, YU W, WU P, et al. Current *in vitro* digestion systems for understanding food digestion in human upper gastrointestinal tract[J]. Trends in Food Science & Technology, 2020, 96: 114-26.

2　MACKIE A, MULET-CABERO A-I, TORCELLO-GóMEZ A. Simulating human digestion: developing our knowledge to create healthier and more sustainable foods[J]. Food & Function, 2020, 11(11): 9397-431.

3　VAN DEN ABEELE J, SCHILDERINK R, SCHNEIDER F, et al. Gastrointestinal and systemic disposition of diclofenac under fasted and fed state conditions supporting the evaluation of *in vitro* predictive tools[J]. Molecular Pharmaceutics, 2017, 14(12): 4220-32.

的影响。研究发现，在空腹状态下，TIMagc 胃腔室内测得的双氯芬酸钾总药物浓度与健康志愿者体内的平均浓度近似（C_{max} 分别为 217.399.4µM 和 157.2µM ± 138.4µM）。当药物开始溶解时，TIMagc 可以准确预测药物从胃转移到十二指肠的过程。然而，在餐后状态下，片剂在 TIMagc 内停留 1 小时后即开始崩解，而在体内观察到崩解延迟长达 2 小时。该结果表明，TIMagc 能在一定程度上预测双氯芬酸钾在体内的药物处置行为，其预测程度取决于体外模型与体内生理的近似度和研究对象的复杂程度[1]。

另外，为了降低 TIM-1 结构的复杂性，提高测试效率，Havenaar 等[2]对 TIM-1 系统进行了简化，将 TIM-1 中十二指肠、空肠、回肠三个腔室合并为一个小肠腔室，并省去了回肠流出物收集装置，形成简化版的 TIM-1 系统，即 tiny-TIM（图 11-9）。研究表明，环丙沙星和硝苯地平的普通片和缓释片在 TIM-1 和 tiny-TIM 系统中测得的小肠生物可及性与临床数据一致。与 TIM-1 相比，tiny-TIM 显著提高了普通片在小肠内生物可及性的预测效率和准确度，但不能提供缓释剂型在小肠不同部位分布、溶出等详细信息[3]。

1　VAN DEN ABEELE J, SCHILDERINK R, SCHNEIDER F, et al. Gastrointestinal and systemic disposition of diclofenac under fasted and fed state conditions supporting the evaluation of *in vitro* predictive tools[J]. Molecular Pharmaceutics, 2017, 14(12): 4220-32.

2　HAVENAAR R, DE JONG A, KOENEN M E, et al. Digestibility of transglutaminase cross-linked caseinate versus native caseinate in an *in vitro* multicompartmental model simulating young child and adult gastrointestinal conditions [J]. Journal of Agricultural and Food Chemistry, 2013, 61(31): 7636-44.

3　VERWEI M, MINEKUS M, ZEIJDNER E, et al. Evaluation of two dynamic *in vitro* models simulating fasted and fed state conditions in the upper gastrointestinal tract (TIM-1 and tiny-TIM) for investigating the bioaccessibility of pharmaceutical compounds from oral dosage forms[J]. International Journal of Pharmaceutics, 2016, 498(1): 178-86.

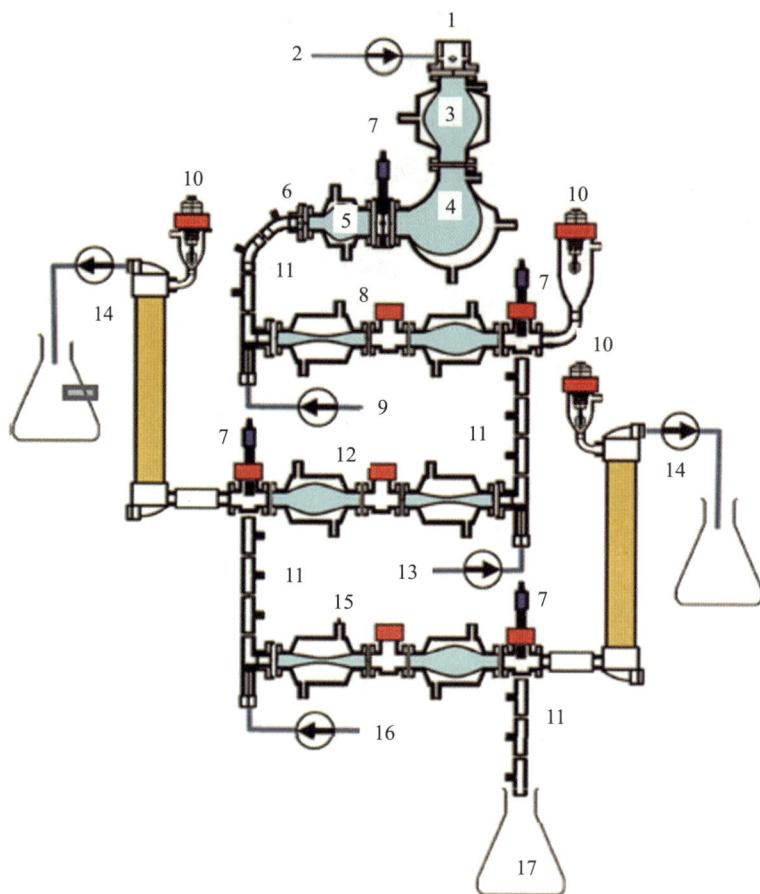

图 11-8 配备 TIMagc 的 TIM-1 的结构示意图

图片经 Den Abeele 等[1] 许可改编，Copyright（2017）American Chemical Society

1.进样口；2.胃分泌物；3.胃体；4.近端胃窦；5.远端胃窦；6.幽门阀门；7.pH 电极；8.十二指肠；9.十二指肠分泌物；10.液位传感器；11.蠕动泵阀；12.空肠；13.空肠分泌物；14.过滤系统；15.回肠；16.回肠分泌物；17.回肠排出物

---

1 VAN DEN ABEELE J, SCHILDERINK R, SCHNEIDER F, et al. Gastrointestinal and systemic disposition of diclofenac under fasted and fed state conditions supporting the evaluation of in vitro predictive tools[J]. Molecular Pharmaceutics, 2017, 14（12）: 4220-32.

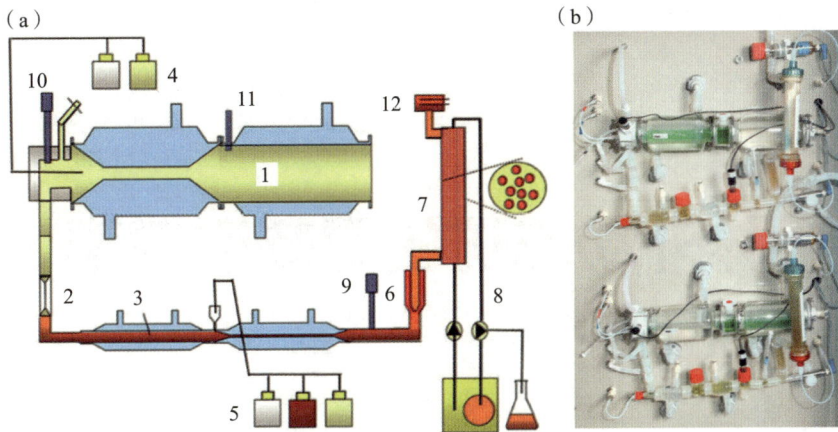

图 11-9 tiny-TIM 系统

（a）结构示意图；（b）装置图（两个 tiny-TIM 并联）；图片经 Verwei 和 Havenaar 等[1, 2]许可改编

1. 胃腔室；2. 幽门控制阀；3. 小肠腔室；4. 模拟唾液和胃液；5. 胆汁盐、胰液和碳酸氢盐；6. 初滤器；7. 中空纤维透析膜；8. 透析液收集单元；9. pH 电极；10. 压力传感器；11. 液位传感器

1 VERWEI M, MINEKUS M, ZEIJDNER E, et al. Evaluation of two dynamic *in vitro* models simulating fasted and fed state conditions in the upper gastrointestinal tract（TIM-1 and tiny-TIM）for investigating the bioaccessibility of pharmaceutical compounds from oral dosage forms[J]. International Journal of Pharmaceutics, 2016, 498（1）: 178-86.

2 HAVENAAR R, DE JONG A, KOENEN M E, et al. Digestibility of transglutaminase cross-linked caseinate versus native caseinate in an *in vitro* multicompartmental model simulating young child and adult gastrointestinal conditions [J]. Journal of Agricultural and Food Chemistry, 2013, 61（31）: 7636-44.

3 | 体外动态仿生胃肠道模型的比较

　　到目前为止，没有一种体外测试设备能够完全且真实地模拟胃肠道内极其复杂的消化环境和动态特征。因此，体外仿生胃肠道系统不能完全代替动物或人体临床试验。但可以作为"前筛选"工具开展相关的科学实验研究，预测体内试验结果，帮助理解药物在消化道内的混合、崩解、溶出、胃排空、吸收、代谢等动态过程，进而减少生物等效性（BE）试验的数量，提高药物筛选的效率[1~3]。在上述提到的动态胃肠道模型中，ASD 和 GIS 的结构较简单，容易标准化，在药物研究方面应用最为广泛，建立的 IVIVC 数据较多，但对胃肠道的蠕动、流体力学和胃排空行为的模拟过于简单，与真实的体内情况差别较大[4]。相比之下，DGM 和 TIM-1 比较全面地模拟了胃和（或）小肠的运动、pH 变化、胃排空和消化液的动态分泌等物理和生化特征，并且可用于研究药物溶解和吸收的食物效应。因此，这类模型

1　BUTLER J, HENS B, VERTZONI M, et al. *In vitro* models for the prediction of *in vivo* performance of oral dosage forms：Recent progress from partnership through the IMI OrBiTo collaboration［J］. European Journal of Pharmaceutics and Biopharmaceutics，2019，136：70–83.

2　ANDREAS C J, CHEN Y–C, MARKOPOULOS C, et al. *In vitro* biorelevant models for evaluating modified release mesalamine products to forecast the effect of formulation and meal intake on drug release［J］. European Journal of Pharmaceutics and Biopharmaceutics，2015，97：39–50.

3　DAVANçO M G, CAMPOS D R, CARVALHO P D O. *In vitro – In vivo* correlation in the development of oral drug formulation：A screenshot of the last two decades［J］. International Journal of Pharmaceutics，2020，580：119210.

4　SHRIVAS M, KHUNT D, SHRIVAS M, et al. Advances in in vivo predictive dissolution testing of solid oral formulations：How closer to in vivo performance?［J］. Journal of Pharmaceutical Innovation，2020，15（3）：296–317.

可为预测口服固体药物制剂的体内生物利用度提供更可靠的数据支撑。但是，DGM、TIM-1 等模型的结构复杂，成本高，尤其是 TIM-1 系统。表11-1 总结和比较了这四种模型的关键生理参数。

表 11-1　四种代表性体外动态胃肠道模型关键参数的对比

模拟生理参数	DGM	ASD	GIS	TIM-1
胃容积	20~800ml	空腹体积：50ml 胃液 +50ml 水；进食体积：250ml	300ml（50ml 胃液 +240ml 去离子水）	150~300ml
小肠容积	不涉及	十二指肠：30ml	十二指肠：50ml 模拟小肠液/生物相关溶出介质；空肠：125ml	300ml（十二指肠 50ml+ 空肠 125ml+ 回肠 125ml）
pH	胃 pH 取决于进食（样）类型和体积	胃 pH：2 或 5.5 十二指肠 pH：6.5	胃 pH：2；十二指肠 pH：6~7.5；空肠 pH：6.5	胃：pH 取决于餐后/空腹状态和食物类型；十二指肠：5.9~6.4；空肠：6.4~6.6；回肠：7.2~7.4
缓冲体系	用盐酸控制胃 pH	用盐酸调整胃 pH；磷酸盐缓冲液维持十二指肠 pH	用盐酸控制胃 pH；碳酸氢盐缓冲液控制小肠 pH	用盐酸控制胃 pH；碳酸氢盐缓冲液控制小肠 pH
进食状态	大块食物进入胃之前需人工磨碎以模拟口腔咀嚼过程	仅缓冲液 pH 和成分变化	不涉及	固体食物经人工咀嚼后与模拟唾液混合，模拟口腔消化
消化酶/胆盐的分泌	模拟胃液（含有胃蛋白酶、胃脂肪酶）可控分泌	胃液和十二指肠液中不包含消化酶，分泌速率恒定为 2ml/min；在十二指肠添加牛磺胆酸钠	模拟胃液（含有胃蛋白酶）和小肠液（含有胰酶），分泌速率均恒定为 1ml/min	模拟唾液（淀粉酶）和胃液（胃蛋白酶、胃脂肪酶）可控分泌；模拟十二指肠液（包括酶和胆汁盐）可控分泌
胃肠道的形态/解剖结构	倒锥形胃腔室	圆柱形	圆柱形	管状

模拟生理参数	DGM	ASD	GIS	TIM-1
胃排空	程序控制的胃排空曲线	程序控制的胃半排空时间，恒定为15分钟	胃排空速率恒定，半排空时间为8分钟	程序控制的胃排空曲线，取决于食物类型和数量
药物制剂的胃肠道转运	只有胃腔室，不需要转运	崩解后通过蠕动泵转运	崩解后通过蠕动泵转运	胃排空和肠道转运：液体、悬浮物和崩解后的小颗粒；没有崩解的剂型需要人工干预才能在隔室间转运
生理相关的机械应力	胃体：水套加压产生的周期性（正弦波）挤压；胃窦：活塞的挤压运动	不涉及	桨叶机械搅拌胃：20r/min 十二指肠：25r/min	改变水压的方式对玻璃夹套进行交替压缩和舒张，以模拟胃肠道内壁的蠕动收缩过程
溶解物质的移除（吸收槽）	不涉及	通过清除崩解和溶解的物质和添加新鲜缓冲液来维持十二指肠腔的体积	不涉及	通过透析或过滤膜去除溶解的物质和消化的产物
肠道跨膜转运的模拟（主动和被动）	不涉及	不涉及	不涉及	不涉及
肠壁的代谢	不涉及	不涉及	不涉及	不涉及
黏膜微环境	不涉及	不涉及	不涉及	不涉及
胆汁盐的重吸收	不涉及	不涉及	不涉及	不涉及

从表 11-1 可看出，目前已有的体外溶出度模型主要侧重于胃肠道的 pH、溶出介质、消化液/胆汁盐的分泌、运动方面的模拟，但大多都不具备真实胃或肠道的形态和生理解剖结构特征（大小、胃内壁皱襞等），对胃壁运动的模拟也有所欠缺。这使得该类模型无法重现食物或药物在受到胃

的形态和结构变化及胃壁蠕动收缩作用而呈现的特殊分布和排空规律，不能很好地解释与体内崩解、溶出和吸收特性之间的差异[1, 2]。因此，有必要构建一种具有真实胃肠道的形态和生理细节、能有效模拟胃肠道蠕动收缩运动的动态仿生胃肠道模型。近年来，已有文献报道了几种具有真实人胃形态且胃运动与体内近似的体外胃模型，包括拉绳牵引驱动的体外人胃模型（rope-driven *in vitro* human stomach model，RD–IV–HSM）[3]、体外机械胃系统（*in vitro* mechanical gastric system，IMGS）[4]、人工胃消化系统（artificial gastric digestive system，AGDS）[5]、胃仿真模型（gastric simulation model，GSM）[6]等。很显然，这些模型仅限于研究食物或药物在胃内的混合、崩解和溶出行为。此外，胃排空及消化物或溶解液在不同腔室之间的转运被动地由蠕动泵控制，排空或转运速率需要提前人为设定（表11–1）。这种被动排空和转运方式与体内的主动、自然排空/转运行为有较大区别，生理相关性程度较低[7]，潜在影响后续小肠吸收和转运。苏州大学陈晓东教授在"准真实"体外仿生胃肠道模型的开发和应用方面积累了十几年的经验。在2004年奥克兰大学工作期间，陈教授曾提出"仿生化工"和"准真实体外模拟消化与吸收系统"的概念，即一个理想的体外仿生消化系统不仅需从器官运动及生化环境上实现仿生，还应当在形态上接近真实的消化道，这样才能重现出与体内消化过程高度相似的体外

1　LI C, YU W, WU P, et al. Current *in vitro* digestion systems for understanding food digestion in human upper gastrointestinal tract[J]. Trends in Food Science & Technology, 2020, 96: 114–26.

2　MACKIE A, MULET–CABERO A–I, TORCELLO–GóMEZ A. Simulating human digestion: developing our knowledge to create healthier and more sustainable foods[J]. Food & Function, 2020, 11(11): 9397–431.

3　CHEN L, XU Y, FAN T, et al. Gastric emptying and morphology of a 'near real' *in vitro* human stomach model (RD–IV–HSM)[J]. Journal of Food Engineering, 2016, 183: 1–8.

4　BARROS L, RETAMAL C, TORRES H, et al. Development of an *in vitro* mechanical gastric system (IMGS) with realistic peristalsis to assess lipid digestibility[J]. Food Research International, 2016, 90: 216–25.

5　LIU W, FU D, ZHANG X, et al. Development and validation of a new artificial gastric digestive system[J]. Food Research International, 2019, 122: 183–190.

6　LI Y, FORTNER L, KONG F. Development of a Gastric Simulation Model (GSM) incorporating gastric geometry and peristalsis for food digestion study[J]. Food Research International, 2019, 125: 108598.

7　PENG Z, WU P, WANG J, et al. Achieving realistic gastric emptying curve in an advanced dynamic *in vitro* human digestion system: experiences with cheese–a difficult to empty material[J]. Food & Function, 2021, 12(9): 3965–77.

过程[1, 2]。在遵循形态解剖学仿生原理[3]的基础上，陈教授及其团队先后报道了一系列集胃肠道形态解剖学、生化环境、蠕动仿生于一体的体外动态仿生动物（大鼠）和人胃肠道消化系统。其中，第四代体外动态人胃肠道系统（dynamic human stomach–intestine–Ⅳ，DHSI-Ⅳ）比较完整地模拟了整个胃肠道，包括食管、胃、小肠和大肠硅胶模型及其相应的机电驱动装置（图 11-10），其中胃模型以真实人胃标本为模具进行翻模并借助 3D 打印技术辅助制作，其大小、形状及内部褶皱细节与真实人胃一致。该团队前期研究证明了 DHSI-Ⅳ在不依赖任何外加动力装置（如蠕动泵）的情况下，仅靠滚轮系统产生的模拟胃蠕动及幽门阀的筛分作用，即可实现米饭、牛肉、奶酪等食物与体内一致的胃排空曲线[4~6]。目前，该系统已被用于预测食品消化过程中的物理化学变化及益生菌胃肠道存活特性等[7~9]。但是，该系统缺乏肠道微生态与胃肠消化吸收的联动设计，并且在药物研究领域的应用仍较少。

1　CHEN X D, YOO J Y. Food engineering as an advancing branch of chemical engineering[J]. International Journal of Food Engineering, 2006, 2.

2　CHEN X D. Bangkok, Thailand, 2012.

3　CHEN X D. Scoping biology–inspired chemical engineering[J]. Chinese Journal of Chemical Engineering, 2016, 24(1): 1–8.

4　CHEN L, XU Y, FAN T, et al. Gastric emptying and morphology of a 'near real' *in vitro* human stomach model (RD–IV–HSM)[J]. Journal of Food Engineering, 2016, 183: 1–8.

5　PENG Z, WU P, WANG J, et al. Achieving realistic gastric emptying curve in an advanced dynamic in vitro human digestion system: experiences with cheese–a difficult to empty material[J]. Food & Function, 2021, 12(9): 3965–3977.

6　WANG J, WU P, LIU M, et al. An advanced near real dynamic in vitro human stomach system to study gastric digestion and emptying of beef stew and cooked rice[J]. Food & Function, 2019, 10(5): 2914–2925.

7　伍鹏，王娟，王晶晶, et al. 基于仿生胃肠道模型的发酵乳中益生菌存活率评价[J]. 食品与发酵工业, 2021, 1–10.

8　CHEN J, CHEN Q, XIE C, et al. Effects of simulated gastric and intestinal digestion on chitooligosaccharides in two in vitro models[J]. International Journal of Food Science & Technology, 2020, 55(5): 1881–1890.

9　SHANG L, WANG Y, REN Y, et al. In vitro gastric emptying characteristics of konjac glucomannan with different viscosity and its effects on appetite regulation[J]. Food & Function, 2020, 11(9): 7596–7610.

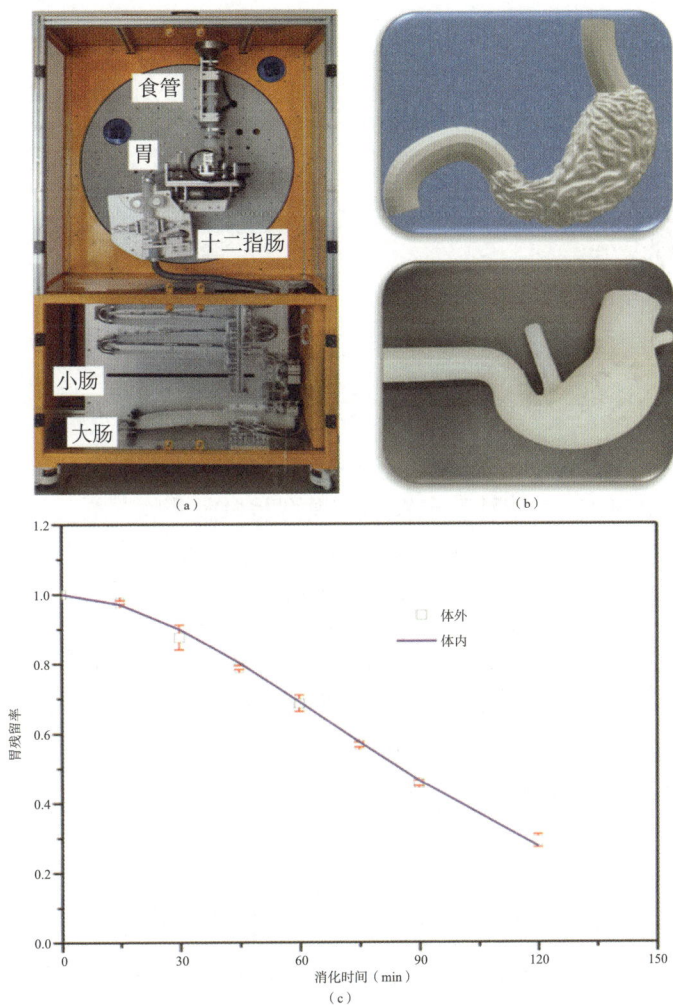

图 11-10　动态仿生胃肠道消化系统（DHSI-Ⅳ）

（a）装置图；（b）基于 3D 辅助打印技术制作的人胃硅胶模型及其内模；（c）奶酪体外与体内胃排空曲线的对比[1]

1　WANG J, WU P, LIU M, et al. An advanced near real dynamic *in vitro* human stomach system to study gastric digestion and emptying of beef stew and cooked rice[J]. Food & Function, 2019, 10(5): 2914–2925.

4 | 展望

　　药物在胃肠道中从崩解、溶出、跨膜透过、吸收至进入血液代谢是一个复杂的动态过程，受到诸如胃肠生理学、药物理化性质和剂型、食物等多种因素的影响[1, 2]。体外动态胃肠道模型是口服药物制剂质量控制和生物利用度预测的重要工具。尽管与传统的药典溶出仪相比，体外模型对难溶性药物（BCS Ⅱb 类药物）的体内行为可能有更好的预测能力，但仍然存在不足。为进一步提高体外胃肠道模型预测口服药物制剂体内行为的能力和价值，需要设计具备模拟人体消化道机械消化、化学消化、消化产物吸收和代谢功能的新一代体外仿生胃肠道系统。基于对现有体外模型的总结和分析，今后可以从以下几方面对基于胃肠道生理的体外动态模型进行设计和优化。

　　（1）集成消化 – 吸收 – 发酵系统，全面模拟口服药物制剂在胃肠道各部位的崩解、溶出、沉淀、转运、吸收、代谢等动态过程。结合肠上皮细胞渗透模型（Caco–2[3]等）或非细胞渗透系统（平行人工膜 PAMPA[4]、磷

1　李自强，何新，刘昌孝. 基于胃肠道生理驱动的药物溶出/透过特征同步评价技术研究进展[J]. 药学学报，2016，051（010）：1540–50.

2　SHRIVAS M, KHUNT D, SHRIVAS M, et al. Advances in *in vivo* predictive dissolution testing of solid oral formulations：How closer to *in vivo* performance?[J]. Journal of Pharmaceutical Innovation, 2020, 15（3）: 296–317.

3　B. SáNCHEZ A, C. CALPENA A, MALLANDRICH M, et al. Validation of an *ex vivo* permeation method for the intestinal permeability of different BCS drugs and its correlation with Caco–2 *in vitro* experiments[J]. Pharmaceutics, 2019, 11.

4　SUN H, NGUYEN K, KERNS E, et al. Highly predictive and interpretable models for PAMPA permeability[J]. Bioorganic & Medicinal Chemistry, 2017, 25（3）: 1266–76.

脂仿生膜 Permeapad®[1] 等），预测药物溶解后的肠壁渗透和吸收过程；引入肠道微生物，探索肠道菌群对药物及其代谢产物功效的影响和作用机制。

（2）充分考虑胃肠道各部位的形态和解剖学结构特征，如胃和小肠内壁的褶皱和绒毛，这些可能会显著影响药物的分布、转运和吸收等。

（3）植入高通量快速检测设备，对关键数据实时监测；结合人工智能技术，模拟人体神经控制和激素内分泌调节，实现自动化调控。

（4）设计和构建针对特定人群（如婴幼儿、儿童、老年人、孕妇、糖尿病患者等）的体外仿生胃肠道系统，以探究药物在不同人群体内崩解、溶出、吸收等特性的影响。

搭建一套可以真实还原人胃肠道的形态、结构、运动、消化、吸收和代谢特征的体外动态胃肠道系统是一项"宏大的工程"，涉及生理、医学、生物、食品、机电、物理和材料等相关的学科。一个理想的体外药物测试模型，要能模拟不同类型药物在胃肠道内的复杂动态行为，准确预测其生物利用度，同时要求其结构简单、操作便捷、成本适中[2, 3]。很显然，单一的体外胃肠道模型很难同时满足该要求。为此，在溶出/吸收/代谢同步评价技术的发展方向和模型的选择上，既要最大程度地模拟药物溶出和跨膜透过过程等诸方面影响因素，又要权衡体外模型的全方位仿真性和简便易行性。充分利用不同模型的优势，并根据研究的目的和重点，选择合适的体外模型或不同模型的组合，以期通过关键路径研究，推动创新药物的研发进程，提高药物的成药性，并为新型药物剂型的开发提供新的技术平台。

1 BIBI H A, HOLM R, BAUER-BRANDL A. Use of Permeapad® for prediction of buccal absorption: A comparison to in vitro, ex vivo and in vivo method[J]. European Journal of Pharmaceutical Sciences, 2016, 93(399-404).

2 BUTLER J, HENS B, VERTZONI M, et al. *In vitro* models for the prediction of *in vivo* performance of oral dosage forms: Recent progress from partnership through the IMI OrBiTo collaboration[J]. European Journal of Pharmaceutics and Biopharmaceutics, 2019, 136(70-83).

3 SHRIVAS M, KHUNT D, SHRIVAS M, et al. Advances in *in vivo* predictive dissolution testing of solid oral formulations: How closer to *in vivo* performance?[J]. Journal of Pharmaceutical Innovation, 2020, 15(3): 296-317.

附件

表 11-2 术语（中英文对照）

缩略词	英文名称	中文名称
AGDS	artificial gastric digestive system	人工胃消化系统
AGS	advanced gastric simulator	人工胃模型
ASD	artificial stomach–duodenum	人工胃 – 十二指肠
BCS	biopharmaceutics classification system	生物药剂学分类系统
BE	bioequivalence	生物等效性
DGM	dynamic gastric model	动态胃模型
DHSI- IV	dynamic human stomach–intestine- IV	第四代体外动态人胃肠道系统
GIS	gastrointestinal simulator	胃肠道模型
GIT	gastrointestinal tract	胃肠道
GSM	gastric simulation model	胃仿真模型
IMGS	in vitro mechanical gastric system	体外机械胃系统
IVIVC	in vitro–in vivo correlation	体内 – 体外相关性
MRI	magnetic resonance imaging	核磁共振成像
RD-IV-HSM	rope-driven in vitro human stomach model	拉绳牵引驱动的体外人胃模型
TIM-1	tno gastro–intestinal model–1	TNO 胃肠道模型
TIMagc	TIM advanced gastric compartment	改进型 TIM 胃模型
tiny-TIM	tiny TNO gastro–intestinal model	简化版 TNO 胃肠道模型

第十二章

聚焦光束反射测量技术的应用

概述

药物崩解是一个压制片剂或胶囊分解为多个颗粒的过程。一般来说，液体浸湿片剂表面、渗入孔隙后，崩解的过程首先是包衣材料的溶解，然后片剂崩解为聚合颗粒，最终，经过解聚和溶解，聚合颗粒逐渐形成更小的细颗粒[1]。崩解行为对于药物从片剂中溶出的速率非常重要，当然，崩解剂的凝胶往往会减缓此过程。对于非崩解型制剂或未崩解的片剂，片剂表面的原料药（活性药物成分，API）将随时间缓慢溶解。崩解之后产生更多的小颗粒，导致表面积增加，从而加快 API 的溶出速率。对于含有难溶性 API 的普通口服片剂，快速、完全的崩解可导致 API 更快地吸收和更快地达到预期效果[2]。因此，崩解是片剂、胶囊等普通口服固体制剂药物溶出的重要环节，崩解程度将直接影响溶出速率，研究药物的崩解过程是非常有必要的。

聚焦光束反射测量（focused beam reflectance measurement，FBRM）技术起源于 20 世纪 80 年代，是通过光纤探头对液体中的颗粒进行跟踪和测量的一种原位、实时过程分析技术。采用 FBRM 技术可追踪颗粒过程中不同粒径范围的颗粒数目和粒径的变化，从而快速获得关于颗粒系统的大量信息。在药物溶出过程中，可定量监测片剂、胶囊等固体制剂崩解、解聚等情况，有助于准确了解制剂的解聚和分散机制。此外，在制剂处方和工

---

1 SILVA D A, WEBSTER G K, et al. The Significance of Disintegration Testing in Pharmaceutical Development[J], Dissolution Technologies，2018，25(3)：30–38.

2 QUODBACH J, KLEINEBUDDE P. A critical review on tablet disintegration[J], Pharmaceutical Development and Technology, 2016, 21(6)：763–774.

艺开发过程中，FBRM 数据有助于发现处方间、批次间溶出特性不一致的原因，通过处方工艺的调整，可实现原料药（API）从制剂中预期的溶出速率。

本章将主要围绕 FBRM 的测量原理、在崩解和溶出过程中的应用进行论述。

1 | 发展历史

1.1 崩解度、溶出度发展历程

20世纪初，Hance提出了片剂的有效性与崩解度、溶解度密切相关的观点[1]，随着片剂的广泛使用，瑞士、巴西、比利时等多个国家药典先后提出了片剂崩解度测定要求和装置。1934年，第五版《瑞士药典》（Pharmacopoea Helvetica）提出了现代崩解度检查法的基本原则，以37℃的水为介质，片剂应在15分钟内崩解。1940年，Stoll和Gershberg首次提出用篮法测定崩解度的装置。Jensen等[2]的研究表明，片剂在人体内和体外的崩解时间约为20分钟。1948年，虽然英国等欧洲多国药典已将崩解度作为片剂的法定检测方法[3]，但美国不同的企业和实验室仍然采用不同类型的崩解度测定装置[4]。

1950年，USP收载了崩解度测定法和标准装置[5]，目前该装置已成为用于口服固体制剂崩解度测定的通用方法。1953年，《中国药典》正式颁

1　HANCE A M. Solubility of compressed tablets[J]. The American Journal of Pharmacy, 1902, 74, 80.

2　PETLERSEN-BJERGAARD K, JENSEN J P. The Disintegration of Standard Pills (Pharmacopoea Danica) in the Human Stomach and in Vitro[J]. Aeta Pharmacol., 1946, 2, 51-56.

3　British Pharmacopoeia (BP), United Kingdom: The General Council of Medical education and Registration of the United Kingdom, London, 1948.

4　SPERANDIO G J. The disintegration of compressed tablets[J]. Journal of the American Pharmaceutical Association, 1948, 37(2): 71-76.

5　GERSHBERG S. Apparatus for tablet disintegration, and for shaking-out extractions[J]. J. Am. Pharm. Assoc., 1948, 35: 284-287.

布片剂崩解试验方法，此前，制药企业已经开展了片剂的崩解度测定[1]。Higuchi[2]、Chapman[3]、Nelson[4] 等的研究工作表明，虽然片剂的崩解时间影响药物在体内的溶出和作用，但药物从制剂颗粒溶出的速度，是影响药物体内吸收的更重要的因素，体内血药浓度与体外溶出速率之间存在相关性，人们逐渐意识到溶出过程对口服药物吸收的重要性。1965 年，NF 首先收载了转瓶法。1969 年，Hanson 制造了第一台六杯溶出仪装置，并得到了FDA 的认可[5]，溶出度技术的研究与实践进入新阶段。

1970 年，USP 收载溶出度方法及转篮法。1975 年，在侯惠民的指导下，我国研制了 75-1 型片剂四用测定仪。1985 年 8 月，《中国药典》首次收载了篮法、浆法和循环法溶出度测定法。随后，《中国药典》先后收载了小杯法、浆碟法、转筒法。2020 年，《中国药典》通则新增了流池法、往复筒法。

1.2 聚焦光束反射测量

1989 年，德国 Preikschat 父子共同申请了聚焦光束反射测量（FBRM）技术发明专利[6]，并创办了 Lasentec 公司。2001 年，梅特勒托利多公司收购了 Lasentec 并对产品进行了升级，增加了黏附颗粒校准功能，能够对暂时黏附在测量视窗表面的颗粒进行校准，提高了检测效率。2003 年，将FBRM 与传感器测量技术相结合，使其可灵活适用于各种规格的反应釜和管路、管道系统。目前 FBRM 技术已广泛应用于药物结晶与颗粒、湿法制粒、崩解与溶出过程的在线测量。

1　科发药厂. 积极提高药品质量[J]. 药学通报, 1953, 1（9）: 334.

2　HIGUCHI T, ELOWE LN, BUSSE LW. The physics of tablet compression. V. Studies on aspirin, lactose, lactose-aspirin, and sulfadiazine tablets[J]. Journal of the American Pharmaceutical Association 1954, 43（11）: 685-689

3　CHAPMAN D G, et al. The relation between in vitro disintegration time of sugar-coated tablets and physiological availability of sodium p-aminosalicylate[J]. Journal of Pharmaceutical Sciences, 1956, 45（6）: 374-378.

4　NELSON E. Solution rate of theophylline salts and effects from oral administration[J]. Journal of the American Pharmaceutical Association, 1957, 46（10）: 607-614.

5　HANSON W. Handbook of Dissolution Testing[M]. Aster Publishing Corporation Eugene, Oregon 859 Willarnette Street, Eugene, Oregon 97401.

6　PREIKSCHAT F K, PREIKSCHAT E. Apparatus and method for particle analysis: US5012118 A[P]. 1991-04-30.

粒度和形貌是原料药的重要参数，如何获得大粒径的颗粒是结晶过程的焦点，直接影响过滤、干燥和制剂等环节。通过控制溶液过饱和度是一种非常有效的手段，借助在线红外光谱（ReactIR）实时监测溶液浓度、在线颗粒成像分析仪（particle vision and measurement，PVM）和 FBRM 实时追踪颗粒数目和粒径的变化，可实现对结晶过程的反馈控制，从而将晶体的大小、形貌控制在理想范围[1, 2]。除粒度和形貌外，晶型也是影响药物稳定性、溶解度和生物利用度的重要参数。从前期筛选、工艺优化到最终放大的所有阶段，都必须严格控制药物的晶型，因此，通过 FBRM 在线测量与监测，是研究晶型转变机制的重要途径[3, 4]。

湿法制粒作为药物的制剂环节，同样涉及颗粒的粒径、流动性、堆密度等关键指标。湿法制粒工艺高度依赖搅拌速率、喷雾速率、喷嘴类型和初始颗粒粒径分布等过程参数，配方比、湿度和温度等非机械参数也对颗粒具有重要影响。在湿法制粒过程中，FBRM 实时在线测量颗粒粒径变化对于快速找到关键参数、优化工艺同样发挥着至关重要的作用[5~7]。同时，FBRM 也可应用于药物制剂的崩解和溶出过程。崩解和溶出是评价口服固体制剂等产品药物溶出曲线的关键属性，对于普通制剂，崩解往往是决定

1　LIOTTA V, SABESAN V. Monitoring and Feedback Control of Supersaturation Using ATR–FTIR to Produce an Active Pharmaceutical Ingredient of a Desired Crystal Size[J]. Organic Process Research & Development, 2004, 8（3）: 488–494.

2　SALEEMI A, STEELE G, PEDGE N I, et al. Enhancing crystalline properties of a cardiovascular active pharmaceutical ingredient using a process analytical technology based crystallization feedback control strategy[J]. International Journal of Pharmaceutics, 2012, 430（1–2）: 56–64.

3　KOBAYASHI R, FUJIMAKI Y, UKITA T, et al. Monitoring of Solvent–Mediated Polymorphic Transitions Using in Situ Analysis Tools[J]. Organic Process Research & Development, 2006, 10（6）: 1219–1226.

4　HERMAN C, HAUT B, DOUIEB S, LARCY A, et al. Use of in Situ Raman, FBRM, and ATR–FTIR Probes for the Understanding of the Solvent–Mediated Polymorphic Transformation of II–I Etiracetam in Methanol[J]. Organic Process Research & Development, 2012, 16, 49–56.

5　NARANG A, STEVENS T, MACIAS K, et al. Application of In–line Focused Beam Reflectance Measurement to Brivanib Alaninate Wet Granulation Process to Enable Scale–up and Attribute–based Monitoring and Control Strategies[J]. Journal of Pharmaceutical Sciences, 2017, 106（1）: 224–233.

6　HUANG J, KAUL G, UTZ J, et al. A PAT Approach to Improve Process Understanding of High Shear Wet Granulation Through In–Line Particle Measurement Using FBRM C35[J]. Journal of Pharmaceutical Sciences, 2010, 99（7）: 3205–3212.

7　ARP Z, SMITH B, DYCUS E, et al. Optimization of a high shear wet granulation process using focused beam reflectance measurement and particle vision microscope technologies[J]. Journal of Pharmaceutical Sciences, 2010, 100（8）: 3431–3440.

药物溶出的关键步骤。表面包衣的溶解、崩解为药物与赋形剂的聚合颗粒、解聚和溶解形成更小的细颗粒是片剂崩解的三个阶段。虽然目前关于崩解和溶出机制已有多种理论，但对整个崩解和溶出行为的"指纹"进行实时在线追踪仍是难点。2009 年，Han 等[1]与梅特勒技术人员首次采用 FBRM-溶出联用技术研究口服固体片剂和胶囊的崩解、溶出机制对药物溶出的影响。2010 年，Coutant 等[2]创新性地将 FBRM 与在线紫外光谱技术应用于原位监测普通片剂的溶出过程，结果表明，溶出速率变化与 FBRM 检测到的大颗粒相关。FBRM 结果说明，晶型转化使片剂材料的聚集增加，导致在溶出过程中出现颗粒崩解和溶解缓慢的现象。这是第一篇 FBRM 应用于药物溶出的文章，具有重要的学术价值，对工业界也产生了重要的影响。Xu 等[3]利用 FBRM 结合药典方法（篮法桨法）考察了处方工艺参数对崩解行为的影响，证明实时在线数据有助于更好地理解片剂药物崩解过程机制，进一步证实了该技术的有效性。2017 年，Markl 等[4]对崩解机制进行了回顾，并对 FBRM、磁共振成像技术（magnetic resonance imaging，MRI）、太赫兹时域光谱（THz–TDS Terahertz time–domain spectroscopy）、太赫兹脉冲成像（Terahertz pulsed imaging，TPI）等崩解测定新技术进行了综述。

1　HAN J H, FERRO L, VAIDYA A, et al. Real–time Study of Disintegration and Dissolution in Solid Oral Dosage Forms with Focused Beam Reflectance Measurement（FBRM）Technology. In: AAPS Annual Meeting and Exposition Los Angeles, CA, 2009.

2　COUTANT C A, SKIBIC M J, DODDRIDGE G D, et al. In Vitro Monitoring of Dissolution of an Immediate Release Tablet by Focused Beam Reflectance Measurement[J]. Molecular Pharmaceutics, 2010, 7（5）: 1508–1515.

3　XU X, GUPTA A, SAYEED V A, et al. Process analytical technology to understand the disintegration behavior of Alendronate Soiduim tablets[J]. Journal of Pharmaceutical Sciences, 2013, 102（5）: 1513–1523.

4　MARKL D, ZEITLER J A. A Review of Disintegration Mechanisms and Measurement Techniques[J]. Pharmaceutical Research, 2017, 34（5）: 890–917.

2 仪器装置与工作原理

2.1 仪器组成

聚焦光束反射测量仪主要由主机、光纤和探头三部分组成。测量时将探头直接放入待测的容器中，主机发出激光信号经光纤传输到探头前端，通过 USB 线将仪器与电脑连接，在电脑上使用软件来实时读取、保存和分析数据。

2.2 工作原理

FBRM 是一种基于弦长（chord length）的测量技术，图 12-1 是探头内部结构示意图。在探头内部有一组平行的光纤，即激光源光纤和监测光纤。激光光束自探头尾部发射出来，经过一组实心的棱镜组向下传播，在靠近探头部分，有一块特殊的棱镜，可以将激光光束聚焦到很小的一个点上；同时，棱镜以 2m/s 的速度旋转。当体系中没有颗粒时，激光将穿过体系，监测光纤不会收到反射信号。当颗粒出现并经过探头窗口表面，聚焦光束接触到颗粒的一侧时，激光束将被反射回来，此时监测光纤就会探测到反射光信号。颗粒持续反射激光束，直至到达颗粒的另一侧。这段反射激光束的时间乘以扫描速度即可得到距离，被称为颗粒的"弦长"（chord length）。弦长的分布（chord length distribution，CLD）就是 FBRM 技术表征颗粒粒径信息的参数（图 12-1）。

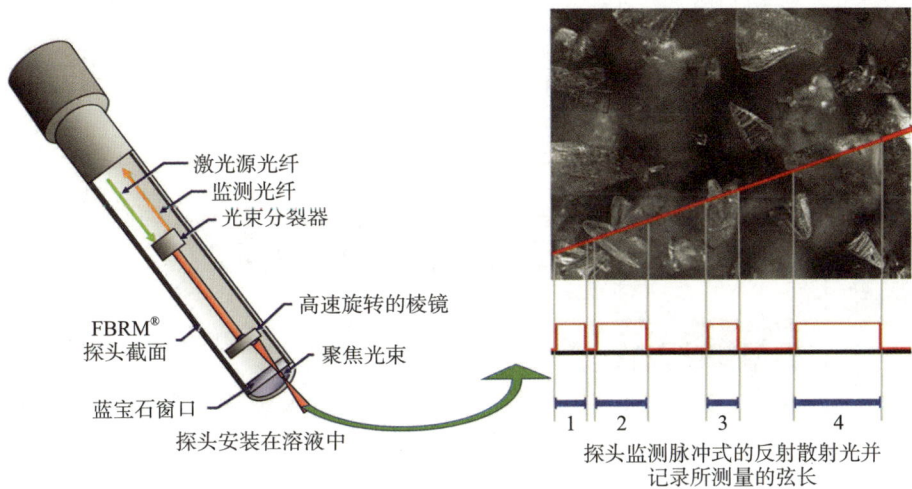

图 12-1　FBRM 测量原理

探头部分的标注：
- 激光源光纤
- 监测光纤
- 光束分裂器
- FBRM® 探头截面
- 高速旋转的棱镜
- 聚焦光束
- 蓝宝石窗口
- 探头安装在溶液中

探头监测脉冲式的反射散射光并
记录所测量的弦长

3 聚焦光束反射测量技术的特点

　　FBRM 系统每秒测定数万个颗粒的弦长，可以获得基于弦长的颗粒数量分布。由于记录了每个粒子的每段弦长，除精确、灵敏地测定颗粒的粒度分布外，还可获得整个体系的颗粒数量信息。根据颗粒数目、弦长随时间的变化和分布，可快速判断颗粒的形成机制，比如溶解、成核、生长、团聚和崩解等。图 12-2 是典型 FBRM 工作软件界面，既可以追踪溶出过程中颗粒的数量、弦长（平均弦长、D_{50} 和 D_{90}）等参数随时间的变化趋势，也可以显示不同时刻的颗粒弦长分布以及不同颗粒弦长的颗粒数量信息。

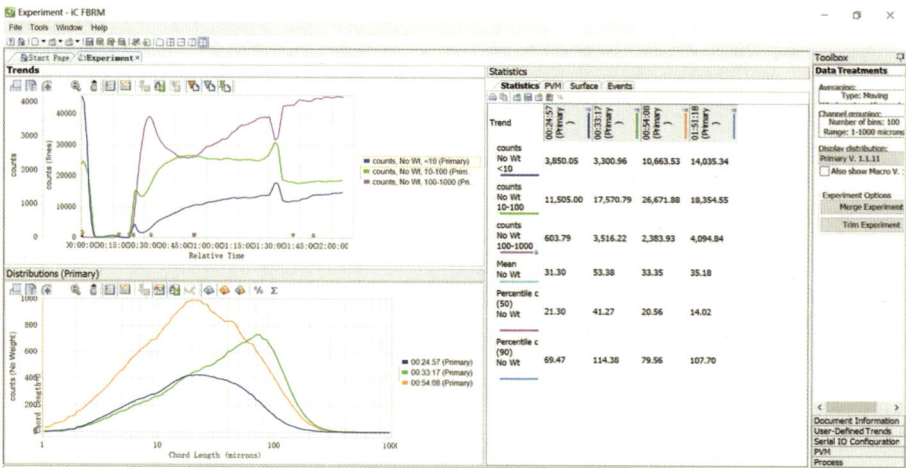

图 12-2　软件 iC FBRM 界面

FBRM 测量获得的弦长分布（CLD）是悬浮液中颗粒数目、粒径和形貌的函数。由于悬浮颗粒运动以及光束扫描颗粒位置的随机性，无法直接从弦长分布中得到颗粒粒径分布（particle size distribution，PSD）数据。尽管许多学者做了大量的探索研究工作，试图将弦长分布转化为粒径分布[1~6]，但尚未建立公认的通用方法。由于粒度（粒径）与颗粒的形貌信息相关，因此，难以准确定义颗粒的粒度。通常，球体颗粒的粒度用直径表示，对不规则的颗粒，可将与该颗粒有相同行为的某一球体直径作为该颗粒的等效直径。上述表征方式对颗粒的假设是不准确或不全面的，特别是对于不规则颗粒。而现实过程中遇到的大多数颗粒是不规则的，因此，准确、全面表征颗粒的真实粒度是非常困难的，目前还没有仪器能够做到这一点。尽管弦长不是颗粒的真实粒度参数，但是可以代表颗粒的粒度。一般来说，颗粒的大小与弦长呈正比，小颗粒的弦长比较小，大颗粒的弦长较长。由于弦长分布数据对于颗粒数目和粒径变化具有高度的灵敏性[7]，CLD 是一个实时动态统计获得且具有代表性的结果，在实际使用中可以相对"对比"来分析，而非直接对数据进行"绝对性"的比较。因为对于 PSD 的测量来说，不同仪器原理、算法的差异得到的结果也会不尽相同。对于工业测量来说，建议直接使用实时弦长分布数据作为过程的"指纹"，没有必要将弦长数据转变为颗粒粒度分布信息。为了避免将弦长分布与颗粒粒度分布混淆，在本章统一用弦长分布（CLD）表示颗粒粒度分布（PSD）。

1 WYNN E J W. Relationship between particle-size and chord-length distributions in focused beam reflectance measurement: stability of direct inversion and weighting[J]. Powder Technology, 2003, 133(1-3): 125-133.

2 LI M Z, WILKINSON D. Determination of non-spherical particle size distribution from chord length measurements. Part 1: theoretical analysis[J]. Chemical Engineering Science, 2005a, 60(12): 3251-3265.

3 RUF A, WORLITSCHEK J, MAZZOTTI M. Modeling and experimental analysis of PSD measurements through FBRM[J]. Particle Particle System Characterization, 2000, 17(4): 167-179.

4 WORLITSCHEK J, HOCKER T, MAZZOTTI M. Restoration of PSD from chord length distribution data using the method of projections onto convex sets[J]. Particle Particle System Characterization, 2005, 22(2): 81-98.

5 YU Z Q, CHOW P S, TAN R B H. Interpretation of focused beam reflectance measurement(FBRM)data via simulated crystallization[J]. Organic Process Research Development, 2008, 12(4): 646-654.

6 KEMPKES M, EGGERS J, MAZZOTTI M. Measurement of particle size and shape by FBRM and in situ microscopy[J]. Chemical Engineering Science, 2008, 63(19): 4656-4675.

7 CHIANESE A, KRAMER H J M. Industrial Crystallization Process Monitoring and Control[M]. 2012.

4 | 在药物制剂中的应用

聚焦光束反射测量（FBRM）技术作为一种在线监测手段，其优势就是随着药物制剂的崩解和溶出动态过程，可以实时追踪颗粒的演变过程，准确识别崩解或溶出过程的起点、变化程度和终点，但要求在测量过程中具有良好的混合效果，尽量使所有的颗粒都能够经过探头的视窗，从而监测全部的颗粒，这样得到的数据将更准确、更全面。与传统的离线分析方法相比，FBRM 技术具有便利性、时效性、数据完整性的特点，提高了理解、优化和控制颗粒系统的能力，因此广泛应用于过程研究。

传统溶出检验中搜集的信息，往往是来自完成所有工艺流程的最终产品，得到的只是一个综合结果。但从改善产品质量的目的出发，当发现产品存在缺陷时为时已晚。随着质量源于设计（quality by design，QbD）理念在药品全生命周期管理中发挥的作用越来越重要，原位颗粒测量技术在工业实践中已获得广泛应用。在不需要取样的前提下，聚焦光束反射测量技术可以实时追踪溶出过程中一系列片剂的颗粒数随时间变化的关系，同时完成颗粒测量获得粒度分布信息。通过了解颗粒的崩解、溶出或溶解机制，可以将药物制剂溶出特性与原料、辅料、处方、工艺的参数关联起来。应用此技术在研发过程中，对使用的材料属性与工艺系数得到十足的了解，并进行优化及控制，便可以保证最终产品的优良品质。

4.1 制粒与压片工艺

Han 等[1]为了探究崩解机制对口服固体制剂的药物溶出影响，采用 FBRM 技术考察了胶囊和片剂两种制剂、不同原料药颗粒粒径（研磨和非研磨）的崩解和溶出过程。结果表明，15 分钟时原料药经过研磨的胶囊会崩解为数目较多的小颗粒，而原料药经过研磨的片剂会崩解为更多数目的大颗粒，60 分钟后两者的原料药已基本溶解，只剩下不溶性的赋性剂，两者的粒度分布接近。这表明，通过 FBRM 技术可以发现胶囊和片剂崩解机制的差异，而崩解是进一步影响药物溶出速率的关键环节。

FBRM 除可得到颗粒数目和粒度分布数据外，还可快速了解过程的关键点，比如起点、转变点和终点。美国食品药品管理局（FDA）的研究人员[2]采用在线 pH 和 FBRM 考察阿仑膦酸钠片剂的崩解行为，通过追踪不同粒径范围（0~2000μm、10~100μm、100~200μm、200~2000μm）颗粒数目的变化，快速准确判断崩解的起点、终点及持续时间。研究发现，随着崩解剂含量的增加和压片机压力的上升，可显著减缓片剂的崩解过程，并且可通过改变压片机压力调控片剂的崩解时间。片剂作为一种应用广泛的重要制剂，了解处方、工艺对片剂崩解行为影响十分重要。

下述案例是利用 FBRM 技术研究碾压、干法和高剪切湿法制粒三种工艺的片剂崩解过程。表 12-1 所示为片剂 A 的处方，原料药是处方中的主要成分（81.25% w/w）。使用相同处方分别采用碾压、干法制粒和高剪切湿法三种工艺制粒，然后将所得颗粒制成具有相同总重量和硬度的片剂。采用聚焦光束反射测量装置，以 50ml 水为介质，考察不同工艺的片剂和颗粒崩解的速率，研究表明，原料药的物理性质在工艺选择中具有重要作用。为

---

1 HAN J H, FERRO L, VAIDYA A, et al. Real-time Study of Disintegration and Dissolution in Solid Oral Dosage Forms with Focused Beam Reflectance Measurement（FBRM）Technology. In: AAPS Annual Meeting and Exposition Los Angeles, CA, 2009.

2 XU X, GUPTA A, SAYEED V A, et al. Process analytical technology to understand the disintegration behavior of Alendronate Soiduim tablets[J]. Journal of Pharmaceutical Sciences, 2013, 102（5）: 1513-23.

了进一步了解溶出性能，使用 FBRM 技术研究崩解过程中粒径的变化并直接在溶出过程中测量颗粒数量。将 FBRM 探头插入一个已加入 50ml 水的烧杯中并固定，确保探头在液面以下且位置和搅拌速率（400r/min）在所有实验中保持恒定。待 FBRM 仪器和软件正常运行后，再向烧杯中加入适量的片剂，进行实时测量。

表 12-1　用于湿法和干法制粒制备的片剂 A 的成分

成分	浓度（% w/w）	单位重量（mg/ 片）
原料药	81.25	325
微晶纤维素（填充剂）	15.75	63
交联羧甲基纤维素钠（崩解剂）	2.00	8
硬脂酸镁（润滑剂）	1.00	4
	100	400

图 12-3 所示为湿法制粒和干法制粒的片剂 A 在水中崩解的粒数随时间的变化。该技术显示了不同工艺的片剂崩解期间不同粒径的粒数的变化速率，这些微妙的差异可能会影响药物的体内吸收。片剂崩解是实时过程，因此可在整个崩解过程中对粒径分布进行分析。图 12-4 显示了干法制粒片剂崩解期间，颗粒粒径在不同时刻的变化，在片剂崩解点（时刻 1）的分布用虚线表示。该点也与从片剂中溶出的颗粒的最大数量点相对应。从该点开始，当颗粒系统没有其他变化时，监测颗粒的崩解约 10 分钟。对于通过干法制粒工艺制备的片剂，分布向左移动（时刻 2），这表明初级颗粒解聚为更细的颗粒。同时从图中可知系统总颗粒数出现降低说明可能是活性成分在水中溶解导致的。

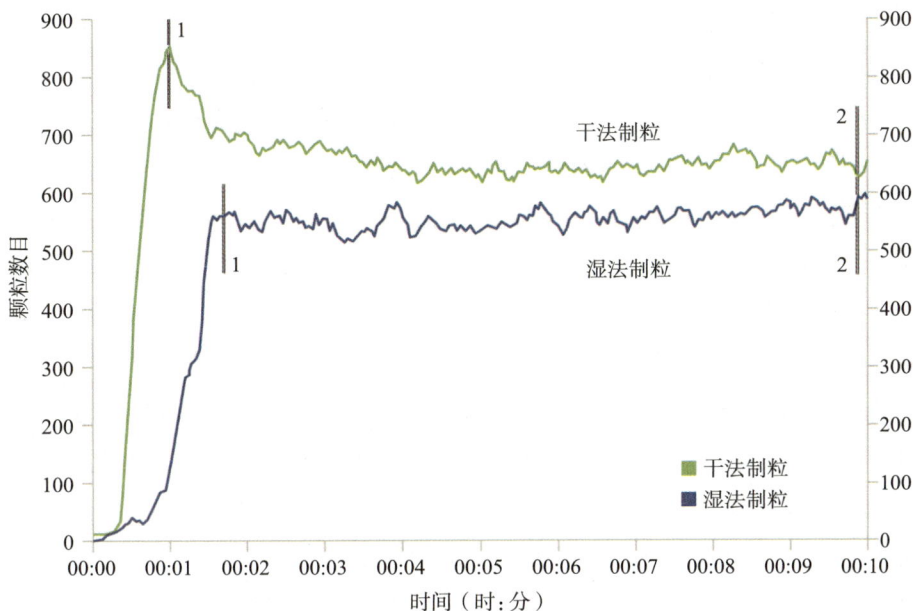

图 12-3　片剂崩解期间使用 FBRM 测量的总粒数对应于片剂完全崩解的点（1）和实验开始 10 分钟后（2）

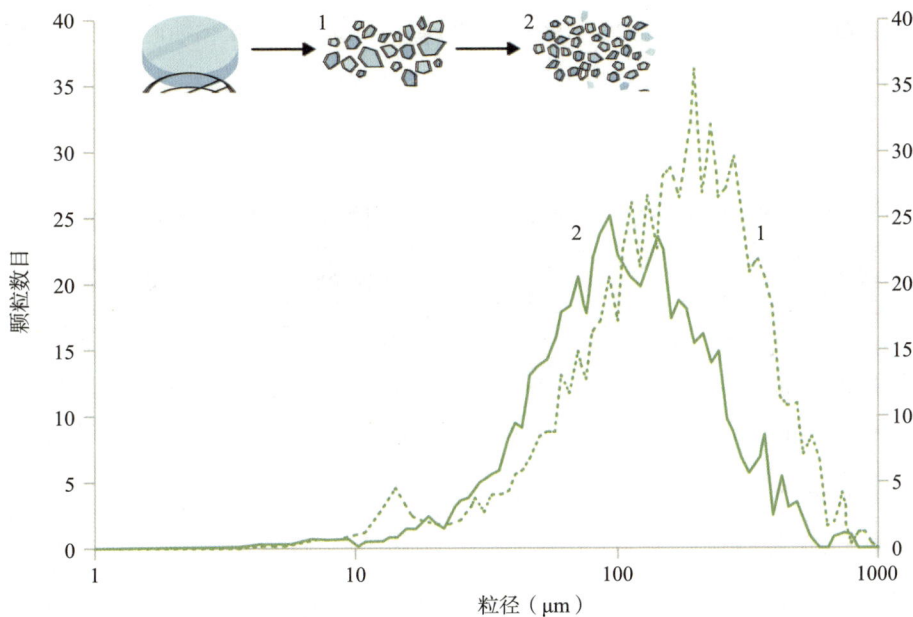

图 12-4　干法制粒片剂在崩解过程中的粒径和在特定时刻的粒数

对于湿法制粒工艺制备的片剂，在相同时间点的粒径分布绘制在图12-5中。在此情况下，粒径分布的总体宽度在实验开始和结束时非常相似。崩解过程中粒度分布的相似性表明，初级颗粒的解聚或崩解与干法制粒片剂不同。细颗粒数的微增可能是由于在测量混合过程中大颗粒发生解聚或溶出。此外，对湿法、干法制粒片剂的最终粒度分布与未加工的粉末混合物进行了比较（图12-6），结果发现崩解试验结束时，干法制粒与未加工的粉末混合物极其类似。这表明干法制粒工艺设计保留了原料药在制剂颗粒中的粒径。但是，湿法制粒样品不同，最终分散的颗粒粒径显著大于起始粉末混合物的粒径。如果这是限制溶出速率吸收的 BCS Ⅰ 类或Ⅳ类药物，那么不同颗粒粒径可能会影响溶出速率或吸收。由此可见，通过FBRM 技术可深入了解片剂和颗粒崩解过程的基本性能，且有助于进一步优化湿法制粒配方。例如，可以增加崩解剂的含量水平以接近未加工粉末混合物的浓度。表 12-2 总结了 1~1000μm 范围内干颗粒和湿颗粒的关键统计数据，并提供与图 12-5 中采集的相同信息。除了总粒数和平均粒径外，还将数据分解为可自定义的粒径区间：< 50μm（细粒）、50~150μm（中粒）、150~300μm（中粒）和 300~1000μm（粗粒）。150~300μm 和 300~1000μm 范围的趋势分析显示，一些更显著的差异可以通过两种不同工艺制成的片剂间整体性能差异进行解释。

表 12-2　FBRM 统计未加工预混合物、干法制粒和湿法制粒的片剂崩解数据

趋势分析	预混合物	干法制粒		湿法制粒	
		起点	终点	起点	终点
平均粒径（μm）	114	197	134	237	178
粒数（< 50μm）	140	86	102	74	111
粒数（50~150μm）	341	279	322	156	221
粒数（150~300μm）	123	291	148	149	131
粒数（300~1000μm）	26	158	44	180	114
粒数（1~1000μm）	630	814	616	559	576

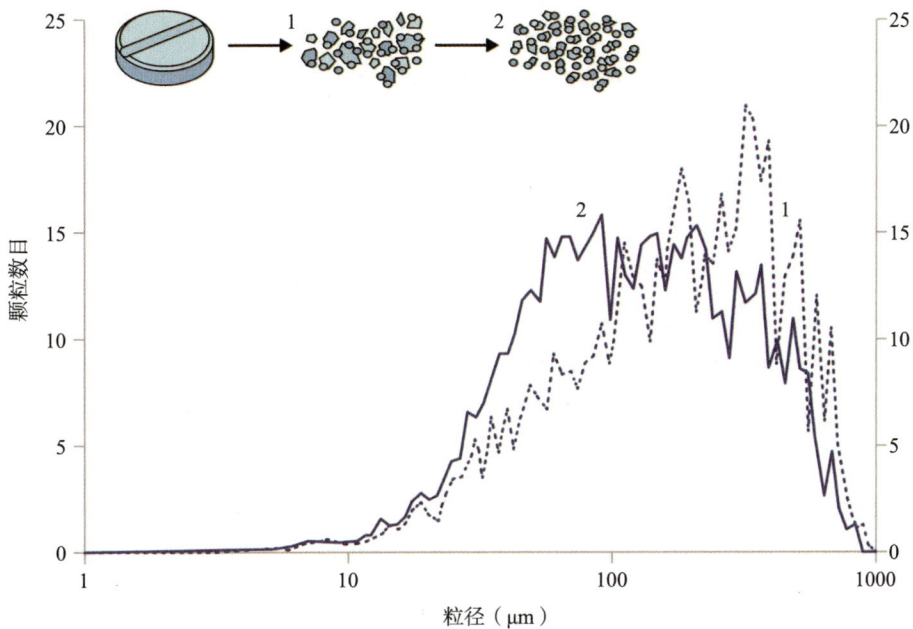

图 12-5 湿法制粒片剂在崩解过程中的粒径和在特定时刻的粒数

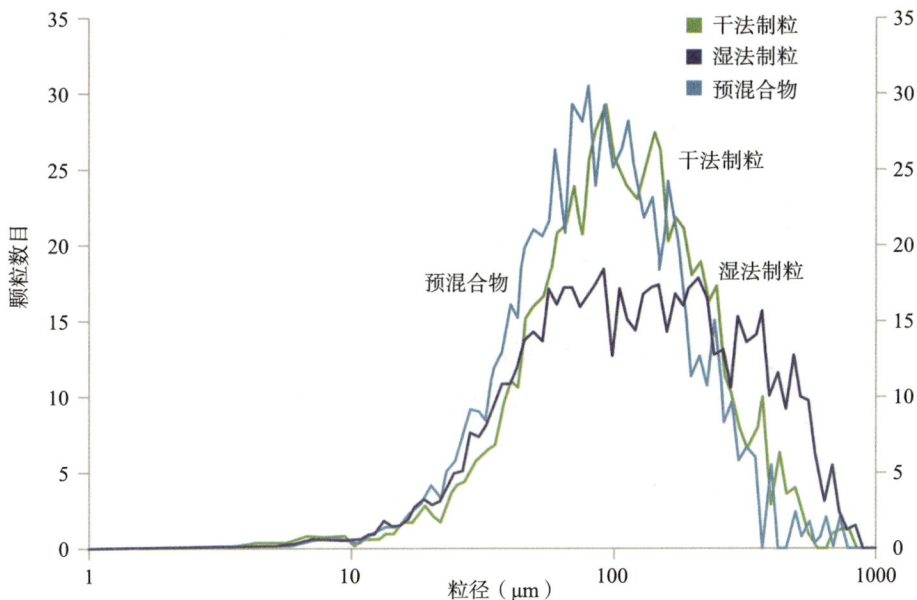

图 12-6 比较最终崩解片剂与预混合物的粒径分布

压片机压力也是制剂过程的关键参数，Cheng 等[1]采用 FBRM 技术考察了片剂的压片压力对溶出度的影响。结果表明，较高的压片压力会导致较慢的药物溶出速率（图 12-7a）。FBRM 的粒径数据揭示了这种机制（图 12-7b）：当压片压力较高时，片剂在溶出期间会分解为较大颗粒，溶出速率慢。压片过程中较高的压力可能会导致颗粒的塑性变形和聚集，这是造成溶出缓慢的原因。Johansson 等[2]采用 FBRM 技术考察了不同水分含量的片剂、最终颗粒混合物的崩解，考察压片过程对颗粒粒径的影响，并选择不溶性介质来研究制剂未溶出时的崩解状况。在图 12-8 中，分别比较低水分含量、高水分含量片剂和最终颗粒混合物的崩解曲线。对于水分含量较低的颗粒，崩解结束时片剂中的粒径显著高于压片前的颗粒，很可能由于碎裂或塑性变形导致的。对于水分含量较高的颗粒，片剂崩解后颗粒的总体平均粒径显著增大，但是在崩解结束时颗粒与压片前颗粒粒径相同。表明高水含量颗粒在压片时会生成较大粒径的颗粒，但这些颗粒在压片过程中的碎裂或塑性变形是可忽略的。

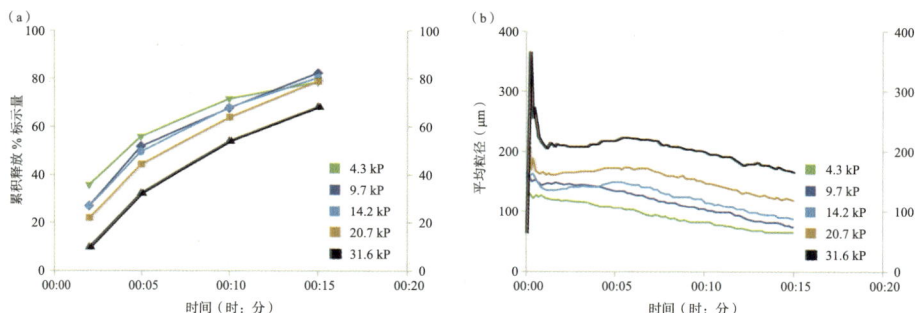

图 12-7　不同压力制造的 5 种片剂的累积溶出（a）、中位值（D_{50}）粒径（b）与时间的变化关系

1　CHENG M. Development of a Method for Measuring Particle Size Distribution in Real Time During Tablet Disintegration, Amgen, AAPS 2007.

2　JOHANSSON J. Novel Process Analytical Methodology to Establish Design Space and Real-time Prediction of Dissolution, AstraZeneca, AAPS Dissolution Meeting 2006, Arlington VA.

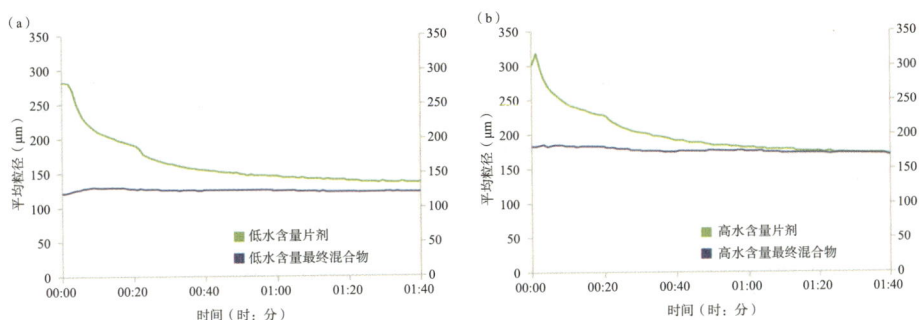

图 12-8　不同水含量（a）低水含量和（b）高水含量的片剂、混合物崩解期间平均粒径的对比

由上述案例可知，采用 FBRM 实时在线监测颗粒粒径可为制剂处方筛选提供非常有价值的信息。通过监测片剂和颗粒的崩解行为，有助于了解制剂的性能和崩解或溶出机制。FBRM 对动态过程的原位监测，不仅为体外溶出方法的建立提供参考，还可为溶出研究的操作提供支持。

4.2　崩解与溶出性能研究

对于高溶解性药物（BCS Ⅰ类）口服固体制剂，影响体内吸收的限速因素是片剂的崩解过程。Bui 等[1]采用聚焦光束反射测定（FBRM）技术进行了 BCS Ⅰ类药物普通制剂（immediate release，IR）的溶出动力学研究。结果表明，在 pH 1 的介质中，药物的溶出和片剂崩解速率具有类似的动力学性质（图 12-9a）。采用 FBRM 技术，以每秒粒数（蓝色）跟踪片剂和颗粒崩解的速率。由图 12-9 可知，与光纤溶出探头测量路径相似，药物溶出特性取决于片剂崩解的过程。在 pH 6.8 的介质中，崩解动力学与在 pH 1 介质中相似，但药物溶出速率显著降低，药物溶出和片剂崩解速率具有不同动力学性质（图 12-9b）。对于溶解性能依赖 pH 的药物制剂，药物在介质中的溶解度是关键限速步骤，这一发现有助于药物制剂的设计和处方筛选。

1　BUI K. Understanding the Correlation Between Drug Dissolution Behavior and Key Formulation Parameters：A Vertex Case Study，Vertex，Dissolution Meeting，Philadelphia，AAPS 2008.

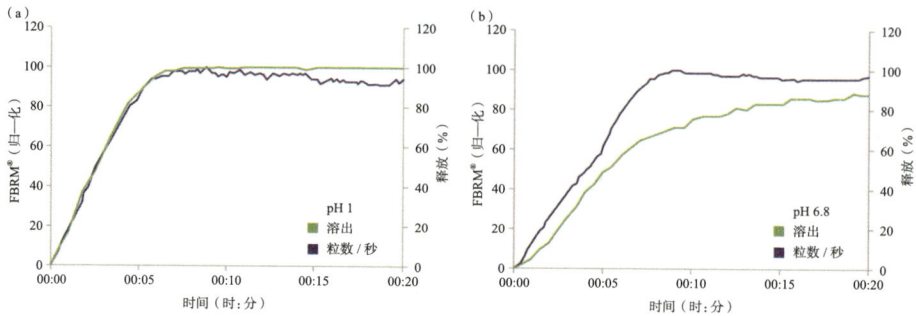

图 12-9　BCS Ⅰ类化合物 pH 1（a）和 pH 6.8（b）的粒数、溶出度随时间变化

在难溶性药物（BCS Ⅱ类）普通制剂的开发过程中，Bui 等[1] 观察到一些片剂批次的体外溶出时间有所延长。制备具有不同溶出特性的片剂（好批次和差批次），采用 FBRM 和光纤检测技术对不同处方的片剂崩解溶出进行考察。"好批次"和"差批次"片剂的溶出和崩解动力学结果表明（图12-10），"差批次"片剂开始时会分解为不易崩解的较大粒径颗粒。这种崩解机制与速率明显较慢的溶出曲线相关，说明"差批次"片剂更脆，更易分解为较大颗粒。通过研究片剂崩解可为优化工艺提供新的解决方案，当使用新辅料重新调整片剂处方后发现，"差批次"片剂的粒径、溶出变化趋势与"好批次"片剂的曲线一致，从而避免了不同批次药物溶出特性的不一致（图 12-10b）。

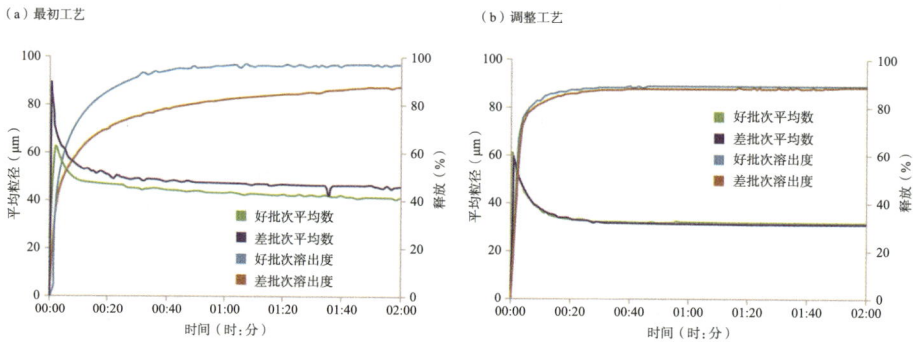

图 12-10　平均粒径、溶出度与时间最初工艺（a）和调整工艺（b）

1　BUI K. Understanding the Correlation Between Drug Dissolution Behavior and Key Formulation Parameters：A Vertex Case Study，Vertex，Dissolution Meeting，Philadelphia，AAPS 2008.

对于口服固体制剂，药物溶出动力学是评价药物性能的关键参数。尽管在大多数的情况下，溶出发生在崩解之后，但二者也有可能同时发生。崩解和溶出是两个相互交错的过程，在评估或进一步改善制剂性能时应全面考虑。对于溶解性差的药物，通过调控崩解过程来优化药物性能是非常重要的，此时溶出是药物吸收环节的主要限制因素[1, 2]。而对于普通片剂，溶出的效率主要受崩解的影响。传统的分析方法很难同时检测崩解、溶出两个过程，往往会导致数据延迟或缺失。随着过程分析技术的发展，在线检测测量技术成为研究药物溶出最有前景的方法。在线红外光谱技术（ReactIR）同样在药物溶出应用方面展现出了优异的性能。Kassis 等[3] 使用 ReactIR 建立了一种新的药物溶出方法，为实验室研究人员同时准确测定复方制剂中的各组分提供了可能。在线红外光谱技术具有良好的灵敏度，可以分析浓度低至 0.03mg/ml 的样品，而仅仅靠紫外光谱技术很难做到这一点，必须要借助 HPLC，并会耗费大量的资源。Tang 等[4] 利用在 ReactIR 实时、快速的特点，通过建立校准模型监测液体药物制剂制备过程中原料药和辅料浓度变化，并实现对多组分含量的实时、筛选及定量分析。

将 FBRM 与 ReactIR 联用研究药物溶出动力学，将更有助于理解崩解、溶出过程机制，从而加快优化制剂性能的步伐。2018 年，都柏林大学的 Gao 等发表了布洛芬的溶出动力学文章[5]，报道了一种利用过程分析技术（PAT）来研究溶出动力学的方法。借助梅特勒的全自动合成反应器（EasyMax）、FBRM 和 ReactIR 对药物溶出动力学进行系统的研究，所有实验均在 37℃、pH 7.2 的 100ml 水中开展，分别考察了搅拌速率、晶体形貌

1　DOKOUMETZIDIS A，MACHERAS P. A century of dissolution research：from noyes and whitney to the Biopharmaceutics classification system[J]. International Journal of Pharmaceutics，2006，321（1–2）：1–11.

2　AMIDON G L，LENNERNAS H，SHAH V P，et al. A theoretical basis for a Biopharmaceutic drug classification：the correlation of in vitro drug product dissolution and in vivo bioavailability[J]. Pharmaceutical Research，1995，12（3）：413–20.

3　KASSIS A，BHAWTANKAR V M，SOWA J R. Attenuated total reflection infrared spectroscopy（ATR–IR）as an in situ technique for dissolution studies[J]. Journal of Pharmaceutical & Biomedical Analysis，2010，53（3）：269–273.

4　ŠAŠIĆ S，PALM A S，TANG D. Monitoring the dissolution of active pharmaceutical ingredient and TPGS in real time via IR spectroscopy during the manufacturing of liquid dosage formulation[J]. Journal of Pharmaceutical and Biomedical Analysis，2012，70，273–279.

5　GAO Y，GLENNON B，KAMARAJ U V K，et al. Dissolution Kinetics of a BCS Class II Active Pharmaceutical Ingredient[J]. Organic Process Research & Development，2018，22（3）：328–336.

和粒度分布对溶出速率的影响。结果表明，开始溶解后颗粒平均粒径增加，说明具有较大表面积的小颗粒溶出速率更快，同时在相同颗粒粒度下针状晶体比多面体溶解速率更快。此外，在不同的不饱和度（undersaturation ratio，USR）水平下，观察到两种显著不同的行为：在高 USR 时溶出机制由扩散控制，而低 USR 时表面剥离起关键作用。在最近的药物崩解和溶出研究中，Queiroz 等[1]利用拉曼成像技术、FBRM 技术和 PVM 系统，通过考察不同类别微晶纤维素的布洛芬片，生动展示了崩解过程的差异对溶出速率的影响。虽然我们都知道，采用空气流干燥工艺的微晶纤维素（针状）制成的片剂，其崩解、溶出速率均低于喷雾干燥工艺微晶纤维素（球状）制成的片剂，但是在药物研发的初期，我们并不知道片剂样品中 API 晶体形貌和粒度分布的状况。利用上述新科技，在药物研发中可以提供更多关键信息，有助于优化产品处方工艺并控制品质。

对于仿制药的研发，参比制剂与仿制制剂的崩解和溶出动力学比较研究是非常重要的工作。目前，药物溶出过程常用的监测手段是将溶出度仪与紫外光谱（UV）联用，也可以与 FBRM 联用。然而，药物的溶出还包括崩解过程，UV 无法收集体系中的颗粒信息，无法解释崩解过程中分散颗粒体系的粒径、数量变化是否影响药物的溶出。以非处方片剂 B 为例，分别对参比制剂和仿制药的崩解、溶出动力学进行对比研究。通过光纤 UV 溶出度测量系统对片剂 B 的溶出过程进行跟踪，并使用 FBRM 技术跟踪溶出过程中颗粒的粒径、数量的变化速率和趋势（图 12-11）。实验数据表明，仿制制剂与参比制剂的溶出曲线有显著差异（图 12-12）。同时发现参比制

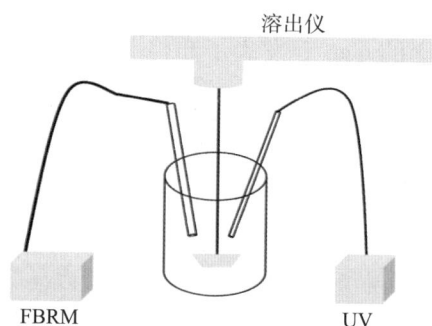

图 12-11　溶出度仪与 UV、FBRM 联用示意图

1　QUEIROZ A L P, WOOD B, FAISAL W, et al. Application of percolation threshold to disintegration and dissolution of ibuprofen tablets with different microcrystalline cellulose grades[J]. International Journal of Pharmaceutics, 2020, 589, 119838.

剂在 4 分钟时的溶出度为 95%，而仿制药需要 8 分钟才能达到相同的溶出度。虽然快速溶出的药物在 15 分钟达到＞85% 的溶出量是生物等效的，但 FBRM 技术仍然可以灵敏地发现不同处方和工艺的差异。

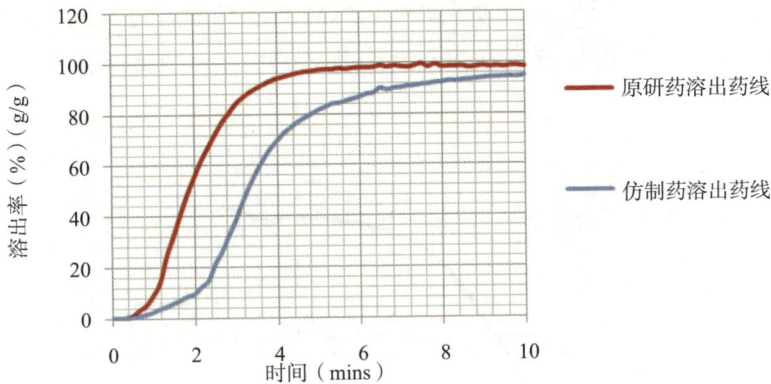

图 12-12　参比制剂和仿制药的溶出度曲线

原料药的形貌、溶解度以及制剂的崩解过程均会影响制剂的溶出，仅通过溶出度数据，并不能确定药物溶出速率不一致的根本原因。事实上，片剂在溶出过程中还需要经历崩解、解聚等过程。建立颗粒粒径、数量的实时检测方法，有助于更好地了解崩解的动态过程。借助 FBRM 来对比 $1 \sim 10 \mu m$ 颗粒数目随时间演化曲线（图 12-13）发现，与仿制制剂相比，参比制剂崩解速率更快，而稳定后的小颗粒数目也更多，说明其崩解的程度更高。进一步对比粒径中位数（D_{50}）（图 12-14）可知，仿制药崩解后形成了更大的颗粒，从而导致其溶出速率慢于参比制剂。FBRM 实时数据表明，仿制制剂崩解后形成了更大粒径的颗粒，这可能与制剂工艺的差异有关，比如制粒机中水分含量、原料的不同；也可能与溶出度测试前的工艺流程相关，比如压片力度的不一致而导致颗粒的塑性形变和后期聚结[1]。其次，与仿制制剂相比，参比制剂崩解和溶出的速率较快（图 12-12），说明仿制制剂中颗粒间的相互作用力可能较大，导致其崩解较慢，也与前期的制剂

1　ZANE A. Investigation of an Atypical Observation of Harder Tablets Having a Faster Dissolution Rate，GlaxoSmithKline，AAPS 2. November 2007.

等上游工艺相关。

通过以上研究说明，溶出度曲线差异的根本原因主要与制剂或者上游的制粒、干燥、研磨和压片等工艺流程有关，而这些流程又和结晶工艺终点颗粒粒径分布密切相关。通过使用 FBRM 对颗粒崩解过程的实时在线监测，可以快速分析参比制剂和仿制制剂差异的根源，有助于快速找到确切的优化策略[1, 2]。

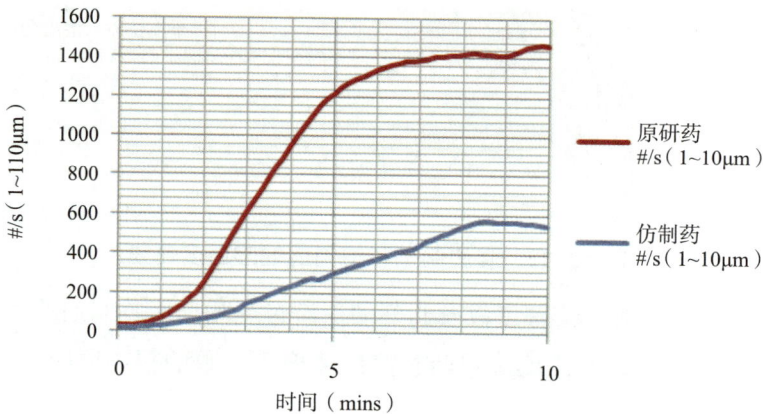

图 12-13　参比剂和仿制药溶出过程中颗粒数目随时间变化曲线（#/s，1~10μm）

利用聚焦光束反射测量技术，可对制剂溶出过程进行颗粒数目、颗粒粒径的实时分析，从而快速找出处方、工艺与溶出特性间的相关性。此外，将 FBRM、EasyViewer（PVM 升级版）、ReactIR 等在线颗粒分析技术进行联用，获得更多的颗粒及溶液的信息对药物的处方和工艺过程进行研究，有助于了解药物制剂崩解、溶出的机制，同时也可通过优化上游结晶过程，获得更好的颗粒分布，提高 API 质量和生产效率。

1　CHIANESE A, KRAMER H J M. Industrial Crystallization Process Monitoring and Control[M]．2012, Whiley.

2　CHENG M. Development of a Method for Measuring Particle Size Distribution in Real Time During Tablet Disintegration, Amgen, AAPS 2007.

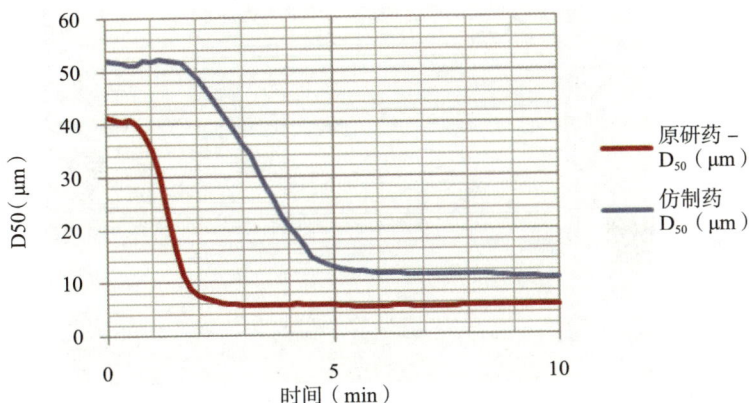

图 12-14　参比剂和仿药溶出过程中颗粒粒径中位数（D_{50}）随时间的变化曲线

4.3 注意事项

聚焦光束反射测量仪作为一款在线精密探头式工具，为了使仪器能够保持最佳的工作状态，需要对其进行定时、定期的维护是非常必要的，主要包括以下几个方面。

（1）安装仪器的室外或者室内温度为 0~45℃（标准型），0℃以下（定制型），环境湿度为 0~85%，避免阳光直晒。

（2）光纤导管最大弯曲半径为 20cm，不以"S"形状保存或弯折，不能过度弯折和挤压，最大的扭矩为 19.2kN/m。

（3）探头材质为哈氏合金（C22），视窗材质为蓝宝石，对于一般的化合物具有良好的防腐蚀性，但做实验前仍要注意探头材质与实验体系的兼容性，避免腐蚀探头。

（4）为保证数据测量的准确性，探头的安装角度是探头窗口迎着待测流体方向呈 30°~60°，以 45°为最佳，并保证探头前端完全浸没于待测流体。

5 | 展望

在片剂的生产过程中，除 API 外，还需通过处方、制剂等工艺将不同的辅料与原料融合在一起最终成药。加入辅料的目的是获得理想的制剂，提升可加工性，并实现人体内预期的药物溶出行为。自提出片剂崩解、溶解概念，至今已 120 年，经过众多研究人员的不懈努力，对于药物的崩解、溶出机制已有一定的了解。由于药物溶出是一个复杂的过程，研究人员希望能建立一些数学模型来对此过程进行预测、模拟最终实验产品质量的控制，但受辅料和 API 原材料性质、过程参数、制剂方式、流体性质、测量方法等一系列因素的影响，很难形成统一的理论或模型进行预测、控制崩解、溶出过程。为了将质量控制策略应用到药物崩解、溶出过程中来加深对开发过程和产品表征的理解，除溶出装置的不断进化外，也提出了质量源于设计（QbD）、过程分析技术（PAT）等一系列的概念。

崩解是保证 API 高效溶出最为关键的一步，且其性能直接影响药物的治疗效果，不管是药品研发还是生产过程中的质量控制，都有必要对其进行评估。随着时代的进步，片剂的处方与工艺日趋复杂，如何实时表征崩解过程是一直以来理解、控制药物溶出效率的挑战，研究结果表明，崩解机制包括溶液渗透至片剂、溶胀、溶解、颗粒间作用力消失、崩解，在此过程中，更多的是颗粒粒径和形貌的变化，而传统的崩解测试法无法监测这一过程。聚焦光束反射测量技术作为一种新的测量工具，可以实时在线监测崩解过程中颗粒粒径的变化，从而有助于进一步理解药物崩解、溶出过程，快速找到影响药物制剂、批间一致性的关键因素、优化工艺。此外，聚焦光束反射测量（FBRM）技术已经广泛用于制药过程，事实证明，其在药物崩解、溶出研究中也可获取丰富的过程信息，可与现有的药物一致性评价方法相结合，建立新的检测方法将具有广阔的前景。

附件

表 12-3　中英文对照

缩略词	英文名称	中文名称
FBRM	focused beam reflectance measurement	聚焦光束反射测量
/	react IR	在线红外光谱仪
PVM	particle vision and measurement	在线颗粒录影技术
	easy viewer	在线颗粒成像分析仪
	easy max	全自动合成反应器
USP	United States Pharmacopoeia	美国药典
API	active pharmaceutical ingredient	药物活性成分
HPLC	high performance liquid chromatography	高效液相色谱
FDA	Food and Drug Administration	美国食品药品管理局
CLD	chord length distribution	弦长分布
PAT	process analytical technology	过程分析技术
QbD	quality by design	质量源于设计
BCS	biopharmaceutics classification system	生物药剂学分类系统
UV	ultraviolet spectrometer	紫外光谱
PSD	particle size distribution	颗粒粒径分布
MRI	magnetic resonance imaging	磁共振成像技术
THz-TDS	Terahertz time-domain spectroscopy	太赫兹时域光谱
TPI	Terahertz pulsed imaging	太赫兹脉冲成像
USR	undersaturation ratio	不饱和度

第十三章

紫外光谱成像与
药物溶出

概述

1970年，溶出度成为药典法定检验方法，半个多世纪以来，溶出度试验一直是片剂、胶囊等口服固体制剂研发、审评和监管的重要手段。口服固体药物制剂中的活性药物成分（active pharmaceutical ingredient，API）在一定的温度、溶出介质和流体动力学条件下，发生崩解或溶蚀以及溶解，并产生药物溶出曲线，为处方设计和工艺优化提供非常宝贵的信息，保证了药品质量控制、稳定性研究和体内性能预测的可靠性[1~3]。

在溶出度技术的发展过程中，药物的溶出和光谱学测量技术之间建立了天然的联系。由于紫外–可见分光光度法（ultraviolet–visible spectrophotometry，UV/Vis）是最简单、常用的方法之一，溶出度试验在早期通常依赖紫外可见分光光度计检测溶出介质中释放的药物量，随着高效液相色谱仪（high performance liquid chromatography，HPLC）的普及，HPLC串联紫外检测器逐渐得到广泛使用，但UV/Vis在溶出度研究中仍占有重要的一席之地。近年来，搭配UV/Vis模块的自动溶出检测系统一般都可实现在线UV/Vis分析，即通过取样泵将样品溶液输送至UV/Vis流通吸收池进行检测，或采用流动注射分析（flow injection analysis，FIA）和配置紫外检测器的在线HPLC进行分析。

20世纪80年代，随着光纤技术在紫外分光光度法中的应用，溶出试验

---

1   FDA Guidance for Industry："Dissolution Testing of Immediate Release Oral Solid Dosage Forms"，August 1997.

2   US Pharmacopeia，General Chapter <711> "Dissolution"，USP 38–NF 33.

3   US Pharmacopeia，General Chapter <1092> "Dissolution method development and validation"，USP 38–NF–33.

发生了重大变化[1]。

紫外光纤技术使溶出过程的原位测量和连续监测成为可能[2~5]。传统溶出度试验的离散采样方式仅能获取有限的数据，而使用紫外光纤技术可以生成高达每分钟 60 个 / 分或更频繁的数据点，建立更准确、翔实的实时溶出曲线。紫外光纤溶出测定技术无需取样装置及过滤器等耗材，降低成本的同时也简化了操作和数据处理过程，显著提高了实验效率。更重要的是，由几乎连续记录的数据所形成的溶出曲线，可以更好地应用于不同来源、不同批次和不同处方的制剂溶出特性的比较研究。

除了持续努力通过紫外光纤进行连续监测，提高溶出曲线质量和试验效率外，研究者们也对了解药物溶出的机制、固体剂型的设计和表现特别感兴趣，研究和观察溶出过程中剂型的物理变化，探索固体剂型的药物溶出机制。直接目视观察溶出过程是最经典的方法，在溶出试验中直接观察制剂的崩解、颗粒的分散、溶杯底部的堆积等现象。使用的手段包括：在感兴趣的时间点拍照以查看固体剂型的溶出行为，观察交联对明胶胶囊溶出的影响[6]；在溶出杯旁边安装专门设计的摄像机，记录完整的溶出过程[7]；使用光学显微镜在溶出前后检查固有溶出杯中的样品表面[8]；还有进行聚焦光束反射测量（focused beam reflectance measurement，FBRM），检查溶解过程中产生的颗粒尺寸分布等[9]。

1　JOSEFSON M，JOHANSSON E，TORSTENSSON A. Optical fiber spectrometry in turbid solutions by multivariate calibration applied to tablet dissolution testing[J]. Analytical Chemistry，1988，60（24）：2666–2671.

2　CHO J H，GEMPERLINE P J，SALT A，et.al. UV/visible spectral dissolution monitoring by in situ fiber optic probes[J]. Analytical Chemistry，1995，67（17）：2858–2863.

3　SCHATZ C，ULMSCHNEIDER M，ALTERMATT R，et.al. Manual in situ fiber optic dissolution analysis in quality control[J]. Dissolution Technologies，2000，7（2）：6–13.

4　LU X，LOZANO R，SHAH P. In situ dissolution testing using different UV fiber optic probes and instruments[J]. Dissolution Technologies，2003，10（4）：6–15.

5　HSU J，GREYLING J，OSEI T，et.al. Evaluation of in-situ fiber optics dissolution method for compound A extended release tablets[J]. American Pharmaceutical Review，2011，14（2）：52–58.

6　GRAY V A，Identifying sources of error and variability in dissolution calibration and sample testing[J]. American Pharmaceutical Review，2002，5（2）：8–13.

7　CATALANO T，Essential Elements for a GMP Analytical Chemistry Department，[M] Springer Science & Business Media，New York. 2013，P40–42.

8　SINGH K，MARFATIA A，BAJAJ A，Importance of visual observations in dissolution testing[J]. Express Pharm，2012，1（15）：40–2.

9　COUTANT C A，SKIBIC M J，DODDRIDGE G D，et.al. In vitro monitoring of dissolution of an immediate release tablet by focused beam reflectance measurement[J]. Molecular Pharmaceutics，2010，7（5）：1508–1515.

1 | 药物溶出的紫外光谱成像

现代光谱成像技术的最新进展及其在药物溶出试验中的应用，使得高分辨率、原位观察药物动态溶出的过程成为可能。光谱成像可以精确测量固体样品或片剂表面和附近的变化，可以提供与溶出机制相关的药物、辅料的化学和物理特性变化、相互作用的信息，以及溶出介质的影响。核磁共振波谱（nuclear magnetic resonance spectroscopy，NMR）、拉曼光谱（Raman Spectroscopy）、傅里叶变换红外光谱（fourier transform-infrared spectroscopy，FTIR）、近红外光谱（near-infrared spectroscopy，NIR）和紫外光谱（ultra-violet spectroscopy，UV）等多种光谱成像技术已经应用于溶出度研究[1]。紫外表面溶出成像（ultraviolet surface dissolution imaging，UV-SDI）是一种用于药物溶出的光谱成像技术，相对于其他光谱成像，属于比较成熟并已实现仪器商品化的技术。

本部分将着重介绍应用于溶出成像的紫外光谱技术——紫外表面溶出成像。

1.1 技术原理

表层溶蚀成像检测系统通过紫外成像技术实时监测溶出介质中药物浓

---

1 LU X, ZORDAN C, From Detection to Imaging: UV Spectroscopy for Dissolution in Pharmaceutical Development[J]. American Pharmaceutical Review, 2015, 18(4): 11-17.

度的变化，透视样品表层几微米至几毫米处发生溶解和侵蚀现象的整个过程，了解溶出 / 释放机制，分析表面溶解过程的溶出速率，已用于测定片剂、凝胶剂的固有溶出速率[1~4]。该仪器根据分析物在特定紫外吸收波长下的吸收，以氙灯作为光源，使用互补金属氧化物半导体（complementary metal oxide semiconductor，CMOS）图像传感器记录通过流通池的物质的紫外信号。打开仪器装置，待氙灯准备好，收集背景噪音的图像，得到像素强度 I_0；测定装样前溶出介质流动时产生的像素强度 I_{ref}；装样进行测定时，在选定的可视区域得到每个像素的强度 I_{sig}。通过公式 13-1 计算相应的吸光度值（A）[4]。

$$A = \log\left(\frac{I_{ref} - I_0}{I_{sig} - I_0}\right)$$ （公式 13-1）

式中，A 为吸光度值；I_0 为背景噪音的像素强度；I_{ref} 为装样前溶出介质的像素强度；I_{sig} 为装样后选定区域的像素强度。

1.2 第一代紫外表面溶出成像

第一代 UV-SDI 系统（ActiPix D100）由英国约克大学 David Goodall 教授研发（图 13-1），并由其创立的 Paraytec Ltd. 公司于 2010 年上市[1]。该系统的测定方式与固有溶出速率测定法的固定盘法类似，将样品在不锈钢样品杯中压制成片，或者截取片剂的一部分置于样品杯中。样品杯安装在石英流通池底部，样品表面与溶出介质接触。通过使用可编程的注射泵控制溶出介质的流量，从而获得样品在不同流量条件下的溶出特性信息。光源是带状滤波器选择的脉冲氙灯发出的单一波长紫外光，监测的区域是

1　WREN S, LENKE J. Pharmaceutical dissolution and UV imaging[J]. American Laboratory, 2011, 43(2): 33–36.

2　STERGAARD J, UV imaging in pharmaceutical analysis[J]. J Pharm Biomed Anal, 2018, 147(5): 140–148.

3　BROWN B, WARD A, FAZILI Z, et.al. Application of UV dissolution imaging to pharmaceutical systems[J]. Adv Drug Del Rev. 2021, 177: 113949.

4　陈建秀，郭桢，李海燕，等. 实时紫外成像研究氯霉素眼用原位凝胶的固有溶出特征[J]. 药学学报，2013, 48(7): 1156–63.

样品和溶出介质的界面处。通过 CMOS 阵列检测器收集样品界面的 UV 图像。通过对这些图像的分析，获得靠近界面的药物浓度梯度以及药物的固有溶出率。

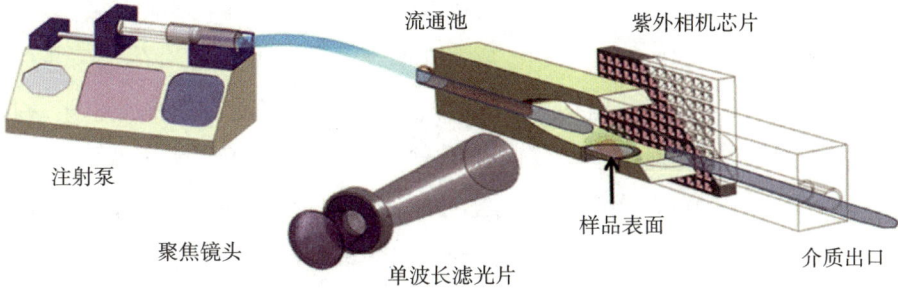

图 13-1　第一代 UV-SDI 系统示意图（ActiPix D100）

图片由 Paraytec, Ltd., York, UK 提供

syringe pump 注射泵；focusing lens 聚焦镜头；single wavelength filter 单波长滤光片；flow cell 流通池；UV camera chip 紫外相机芯片；sample surface 样品表面；medium outlet 介质出口

与用于溶出度试验的其他光谱成像技术相比，UV-SDI 具有特别的优势[1]。首先，UV-SDI 仪器简单、成本低且已实现商业化；Raman 和 FT-IR 的成像装置以实验室自制设备为主；NIR 成像技术装置尚处于早期开发阶段；基于 NMR 的工业化磁共振成像（magnetic resonance imaging，MRI）系统已经停产。

其次，由于紫外光谱遵循朗博－比尔定律，UV-SDI 对药物溶出浓度的定量分析比较简单；而在 Raman 成像中使用的相干反斯托克斯拉曼散射（coherent anti-Stokes Raman scattering，CARS），光谱是单光束光源，不扣除背景，存在绝对测量问题，拉曼光谱响应和浓度之间的关系是非线性的[2]。另外，紫外线成像技术可直接测量药物浓度；而 MRI 只能测量水质

1　LU X, ZORDAN C, From Detection to Imaging: UV Spectroscopy for Dissolution in Pharmaceutical Development [J]. American Pharmaceutical Review, 2015, 18（4）: 11-17.

2　FUSSELL A, GARBACIK E, OFFERHAUS H, et. al. In Situ Dissolution Analysis Using Coherent Anti-Stokes Raman Scattering（CARS）and Hyperspectral CARS Microscopy[J]. Eur. Journal of Pharm. Biopharm. 2013, 85: 1141-1147.

子信号，除非药物分子包含非氢自旋活性核的特殊情况（如 ^{19}F）才可以测定。UV 成像的优点还包括样品用量少以及与生物相关溶出介质的兼容性。

UV-SDI 也存在明显的缺点。首先，UV 没有其他几种光谱的信息量大，缺乏 FTIR、Raman 和 NIR 的化学选择性，也不具备 MRI 监测内部结构变化的能力。其次，UV 的谱带宽，容易出现来自其他样品组分的信号重叠，因此 UV 成像更容易受到干扰，同时分析多个组分时更具挑战性。第一代 UV-SDI 系统中只能使用单个波长进行成像测量，采用不同波长进行样品分析时，需手动更换滤波器；检测的是样品杯中的粉末压片或药片的一部分，而不是整个片剂；CMOS 阵列检测器的成像区域也相对较小（7mm × 9mm），限制了适用于 UV 成像表征的样品和剂型。

1.3 第二代紫外表面溶出成像

2016 年，第二代 UV-SDI 系统问世。在第一代仪器的基础上进行了多项改进，克服了单一波长和不能测定整个片剂的缺点，显著提高了仪器功能和适用性[1]。Sirius SDi2 紫外成像溶出检测系统（Sirius Analytical Ltd，Forest Row，UK）可同时使用一个可见光波长和一个 UV 波长，从而可以显著区分药物的溶出和制剂的溶胀，有助于更好地了解复杂的溶出过程。由于可同时使用紫外波长和可见光波长成像，Sirius SDi2 系统亦称紫外可见成像系统。另外，第二代 UV-SDI 在保留了原有小型石英流通池的基础上，增加了一个类似于流池法的溶出流通池（图 13-2），CMOS 阵列检测器的成像区域也显著扩大（20mm × 28mm），可适用于完整片剂的测量。

1　ØSTERGAARD J, UV imaging in pharmaceutical analysis[J]. J Pham Biomed Anal, 2018, 147(5): 140–148.

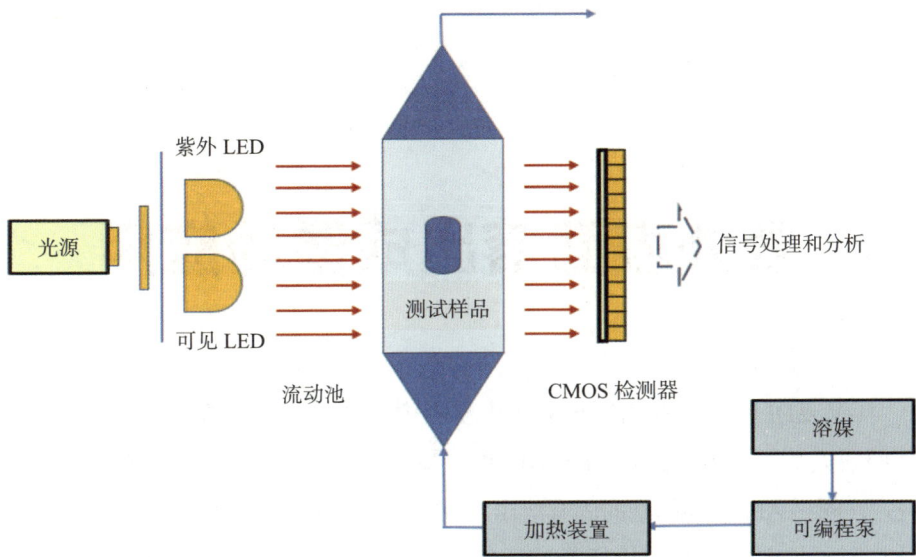

图 13-2　第二代 UV-SDI 系统示意图

光源

紫外 LED

可见 LED

流动池

测试样品

CMOS 检测器

信号处理和分析

溶媒

可编程泵

加热装置

2 | 紫外表面溶出成像的应用

　　UV-SDI 已经在药物制剂的溶出研究中得到了广泛的应用。在处方前的早期研发中，UV-SDI 可用于 API 的性能表征，开展 API 单晶体的溶出研究[1]，同一 API 不同晶型的固有溶出研究[2]，不同生物药剂学分类系统（BCS）及其不同晶型的 API 溶出行为的比较[3]，API 共晶体的溶出及表面活性剂的影响研究[4]，难溶 API 在生物相关的溶媒中的溶出研究[5, 6]，联合使用紫外成像和 Raman 成像研究 API 在溶出过程中的晶型变化等[2, 5, 7]。在制剂的研发方面，UV-SDI 可用于多种药物剂型的溶出研究[8]，包括透皮贴剂[9]、水

1　ØSTERGAARD J, YE F, RANTANEN J, et.al. Monitoring Lidocaine single-crystal dissolution by ultraviolet imaging[J]. J. Pharm. Sci. 2011, 100(8): 3405-3410.

2　BOETKER J P, SAVOLAINEN M, KORADIA V, et.al. Insights into the early dissolution events of amlodipine using UV imaging and Raman spectroscopy[J]. Mol. Pharm. 2011, 8: 1372-1380.

3　HULSE W L, GRAY J, FORBES R T, A discriminatory intrinsic dissolution study using UV area imaging analysis to gain additional insights into the dissolution behaviour of active pharmaceutical ingredients[J]. Int. J. Pharm. 2012, 434: 133-139.

4　QIAO N, WANG K, SCHLINDWEIN W, et.al. In situ monitoring of carbamazepine-nicotinamide cocrystal intrinsic dissolution behaviour[J]. Eur J Pharm Biopharm. 2013, 83: 415-26.

5　GORDON S, NAELAPAA K, RANTANEN J, et.al. Real-time dissolution behavior of furosemide in biorelevant media as determined by UV imaging[J]. Pharm. Dev. Tech. 2013, 18: 1407-1416.

6　NIEDERQUELL A, KUENTZ M, Biorelevant dissolution of poorly soluble weak acids studied by UV imaging reveals ranges of fractal-like kinetics[J]. Int. J. Pharm. 2014, 463: 38-49.

7　ØSTERGAARD J, WU J X, NAELAPAA K, et.al. UV imaging and Raman spectroscopy for the measurement of solvent-mediated phase transformations during dissolution testing[J]. J. Pharm. Sci. 2014, 103: 1149-1156.

8　SUN Y, ØSTERGAARD J, Application of UV Imaging in Formulation Development[J]. Pharm Res, 2017, 34: 929-940.

9　ØSTERGAARD J, MENG-LUND E, LARSEN S W, et.al. Real-time UV imaging of nicotine release from transdermal patch[J]. Pharm. Res. 2010, 27(12): 2614-2623.

凝胶注射制剂[1, 2]、原位成型的凝胶[3]和脂质植入制剂等[4]，还可在模仿皮下组织的水凝胶介质中考察药物的扩散和溶出[2, 4]。UV-SDI 在制剂研发中的另一个重要应用领域，是口服固体制剂的溶出特性和机制研究，包括药物纳米晶体的悬浮液[5]、单乙基纤维素包衣下的挤出剂型[6]、含有卵磷脂的无定形固体分散剂型[7]、辅料的表征及其对缓释制剂中药物溶出影响[8~10]，还可以考察片剂中表面活性剂对药物溶出的促进作用[11]。

本文将主要介绍 UV-SDI 在制剂中间体的筛选、羟丙基甲基纤维素（HPMC）胶囊壳对溶出的影响、口服缓释制剂的研究、完整片剂的 UV 表面溶出成像，以及长效注射剂等领域的应用案例。

2.1 制剂中间体的筛选

在开发生物药剂学分类系统（biopharmaceutics classification system，BCS）Ⅱ类药物制剂时，将 API 与辅料制成中间体是一种常用的制剂方

1　YE F, YAGHMUR A, JENSEN H, et.al. Real-time UV imaging of drug diffusion and release from Pluronic F127 hydrogels[J]. Eur. J. Pharm. Sci. 2011, 43: 236–243.

2　YE F, LARSEN S W, YAGHMUR A, et.al. Drug release into hydrogel-based subcutaneous surrogates studied by UV imaging[J]. J Pharm Biomed Anal. 2012, 71: 27–34.

3　CHEN J X, GUO Z, LI H Y, et.al. Real-time UV imaging of chloramphenicol intrinsic dissolution characteristics from ophthalmic in situ gel[J]. Acta Pharm. Sinica. 2013, 48: 1156–1163.

4　JENSEN S S, JENSEN H, MØLLER E H, et.al. In vitro release studies of insulin from lipid implants in solution and in a hydrogel matrix mimicking the subcutis[J]. Eur J Pharm Sci. 2016, 81: 103–112.

5　SARNES A, ØSTERGAARD J, JENSEN S S, et.al. Dissolution study of nanocrystal powders of a poorly soluble drug by UV imaging and channel flow methods[J]. Eur. J. Pharm. Sci. 2013, 50: 511–519.

6　GAUNO M H, VILHELMSEN T, LARSEN C C, et.al. Real-time in vitro dissolution of 5-aminosalicylic acid from single ethyl cellulose coated extrudates studied by UV imaging[J]. J. Pharm. Biomed. Anal. 2013, 83: 49–56.

7　GAUTSCHI N, VAN HOOGEVEST P, KUENTZ M, Amorphous drug dispersions with mono-and diacyl lecithin: on molecular categorization of their feasibility and UV dissolution imaging[J]. Int J Pharm. 2015, 491: 218–230.

8　ZORDAN C, LU X, Examination of polymer swelling and API release of controlled release formulations at the solid-liquid interface by UV surface imaging, 41st Annual Meeting of the Controlled Release Society, July 2014.

9　PAJANDER J, BALDURSDOTTIR S, RANTANEN J, et.al. Behaviour of HPMC compacts investigated using UV-imaging[J]. Int. J. Pharm. 2012, 427: 345–353.

10　COLOMBO S, BRISANDER M, HAGLÖF J, et.al. Matrix effects in nilotinib formulations with pH-responsive polymer produced by carbon dioxide-mediated precipitation[J]. Int J Pharm. 2015, 494: 205–217

11　MADELUNG P, BERTELSEN P, JACOBSEN J, et.al. Dissolution enhancement of griseofulvin from griseofulvin-sodium dodecyl sulfate discs investigated by UV imaging[J]. J. Drug Del. Sci. Tech. 2017, 39: 516–522.

法[1]。某制剂的剂量很低［＜1mg/片，预期载药量为0.5%（wt）］，加之API的加工性差，粉末黏性大且易集聚，溶解度依赖于pH，该药物具有高毒性，给制剂的研发和生产带来很大挑战。将增溶剂和其他辅料与API共沉淀，可以得到需要的物理特性，降低制剂过程中的毒性风险，提高API的分散度和制剂的含量均匀性，并获得更好的药物递送效果。UV-SDI在辅料选择和制剂中间体的药物溶出方面可发挥重要作用[2]。在辅料选择过程中，作为一种筛选工具，UV-SDI对使用了不同辅料的制剂中间体进行了比较，包括微晶纤维素和羟丙基纤维素固定比例的混合物（MCC/HPC）、硅酸铝镁（Neusilin US2）和硅化钙（CaSi）。试验使用了ActiPix SDI 300系统（Paraytec Ltd.，York，U.K），3~5mg制剂中间体，以40N·cm的扭矩力压片；溶出介质为0.1mol/L HCl，以0.2ml/min起步流速，持续15分钟；停止流动5分钟后，再以2ml/min的流速进行2分钟的洗涤。根据API的UV吸收，采用254nm的波长进行检测。

三种制剂中间体的UV图像如图13-3所示。在流动条件下，MCC/HPC配方样品显示出轻微的膨胀，在样品杯上方形成圆丘；API从样品表面扩散出来，并通过溶出介质的流动传输到右侧的定量区。该样品中API的表观固有溶出速率（intrinsic dissolution rate，IDR）为0.010~0.025mg/（min·cm^2），Neusilin US2处方的表观IDR在0.004~0.006mg/（min·cm^2）范围内，但该样品未溶胀。相比之下，硅化钙处方不仅未观察到IDR，也未发生溶胀。在介质停止流动的条件下，溶胀的MCC/HPC处方样品表面出现明显的API扩散；Neusilin US2处方只显示出中等的API扩散，而硅化钙具有最小的API扩散。在介质停止流动的期间，由于流通池的倾斜定位而导致的重力效应，使得Neusilin US2和硅化钙处方均显示溶出的API向下游移动的现象。因为HPC形成的水凝胶阻止了溶胀样品的形变和移动，未在MCC/HPC样品中观察到上述现象。

1　LI S, POLLOCK-DOVE C, DONG L C, et.al. Enhanced bioavailability of a poorly water-soluble weakly basic compound using a combination approach of solubilization agents and precipitation inhibitors: A case study[J]. Mol. Pharmaceutics 2012, 9: 1100-1108.

2　LU X, ZORDAN C, From Detection to Imaging: UV Spectroscopy for Dissolution in Pharmaceutical Development[J]. American Pharmaceutical Review, 2015, 18(4): 11-17.

（a）介质活动

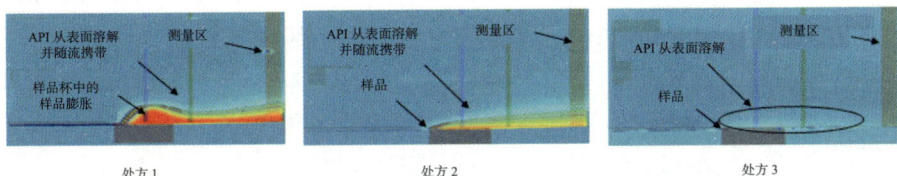

（b）介质停止流动

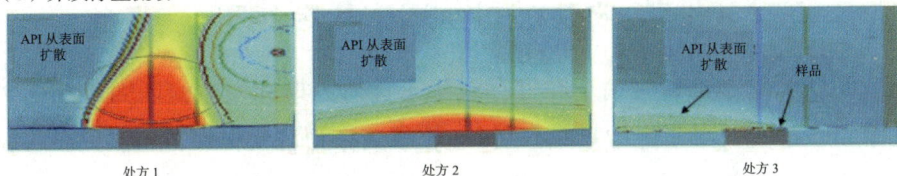

图 13-3 三种制剂中间体的 UV 成像

（a）介质流动时的图像；（b）介质停止流动时的图像。处方 1-MCC 和 HPC 为辅料；处方 2-Neusilin US2 为辅料；处方 3- 硅化钙为辅料。

将上述三种制剂中间体 UV-SDI 结果，与其粉末溶出度试验进行比较，两者显示出相同的排序。图 13-4 是使用 μ-Diss 系统（PION Inc.，Billerica，MA，USA）在 0.1mol/L HCl 介质中粉末样品的溶出曲线。用放大镜对 SDI 测试前后的样品表面的观察表明：MCC/HPC 配方样品出现显著膨胀；

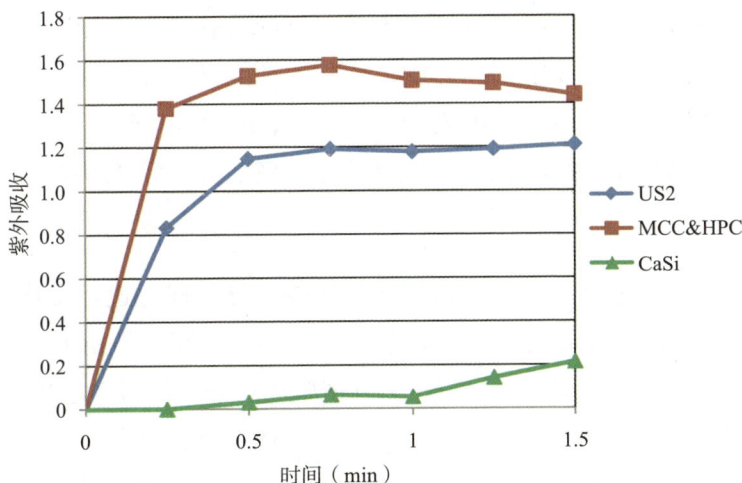

图 13-4 三种制剂中间体的粉末溶出度曲线

曲线排序与 SDI 测量的 IDR 一致，处方 1，$0.010 \sim 0.025 mg/(min \cdot cm^2)$；处方 2，$0.004 \sim 0.006 mg/(min \cdot cm^2)$；处方 3，不可测量。UV absorbance 紫外吸收；time 时间

Neusilin US2 样品基质被水解，变成稀凝胶状；硅化钙样品表面呈玻璃状。研究结果表明，以 MCC/HPC 为辅料的制剂中间体比其他制剂中间体，表现出更理想的制剂特性和药物溶出行为。

2.2 HPMC 胶囊壳对溶出的影响

明胶胶囊制剂常常由于在储存或稳定性研究期间发生交联而影响药物的溶出，羟丙基甲基纤维素（HPMC）胶囊壳作为替代材料，可以克服明胶胶囊壳交联的问题。一个 BCS Ⅱ 类药物的胶囊制剂早期开发阶段，选择使用 HPMC 囊壳（Quali-V®，Qualicaps，Whitsett，NC）。在开始 IND 稳定性研究时发现：150mg 胶囊样品的溶出试验在早期时间点（＜30 分钟）表现出明显的胶囊间差异，并导致 30 分钟的溶出量低于限度值 Q（75%）。而在同样条件下同时进行的 40mg 胶囊样品稳定性试验，未观察到上述现象，尽管 150mg 和 40mg 两种剂量规格的胶囊剂使用了同批次空心胶囊，只是填充重量不同。初步调查发现，两种规格胶囊剂的 HPMC 空心胶囊来自同一供应商的同一批次，但具有不同的储存历史。干燥失重（LOD）试验结果表明，与 40mg 规格胶囊的空心胶囊相比，150mg 胶囊的囊壳水分更高。将两种制剂的胶囊壳和内容物进行互换，溶出试验结果表明，将 40mg 规格胶囊的内容物装入 150mg 胶囊的囊壳后，药物溶出变慢。此外，对未使用的 150mg 和 40mg 剂量规格的空心胶囊进行了崩解试验，后者的崩解速度显著快于前者。

为了解含水量对 HPMC 空心胶囊的影响及导致崩解速率变化的机制，采用紫外表面溶解成像技术开展了进一步的研究。首先对 Quali-V® 进行干燥处理（45℃，12 小时），并通过 LOD 试验测定干燥前后空心胶囊的含水量（分别为 4.07% 和 1.46%）。采用 ActiPix SDI 300 进行紫外成像测量时，使用了与稳定性研究中溶出方法相同的介质（0.1mol/L HCl）。在样品的制备过程中，首先分别从干燥前后的空心胶囊壳上切下直径约 2mm 的小圆片，将样品通过压制固定在预先填充有惰性支撑物的 SDI 样品杯上。介质流量为 0.3ml/min，持续 15 分钟，然后停止流动 5 分钟。图 13-5 显示了干燥前后的空心胶囊壳的 UV 图像。研究表明，干燥后的 HPMC 胶囊壳，由于水合作用，溶胀后的尺寸几乎是干燥前囊壳的两倍。图 13-6 显示了溶胀高度与运行时间的关系。干燥后的 HPMC 胶囊壳的初始溶胀速率大约是未干燥的胶囊壳的 4 倍。Chiwele 等[1] 指出 HPMC 胶囊壳在储存过程中会吸收水分，这可能导致胶囊壳壁的水化。介质中的水透过水合材料的渗透速度可能较慢，因此胶囊壳不易崩解。HPMC 表面成像的结果与文献报道一致，即胶囊壳中的水分影响囊壳的崩解行为。

（a）干燥的 HPMC 胶囊壳

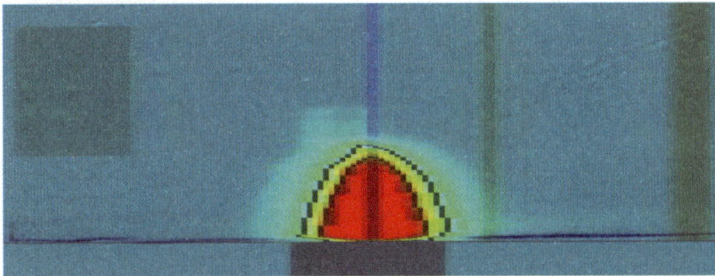

（b）未干燥的 HPMC 胶囊壳

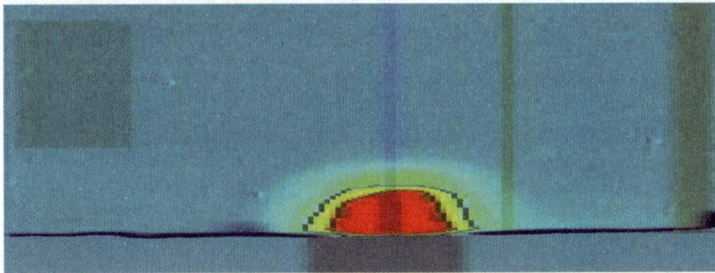

图 13-5　干燥和未干燥的 HPMC 胶囊壳的 UV 图像

使用 0.01 M HCl 作为介质，图像采集的时间点 t = 7 分钟。干燥后的 HPMC 胶囊壳的溶胀尺寸约为未干燥壳的两倍

1 CHIWELE I, JONES B E, PODCZECK F. The shell dissolution of various empty hard capsules[J]. Chem. Pharm. Bull. 2000, 48（7）: 951-956.

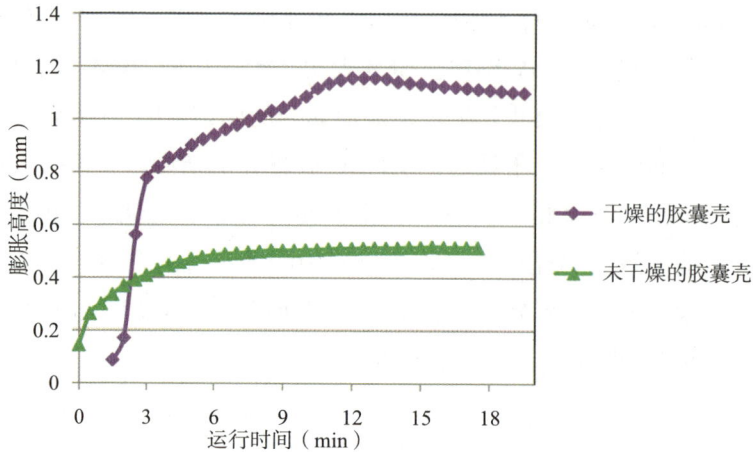

图 13-6　溶胀高度与时间的关系图

干燥后的 HPMC 胶囊壳的初始溶胀速率大约是干燥前的 4 倍

2.3 口服缓释制剂

口服固体缓释制剂（ER/MR）是维持平稳血药浓度，促进给药效果，提高患者顺应性的理想选择。缓释制剂通常使用 HPMC 等功能性聚合物对药物的溶出特性进行调节，功能性聚合物的化学和物理性质，如分子量、侧链取代基种类和取代度、表面水化和凝胶层形成，可显著影响药物的溶出特性[1, 2]。本案例考察的是采用不同质量规格（grade，级别）的 HPMC 制成的二甲双胍缓释制剂，应用紫外表面成像技术探索固液界面的溶出度和溶出机制，从而更好地调控 API 的递送特性。

当盐酸二甲双胍与两种不同性能的 Methocel（dow chemical, midland, MI）混合，混合物 1 使用了具有低分子量和低黏度的 Methocel K 100LV 大约 100cP；混合物 2 使用了 Methocel K 100M DC，具有较高分子量和大约

1　MADERUELO C, ZARZUELO A, LANAO J M. Critical factors in the release of drugs from sustained release hydrophilic matrices[J]. Journal of Controlled Release, 2011, 154(1): 2-19.

2　LI J, ZORDAN C, PONCE S, LU X. Impact of Swelling of Spray Dried Dispersions in Dissolution Media on Their Dissolution: An Investigation Based on UV Imaging[J]. Journal of Pharmaceutical Sciences, 2022, 111(6): 1761-1769.

100000cP 的黏度。在紫外表面成像试验中，用 60 N·cm 的扭矩将适量的混合物压入 SDI 样品杯，再置于 ActiPix SDI 300 的流通池中。采用 0.05mol/L 磷酸盐缓冲液（pH 6.8）溶出介质和以下的流动程序：0.6ml/min 15 分钟，停止 5 分钟，然后以 2ml/min 的流速冲洗 2 分钟；UV 测量的波长为 254nm。图 13-7 显示了两种混合物的紫外成像。混合物 1 在流动条件下具有可观察到的溶出度［约 0.20mg/（min·cm²）］；在介质停止流动的条件下，API 从样品表面向周围扩散。相比之下，混合物 2 在流动条件下表现出更高的溶胀度，但 API 溶出度较低［约 0.15mg/（min·cm²）］，并且在停止流动条件下只有轻微的扩散。

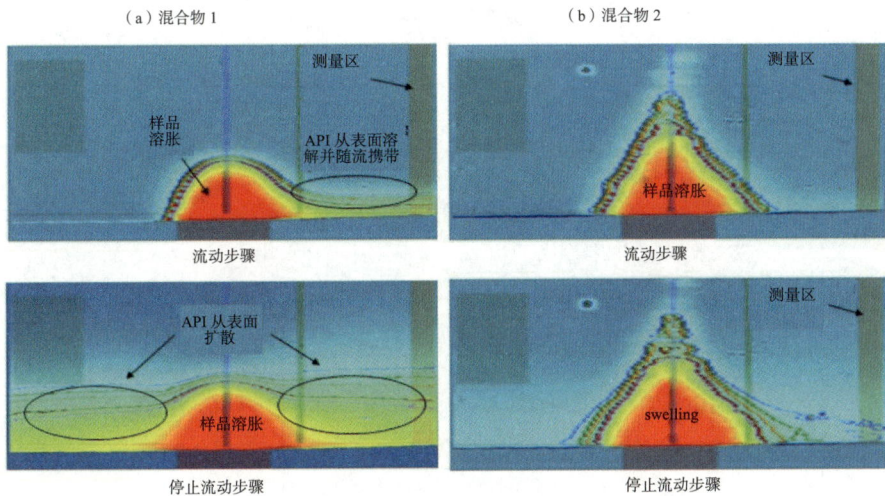

图 13-7　两种混合物的紫外成像

（a）混合物 1 盐酸二甲双胍与 Methocel K 100 LV；（b）混合物 2 盐酸二甲双胍与 Methocel K 100M DC

　　两种混合物随时间的溶胀曲线如图 13-8 所示。从曲线中可以观察到两个不同的溶胀步骤：第一个是 0~3 分钟的初始"起飞"；二是起飞后 3~15 分钟的漫长成长期。有趣的是，两种混合物之间的"起飞"坡度不同，但"起飞"后坡度非常相似。需要进一步的研究确定"起飞"是由于凝胶层的形成，还是 API 从固体压块的表层快速溶出造成，但 UV 成像表明"起飞"的速率取决于样品中 Methocel 的特性。具有较高黏度的 Methocel 混合物具有较高的速率。然而，在"起飞"后的阶段，两个处方的溶出速率均低于其初始阶段，与 Methocel 的黏度无关。上述 UV-SDI 研究中观察到的现象以前未见报道，将有助于了解含 HPMC 剂型的药物溶出机制及缓释制剂的设计和开发。

（a）测得的溶胀曲线

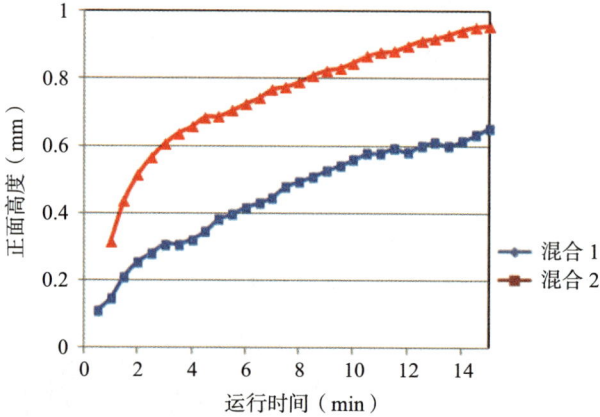

（b）膨胀曲线的拟合线

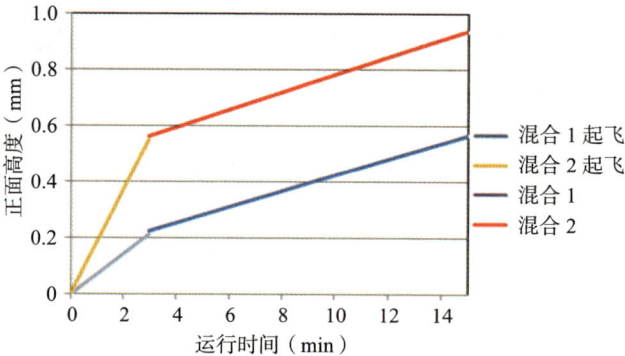

图 13-8　两种混合物随时间变化的溶胀曲线

（a）SDI 测量的曲线；（b）溶胀曲线的拟合线，观察到两个不同的溶胀步骤：0~3 分钟的初始"起飞"；"起飞"后时间＞3 分钟的成长期

2.4 完整片剂的 UV 表面溶出成像

第一代 UV SDI 系统在成像测量过程中只能使用单个波长进行，如果想用不同的波长分析同一样品，需要手动更换不同波长的滤波器并制备新的压片样品。此外，第一代 UV SDI 系统测试的是样品杯中的粉末压片或片剂的一部分，而不是整个固体片剂。第一代 UV SDI 的 CMOS 阵列检测器的成像区域也相对较小（7mm×9mm），限制了 UV 成像技术在药物制剂特性研究中的广泛应用。

由于第一代 UV-SDI 系统只能使用单波长进行成像、成像区域有限（7mm×9mm）、流通池体积小等缺陷，使 UV 成像技术只适用于特定样品和剂型。该技术用于固体制剂的研发时，主要用于 API 的粉末样品、制剂的中间体或 API 与辅料的混合物，无法对完整的片剂等制剂成品进行研究。第二代 UV-SDI 系统的出现显著改善了设备性能，仪器的功能和适应性有了提高，使得用紫外成像技术对完整片剂的研究成为可能。

本案例展示的是治疗糖尿病的药物 Glucophage SR 片剂的紫外可见成像溶出试验[1]。该缓释片每片含有 500mg 盐酸二甲双胍，用支架将片剂固定在类似流池法的流通池中，先以模拟胃液作为溶出介质运行 2 小时，然后转换成 pH 6.8 的磷酸盐缓冲液继续试验 8 小时。介质温度保持 37℃，流速为 8.2ml/min。图 13-9 所示为 Sirius SDi2 紫外可见成像系统观察到的该缓释片的溶出行为。在 520nm 可见光和 255nm UV 波长下，与起始时（t=0 分钟）相比，片剂的溶胀很明显。上述片剂在酸性介质中的 2 小时内，二甲双胍无溶出，仅在介质变为接近中性的 pH 后才有药物的溶出。由于使用了双波长成像，溶出的药物与制剂引起的溶胀信号可清晰分辨。因此，检测结果提供了药物溶出及其在给药系统中物理变化（此处为基质膨胀）的重要信息，常规溶出试验往往很容易错过上述关键信息。目前，UV 成像可以

1　STERGAARD J, UV imaging in pharmaceutical analysis[J]. J Pharm Biomed Anal, 2018, 147(5): 140-148.

对二甲双胍的溶出特性进行定性评估；随着图像分析功能的发展，定量评估局部的药物浓度、溶出速率以及片剂膨胀的程度和速率将成为可能。

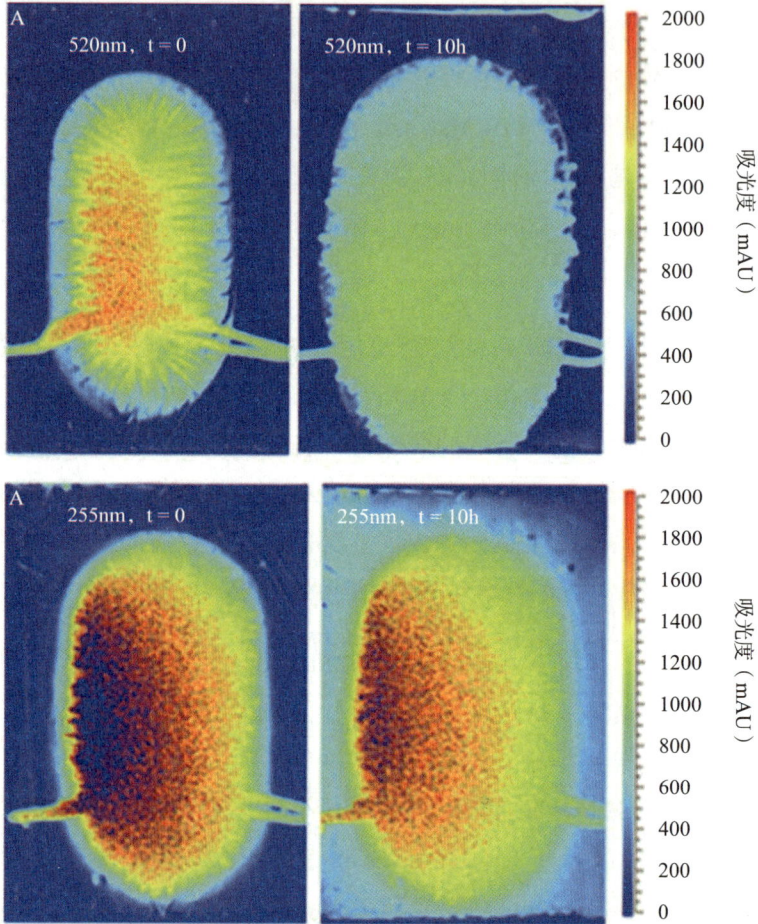

图 13-9　Glucophage SR，500mg 盐酸二甲双胍片剂（Merck Serono Ltd，Feltham，UK）在溶出试验中的紫外和可见光成像

使用 Sirius SDi2 成像系统（Sirius Analytical Ltd.，Forest Row，UK）。（A）520nm 成像；（B）255nm 成像（图像引自[1]，经 Copyright（2018）Elsevier 授权）

---

1 LU X, ZORDAN C, From Detection to Imaging：UV Spectroscopy for Dissolution in Pharmaceutical Development[J]. American Pharmaceutical Review, 2015, 18(4)：11-17.

2.5 长效注射剂体外溶出的紫外成像检测

长效注射剂（long-acting injectables，LAI）在新药研发中已引起越来越多的关注。减少给药次数，提高患者依从性，是药物递释系统研发中的重要目标和手段。鉴于此，药品监管机构和制药行业对 LAI 制剂的评估以及药品批次间质量的一致性更加注重，而 LAI 制剂的体外药物溶出度研究也变得越来越重要[1~3]。由于缺乏药典方法和监管指导、具有体内相关性的仪器、标准化的操作程序等，LAI 体外溶出一直是业内的重大挑战。最新的进展是用紫外成像方法，将琼脂糖凝胶（agarose gel）作为模拟人体皮下注射的介质，通过监测注射后药物在介质中的扩散考察药物的溶出特性[4]。

如图 13-10 所示，在 3D 打印的样品池中填充可以透过紫外光的琼脂糖凝胶，安装在光源和互补金属氧化物半导体（CMOS）检测器之间；将 LAI 样品注射到琼脂糖凝胶样品池的圆形中心空穴；在选定的波长下测定药物扩散产生的动态紫外吸收度图像。使用 MATLAB 将检测到的紫外吸收度图像进行数字化处理，从而得出药物的溶出曲线。

Bock 等人在研究干扰素基因刺激蛋白（stimulator of interferon genes，STING）-核苷酸（cyclic dinucleotides，CDN）制剂时，以环磷酸腺苷（cyclic adenosine monophosphate，cAMP）为模型化合物，建立了长效注射剂的体外溶出紫外成像检测方法[5]。在该方法中使用了 SDi2 UV/Vis 成像

1　US Pharmacopeia, General Chapter <1001> "In Vitro Release Test Methods for Parenteral Drug Preparations", USP–NF 2022, Issue 1, official as of May 1, 2022.

2　SHAH V, DEMUTH J, HUNT D, US Pharmacopeia Convention, stimuli article, Performance tests for parenteral dosage forms[J]. Pharm Forum. Rockville, MD: USP; 2015; 41(3).

3　GRAY V, CADY S, CURRAN D, et. al. In Vitro Release Test Methods for Drug Formulations for Parenteral Applications[J]. Dissolution Tech. 2018, 25(4): 8–13.

4　BOCK F, BØTKER J P, LARSON S W, et.al. Methodological Considerations in Development of UV Imaging for Characterization of Intra–Tumoral Injectables Using cAMP as a Model Substance[J]. Int J Mol Sci. 2022 Mar 25; 23(7): 3599.

5　BOCK F, BØTKER J P, LARSON S W, et.al. Methodological Considerations in Development of UV Imaging for Characterization of Intra–Tumoral Injectables Using cAMP as a Model Substance[J]. Int J Mol Sci. 2022 Mar 25; 23(7): 3599.

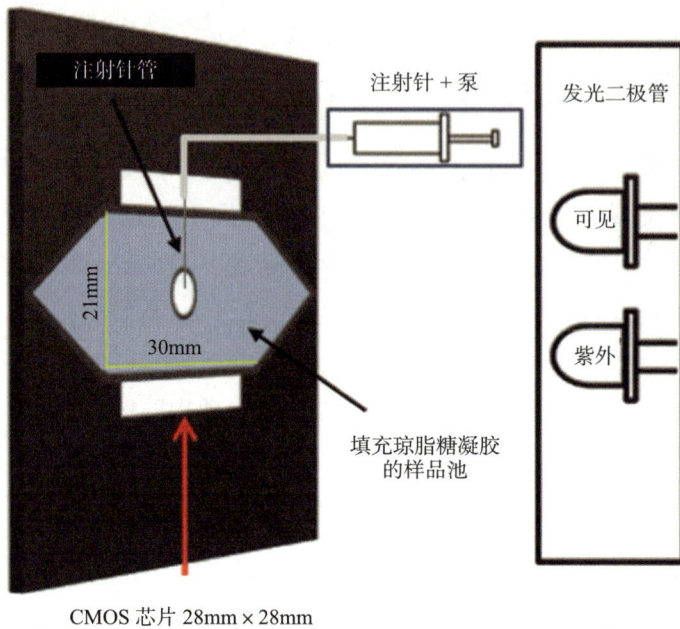

图 13-10　缓释注射剂体外溶出的紫外成像检测示意图

系统（Pion Inc., Billerica, MA, USA）、0.5%（w/v）琼脂糖凝胶溶出介质、0.1ml 注射进样体积、280nm 紫外检测波长和 37℃的实验温度，对多个含有 cAMP 5mg/ml 的制剂处方进行了比较研究：水溶液（Aq. Sol）、20%（w/w）普兰尼克（Pluronic F127）水凝胶、40%（w/w）聚乳酸 - 羟基乙酸共聚物（PLGA，乳酸 - 羟基乙酸摩尔比为 75∶25，MW 5~20kDa）植入物和 33%（w/w）PLGA（乳酸 - 羟基乙酸摩尔比为 50∶50，MW 24~38kDa）植入物。

图 13-11 和图 13-12 分别展示了上述 cAMP 药物制剂在 280nm 获得的紫外吸光度图像、数值化处理后的表观溶出曲线。结果显示，水溶液和 Pluronic F127 水凝胶处方有相似的初始溶出速率，但两种 PLGA 处方的药物溶出明显慢于以上两种处方，并有显著不同的溶出模式。其中 33%（w/w）PLGA（50∶50）处方样品的溶出速率比 40%（w/w）PLGA（75∶25）配方更慢，更适用于长效制剂。上述样品的溶出差异归因于 PLGA（50∶50）处方的高黏度和较低的乳酸含量导致的低疏水性，基质能更好地保留 cAMP。

Bock 等[1]人还考察了不同载药量的处方制剂以及检测池进样位置的空穴形状对药物溶出的影响进行了研究，进而展示了缓释注射剂体外溶出紫外成像检测方法的重复性和适用性。

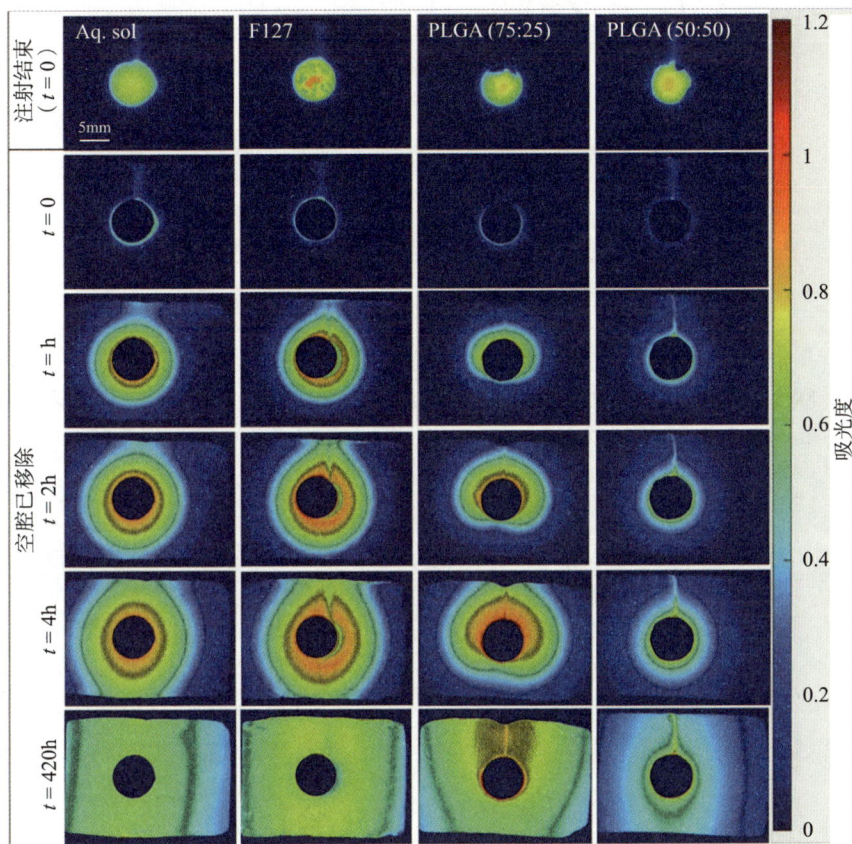

图 13-11　几种 cAMP 处方在 280nm 处获得的紫外吸光度图像

显示 cAMP 在选定的时间点在琼脂糖凝胶中溶出的状况。色彩等高线代表吸光度值。该图引自[1]，经作者授权

1　BOCK F, BØTKER J P, LARSON S W, et.al. Methodological Considerations in Development of UV Imaging for Characterization of Intra-Tumoral Injectables Using cAMP as a Model Substance[J]. Int J Mol Sci, 2022 Mar 25, 23(7): 3599.

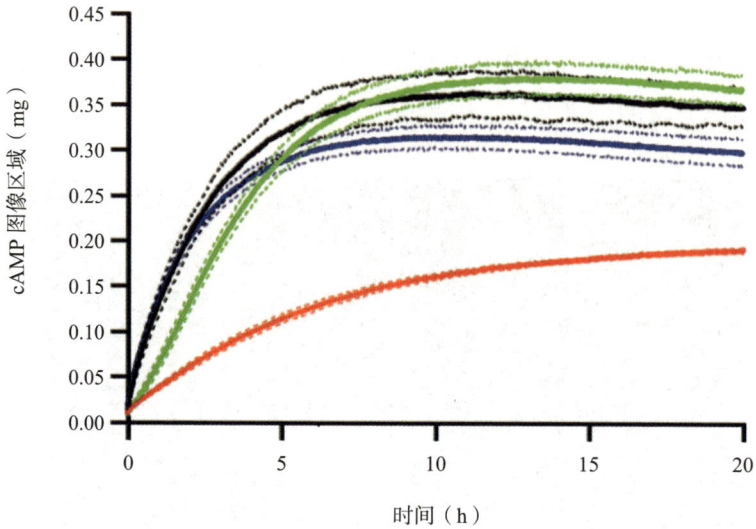

图 13-12　由紫外成像技术获得的几种 cAMP 处方的表观溶出曲线

水溶液（蓝色）；原位形成的 Pluronic F127 水凝胶（黑色）；PLGA（75∶25）植入物（绿色）和 PLGA（50∶50）植入物（红色）。3 个重复的平均值以粗体显示，误差范围（±1 SD）由虚线显示。该图引自[1]，经作者授权

1　BOCK F, BØTKER J P, LARSON S W, et.al. Methodological Considerations in Development of UV Imaging for Characterization of Intra-Tumoral Injectables Using cAMP as a Model Substance[J]．Int J Mol Sci, 2022 Mar 25, 23（7）: 3599.

3 | 展望

在药物溶出度试验中，UV检测技术一直是药物测量的首选技术。随着现代光谱成像技术的进步，溶出度试验正在从单独检测API的溶出量扩展到溶出过程的图像。采用光谱成像技术能够原位连续观察制剂中药物的动态溶出过程，并以较高的时空分辨率监测固体制剂样品表面或附近的变化情况，为深入探索药物溶出机制提供翔实而重要的信息。与其他光谱成像技术相比，UV成像简单、成本低、可商用，并且能节省样品用量。UV-SDI技术已经广泛应用于与溶出相关的研究领域，不仅用于API的特性表征研究，也逐步成为一种有效的制剂研发工具。随着人们对光谱成像技术和方法研究的不断深入，与其他光学或化学成像技术的联用，将会给相关领域的研究、探索更多剂型的药物溶出机制带来更多应用和进步。

附件

表 13-1　术语（中英文对照）

缩略词	英文名称	中文名称
API	active pharmaceutical ingredient	活性药物成分
UV/Vis	ultraviolet-visible spectrophotometry	紫外 - 可见分光光度法
HPLC	high performance liquid chromatography	高效液相色谱仪
FIA	flow injection analysis	流动注射分析
FBRM	focused beam reflectance measurement	聚焦光束反射测量
NMR	nuclear magnetic resonance spectroscopy	核磁共振波谱
/	Raman spectroscopy	拉曼光谱
FTIR	Fourier transform-infrared spectroscopy	傅里叶变换红外光谱
NIR	near-infrared spectroscopy	近红外光谱
UV	ultra-violet spectroscopy	紫外光谱
UV-SDI	ultraviolet surface dissolution imaging	紫外表面溶出成像
CMOS	complementary metal oxide semiconductor	互补金属氧化物半导体
MRI	magnetic resonance imaging	磁共振成像
BCS	biopharmaceutics classification system	生物药剂分类系统
IDR	intrinsic dissolution rate	表观固有溶出速率

第十四章

基于三维成像的药物微结构表征与溶出预测

概述

从固体口服制剂到冻干制剂，从缓释透皮给药的复杂制剂到组合产品（combination product），现代药物工程越来越依赖于微观结构的设计与优化。通过高分辨三维成像的方法，可以精准重构出原料药和功能性辅料等材料及微孔等结构在药物样品中的分布。采用人工智能图像处理的方法可对成像中获得的海量、多尺度三维数据进行数据挖掘和材料识别，从而定量分析出各种成分在最终产品中的粒径、均匀性分布等关键质量参数信息，形成数字化药物。将三维重构出的数字化药物与计算流体力学方法相结合可预测药物的溶出曲线。

近年来，三维成像技术和基于图像的药物微结构表征与溶出预测在新型及复杂药物制剂的开发中得到广泛的应用，并在缓（控）释制剂、冻干制剂、无定形制剂设计，以及等效性评价、颗粒工程技术优化等领域获得监管机构和工业界的高度关注。我国和国外相关机构也大力支持基于药物微观结构的科学研究项目[1]。与此同时，在基础研发和工业生产领域中，大量科研人员进行了许多具有启发性且富有前景的相关研究，并发表了多

1　Image-based Microstructure Bioequivalence Evaluation［EB/OL］（2020.5.4）［2021.6.26］https://www.fda.gov/media/138041/download.

项研究成果[1~3]。在仿制药的一致性评价工作中，制剂内部微结构一致性（microstructure equivalence，Q_3）被认为是评价药物一致性的又一个重要参数，与定性（qualitative equivalence，Q_1）和定量（quantitative equivalence，Q_2）两个评价标准共同用于制剂的一致性评估。目前，数字化药物作为微结构一致性评估的手段，已被美国食品药品管理局（FDA）认可，并在药品审评中得到应用。

1　A. GOYANES, M. KOBAYASHI, R. MARTINEZ–PACHECO, et al. Fused–filament 3D printing of drug products：Microstructure analysis and drug release characteristics of PVA–based caplets[J]. Int J Pharm, 2016, 514(1)：290–295.

2　JOHANNES KHINAST, JUKKA RANTANEN. Continuous Manufacturing of Pharmaceuticals[M]. John Wiley & Sons Ltd, 2017：599.

3　GAJJAR, PARMESH. From Particles to Powders：Digital Approaches to Understand Structure and Powder Flow of Inhaled Formulations.[M]. Respiratory Drug Delivery Europe 2021. 2021.

1 | 三维成像技术与基于人工智能的图像处理

1.1 三维成像技术

数字化药物的研究基础是将药物样品数字化，进而予以表征。数字化主要通过三维结构成像来实现。药物样品三维结构成像方法基于 X 射线、电子束、磁共振、可见光等成像技术，包括 X 射线计算机断层扫描（X-ray computed tomography，CT）[1~5]、磁共振成像（magnetic resonance Imaging，MRI）[6~8]、光学相干断层扫描（optical coherence tomography，

---

1 P. J. WITHERS, C. BOUMAN, S.E. CARMIGNATO, et al. Stock. X-ray computed tomography[J]. Nature Reviews Methods Primers, 2021, 1: 18.

2 BONSE. Developments in X-Ray Tomography IV[J]. Proceedings of SPIE-The International Society for Optical Engineering, 2002, 5535.

3 S. R. STOCK. X-ray microtomography of materials[J]. Int. Mat. Rev., 1999, 44: 141–164.

4 GOLDMAN L W. Principles of CT: Multislice CT[J]. Journal of Nuclear Medicine Technology, 2008, 36(2): 57–68.

5 J. HSIEH. Computed Tomography: Principles, Design, Artifacts, and Recent Advances[J]. Spie—the International Society for Optical Engineering, 2009.

6 MCROBBIE D W, MOORE E A, GRAVES M J, et al. MRI from Picture to Proton[M]. Cambridge University Press, 2007.

7 P. C. LAUTERBUR. Image Formation by Induced Local Interactions: Examples Employing Nuclear Magnetic Resonance[J]. Nature. Springer Science and Business Media LLC. 1973, 242(5394): 190–191.

8 ZHI-PEILIANG, LAUTERBUR P C. Principles of Magnetic Resonance Imaging: A Signal Processing Perspective[J]. Spie Optical Engineering, 2000.

OCT $)^{[1~5]}$ ，显 微 计 算 机 断 层 扫 描 （micro-computed tomography，micro-CT $)^{[6~9]}$ ，同步辐射光源 X 射线显微成像（synchrotron radiation x-ray micro-computed tomography，SR-μCT），透 射 电 子 显 微 镜 （transmission electron microscopy，TEM $)^{[10~13]}$,X 射线显微镜（X-ray microscopy，XRM $)^{[14~16]}$ 和聚焦离子束扫描电子显微镜（focused ion beam scanning electron microscopy，FIB-SEM $)^{[17~20]}$ 等。

1　FERCHER A F, ROTH E. Ophthalmic Laser Interferometry[C] // International Symposium/innsbruck. 1986.

2　GARG A. Anterior & Posterior Segment OCT: Current Technology & Future Applications[M]. JP Medical lid, 2014.

3　Boer J F D, Leitgeb R, Wojtkowski M. Twenty-five years of optical coherence tomography: the paradigm shift in sensitivity and speed provided by Fourier domain OCT[Invited][J]. Biomedical Optics Express, 2017, 8(7): 3248-3280.

4　SWANSON E A. Beyond better clinical care: OCT's economic impact[J]. Laser Focus World, 2016, 52(6): 35-38.

5　VIRGILI G, MENCHINI F, CASAZZA G, et al. Optical coherence tomography (OCT) for detection of macular oedema in patients with diabetic retinopathy[J]. Cochrane database of systematic reviews (Online), 2015, 1(1): CD008081.

6　R. MIZUTANI, Y. SUZUKI. X-ray microtomography in biology[J]. Micron, 2012, 43(2-3): 104-115.

7　J. DUAN, C. HU, H. CHEN. High-resolution micro-CT for morphologic and quantitative assessment of the sinusoid in human cavernous hemangioma of the liver[J]. PLOS One, 2013: 8(1), e53507.

8　R. GARWOOD, J. A. DUNLOP, M. D. SUTTON. High-fidelity X-ray micro-tomography reconstruction of siderite-hosted Carboniferous arachnids[J]. Biology Letters, 2009, 5(6): 841-844.

9　NAGLER C, HAUG J T. Functional morphology of parasitic isopods: understanding morphological adaptations of attachment and feeding structures in Nerocila as a pre-requisite for reconstructing the evolution of Cymothoidae[J]. PeerJ, 2016, 4: e2188.

10　A. AMZALLAG, C. VAILLANT, M. JACOB, et al. 3D reconstruction and comparison of shapes of DNA minicircles observed by cryo-electron microscopy[J]. Nucleic Acids Research, 2006, 34(18): e125.

11　M. BARAM, W. D. KAPLAN. Quantitative HRTEM analysis of FIB prepared specimens[J]. Journal of Microscopy, 2008, 232(3): 395-405.

12　P.A. CROZIER, T.W. HANSEN. In situ and operando transmission electron microscopy of catalytic materials[J]. MRS Bulletin, 2014, 40: 38-45.

13　J. MAST, L. DEMEESTERE. Electron tomography of negatively stained complex viruses: application in their diagnosis[J]. Diagnostic Pathology, 2009, 4: 5.

14　Y. YAMAMOTO, K. SHINOHARA. Application of X-ray microscopy in analysis of living hydrated cells[J]. Anat. Rec., 2002, 269(5): 217-223.

15　L. Arndt. X-ray microscopy. Retrieved 19 November 2019.

16　W. L. CHAO, B. D. HARTENECK, J. A. LIDDLE, E. H. ANDERSON, D. T. ATTWOOD. Soft X-ray microscopy at a spatial resolution better than 15nm[J]. Nature, 2005, 435(7046): 1210-1213.

17　T. L. BURNETT, R. KELLEY, B. WINIARSKI, et al. Large volume serial section tomography by Xe Plasma FIB dual beam microscopy[J]. Ultramicroscopy, 2016, 161: 119-129.

18　D. P. HOFFMAN, G. SHTENGEL, C. S. XU, et al.Correlative three-dimensional super-resolution and block-face electron microscopy of whole vitreously frozen cells[J]. Science, 2020, 367(6475): eaaz5357.

19　C. SMITH. Microscopy: Two microscopes are better than one[J]. Nature, 2012, 492(7428): 293-297.

20　B. SONG, E. RUIZ-TREJO, A. BERTEI, et al.Quantification of the degradation of Ni-YSZ anodes upon redox cycling[J]. Journal of Power Sources, 2018, 374: 61-68.

通过 XRM 高分辨成像方法，可以无损获得药物制剂样品内部的三维微结构分布。XRM 与医用 CT 类似，是使用 X 射线作为光源的一种透射成像技术。当射线照射在样品上时，部分射线会穿过样品，也有部分射线从样品上反射。若在射线穿过样品后的路径上放置一个探测器，就可采集到该样品的透射影像；若在射线反射的路径上放置一个探测器，就可采集到该样品的反射影像。若将样品进行转动并在多个角度上进行透射成像，即可获得一系列透射影像。对这些影像进行数学处理，便可重构出药物制剂样品的三维结构，获得数字化的药物。图 14-1 所示为医用 CT 和 XRM 的成像方式的区别，即医用 CT 成像时，样品（人或小动物）静止，扫描系统在旋转；而 XRM 成像则是样品旋转，扫描系统处于静止状态。

通过转角成像及局部聚焦扫描等无损伤成像技术，XRM 可以获取高达 4000 张 4000×4000 像素的药物样品图片，三维重构形成 640 亿个像素体。与医用 CT 相比，这些像素体的分辨率可提高 3 个数量级以上，达到 50~500nm。这些高分辨的影像可精确反映药物制剂各组分的物理、化学和材料结构信息，或可称之为药物结构基因，其决定了药物制剂的关键质量特性及溶出行为。

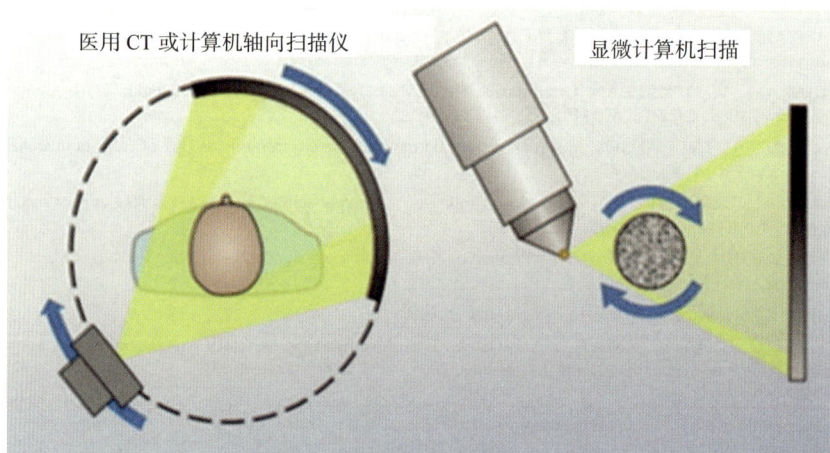

图 14-1　医疗 CT（300~500μm 分辨率）和显微 CT（即 XRM，50~500nm 分辨率）成像方式的对比

当药物颗粒及其孔隙小于微米尺度时，XRM 的分辨率不能满足微结构表征的需求。这时候就可采用 FIB-SEM 技术，使用超细（<100nm）的离子束切割样品，然后用扫描电子束对样品进行成像。对样品的连续切割和成像可获得一系列高分辨影像，对这些影像进行数学处理，即可重构出药物制剂的三维微结构，分辨率可达 1~100nm（图 14-2）。

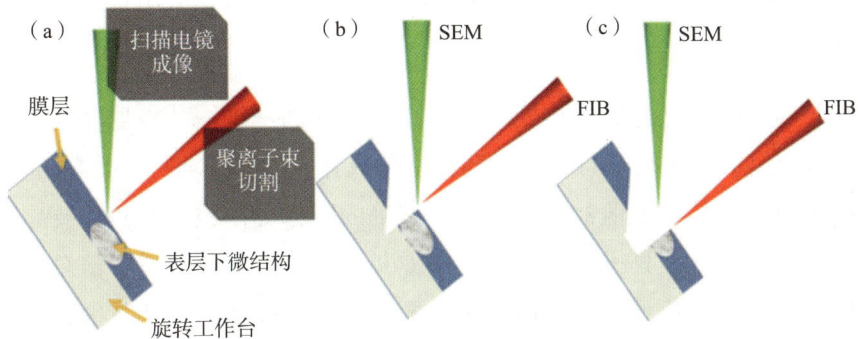

图 14-2　FIB-SEM 的成像原理

（a）转动样品台初始设置。电子束（绿色）与转动后的样品成一个角度，而离子束（红色）与样品表面垂直；（b）离子束切开横断面，电子束以一定角度扫描横断面，获取图像；（c）离子束、电子束交替切割成像，获得一系列连续横断面图片，进而重构出三维结构

在药物研发中，经常需要用到关联成像法（correlative imaging）[1~3]，即在药物样品的成像过程中，尽可能采用多种成像模式并获取同一成像区域内的关联的信息，这些关联的信息可以用于相互验证并确定样品的某些复杂特性，有助于进一步的分析研究。比如，不同分辨率成像能够获得样品在不同尺度下的代表性信息，从样品高精度的微观结构中解析出低分辨图片里被掩盖的细节。

1　C. FURTH, T. DENECKE, I. STEFFEN, J. RUF, et al.Correlative Imaging Strategies Implementing CT, MRI, and PET for Staging of Childhood Hodgkin Disease［J］. Journal of Pediatric Hematology/Oncology, 2006, 28（8）: 501–512.

2　K. BELL, S. MITCHELL, D. PAULTRE, et al. Correlative Imaging of Fluorescent Proteins in Resin-Embedded Plant Material［J］. Plant Physiology, 2013, 161（4）: 1595–1603.

3　T. L. BURNETT, P. J. WITHERS. Completing the picture through correlative characterization［J］. Nature Materials, 2019, 18: 1041–1049.

1.2 基于人工智能的图像处理

除了成像技术本身，对图像的数字化技术处理手段也非常重要。通过对图像进行适当的处理才能获得全面完整的信息，进而运用和探寻其规律性，建立数学模型，并与药物的其他特性（制剂性能、溶出行为、体内外行为等）相关联。

对药物样品进行数字化处理后可获得大量的三维图片数据，这些数据包含着丰富的微结构信息，包括药物有效成分、功能性辅料、孔隙结构等。这些信息以图像灰度值的形式存在，准确的图像分割技术至关重要。通过图像分割技术，计算机可通过识别图像灰度值获得对应的材料信息。传统的图像分割方法依赖于灰度值的某一阈值来区分高灰度和低灰度，而在药物微结构成像应用中，传统的阈值方法无法满足要求。图 14-3 显示了一种基于热熔挤出方法制备的无定形片剂的三维图片分割技术，图 14-3A 为原始 XRM 灰度值三维数据（以二维横断面图为例），其中最暗值为微孔，次暗值为高分子辅料，次亮值为无定形药物稳定于高分子辅料所形成的混合物，最亮值为无定形药物再结晶后形成的晶体药物颗粒；图 14-3B 为人工智能图像分割的结果，药物制剂的微孔（紫色）、高分子辅料（蓝色）、无定形药物（红色）和结晶药物（黄色）均被有效识别并自动分割出来；图 14-3C 显示采用低阈值时，辅料区间分割不够连续；图 14-3D 显示增加阈值时，辅料与无定形混合物形成了连续区域，同样无法区分区域内的辅料与无定形物。

完成图像分割即实现了对原始药物样品的数字重构。根据药物开发的不同需求，可通过这些"数字化药物"进一步对各相灰度图谱对应材料进行定量分析及物理化学属性的计算。通过上述数字重构，可分析制剂的孔隙度、原料药的粒径大小及空间分布均匀度、辅料与原料药的相对空间分布关系、比表面积等关键参数。属性计算参数包括有效扩散系数、渗透率、导电系数、导热系数、毛细压力、机械特性、溶出曲线等。具体的分析和属性计算的应用将在应用实例中介绍。

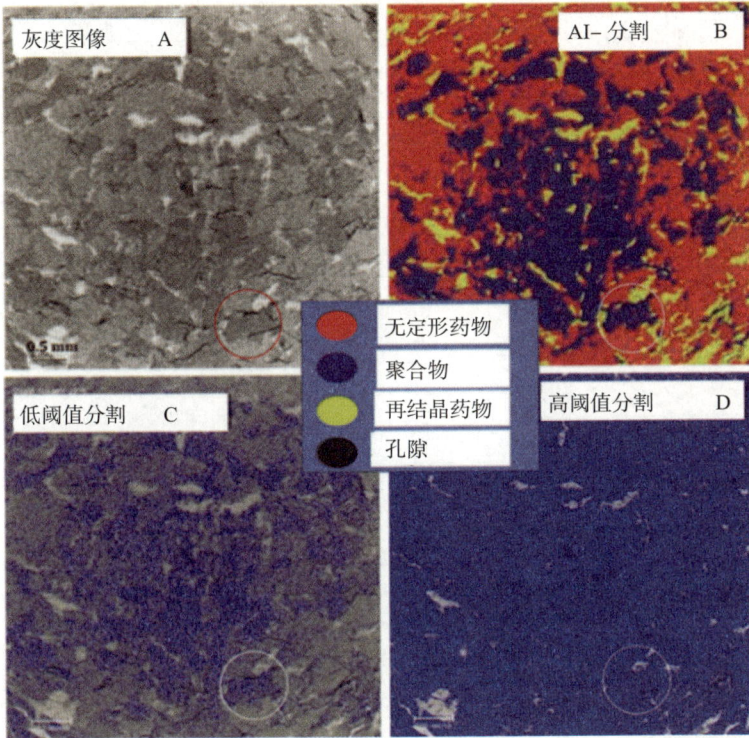

**图 14-3　一种基于热熔挤出方法的无定形片剂的微结构分割过程及传统阈值
方法和人工智能方法比较**

（A）灰度图像；（B）AI-分割；（C）低阈值分割；（D）高阈值分割。图片由
AbbVie 和 DigiM 公司提供

1.3 数字药物评估机构

目前国内外众多机构正在从事相关研究工作，我们对近年来的研究机
构、成果以及重要研究范围和内容进行了汇总，如表 14-1 所示。

表 14-1　数字药物评估机构及研究成果汇总

机构名称	国家/地区	介绍
DigiM ——数姆科技	美国	数姆科技是 2014 年成立于美国波士顿的数字药物评估实验室，专注于材料微观结构的三维成像、定量描述和人工智能优化等共性表征技术，广泛应用于医药、新能源、纳米材料、生物、石油等领域。在制药领域，数姆科技通过对医药样品进行微（米）纳（米）尺度上的三维成像和分析建模，以获得决定医药材料性能的微观的三维结构，从本质上认识生物医药材料的结构与性能之间的关系，为生物医药材料与设备的设计、加工与优化提供最直接的科学依据。在调释设计、无定形药物扩散、微纳封装、仿制药一致性评估、质量检测等方面，与美国 FDA 及多个大型制药企业开展了合作研究。基于图像的药物溶出曲线预测，通过减少物理实验，显著缩短药物溶出的研究周期，从而降低了研究成本。通过其 I$_2$S 云计算图像处理平台，数姆科技为工业用户提供从服务到软件的全方位解决方案，包括，FIB-SEM 与 XRM 的成像咨询与服务；海量图像大数据的人工智能挖掘、重构及基于人工智能图像处理对药物质量特性的定量表征；基于图像的药物溶出曲线预测与优化
Rigaku Corporation ——理学株式会社	日本	该公司及其员工致力于为大学、工业和政府实验室开发和提供以客户为中心的综合解决方案，包括结构蛋白组学、纳米工程研究、通用 X 射线衍射和光谱学、材料分析和质量确证
ZEISS ——蔡司	德国	通过 ZEISS Xradia Context Micro-CT 的先进微计算机断层扫描（Micro-CT）系统扩展了其实验室 X 射线成像仪器的范围。该仪器将通过高通量成像和全背景，大视野扩展产品范围，而 Xradia Ultra 和 Xradia Versa X 射线显微镜将继续解决高分辨率要求线下的复杂 3D 成像问题。Xradia Context Micro-CT 可以对小型和大型物体成像，以高数据质量和高性能为基础，满足各种计算机断层摄影应用的需求。该公司同时承接 FIB-SEM 的相关业务
TESCAN ——泰斯肯	捷克	TESCAN 是研制 SEM、FIB-SEM、Micro-CT 的公司，将拉曼光谱与 FIB-SEM 联合使用对 TEM 样品进行处理，显示二氧化钛的多晶型分布情况
Thermo Fisher Scientific ——赛默飞世尔科技	美国	公司业务包括 FIB-SEM

机构名称	国家/地区	介绍
McGill University ——麦吉尔大学	加拿大	研究人员使用微计算机断层扫描（Micro-CT）获得可视化标本中的颅骨结构，检查神经和血管以及骨骼结构的通路，一般情况下，这些通路在不损坏化石的情况下是不可视的
美国纽约西奈山伊坎医学院免疫学系医学系传染病科 联合 纽约结构生物学中心西蒙斯电子显微镜中心	美国	利用 FIB-SEM 使 HIV 病毒的突触和病毒室实现可视化
DELAWARE ——特拉华大学	美国	与蔡司合作，利用 FIB-SEM 拍摄过细胞内部结构照片
美国国立卫生研究院国立心脏，肺和血液研究所（NHLBI）和美国马里兰州贝塞斯达市国家癌症研究所（NCI）	美国	利用 FIB-SEM 揭示了肌肉线粒体能量分配的机制
丹麦技术大学的国家纳米制造与表征中心（DTU Nanolab）	丹麦	该中心既涵盖了微结构和纳米结构的最新制造方法，又包括利用纳米结构表征所述结构的方法。最先进的基于电子束的显微镜和光谱学有助于将基础研究应用到实际中
中国科学院上海药物研究所 ——张继稳教授课题组	中国	利用同步辐射 X 射线计算机断层扫描（SR-μCT）来可视化和量化压缩前后成千上万个 CLP Ⅰ 和 CLP Ⅱ 结晶颗粒的形态。通过 SR-μCT 定量结构分析证明的多晶型物变形行为加深了对片剂宏观结构从微米到毫米的压片的理解。在原位无损伤测定软胶囊的结构及其内部微粒分布，揭示软胶囊的内在质量，发展了软胶囊原研制剂剖析与物理稳定性评价的新技术
天津三英精密仪器股份有限公司	中国	三英精密专注各种 X 射线 CT 检测装备研发和制造，其 MicroCT 具有多种技术配置，全面的产品线满足不同应用的测试需求

2 | 在药物制剂中的应用

2.1 基于同步辐射光源 X 射线显微成像技术

中国科学院上海药物研究所的张继稳教授课题组是国内专注于利用同步辐射光源 X 射线显微成像（synchrotron radiation X-ray micro computed tomography，SR-μCT）对药物制剂进行内部结构成像及分析的专业团队，近年来发表了多项重要科研成果[1~4]。

图 14-4 所示为基于同步辐射光源 X 射线显微成像（SR-μCT）技术，在原位无损伤的情况下测定软胶囊的结构及其内部微粒分布。该技术揭示了软胶囊的内在质量，可有效促进对软胶囊原研制剂的剖析与物理稳定性评价。以蜂胶软胶囊为例，依托 SR-μCT 原位无损伤地采集软胶囊的 CT 投影图像，通过三维重构计算内容物中微粒体积、个数、分布及囊壁厚度等结构参数，分别定量分析加速试验 6 个月和长期试验软胶囊的结构差异。通过 SR-μCT 获取的软胶囊结构参数可用于评价储存环境对软胶囊稳定性

1　T. XIONG, L. WU, H. PENG, et al.In situ characterization of structural change and internal particle distributions of soft capsules based on synchrotron radiation X-ray micro computed tomography［J］. Acta Pharmaceutica Sinica, 2020, 55（5）: 1030-1034.

2　L. WU, M. WANG, V. SINGH, H. LI, et al.Three dimensional distribution of surfactant in microspheres revealed by synchrotron radiation X-ray microcomputed tomography［J］. Asian Journal of Pharmaceutical Sciences, 2017, 12（4）: 326-334.

3　L. ZHANG, L. WU, C. WANG, et al.Maharjan, Y. Tang, D. He, P. York, H. Sun, X. Yin, J. Zhang, L. Sun. Synchrotron Radiation Microcomputed Tomography Guided Chromatographic Analysis for Displaying the Material Distribution in Tablets［J］. Anal. Chem., 2018, 90（5）, 3238-3244.

4　H. SUN, S. HE, L. WU, et al. Bridging the structure gap between pellets in artificial dissolution media and in gastro-intestinal tract in rats［J］. Acta Pharmaceutica Sinica B, 2022, 12（1）: 326-338.

的影响，为软胶囊质量控制与评价提供新方法。

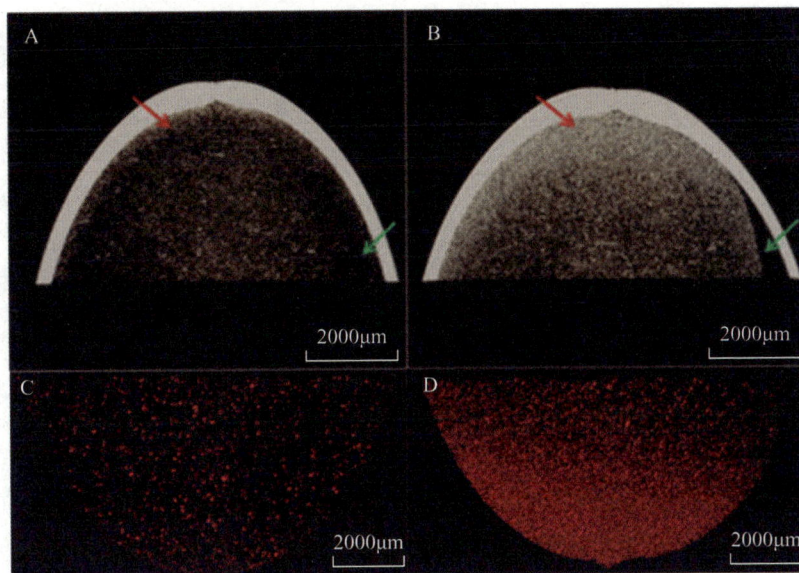

图 14-4　蜂胶软胶囊中微粒的三维图像
A 与 C 为长期试验条件；B 与 D 为加速试验环境条件

图 14-5 显示了通过测定表面活性剂在微球内部的分布探讨微球的制备机制[1]。团队采用同步辐射 X 射线显微计算机断层成像技术对包载牛血清白蛋白（BSA）的 Eudragit L100 微球的内部结构进行了表征。表面活性剂蔗糖硬脂酸酯的含量和溶剂丙酮的体积共同决定了微球中蔗糖硬脂酸酯的存在状态，过量的蔗糖硬脂酸酯可在微球内形成球形亚结构；大量的丙酮与低浓度 Eudragit L100 处方中，部分溶解在丙酮中的蔗糖硬脂酸酯形成了包埋在微球中的亚结构，部分过量膨胀并聚集成大颗粒（图 14-5 A、D、G）；当丙酮含量降低后，高浓度的 Eudragit 竞争性地降低了蔗糖硬脂酸酯的溶解度和分散性，因此，大部分蔗糖硬脂酸酯以固体形式存在，并无聚集（图 14-5 F 与 I）。研究首次揭示了表面活性剂在微球中的三维空间分布及其对蛋白质溶出行为的影响，高分辨率的三维结构图像为深入理解微球

1　L. WU, M. WANG, V. SINGH, H. LI, et al.Three dimensional distribution of surfactant in microspheres revealed by synchrotron radiation X-ray microcomputed tomography[J]. Asian Journal of Pharmaceutical Sciences，2017，12（4）：326-334.

的形成机制提供了新的证据。

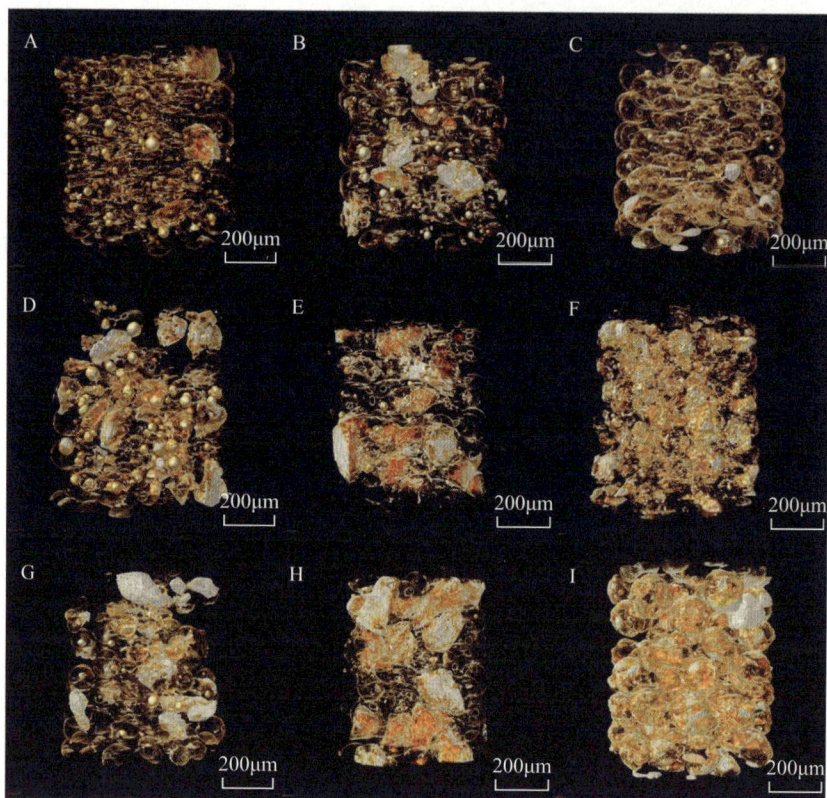

图 14-5　基于反相强度提取法从微球三维重建图像中提取蔗糖硬脂酸酯的三维分布特征

蔗糖硬脂酸酯浓度为1%，且Eudragit为4.5%（A），Eudragit为7.5%（B），Eudragit为10.5%（C）；蔗糖硬脂酸酯浓度为4%，且Eudragit为4.5%（D），Eudragit为7.5%（E），Eudragit为10.5%（F）；蔗糖硬脂酸酯浓度为7%，且Eudragit为4.5%（G），Eudragit为7.5%（H），Eudragit为10.5%（I）。彩色地图的范围从红色到白色，并通过颜色橙色和黄色，代表从低到高的密度。

图14-6所示为SR-μCT对片剂结构的表征，深入了解多元颗粒系统（MUPS）片剂的微观结构，观测药物活性成分（API）及辅料的空间分布及探究其与片剂性质的关联性，为药物溶出系统定量模型的设计提供依据[1]。

1　L. ZHANG, L. WU, C. WANG, et al. Synchrotron Radiation Microcomputed Tomography Guided Chromatographic Analysis for Displaying the Material Distribution in Tablets[J]. Anal. Chem., 2018, 90（5）: 3238-3244.

将同步辐射 X 射线显微计算机断层扫描（SR-μCT）技术与液相色谱 - 质谱法（LC-MS）或液相色谱 - 蒸发光散射检测器（LC-ELSD）联用，可以对片剂进行化学分析。显微结构表征 - 指定区域化学测定是一种新的质量评估和开发药物递送系统的方法。

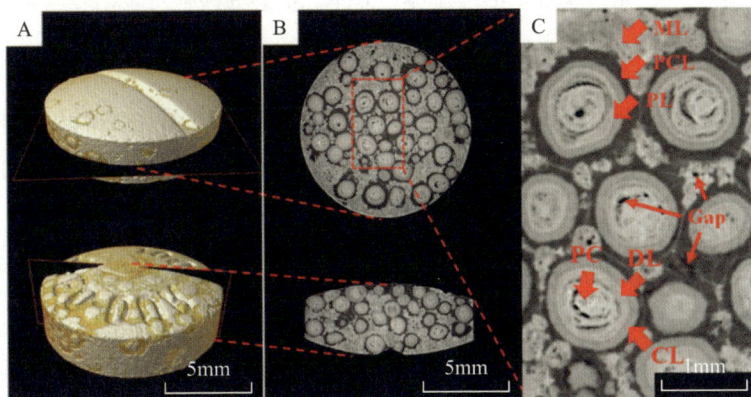

图 14-6　茶碱多单位颗粒系统（MUPS）

片剂（C）前后方向（A）的 3D 图像，径向和轴向（B）的 2D 切片，以及 2D 切片的部分放大。本发明的片剂由基质层（ML）、保护垫层（PCL）和微丸（PL）三个部分组成，从中心到外部至少有 3 层，即微丸芯（PC）、药物层（DL）和包衣层（CL）

2.2 基于喷雾干燥技术的无定形片剂特性研究

现代药物研发生产中，难溶性药物的有效溶出是研发人员面临的挑战之一。通过无定形固体分散（amorphous solid dispersion, ASD）技术，可将溶解性差的原料药以固态形式分散在聚合物基质中。除了有效增加药物溶解性外，固体分散体中以无定形或微晶形式存在的原料药，通过与聚合物分子相互作用，比同一物理状态的纯原料药更稳定。由于具备微结构特征的突出优点，数字化药物技术可以在无定形药物制剂设计、研究、生产、质量控制及上市后监管中发挥独特的重要作用。下面以喷雾干燥技术为例，介绍数字药物微结构表征在无定形药物中的应用。

喷雾干燥技术是提高难溶性药物溶解度最常用技术手段之一，具有操作温度可控、增溶效果好等特点，是一种"优选"的赋能技术，可显著提高难溶性化合物的生物利用度。采用喷雾干燥法制备固体分散体制剂需要考虑诸多因素和环节，比如开展喷雾干燥法聚合物制备工艺的筛选优化用于提高药物溶出度和生物利用度、剂型的下游工艺开发、临床及商业化生产等。其中，喷雾干燥制备的固体分散体混合物颗粒亦称中间体（spray-dried intermediates），对固体制剂成品的质量和制剂特性至关重要。

图 14-7 所示为三种原料颗粒样品的 XRM 三维图像（以二维横断面为例）。三个样品分别对应于不同的喷雾嘴液体温度，从较低温度的样品 1（40℃），到中间温度的样品 2（54℃），至较高温度的样品 3（62℃）。XRM 图像中，灰度值较高的亮灰色对应固体，包括空心颗粒的固体泡壁和实心颗粒。灰度值较低的暗灰色对应空气，包括颗粒间隙和空心颗粒内部的空气泡。通过人工智能图像分割，将固体区域从空气中区分开来，在图 14-7（d~f）中显示为黄色，并进一步区分为颗粒内空气泡（红色）和颗粒间隙（绿色）。固体颗粒可以进一步区分为空心颗粒和实心颗粒（为增加清晰度，降低混淆，故未显示）。通过人工智能识别的材料为进一步定量表征药物制剂的微观精细结构提供了可能。

三维的数字化药物是一个丰富的数据库，包含了大量药物制剂的质量和性能参数信息。图 14-7（g）所示为空心颗粒的泡壁厚度与最终片剂的抗拉强度的关系曲线。随着泡壁厚度的增加，片剂的抗拉强度变差，而泡壁厚度与喷嘴温度呈正相关，因而可建立起喷嘴温度与质量参数抗拉强度之间的关联。图 14-7（h）定量表征了空心颗粒泡壁厚度与粒径大小的关系。其中每一个蓝色的数据点对应一个颗粒，可用于表征不同制备条件所得颗粒性质，并与最终片剂的理化性质建立联系。

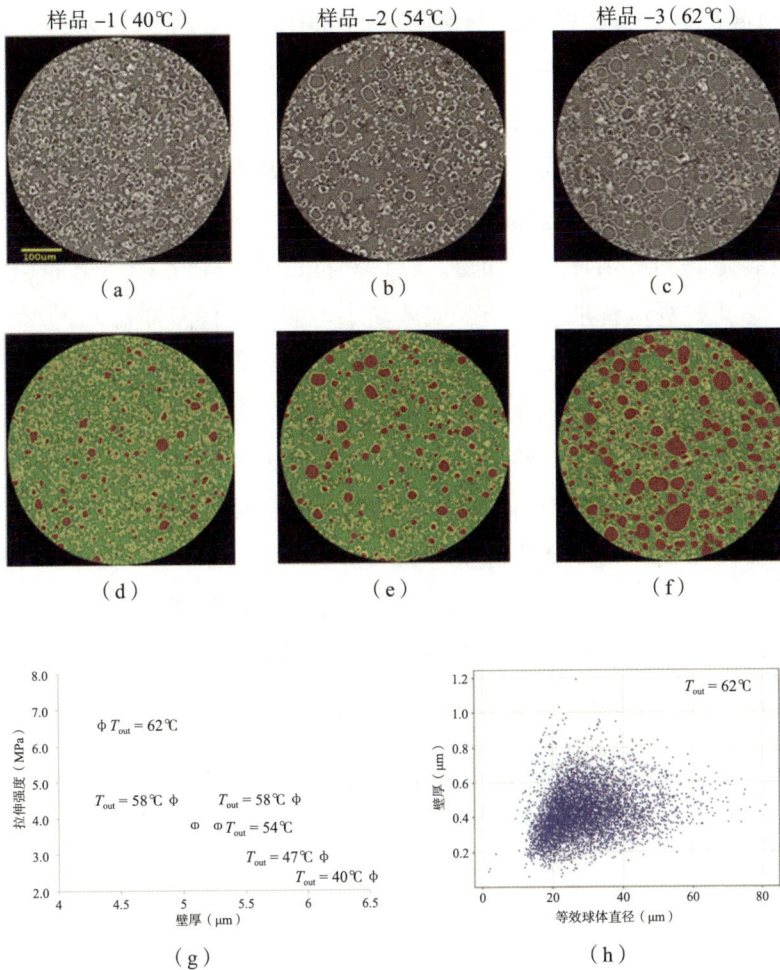

图 14-7 喷雾干燥过程生成的无定形药物颗粒

（a-c）为在不同干燥温度下三种颗粒样品的原始灰度值三维数据中的代表性横断面示意图；（d-f）为基于人工智能的颗粒分类及孔隙度识别示意图，黄色为固体部分，红色为颗粒内空气泡，绿色为颗粒间隙，均由人工智能软件区分；（g）为空心颗粒壁厚度与最终片剂样品强度的正相关结果图；（h）为高温样品颗粒的粒径与空心颗粒壁厚度的分布图

2.3 模拟缓释制剂的药物溶出曲线

缓释制剂亦称缓控释或调释（modified release，MR；extended release，

ER）制剂，是指通过控制药物从药物剂型中的溶出速率，改变药物被机体吸收的速率，从而发挥更好的治疗效果。缓释可分为缓释、控释、脉冲释放、迟释等溶出机制。生物半衰期短或需要频繁给药的药物制成缓释制剂可减少给药次数，并改善普通剂型用药所呈现血药浓度的峰谷现象，使其平稳持久地保持在有效浓度范围内，以提高安全性。缓释制剂可在患者用药后特定时间溶出特定的药量，以达到特定的治疗效果；因而具有用药频率低、药物释放精准、血药浓度波动小、给药途径多样化、刺激小、药效持久且安全性高等优点，越来越受到临床的重视。缓释技术可以根据应用对象和目的，制备适于注射、口服、包埋、佩戴项圈、栓剂、贴剂、微设备等各种剂型，通过对药物、疫苗、微量元素、靶向给药系统的合理使用，实现重大疾病领域的精准医疗。本节将药物缓控释制剂统称为缓释制剂。适宜的微结构设计是获得特定的药物溶出效果的技术关键。控制药物溶出的方法中最有代表性的为以下三种：①多孔控释膜（porous controlled release membrane[1, 2]）；②控释载体，包括微胶囊、微球、微粒、纳米微胶球、微柱[3, 4]；③机械电子设备与载体相结合[5, 6]。

高分子微柱（polymer micro-pillar）作为皮下埋植给药（subcutaneous

1 Y. J. PARK, Y. KU, C. P. CHUNG, et al Controlled release of platelet–derived growth factor from porous poly（1–lactide）membranes for guided tissue regeneration[J]. Journal of Controlled Release, 1998, 51（2–3）: 201–211.

2 X. WANG, X. ZHANG, X. HAN, et al. Performance adjustable porous polylactic acid–based membranes for controlled release fertilizers[J]. J. Applied Polymer Sci., 2021, 138（2）: 49694.

3 H. ZHANG, X. LUO, H. TANG, et al. A novel candidate for wound dressing: Transparent porous maghemite/cellulose nanocomposite membranes with controlled release of doxorubicin from a simple approach[J]. Materials Science and Engineering（C）, 2017, 79: 84–92.

4 C. DING, Z. LI. A review of drug release mechanisms from nanocarrier systems[J]. Materials Science and Engineering: C, 2017, 76: 1440–1453.

5 Y. ZHANG, J. YU, H. N. BOMBA, et al. Mechanical Force–Triggered Drug Delivery[J]. Chem. Rev., 2016, 116（19）: 12536–12563.

6 C. J. KEARNEY, D. J. MOONEY. Macroscale delivery systems for molecular and cellular payloads[J]. Nature Materials, 2013, 12: 1004–1017.

drug implant）手段之一[1~5]，可将药物溶出周期从传统的几个小时提高至几个月甚至十几个月，为艾滋病和糖尿病等需要长期用药治疗的患者带来福音。药物扩散在这些不足 1mm 的高分子载体微柱中形成一个连通的网络结构；接触体液后，外层的药物首先溶出，并形成了多孔介质；微柱内部的药物，将通过网络连通的多孔介质缓慢释放到患者的体液中。

与其他药物设计类似，微柱长释包埋药物也需要通过大量的实验研究确定制剂载药量、遴选高分子载体材料、优化制备工艺参数；并且长期或超长期的药物溶出设计也决定了其超长的实验周期，给制剂的溶出性质表征带来极大的挑战。通过将三维微结构与计算物理方法相结合，可有效模拟预测药物的溶出曲线。如图 14-8，将经过严格验证的图像技术用于药物制剂微结构表征，可使长效制剂的研发周期从几年缩短至几个月。

在获得溶出曲线的同时，高分辨三维图像数据亦可定量表征制剂或有效成分颗粒大小，以及生产工艺对药物和高分子载体的影响，并形成大数据库，供人工智能优选微观结构。

1　S. S. LYER, W. H. BARR, H. T. KARNES. Profiling in vitro drug release from subcutaneous implants: a review of current status and potential implications on drug product development[J]. Biopharmaceutics & drug disposition, 2006, 27(4): 157-170.

2　L. SOLORIO, A. A. EXNER. Effect of the Subcutaneous Environment on Phase-Sensitive In Situ-Forming Implant Drug Release, Degradation, and Microstructure[J]. Journal of Pharmaceutical Sciences, 2015, 104(12): 4322-4328.

3　S. LEE, S. F. LAHJI, J. JANG, et al. Micro-Pillar Integrated Dissolving Microneedles for Enhanced Transdermal Drug Delivery[J]. Pharmaceutics, 2019, 11(8), 402.

4　M. OCHOA, C. MOUSOULIS, B. ZIAIE. Polymeric microdevices for transdermal and subcutaneous drug delivery[J]. Advanced Drug Delivery Reviews, 2012, 64(14): 1603-1616.

5　T. V. MEENAMBIGAI, C. S. KUMARI, G. Sarathcchandra, et al. Dissolving microneedles in drug delivery: An outlook[J]. The Pharma Innovation Journal, 2020, 9(5): 24-28.

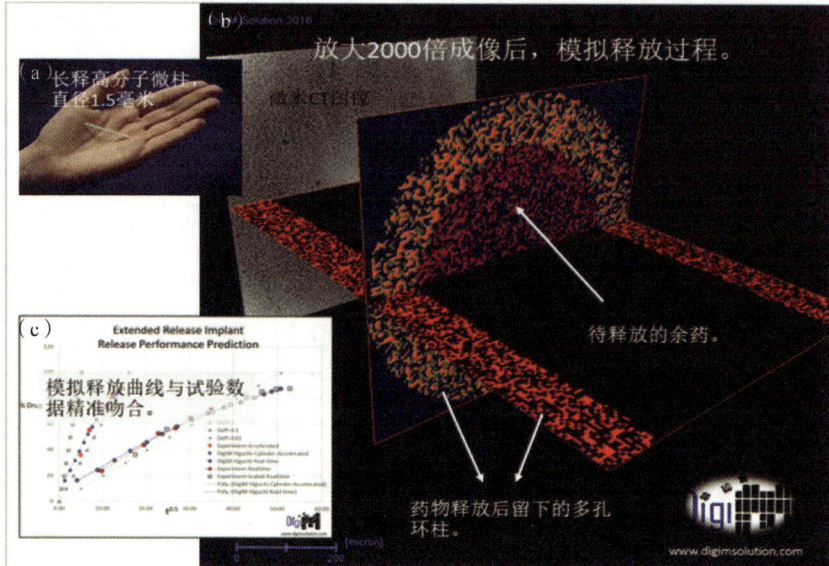

图 14-8 药物制剂微结构表征图像

（a）长释高分子微柱；（b）示例 CT 图和模拟溶出过程；（c）模拟溶出曲线，与实验数据精准吻合，将药物样品的表征周期从几个月降至几天

除在药物溶出调控设计中的应用外，以高分辨图像为基础的药物表征方法还广泛应用到无定形药物扩散、微纳封装、仿制药一致性评估、质量研究与控制等方面[1~4]。

1 S. ZHANG, J. LOMEO. Cloud-based image management solutions for digital transformation of drug product development[J]. Microscopy & Microanalysis, 2021, 27: 296–297.

2 K. NAGAPUDI, A. ZHU, D. CHANG, et al. Microstructure, quality, and release performance characterization of long-acting polymer implant formulations with X-ray microscopy and quantitative AI analytics[J]. Journal of Pharmaceutical Sciences, 2021, 110（10）, 3418–3430.

3 S. ZHANG, G. BYRNE. Characterization of transport mechanisms for controlled release polymer membranes using focused ion beam scanning electron microscopy image-based modelling[J]. Journal of Drug Delivery Science and Technology, 2021, 61: 102136.

4 S. ZHANG, J. GOLDMAN, X. CHEN, et al. Non-Invasive, Quantitative Characterization of Lyophilized Drug Product Using Three-Dimensional X-Ray Microscopy Analytics[J]. Drug Development & Delivery, 2020: 32–40.

2.4 X射线显微镜技术在一致性评价中的应用

三维成像技术以其独有的优势在仿制制剂的一致性评价工作中发挥着至关重要的作用。美国数姆公司利用 XRM 技术对 BMS 公司的原研制剂和仿制制剂进行了 Q_3 比较，图 14-9 显示了 Glucophage 原研药（图 14-9a）与两种仿制药（图 14-9b、c）的 XRM 三维数字药物图片对比（只显示了二维横断面），每张图片右侧标注了制剂中三种材料相对应的颜色及其体积百分比。从图中可以看出，两种仿制制剂中的有效成分（标为 1）均偏多，且聚集度较高；仿制制剂 b 聚集程度与原研药更为类似；仿制制剂 c 的有效成分与原研药的更接近，而仿制制剂 b 则偏高。

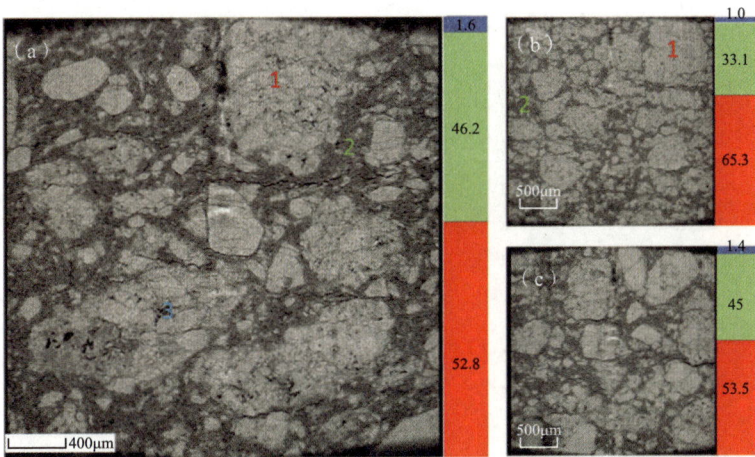

图 14-9　Glucophage 原研药与两种仿制制剂的 XRM 三维数字药物图片对比
（a）为 Glucophage 原研药；（b）（c）为仿制制剂（只显示了二维横断面，由 DigiM 提供）

图 14-10 所示为某原研药与两种仿制制剂的有效成分在三维空间分布的定量对比。原研药在药片厚度方向上的有效成分分布均匀（桔色曲线）；仿制制剂 1 波动稍大，但整体仍较均匀（图 14-10a），满足 Q_3 等效；而仿制制剂 2 有效成分则从片顶部位的 20% 波动至到片底部位的 55%，变化幅度大，不满足 Q_3 等效性要求。

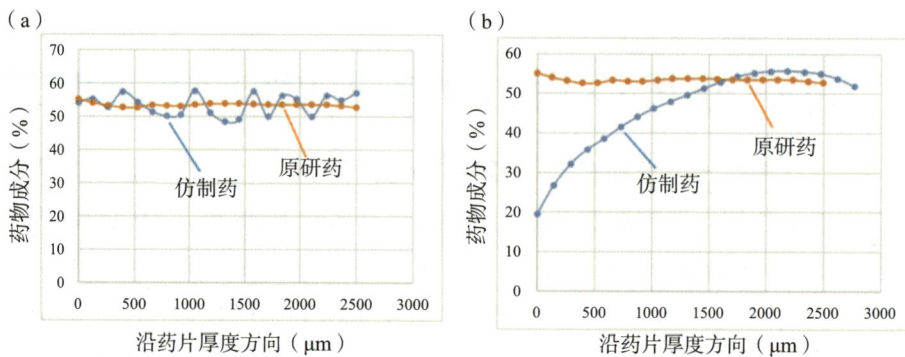

图 14-10 某原研药与两种仿制制剂的有效成分空间分布对比
（a）仿制制剂 1 满足 Q_3 等效性；（b）仿制制剂 2 不满足 Q_3 等效性

3 | 展望

从固体口服制剂到吸入粉雾剂等复杂制剂，从仿制、改良新药到创新药物研发，在药品研发、生产、质控、审评、上市后监管的药品全生命周期，面临的共同挑战。

（1）如何用科学、直接、可靠的证据，证明药物制剂的质量和疗效的一致性。仿制药与参比制剂的一致性；生产批与临床批的一致性；上市后药品批间一致性、变更前后的一致性等。

（2）如何用科学、直接、可靠的技术，提供即可定性又可定量的数据，证明制剂成品中药物的晶型、粒径与原料药一致；有效期内制剂中药物的晶型、粒径保持一致。

结构决定功能，口服固体制剂、长效注射剂和吸入粉雾剂等复杂制剂的质量与疗效一致性的关键。

光谱、色谱、溶出等传统药品质量研究技术，只能对"纯原料"进行直接的表征，对制剂的表征仅限于提供局部、表观、有限、间接的信息，或者只能提供破坏后制剂的内部结构信息，无法提供制剂成品中原辅料分布及分布均匀性、原料/辅料－辅料相互作用、原辅料粒径及粒径分布、孔隙及孔隙分布、密度等全面、直接、原始的立体微观结构信息。

通过拉曼光谱成像、Micro CT、FIB-SEM 等成像技术的高分辨三维成像的方法，可以精准重构出原料药和辅料的分布、微孔等结构在药物样品中的分布。采用人工智能图像处理的方法可对成像中获得的海量、多尺度三维数据进行数据挖掘和材料识别，从而定量分析原辅料在制剂中的粒径、均匀性分布等关键三维立体微观结构参数信息。

将三维重构出的数字化药物与计算流体力学方法相结合可预测药物的溶出曲线。采用、人工智能、计算机仿真等前沿技术，通过重构制剂三维立体结构，结合药学研究资料和临床数据，建立三维结构–体外指标–体内作用的数学模型。建立长效、全息、精准、可溯源并经临床验证的"金标准"数字制剂颗粒监管数据库和技术支撑平台，全面、准确反映药品全生命周期中的质量与疗效的一致性。

数字化药物表征技术是药物开发数字革命中的一个重要环节，其关键作用日益凸显，包括固态制剂表征、缓释和长效注射剂开发、冻干制剂及生物药应用、等效性评估、药械组合产品等（图 14-11）。随着三维成像和图像处理技术的不断进步，结合红外光谱、拉曼光谱等多维化学成像技术，加之可以模拟片剂等制剂生产或临床应用的动态场景。可以为药品全生命周期中的药品、辅料、中间体、成品的质量和疗效的一致性研究与评价，提供可视、可控、可重复、可溯源的共性关键监管科学工具、方法和标准，该技术将持续在药物研发各个不同阶段和环节发挥独特而重要的技术支撑作用。

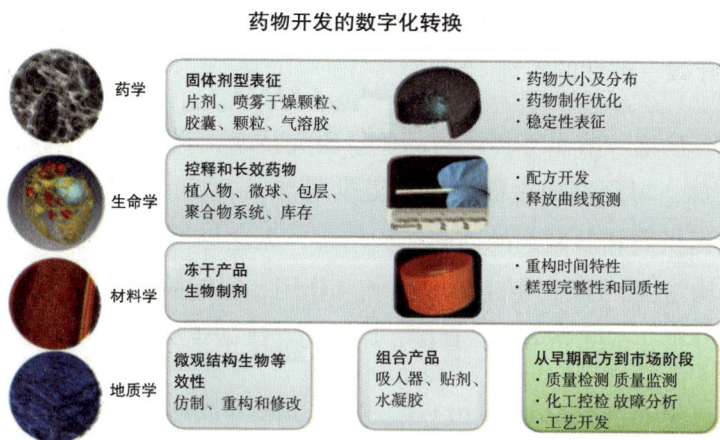

图 14-11　数字药物表征技术对药物开发的革命性促进作用及其蓬勃发展的应用

附件

表 14-2　术语（中英文对照）

缩略词	英文名称	中文名称
Q₁	qualitative equivalence	定性一致性
Q₂	quantitative equivalence	定量一致性
Q₃	microstructure equivalence	制剂内部微结构一致性
CT	X-ray computed tomography	X 射线计算机断层扫描
MRI	magnetic resonance imaging	磁共振成像
OCT	optical coherence tomography	光学相干断层扫描
Micro-CT	micro-computed tomography	显微计算机断层扫描
SR-μCT	synchrotron radiation X-ray micro-computed tomography	同步辐射光源 X 射线显微成像
TEM	transmission electron microscopy	透射电子显微镜
XRM	X-ray microscopy	X 射线显微镜
FIB-SEM	focused ion beam scanning electron microscopy	聚焦离子束扫描电子显微镜
LC-MS	liquid chromatography-mass spectrometry	液相色谱 – 质谱法
LC-ELSD	liquid chromatography-evaporative light scattering detector	液相色谱 – 蒸发光散射检测器
ASD	amorphous solid dispersion	无定形固体分散
MR	modified release	缓释
ER	extended release	缓释

第十五章

溶出过程中制剂成像技术的应用

概述

溶出度试验是一种常用的控制药物制剂质量的体外检测方法，是以实验为基础，数学分析手段为主，研究固体制剂以及半固体制剂所含主药的粒度、晶型、辅料、处方组成、药物性质以及生产工艺等质量一致性的方法。

从事药物分析和制剂研发的科学家们，不仅对制剂处方设计进行着深入的探究，同时也对揭示药物溶出的机制、固体制剂的设计和性能非常感兴趣。专业人员一直在努力观察溶出过程中制剂的物理变化，并研究和探索固体制剂的药物溶出机制。经典的方法是直视观察溶出过程[1-4]，关注制剂的崩解、颗粒的分散、溶出杯底部的堆积等现象。随着影像记录技术的进步，现在实验室人员有更多的手段开展溶出研究：以图像或视频方式观察固体制剂的溶出行为，观察交联作用对明胶胶囊剂溶出的影响；记录完整的溶出过程；使用光学显微镜在溶出试验前、试验中及试验完成后，观察溶出杯中的样品表面或内部结构的变化；采用聚焦光束反射率测量法（focused beam reflectance measurement，FBRM），考察溶出过程中产生的颗粒粒径分布[5]。

1　US Pharmacopeia，General Chapter <1092>，"Dissolution method development and validation"，USP 38–NF–33.

2　GRAY V A. Identifying sources of error and variability in dissolution calibration and sample testing[J]. Am. Pharm. Rev. 2002，5（2）：8–13.

3　CATALANO T. Essential Elements for a GMP Analytical Chemistry Department[B]，Springer Science & Business Media，2013，P40–42，ISBN：1461476429，9781461476429.

4　SINGH K，MARFATIA A，BAJAJ A. Importance of visual observations in dissolution testing[J]，Express Pharm. Online，January，2012.

5　COUTANT C.A.，SKIBIC M.J.，DODDRIDGE G.D.，et al. In vitro monitoring of dissolution of an immediate release tablet by focused beam reflectance measurement[J]，J. Mol. Pharm. 2010，7（5）：1508–1515.

现代光谱成像及分析技术的最新进展及其在药物溶出研究中的应用，使得在原位以高分辨率观察药物的动态溶出过程成为可能。光谱成像可以精确测量固体样品或片剂表面及内部微结构的变化，提供与溶出机制相关的制剂中药物和辅料的分布、药物与辅料的化学和物理特性变化、原辅料相容性及相互作用的信息，以及溶出介质对上述特性的作用[1]。

目前应用于溶出度研究的成像技术除紫外光谱成像技术外，还包括拉曼光谱成像（Raman spectroscopy imaging）、荧光光谱成像（fluorescence spectroscopy imaging）、扫描电镜成像（scanning electron microscope imaging，SEMI）、核磁共振成像（magnetic resonance imaging，MRI）、质谱成像（mass spectroscopy imaging，MSI）、超声成像（ultrasound imaging）等。

---

1 LU X., ZORDAN C.. From Detection to Imaging：UV Spectroscopy for Dissolution in Pharmaceutical Development[J], Am. Pharm. Rev. 2015, 18(5)：11-17.

1 制剂成像技术

1.1 拉曼光谱成像技术

拉曼光谱成像技术结合拉曼光谱和数字成像技术，是一种可以实现待测物实时图像合成，并同步显示目标化学物质成分分布的新型分析技术，既有无损、非接触、指纹性的优点，又兼具成像信息量大、形象直观的特点。因此，应用拉曼成像技术不仅可以提供待测物质中组分的定性和定量信息，还可以提供待测物质中常量组分甚至是痕量组分的空间分布信息，在生命科学、药学、材料学、环境与食品安全等领域也有广泛应用[1]。

拉曼光谱成像技术用于口服固体制剂溶出度研究时，将片剂放置于扁形流通池中，溶出介质通过流通池时，拉曼光谱成像仪可记录并监测片剂的表面变化[2, 3]。拉曼图像可以显示溶出过程中原料药晶型变化的细节，如从无水物转化为一水合物或二水合物、从无定形到结晶的转化过程等，

1 CHANG Y., HU C., YANG R., et al. A Raman imaging-based technique to assess HPMC substituent contents and their effects on the drug release of commercial extended-release tablets[J]. Carbohydrate polymers, 2020, 244: 116460.

2 WINDBERGS M., JURNA M., OFFERHAUS H. L., et al. Chemical Imaging of Oral Solid Dosage Forms and Changes upon Dissolution Using Coherent Anti-Stokes Raman Scattering Microscopy[J]. Analytical Chemistry, 2009, 81(6): 2085-91.

3 PELTONEN L., LILJEROTH P., HEIKKILÄ T., et al. Dissolution testing of acetylsalicylic acid by a channel flow method-correlation to USP basket and intrinsic dissolution methods[J]. European journal of pharmaceutical sciences: official journal of the European Federation for Pharmaceutical Sciences, 2003, 19(5): 395-401.

这些变化受水性介质的影响显著，并与药物溶出速率的变化密切相关[1~5]。

利用拉曼光谱同时获得样品化学信息及空间分布特征的过程称为拉曼成像，即在采集特定位点拉曼光谱的同时记录该位点的空间信息，并将化学成分光谱特征按照空间位点信息排列，得到可视化三维数据集的过程。拉曼成像按照记录空间位置信息方式的不同，可以分为扫描拉曼成像和宽场拉曼成像。

目前已有多种商品化拉曼光谱成像仪可供选择。拉曼光谱成像技术在制剂研究中的应用如表 15-1 所示。

表 15-1　拉曼光谱成像技术在制剂研发中的应用

技术类型	用途	参考文献
基于共聚焦显微的拉曼成像技术	测定各剩余不溶物、骨架的表面特征、成像区域内各物质空间分布情况，分析处方构成及其分布	6
基于光纤阵列的拉曼高光谱成像技术	直接同时原位监测止痛片中三种不同的药物活性成分，对活性成分的分布进行化学选择性、非侵入性评估；快速测定球形和针状颗粒的出现，以及结块和各自的粒度范围	7

1 WINDBERGS M., JURNA M., OFFERHAUS H. L., et al. Chemical Imaging of Oral Solid Dosage Forms and Changes upon Dissolution Using Coherent Anti-Stokes Raman Scattering Microscopy[J]. Analytical Chemistry, 2009, 81(6): 2085-91.

2 AALTONEN J., HEINÄNEN P., PELTONEN L., et al. In situ measurement of solvent-mediated phase transformations during dissolution testing[J]. J Pharm Sci, 2006, 95(12): 2730-2737.

3 SAVOLAINEN M., KOGERMANN K., HEINZ A., et al. Better understanding of dissolution behaviour of amorphous drugs by in situ solid-state analysis using Raman spectroscopy[J]. European journal of pharmaceutics and biopharmaceutics: official journal of Arbeitsgemeinschaft fur Pharmazeutische Verfahrenstechnik eV, 2009, 71(1): 71-79.

4 FUSSELL A., GARBACIK E., OFFERHAUH. S, et al. In situ dissolution analysis using coherent anti-Stokes Raman scattering (CARS) and hyperspectral CARS microscopy[J]. European journal of pharmaceutics and biopharmaceutics: official journal of Arbeitsgemeinschaft fur Pharmazeutische Verfahrenstechnik eV, 2013, 85(3 Pt B): 1141-7.

5 TRES F., TREACHER K., BOOTH J., et al. Real time Raman imaging to understand dissolution performance of amorphous solid dispersions[J]. Journal of controlled release: official journal of the Controlled Release Society, 2014, 188: 53-60.

6 CHANG Y., HU C., YANG R., et al. A Raman imaging-based technique to assess HPMC substituent contents and their effects on the drug release of commercial extended-release tablets[J]. Carbohydrate polymers, 2020, 244: 116460.

7 FROSCH T., WYRWICH E., YAN D., et al. Fiber-Array-Based Raman Hyperspectral Imaging for Simultaneous, Chemically-Selective Monitoring of Particle Size and Shape of Active Ingredients in Analgesic Tablets[J]. Molecules (Basel, Switzerland), 2019, 24(23).

Chang 等[1]对盐酸二甲双胍缓释片在桨速 50r/min 条件下的溶出剩余不溶物和骨架进行拉曼成像，并采用激光共聚焦显微拉曼成像技术结合多元曲线分辨（Multivariate Curve Resolution，MCR）算法提取出其中各物质的拉曼光谱图，分析得到处方构成及其分布。各剩余不溶物、骨架的表面特征、成像区域内各物质空间分布情况及其所对应的拉曼光谱图详见图 15-1。

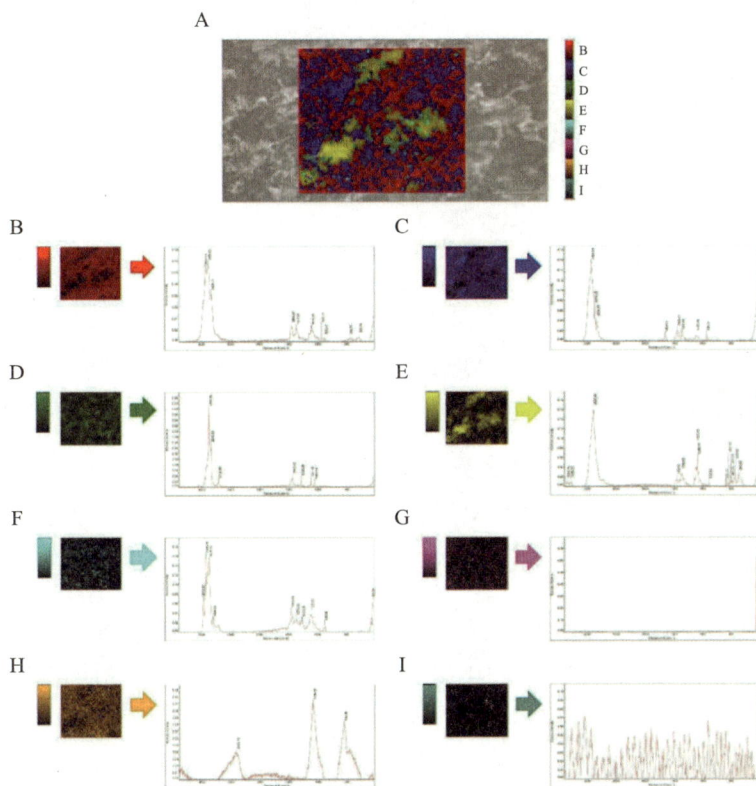

图 15-1　盐酸二甲双胍缓释片剩余基质在 50r/min 溶出试验后的拉曼成像和信号识别

（A）B-I 的合并图；（B）HPMC；（C）未知赋形剂 b；（D）MS；（E）MCC；（F）未知赋形剂 a 的分布和相应的拉曼光谱；（G）过度曝光（光反射）；（H）载玻片的噪声信号及其所对应的拉曼光谱；（I）过度曝光（光散射）

1　CHANG Y., HU C., YANG R., et al. A Raman imaging-based technique to assess HPMC substituent contents and their effects on the drug release of commercial extended-release tablets[J]. Carbohydrate polymers，2020，244：116460.

1.2 荧光光谱成像技术

荧光属自然界中常见发光现象，是通过光子与分子的相互作用产生的。大多数分子在常态下处于基态的最低振动能级 S_0，当受到能量（光能、电能、化学能等）激发后，原子核周围的电子从基态能级 S_0 跃迁到能量较高的激发态 S_i（第一或第二激发态）；当电子由 S_i 态通过非辐射跃迁的方式快速降落在最低振动能级并最后回到基态时，会以光子辐射的形式释放出能量，具有这种性质的出射光称为荧光。随着科学技术的发展，荧光成像在生物医药领域的应用越来越广泛。

荧光光谱成像涉及两个过程，包括荧光信号的产生与信号的捕获。通常，由光源发射出激发光束照射到样本后，样本中物质被激发从而发射出荧光；激发的荧光在到达滤色镜后被选择性地直接观察，或者被接收后经设备处理将光信号转换为电信号，通过计算机得到荧光图像。常见的荧光显微镜包括普通荧光显微镜、激光扫描共聚焦显微镜、超分辨率显微镜和多光子激光扫描显微镜。

荧光光谱成像技术（如共聚焦激光扫描显微镜）具有良好的空间分辨率和灵敏度，同时具有光学切片能力和监测快速变化所需的时间分辨率。目前，荧光成像技术已经用于医药产业，其在制剂研究中的应用如表 15-2 所示。

表 15-2 荧光成像技术在制剂研发中的应用

技术类型	用途	参考文献
共聚焦荧光成像技术	使用纤维素活化的荧光基团（刚果红）研究羟丙甲纤维素凝胶层形成早期的形态变化	1

1　BAJWA G. S., HOEBLER K., SAMMON C., et al. Microstructural imaging of early gel layer formation in HPMC matrices[J]. Journal of pharmaceutical sciences, 2006, 95(10): 2145-2157.

技术类型	用途	参考文献
光脱色荧光恢复技术（Fluorescence Recovery After Photobleaching，FRAP）	采用包载异硫氰酸荧光素标记的葡聚糖作为模型药物的聚乙二醇水凝胶中药物的扩散系数的测定，还可用于跟踪水凝胶溶胀和降解过程中药物扩散率的变化，或测量不均匀样品中的局部扩散系数	1

1.3 扫描电子显微镜成像技术

扫描电子显微镜是介于透射电子显微镜和光学显微镜之间的一种装置。其利用聚焦的窄高能电子束来扫描样品，通过光束与物质间的相互作用，来激发各种物理信息，并将这些信息收集、放大、再成像以达到对物质微观形貌表征的目的[2]。扫描电镜的独特优势主要包括仪器分辨率高，可放大倍数大，较大景深观察，可直接观察粗糙不平的金属试样[3]。

作为一种浓缩了多种技术的大型分析仪器，一套完整的扫描电子显微镜，一般由五个部分构成，即镜筒、扫描信号探测器、图像分析器、样品室以及电源系统。扫描电子显微镜的基本原理为聚焦电子枪发射出的电子束形成点光源，在加速电压下点光源会形成高能电子束，通过扫描线圈的磁场作用，按照一定的时间和空间顺序光栅式逐点扫描样品表面。扫描电子显微镜主要利用的是二次电子、背散射电子以及特征 X 射线等信号对样品表面的特征进行分析[4]。样品上方不同信号接收器会接收激发出来的电子信号，经视频放大器放大同步到电脑显示屏中，就会呈现一幅实时记录的电子图像。

扫描电子显微镜以其较高的分辨率、良好的景深及简易的操作等优势

1　BRANDL F., KASTNER F., GSCHWIND R. M., et al. Hydrogel-based drug delivery systems: comparison of drug diffusivity and release kinetics[J]. Journal of Controlled Release, 2010, 142(2): 221-8.

2　凌妍，钟娇丽，唐晓山，等. 扫描电子显微镜的工作原理及应用[J]. 山东化工，2018, 47(09): 78-79, 83.

3　冯柳，彭庆梁. 扫描电镜在金属材料检测中的应用[J]. 世界有色金属，2020, (16): 208-209.

4　余凌竹，鲁建. 扫描电镜的基本原理及应用[J]. 实验科学与技术，2019, 17(05): 85-93.

在材料学、物理学、化学、生物学、考古学、地矿学、食品科学、微电子工业以及刑事侦查等领域都有着广泛的应用，其在制剂研究中的应用如表15-3所示。

表 15-3　扫描电子显微镜成像技术在制剂研发中的应用

用途	参考文献
用于 3D 打印片剂的评价，预测凝胶骨架结构 –API 共混给药体系的流变特性及体外溶出特性	1
用于微球的质量评价，监测微球的外观和释放随时间的变化，从而研究微球的降解规律	2
用于环糊精包合物的 pH 响应型溶出	3

1.4 核磁共振成像技术

核磁共振成像（MRI）技术是一种非侵入性成像技术，目前已广泛应用于医学领域。核磁共振信号是由某些原子核（如 ^1H、^{19}F、^{31}P 和 ^{13}C）在受到强磁场和无线电波照射时产生的，进而形成磁共振图像。这些原子核具有磁矩，因此倾向于与外加磁场对准。当打破平衡时，进动磁化通过电磁感应在周围的调谐线圈中形成一个小电压，该电压形成了核磁共振信号。在大多数应用中，MRI 用于测量水的分布。磁共振成像的基础是利用磁场梯度对具有空间信息的核磁共振信号进行编码，因此，在特定频率上出现的信号的幅度表示样品内特定位置的水含量。

1　CHENG Y., QIN H., ACEVEDO N. C., et al. 3D printing of extended–release tablets of theophylline using hydroxypropyl methylcellulose（HPMC）hydrogels[J]．International Journal of Pharmaceutics，2020，591.

2　WANG Y., SUN T., ZHANG Y., et al. Exenatide loaded PLGA microspheres for long–acting antidiabetic therapy：preparation, characterization, pharmacokinetics and pharmacodynamics[J]．Rsc Advances，2016，6（44）：37452–37462.

3　COBAN O., AYTA Z., YILDIZ Z. I., et al. Colon targeted delivery of niclosamide from beta–cyclodextrin inclusion complex incorporated electrospun Eudragit（R）L100 nanofibers[J]．Colloids and Surfaces B–Biointerfaces，2021，197.

MRI 图像的信号强度取决于样品中的水含量，可以通过应用适当的脉冲序列来加权以显示两个弛豫时间的变化。弛豫时间强烈依赖于局部分子环境，因此携带了除关于样品形态之外的额外信息。大多数核磁共振成像仅限于液态样品。

核磁共振 – 溶出度测定仪由磁共振成像仪和塑料制成的流通池组成[1]。将载有片剂样品的流池法用流通池置于 MRI 磁场的中心，流通池以闭环或开环方式运行。MRI 已被用来研究原辅料的相互作用、制剂的溶出与释放特性，其在制剂研究中的应用如表 15-4 所示。

表 15-4 核磁共振成像技术在制剂研发中的应用

用途	参考文献
研究不同黏度羟丙甲纤维素的凝胶骨架片对溶出动力学的影响	2
研究脉冲式胶囊的药物溶出内部机制	3
研究固体制剂的溶出过程，提供固体制剂与表面水合、膨胀和溶蚀有关的信息	4–7

1　NOTT K. P.. Magnetic resonance imaging of tablet dissolution[J]. European journal of pharmaceutics and biopharmaceutics: official journal of Arbeitsgemeinschaft fur Pharmazeutische Verfahrenstechnik eV, 2010, 74（1）: 78–83.

2　RAJABI–SIAHBOOMI A., BOWTELL R., MANSFIELD P., et al. Structure and behavior in hydrophilic matrix sustained release dosage forms: 4. Studies of water mobility and diffusion coefficients in the gel layer of HPMC tablets using NMR imaging[J]. Pharmaceutical research, 1996, 13（3）: 376–380.

3　SUTCH J., ROSS A., KÖCKENBERGER W., et al. Investigating the coating–dependent release mechanism of a pulsatile capsule using NMR microscopy[J]. Journal of controlled release: official journal of the Controlled Release Society, 2003, 92（3）: 341–347.

4　DOROZYŃSKI P., KULINOWSKI P., JACHOWICZ R., et al. Development of a system for simultaneous dissolution studies and magnetic resonance imaging of water transport in hydrodynamically balanced systems: a technical note[J]. AAPS PharmSciTech, 2007, 8（1）: 15

5　STRÜBING S., ABBOUD T., CONTRI R. V., et al. New insights on poly（vinyl acetate）–based coated floating tablets: characterisation of hydration and CO_2 generation by benchtop MRI and its relation to drug release and floating strength[J]. European journal of pharmaceutics and biopharmaceutics: official journal of Arbeitsgemeinschaft fur Pharmazeutische Verfahrenstechnik eV, 2008, 69（2）: 708–717.

6　COOMBES S. R., HUGHES L. P., PHILLIPS A. R., et al. Proton NMR: a new tool for understanding dissolution [J]. Anal Chem, 2014, 86（5）: 2474–2480.

7　R., PHILLIPS A. R., et al. Investigating the Dissolution Performance of Amorphous Solid Dispersions Using Magnetic Resonance Imaging and Proton NMR[J]. Molecules（Basel, Switzerland）, 2015, 20（9）: 16404–16418.

1.5 质谱成像技术

质谱成像（MSI）技术作为一种新型的分子影像技术，可以获得样品表面多种分子化学组成及各组分的空间立体结构信息[1, 2]。与放射自显影、荧光成像等传统成像技术相比，质谱成像具有以下优点[3, 4]：①样品前处理过程简单，无需提取组织中的目标物，可直接对样本切片进行分析；②无需荧光或放射同位素标记，可以面向所有目标分子及非目标分子同时进行成像分析；③不仅可以提供样本切片表面的分子结构及质谱信息，还可以体现各分子的空间分布情况；④空间分辨率高、质量分辨率高、质量范围宽，可以实现从元素、小分子到多肽、蛋白质的检测。

MSI 技术根据电离方式的不同，主要分为基质辅助激光解吸电离质谱成 像（matrix assisted laser desorption ionization mass spectrometry imaging，MALDI–MSI）、二次离子质谱成像（secondary ion mass spectrometry imaging，SIMS）及解吸电喷雾电离质谱成像（desorption electrospray ionization mass spectrometry imaging，DESI–MSI）。其主要原理是将质谱分析与分子成像结合，通过激光或离子束照射样本切片使其表面分子离子化，随后带电荷的离子进入质谱仪，离子化分子被适当的电场或磁场在空间或时间上按照质荷比大小分离，经检测器获得质谱信号，再由成像软件将测得的质谱数据转化成响应像素点，并重构出目标化合物在组织表面的空间分布图像[5]。

1　WEAVER E. M., HUMMON A. B.. Imaging mass spectrometry: From tissue sections to cell cultures[J]. Advanced drug delivery reviews, 2013, 65(8): 1039–1055.

2　SPENGLER B.. Mass Spectrometry Imaging of Biomolecular Information[J]. Analytical Chemistry, 2015, 87(1): 64–82.

3　ROEMPP A., SPENGLER B.. Mass spectrometry imaging with high resolution in mass and space[J]. Histochemistry and Cell Biology, 2013, 139(6): 759–783.

4　张琦玥，聂洪港. 质谱成像技术的研究进展[J]. 分析仪器, 2018,（05）: 1–10.

5　CAPRIOLI R. M., FARMER T. B., GILE J.. Molecular imaging of biological samples: Localization of peptides and proteins using MALDI–TOF MS[J]. Analytical Chemistry, 1997, 69(23): 4751–4760.

质谱成像技术不需要额外标记待测分子就能提供化合物的空间分布信息，其在药物代谢动力学的研究成为当前的热点之一[1]。MSI 不仅可以反映各个组织中药物分布情况，还能提供药物代谢物信息及其含量变化规律，因此在药物研发中的各个方面显示出巨大的前景。质谱成像技术在制剂研究中的应用如表 15-5 所示。

表 15-5　质谱成像技术在制剂研发中的应用

技术类型	用途	参考文献
基质辅助激光解吸-电离质谱成像（MALDI-MSI）	分析片剂中有效药物成分的空间分布，评估片剂辅料中活性药物化合物的分布均匀性	2
解吸电喷雾电离质谱成像（DESI-MSI）	研究加速体外溶出介质作用前后聚合物植入物中药物的分布，也可用于聚合物植入物中药物、杂质或降解剂分布的快速表征	3
二次离子质谱成像（SIMS）	研究润滑剂等辅料的分布对片剂理化性质的影响	4

1.6　超声成像技术

超声成像是用超声波获得物体可见图像的方法。超声波是频率大于 20kHz 的声波，属于纵波，可以在固体、液体和气体中传播，并且具有与声波相同的物理性质，但人耳感觉不到。由于超声波可以穿透很多不透光的物体，因而利用超声波可以获得这些物体内部结构声学特性的信息，超声成像技术将这些信息变成肉眼可见的图像。由声波直接形成的图像称为声

1　芃原，刘颖超，赵和玉，等. 质谱分子成像的研究进展[J]. 中国科学：生命科学，2020，50（11）：1237-55.

2　EARNSHAW C. J., CAROLAN V. A., RICHARDS D. S., et al. Direct analysis of pharmaceutical tablet formulations using Matrix-Assisted Laser Desorption/Ionisation Mass Spectrometry Imaging[J]. Rapid Commun Mass Spectrom, 2010, 24（11）: 1665-1672.

3　PIERSON E. E., MIDEY A. J., FORREST W. P., et al. Direct Drug Analysis in Polymeric Implants Using Desorption Electrospray Ionization-Mass Spectrometry Imaging（DESI-MSI）[J]. Pharmaceutical Research, 2020, 37（6）.

4　HUSSAIN M. S. H., YORK P., TIMMINP. S., et al. Secondary ion mass spectrometry（SIMS）evaluation of magnesium stearate distribution and its effects on the physico-technical properties of sodium chloride tablets[J]. Powder Technology, 1990, 60（1）: 39-45.

像，由于生理限制，人眼是不能直接感知声像的，必须采用光学、电子学或其他方式转化为肉眼可见的图像或图形，这种肉眼可见的像被称为"声学像"，反映的是物体内部某个或几个声场参量的分布或差异。物体的超声成像可提供大量直观的信息，直接显示物体内部情况，且可靠性、复现性高，可以对缺陷进行定量动态监控。

超声成像是超声检测数据的视图显示，最基本的超声扫描方式包括 A 扫描、B 扫描、C 扫描、D 扫描、S 扫描、P 扫描等，是超声脉冲回波在荧光屏上不同的显示方式。不同扫描方式的成像模式各不相同，根据实际需求选择不同的超声扫描模式。超声成像技术在制剂研究中的应用如表 15-6 所示。

表 15-6 超声成像技术在制剂研发中的应用

用途	参考文献
测定片剂膨胀和侵蚀前沿，考察药物溶出的机制	1
超声波传感器安装在压片机的上下冲头，用于预测评估开发过程中处方各种成分的机械相容性	2

1.7 其他成像技术

近年来，近红外光谱技术由于快速、无损等优势，在过程分析技术（PAT）领域发展迅速，相应的成像技术也逐步兴起[3]。近红外光谱和成像技术的结合在环境、食品、材料科学、生物医药、考古鉴定等领域有着广泛的应用潜力[4]。

1　KONRAD R., CHRIST A., ZESSIN G., et al. The use of ultrasound and penetrometer to characterize the advancement of swelling and eroding fronts in HPMC matrices[J]. International Journal of Pharmaceutics, 1998, 163(1): 123-131.

2　HAGELSTEIN V., FRINDT B., HUCKE M., et al. Novel ultrasonic in-die measurements during powder compression at production relevant speed[J]. International Journal of Pharmaceutics, 2019, 571: 118761.

3　PASQUINI C. Near infrared spectroscopy: A mature analytical technique with new perspectives-A review[J]. Anal Chim Acta, 2018, 1026: 8-36.

4　CROCOMBE R. A. Portable Spectroscopy[J]. Appl Spectrosc, 2018, 72(12): 1701-1751.

近红外光谱区介于可见光区与中红外光区之间，波长范围为780~2500nm，此范围内包含的光谱信息主要是含氢基团的结构信息，结合被测样本的有机化合物组成和化学值等信息，利用化学计量学等分析方法，可实现待测物的定性分类和定量预测。近红外成像技术按光谱分辨率可分为近红外化学成像（NIR chemical imaging，NIR-CI）和近红外高光谱成像（NIR hyperspectral imaging，NIR-HSI）。其中，NIR-CI技术是一种基于传统NIR光谱的技术，具有可以在单个图像中记录大量光谱和空间信息的优点，是药物开发和制造过程质量控制的准确和强大的工具。Mirai Sakuda等[1]使用NIR-CI来识别成分分布和聚集不均匀的罗红霉素片剂，结果显示，罗红霉素片剂中存在赋形剂聚集体，溶出度差，提示成分混合不均匀，建议鼓励对制造过程中的每个程序进行适当的检查，并对原材料质量进行监测和指导，有助于保持和提高上市后药品的质量。

NIR-HSI技术采用电荷耦合器件（charge coupled device，CCD）作为图像采集器，在使用较传统NIR光谱低的光谱分辨率下，大大提高了成像速率和效率。Takashi Nishii等[2]采用线扫描型近红外高光谱成像（NIR-HSI）系统，以每分钟约4000片的速度同时测定片剂中两个API的含量以及同一片剂表面的包衣量，结合偏最小二乘（PLS）回归模型对获得的每个像素的NIR光谱进行多变量数据分析，最终通过分析得到同一片剂的API含量和包衣量的二维独立成像。结果显示，尽管以相同剂量生产，片剂之间的API含量仍存在差异，这与制造过程中颗粒的混合有关。

上述近红外成像技术应用虽然未直接对溶出过程进行监控，但提供了制剂处方中活性成分和辅料的分布，以及混合均匀性等与制剂溶出行为密切相关的信息，为制剂设计和工艺缺陷调查提供了关键信息和思路，为药品制造过程的在线监控及持续工艺改进提供了一种可靠的工具。

---

1 M. SAKUDA, N. YOSHIDA, T. KOIDE, et al. Clarification of the internal structure and factors of poor dissolution of substandard roxithromycin tablets by near-infrared chemical imaging[J]. Int J Pharm, 2021, 596: 120232.

2 NISHII T., MATSUZAKI K., MORITA S.. Real-time determination and visualization of two independent quantities during a manufacturing process of pharmaceutical tablets by near-infrared hyperspectral imaging combined with multivariate analysis[J]. Int J Pharm, 2020, 590: 119871.

2 | 展望

　　目前，在制剂溶出过程中用于精确直观地展现制剂溶出情况的表面影像分析技术有拉曼光谱成像、紫外光谱成像、荧光光谱成像、核磁共振成像、质谱成像、扫描电子显微镜成像等，这些表面影像技术不仅在材料学、化工学等领域拥有广泛的应用场景，还在药学领域发挥着重要的作用。随着分析技术和仪器设备的快速发展，光谱技术以快速无损、可视化程度高、空间分辨率高和灵敏度好等优点，在制剂研发和质量研究中的重要作用逐渐展现。

　　在药物的研发过程和质量评价过程中，合理应用表面影像分析技术可以让我们更快速、更清晰地为药物的体外溶出曲线、药动学研究等提供更直观、更有说服力的科学证据，为缓释制剂等复杂制剂质量评价体系提供了新的监管工具，也进一步指导和推动了新型缓释制剂的研发。与此同时，表面影像分析技术显著提高了预测体内溶出情况的可能性、可操作性和准确性，表面影像分析技术作为目前药学研究的热点，也为缓释制剂的体内外相关性（IVIVC）的建立提供了新的途径。

附件

表 15-7　术语（中英文对照）

缩略词	英文名称	中文名称
FBRM	focused beam reflectance measurement	聚焦光束反射测量
/	fluorescence spectroscopy imaging	荧光光谱成像
/	raman spectroscopy imaging	拉曼光谱成像
SEM Imaging	scanning electron microscope imaging	扫描电镜成像
MRI	magnetic resonance imaging	磁共振成像
MSI	mass spectroscopy imaging	质谱成像
/	ultrasound imaging	超声成像
MCR	multivariate curve resolution	多元曲线分辨
FRAP	fluorescence recovery after photobleaching	光脱色荧光恢复技术
MALDI-MSI	matrix assisted laser desorption ionization mass spectrometry imaging	基质辅助激光解吸电离质谱成像
SIMS	secondary ion mass spectrometry imaging	二次离子质谱成像
DESI-MSI	desorption electrospray ionization mass spectrometry imaging	解吸电喷雾电离质谱成像
NIR-CI	NIR chemical imaging	近红外化学成像
NIR-HSI	NIR hyperspectral imaging	近红外高光谱成像

第十六章

光纤实时测定技术

1 | 发展历程

在药物溶出度试验过程中，特别是在药物研发的质量研究阶段，为了考察不同原辅料、处方、工艺对制剂溶出特性的影响，需要频繁多次取样。虽然紫外在线检测技术可以部分满足多点检测的要求，但与连续取样测定的期待还有差距，结合自动化程度高的分析技术必然是该领域的发展趋势[1]，而光纤实时测定技术就是一项以合理的成本实现连续测定的重大突破。

光纤实时测定技术应用于溶出度测定已有 30 多年历史。1986 年，Munson[2] 首先提出将光纤技术应用于溶出试验的构想。Josefson 等[3] 于 1988 年发表了该领域的早期研究成果，探索使用光纤技术开展溶出试验的原位测定，克服了未过滤样品引起的浊度干扰。1993 年，Brown 等[4] 使用一根光纤和一个光电二极管阵列（PDA）紫外 – 可见光谱仪，对单个溶出杯中样品的溶出全过程进行连续监测，随后扩展到使用六根光纤和一个 PDA 光谱仪监测多个溶出杯内的药物溶出[5]，为光纤技术在常规溶出试验

1　PAPAS A N, ALPERT M Y, MARCHESE S M, et al. Evaluation of robot automated drug dissolution Measurements[J]. Analytical Chemistry, 1985, 57(7): 1408–1411.

2　MUNSON J W. Analytical techniques in dissolution testing and bioavailability Studies[J]. Journal of Pharmaceutical and Biomedical Analysis, 1986, 4(6): 717–724.

3　JOSEFSON M, JOHANSSON E, TORSTENSSON A. Optical fiber spectrometry in turbid solutions by multivariate calibration applied to tablet dissolution Testing[J]. Analytical Chemistry, 1988, 60(24): 2666–2671.

4　BROWN C W, LIN J. Interfacing a Fiber–Optic Probe to a Diode Array UV–Visible Spectrophotometer for Drug Dissolution Tests[J]. Applied Spectroscopy, 1993, 47(5): 615–618.

5　CHEN C S, BROWN C W. A Drug Dissolution Monitor Employing Multiple Fiber Optic Probes and a UV/Visible Diode Array Spectrophotometer[J]. Pharmaceutical Research, 1994, 11(7): 979–983.

中的应用奠定了良好基础。1995 年，Cho 等[1, 2]使用带有二维电荷耦合器件（charge couple device，CCD）的光谱仪开发了七通道光纤溶出系统，可同时测定 6 个溶出杯和第 7 个参比溶出杯内的溶出情况。与此同时，多个研究团队进一步探索了将光纤技术应用于溶出度的可能性[3~6]。Chen 团队[4, 5]使用光纤化学传感器实现了原位、连续监测溶出过程。Gemperline 等[6]采用 CCD/ 光纤系统测定了复方药物两个组分的溶出曲线，该系统使用全光谱主成分回归的处理方法。Aldridge 等[7]使用一个单探头光纤系统，按照设定的程序，用机器人手臂将探头从一个溶出杯转移至另一溶出杯，实现了测定的自动化。所有这些突破性研究对商业仪器的后续发展产生了积极影响，并为现代原位光纤溶出测定技术的实际应用提供了坚实的物质基础。

商品化的紫外光纤溶出仪于 1999 年问世，分别配置了多通道 CCD 光谱仪[8,9]、多个 PDA 光谱仪[10,11]及机械倍增扫描光谱仪[12,13]。研究工作进一

1　CHO J H, GEMPERLINE P J, SALT A, et al. UV/Visible Spectral Dissolution Monitoring by in Situ Fiber–Optic Probes[J]. Analytical Chemistry, 1995, 67(17): 2858–2863.

2　CHO J, GEMPERLINE P J, WALKER D. Wavelength Calibration Method for a CCD Detector and Multichannel Fiber–Optic Probes[J]. Applied Spectroscopy, 1995, 49(12): 1841–1845.

3　朱滨，邢君芬，陈坚. 用光纤化学传感器连续在位监测甲硝唑片的体外溶出度[J]. 药学学报, 1994, 29 (5): 369–374.

4　朱滨，邢君芬，陈坚. 用光纤化学传感器连续在位监测甲硝唑片的体外溶出度[J]. 药学学报, 1994, 29 (5): 369–374.

5　郭炬亮，陈坚. 用光纤化学传感器连续在位监测呋喃妥因肠溶片的体外溶出度[J]. 药物分析杂志, 1997, 17(4): 228–231.

6　GEMPERLINE P J, CHO J, BAKER B, et al. Determination of multicomponent dissolution profiles of pharmaceutical products by in situ Fiber–optic UV Measurements[J]. Analytica Chimica Acta, 1997, 345 (1–3): 155–159.

7　ALDRIDGE P K, MELVIN D W, WILLIAMS B A, et al. A Robotic Dissolution System with On–Line Fiber–optic UV Analysis[J]. J. Pharmaceutical Science, 1995, 84(8): 909–914.

8　INMAN G W, MARTIN W. The Use of Fiber Optics Provides a New, Simplified Approach to Dissolution Testing [J]. Pharmaceutical Laboratory, 1998, 1(1): 46.

9　INMAN G W, WETHINGTON E, BAUGHMAN K, et al. System Optimization for In Situ Fiber–Optic Dissolution Testing[J]. Pharmaceutical Technology, 2001, 25(10): 92–100.

10　BYNUM K C, KRAFT E. A NEW TECHNIQUE IN DISSOLUTION TESTING[J]. Pharmaceutical Technology, 1999, 23(10): 42–44.

11　BYNUM K C, KRAFT E, POCREVA J, et al. In Situ Dissolution Testing Using a UV Fiber Optic Probe Dissolution System[J]. Dissolution Technologies, 1999, 6(4): 8–10.

12　EARNHARDT J, NIR I. Fiberoptic dissolution testing advances drug quality Control[J]. Spectroscopy–Springfield then Eugene then Duluth, 2000, 15(2): 30–38.

13　NIR I, JOHNSON B D, JOHANSSON J, et al. Application of Fiber–Optic Dissolution Testing for Actual Products[J]. Pharmaceutical Technology Europe, 2001, 25(5): 33–40.

步展示了这项技术的应用价值[1-3]，并证明紫外光纤是溶出度试验的一项突破。Lu 等[4, 5]系统阐述了不同设计的商品化光纤探头和设备的特性及其影响。

光纤测定技术在我国的研究和应用与国际同步。陈坚教授团队于 20 世纪 90 年代初成功研制了光纤化学薄膜传感器[6-8]，从理论上证明光纤实时测定技术在溶出度测定中的可行性，并于 1994 年首次应用光纤测定技术完成了实时、原位测定的药物溶出试验[8]。此后，该团队持续开展了多项药物的溶出度试验研究[9-12]，展现了光纤技术在药物溶出度等领域广泛的应用前景。陈坚教授研制的"用于连续测定药物溶出度的光纤传感器多通道转换仪"于 2002 年获得了国家发明专利（ZL011088346），同时其自主研发的"光纤药物溶出仪"已实现大规模商业生产。

2010 年，《中国药典》第二增补本的溶出度测定法收录了光纤实时测定法，可用于篮法、桨法、小杯法等溶出曲线测定。

1　SCHATZ C, ULMSCHNEIDER M, ALTERMATT R, et al. Manual In Situ Fiber Optic Dissolution Analysis in Quality Control[J]. Dissolution Technologies, 2000, 7(2): 6-12.

2　SCHATZ C, ULMSCHNEIDER M, ALTERMATT R, et al. Thoughts on Fiber Optics in Dissolution Testing[J]. Dissolution Technologies, 2001, 8(2): 6-11.

3　GRAY V A. Dissolution Testing Using Fiber Optics–A Regulatory Perspective[J]. Dissolution Technologies, 2003, 10(4): 33-36.

4　LU X, LOZANO R, SHAH P. In–Situ Dissolution Testing Using Different UV Fiber Optic Probes and Instruments [J]. Dissolution Technologies, 2003, 10(4): 6-15.

5　NIR I, LU X. In Situ UV Fiber Optics for Dissolution Testing–What, Why, and Where We Are After 30 Years[J]. Dissolution Technologies, 2018, 25(3): 70-77.

6　CHEN J, SEITZ W R. Membrane for in situ optical detection of organic nitro compounds based on fluorescence Quenching[J]. Analytica Chimica Acta, 1990, 237(2): 265-271.

7　陈坚，袁立懋，李伟，等. 基于荧光猝灭原理的光纤化学传感器研究Ⅳ. 传感器结构、装置和仪器系统[J]. 新疆医科大学学报，1994, 17(4): 255-259.

8　ZHU B, ZHANG X, CHEN J. Pyrenebutyric acid Fibre–optic chemical sensor for metronidazole in Serum[J]. Analytica Chimica Acta, 1994, 292(3): 311-315.

9　BYNUM K C, KRAFT E. A NEW TECHNIQUE IN DISSOLUTION TESTING[J]. Pharmaceutical Technology, 1999, 23(10): 42-44.

10　郭炬亮，陈坚. 用光纤化学传感器连续在位监测呋喃妥因肠溶片的体外溶出度[J]. 药物分析杂志，1997, 17(4): 228-231.

11　CHEN J, LI W, YAN C, et al. Characterization and application of PBA fiber optic chemical film sensor based on fluorescence multiple quenching[J]. Science in China, 1997, 40(4): 414-421.

12　马新民，曾平，范志刚，等. 光纤化学传感器 – 计算机联用实时在位测定氧氟沙星片体外溶出度[J]. 新疆医科大学学报，2001, 24(4): 294-296.

2 光纤实时测定技术与验证

2.1 基本原理[1~4]

根据 Beer 定律：$A = ECl$，式中，A 为吸光度，E 为吸光系数，C 为药物浓度，l 为光程。

在给定单色光、溶剂和温度等条件下，吸光系数是物质的特征常数，因此，只要选择适当的波长测定药物溶液的吸光度，即可求出溶液中药物的浓度。

根据上述紫外 – 可见分光光度法的基本原理，在溶出度试验中，采用光纤作为信号传输介质，将紫外或可见光传输到溶出介质中，通过浸入溶出杯的传感器探头，将信号经光纤反馈到 CCD 或光电二极管列阵检测器（diode array detector，DAD），再由数据采集系统将光信号数据转化后传输到计算机，最后由计算机进行数据处理，得到药物在溶出介质中的吸收光谱、吸光度及溶出度（图 16–1）。

1　BOHETS H, VANHOUTTE K, MAESSCHALCK R D, et al. Development of in situ ion selective sensors for Dissolution[J]. Analytica Chimica Acta, 2007, 581(1): 181–191.

2　LIU L, FITZGERALD G, EMBRY M, et al. Technical Evaluation of a Fiber–Optic Probe Dissolution System[J]. Dissolution Technologies, 2008, 15(1): 10–20.

3　TOHER C J, NIELSEN P E, FOREMAN A S, et al. In situ Fiber Optic Dissolution Monitoring of a Vitamin B12 Solid Dosage Formulation[J]. Dissolution Technologies, 2003, 10(4): 20–25.

4　PEETERS K, MAESSCHALCK D R, BOHETS H, et al. In situ dissolution testing using potentiometric Sensors[J]. European Journal of Pharmaceutical Sciences, 2008, 34(4–5): 243–249.

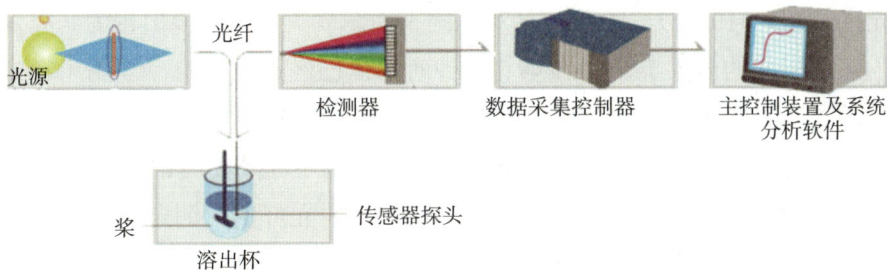

图16-1 光纤实时测定原理图

2.2 技术特点[1~4]

传统的药物溶出度试验是按照一定的时间间隔，通过手动或自动取样的方式从溶出杯中取出样品，然后采用紫外或液相色谱仪进行测定，必要时需要补液。光纤测定技术改变了这种传统的取样测定方式，光纤将紫外光谱采样部件置于样品溶液中，无需取样或补液，也不需要对样品进行过滤处理后置于紫外光谱仪的样品池中，原位、实时测定药物的溶出方法具有以下特点。

（1）检测间隔短，可采集更密集的数据点，从而绘制更为完整详细的溶出曲线，更真实地反映药物的溶出特性。Inman[5] 对 OPT-DISS ™多通道光谱系统（LEAP Technologies, Inc., Carrboro, NC）的CCD光纤实时检测系统的研究表明，在不到5秒的时间内，可同时采集多达12个完整的紫

1 DINÇ E, SERIN C, TUĞCU-DEMIRÖZ F, et al. Dissolution and assaying of multicomponent tablets by chemometric methods using Computer-aided Spectrophotometer[J]. International Journal of Pharmaceutics, 2003, 250(2): 339-350.

2 NIE K, LI L, LI X, et al. Monitoring Ambroxol Hydrochloride Sustained-Release Tablets Release by Fiber-Optic Drug Dissolution In Situ Test System[J]. Dissolution Technologies, 2009, 16(1): 14-17.

3 SCHATZ C, ULMSCHNEIDER M, ALTERMATT R, et al. Evaluation of the Rainbow Dynamic Dissolution MonitorTM Semi-automatic Fiber Optic Dissolution Tester[J]. Dissolution Technologies, 2000, 7(4): 8-17.

4 陈坚, 李徽, 赵军, 等. 基于荧光猝灭原理的光纤化学传感器研究Ⅲ. PBA敏感膜对猝灭剂的响应性能和响应机制[J]. 新疆医科大学学报, 1994, 17(3): 162-169.

5 INMAN G W. Quantitative Assessment of Probe and Spectrometer Performance for a Multi-Channel CCD-based Fiber Optic Dissolution Testing System[J]. Dissolution Technologies, 2003, 10(4): 26-32.

外光谱（205~410nm）。赵昕等[1]对不同来源苯妥英钠片的溶出行为研究发现，部分厂家的苯妥英钠片在第5分钟时溶出已经达到90%，采用手动或者自动取样的方式，很难发现不同处方、工艺的制剂0~15分钟内溶出行为的差异，使用光纤实时测定技术可方便地观察到不同苯妥英钠片样品在10分钟内的溶出行为的差异（图16-2，表16-1）。光纤实时测定技术的检测速度较快，有助于提高处方筛选和工艺优化的研究效率，也较适合考察快速（rapidly dissolving）或极快速释放（vcry rapidly dissolving）制剂的溶出行为。图16-3显示了光纤实时测定技术采用30秒采集间隔观察到的栓剂突释现象。

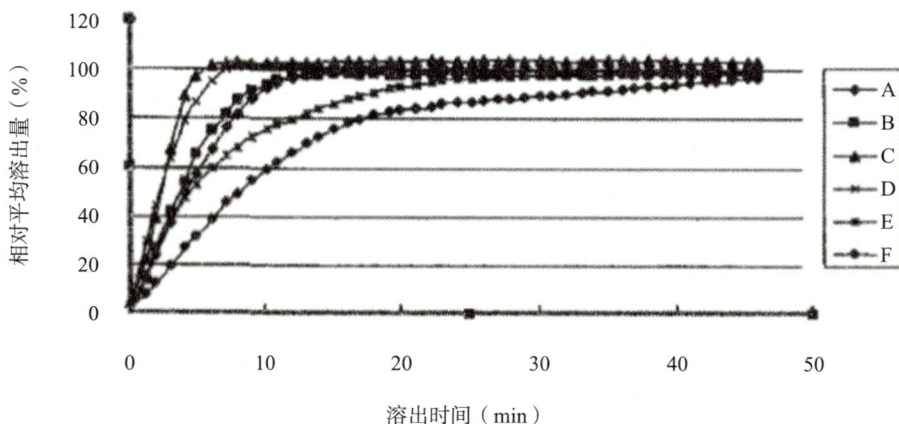

图16-2 光纤实时测定技术采用60秒采集间隔测定苯妥英钠片溶出曲线

表16-1 不同时间点6个厂家苯妥英钠片平均累积溶出百分率

溶出时间（min）	累计溶出百分率（$\bar{x} \pm s$，%）					
	A厂	B厂	C厂	D厂	E厂	F厂
10	93.79 ± 4.48	90.88 ± 6.50	102.7 ± 2.64	101.0 ± 3.00	57.92 ± 18.94	72.63 ± 4.24
20	97.35 ± 2.00	98.14 ± 5.10	103.3 ± 2.98	100.2 ± 2.85	86.82 ± 12.27	98.79 ± 4.29
30	98.36 ± 1.73	98.65 ± 0.75	103.5 ± 3.21	99.96 ± 2.45	95.96 ± 5.43	100.5 ± 2.74

---

1 赵昕，杨琳，张鹏，等. 不同厂家苯妥项钠片的溶出度考察[J]. 中国药师，2009，12（9）：1232-1235.

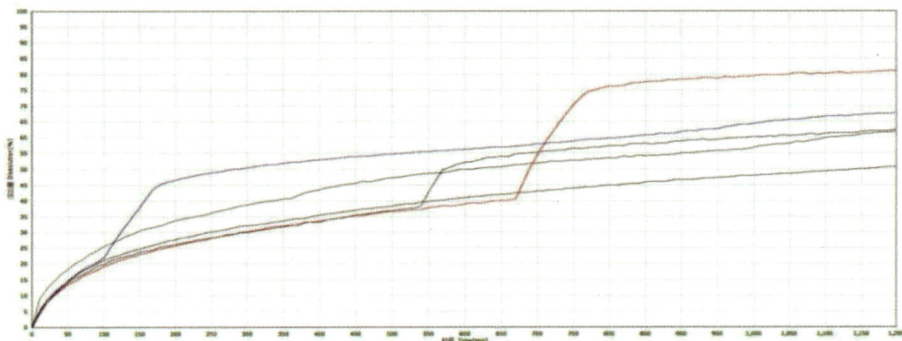

图16-3　光纤实时测定技术采用30秒采集间隔精确捕捉到栓剂的突释现象和时间点

（2）实时检测，简化测定程序的同时也为自动化提供了一种新思路，消除了样品制备等操作引入的变异或波动。由于无需取样和过滤，节约了注射器、过滤器等耗材，也降低了工作强度。同时避免了管道、密封圈、过滤器等吸附原料药（API，又称活性药物成分）而影响溶出结果，降低了样品因蒸发、不稳定等因素产生变异或波动的可能性[1]。据日本橙皮书数据，硝苯地平对波长400nm的光不稳定，当光强为26700lx时，每小时降解达95%。由于手动取样操作用时长，光照对硝苯地平片测定结果影响非常显著，采用光纤实时测定技术就可以避免上述问题，准确测定药物的溶出特性。

（3）可用于特殊制剂溶出曲线的测定[2]，非诺贝特控释片具有高分子材料骨架结构，常规溶出取样难以过滤，光纤在线检测技术不需过滤就可准确测定完整的溶出曲线（图16-4）。

1　GUILLOT A, LIMBERGER M, KRÄMER J, et al. In Situ Drug Release Monitoring with a Fiber-Optic System：Overcoming Matrix Interferences Using Derivative Spectrophotometry［J］. Dissolution Technologies, 2013, 20（2）：15-19.

2　NIE K, LI L, LI X, et al. Monitoring Ambroxol Hydrochloride Sustained-Release Tablets Release by Fiber-Optic Drug Dissolution In Situ Test System［J］. Dissolution Technologies, 2009, 16（1）：14-17.

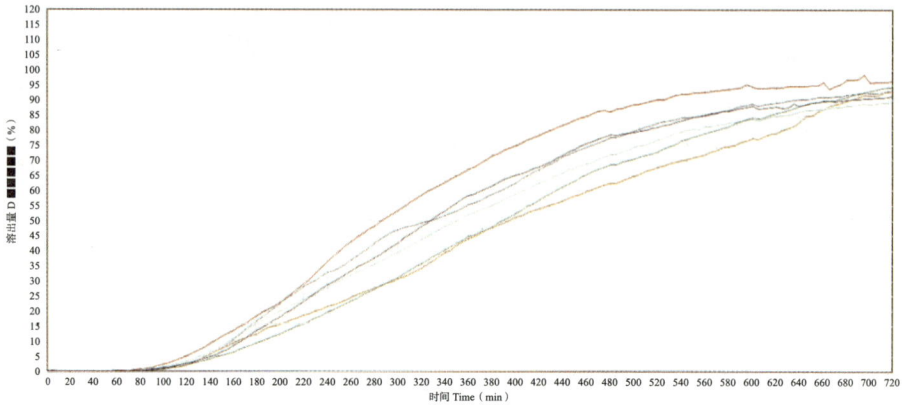

图 16-4　在线检测非诺贝特控释片溶出曲线

（4）光纤实时测试技术还有其他优势。可用于小体积介质的溶出试验。取样体积占总体积的比例以及取样总体积通常会造成流体动力学变化或影响漏槽条件，而光纤测定不需移取样品，因此在整个试验过程中，溶出环境保持不变，避免了因体积变化引起相关流体动力学的影响以及介质替换引起的二次浓度变化造成结果的偏差[1]。另外，光纤实时测定技术可与其他溶出装置联用或用于其他的定量分析，如富科思公司将光纤在线检测技术应用于流池法溶出设备上，还可将光纤在线检测技术结合 PAMPA 模型测定药物渗透性等。

2.3 方法学验证

在采用光纤测定技术时，需进行必要的方法学验证。Gray[2] 提出了详细的验证建议。Martin[3] 讨论了如何对药品中待测成分光谱的评估。商品化

1　GUILLOT A, LIMBERGER M, KRÄMER J, et al. In Situ Drug Release Monitoring with a Fiber-Optic System: Overcoming Matrix Interferences Using Derivative Spectrophotometry[J]. Dissolution Technologies, 2013, 20(2): 15–19.

2　GRAY V A. Dissolution Testing Using Fiber Optics–A Regulatory Perspective[J]. Dissolution Technologies, 2003, 10(4): 33–36.

3　MARTIN C A. Evaluating the Utility of Fiber Optic Analysis for Dissolution Testing of Drug Products[J]. Dissolution Technologies, 2003, 10(4): 37–39.

的光纤探头类型有三种，分别为轴探头、棒式探头和拱形探头，三者在探头的形状、光束路径和取样窗口上存在差异。应用不同类型的光纤探头可能会对药物溶解和最终结果产生影响。Lu 等[1]以泼尼松片为研究对象，从流体动力效应影响、光谱的线性范围、光散射效应、微粒累积效应和系统耐用性和适用性等方面，考察了不同类型探头的光谱特性对溶出试验的影响，为光纤测定方法的验证提供了有益的参考。Inman[2]从线性范围和杂散光两个方面评估了多通道 CCD 检测器光纤溶出测定系统的光谱仪和探头相关性能。有关光纤测定系统确证的更多内容，详见本书"溶出装置的确证"章节。

由于光纤实时测定技术自身特点及溶出环境的复杂性，在建立光纤测定法时，应针对下列干扰因素[3, 4]开展验证。

（1）浸入式光纤探头在溶出过程中可能导致溶出杯内产生湍流。

Lu 等[5]发现浸入式光纤在溶出过程中对泼尼松片溶出行为有影响。采用直径 0.8mm 的光纤探头浸入溶出介质中时，与溶出杯内无探头条件下的溶出结果无显著差异；当探头杆的外径为 6~8mm 时，30 分钟时溶出结果的偏差可达 3%。Schatz 等[6]发现将光纤探头安装在中空搅拌转轴中，可有效减小浸入探头对溶出试验的影响，实时在线测定结果与手动紫外测试结果无显著差异。

（2）散射效应干扰检测。

1 LU X, LOZANO R, SHAH P. In–Situ Dissolution Testing Using Different UV Fiber Optic Probes and Instruments[J]. Dissolution Technologies, 2003, 10(4): 6–15.

2 INMAN G W. Quantitative Assessment of Probe and Spectrometer Performance for a Multi–Channel CCD–based Fiber Optic Dissolution Testing System[J]. Dissolution Technologies, 2003, 10(4): 26–32.

3 NIR I, LU X. In Situ UV Fiber Optics for Dissolution Testing–What, Why, and Where We Are After 30 Years[J]. Dissolution Technologies, 2018, 25(3): 70–77.

4 ALDRIDGE P K, KOSTEK L J. In Situ fiber Optic Dissolution Analysis[J]. Dissolution Technologies, 1995, 2(4): 10–11.

5 LU X, LOZANO R, SHAH P. In–Situ Dissolution Testing Using Different UV Fiber Optic Probes and Instruments [J]. Dissolution Technologies, 2003, 10(4): 6–15.

6 SCHATZ C, ULMSCHNEIDER M, ALTERMATT R, et al. Evaluation of the Rainbow Dynamic Dissolution MonitorTM Semi–automatic Fiber Optic Dissolution Tester[J]. Dissolution Technologies, 2000, 7(4): 8–17.

气泡、辅料及未溶解的颗粒等经过光纤检测窗口时，对检测的准确度会产生一定的影响，在检测探头外部安装不锈钢滤网可以阻止部分大颗粒辅料对检测结果的影响，但对于小颗粒辅料没有明显改善[1]。为减小颗粒的干扰，可采用减小镜面的横截面积、将光纤探头弯曲90°或将光学镜面垂直放置等措施来降低颗粒在镜面的堆积[2]。另外，可以通过选择干扰组分无吸收的波峰作为检测波长、采用数学模型等方法来消除散射干扰[3]。测定盐酸曲美他嗪缓释片的溶出度时，选择辅料无干扰的232nm作为检测波长时，可以准确测定API的吸光度值（图16-5）。

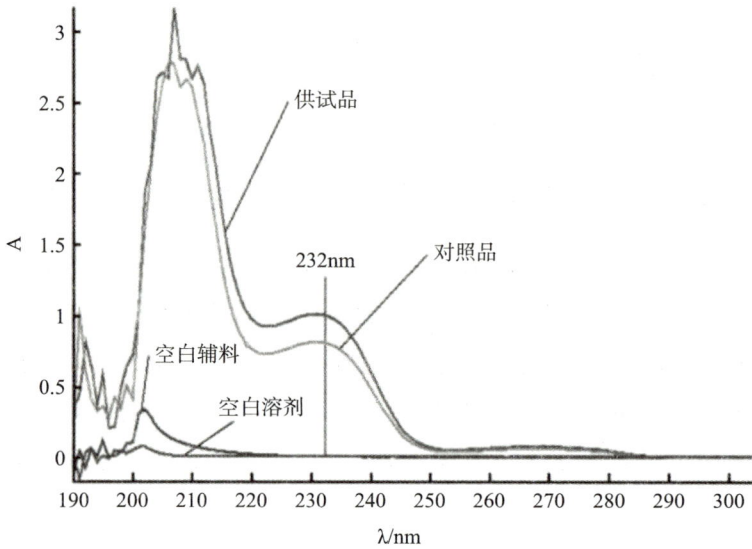

图16-5 选择232nm波长测定盐酸曲美他嗪缓释片

1 陈坚，朱滨，袁立懋，等. 基于荧光猝灭原理的光纤化学传感器研究 Ⅱ. 比较五种分子探针制成敏感膜的动力学猝灭性质[J]. 新疆医科大学学报，1993，16（4）：22-26.

2 INMAN G W. Quantitative Assessment of Probe and Spectrometer Performance for a Multi–Channel CCD–based Fiber Optic Dissolution Testing System[J]. Dissolution Technologies，2003，10（4）：26–32.

3 NIR I，LU X. In Situ UV Fiber Optics for Dissolution Testing–What，Why，and Where We Are After 30 Years[J]. Dissolution Technologies，2018，25（3）：70–77.

3 | 光纤测定技术的应用

3.1 药物溶出度测定

Toher 等[1]采用光纤技术在线测定了维生素 B_{12} 片的溶出曲线。由于维生素 B_{12} 具有高溶解性的特点，在 3 分钟内即可全部溶出。上述研究将取样频次设定为每 10 秒采集数据，光纤测定技术的高密度数据采集特点，可满足快速高效的测定要求，获得完整的溶出曲线图。维生素 B_{12} 片规格为 500mg，处方辅料用量较大，随着维生素 B_{12} 片的崩解，高浊度的辅料混悬液会产生丁达尔（Tyndall）散射效应，导致待测组分的紫外光谱图发生基线倾斜情况，简单的基线扣除法不能消除上述干扰。通过对紫外光谱进行二阶导数处理，可消除高浊度样品光谱中常见的基线倾斜现象。

将受试与对照药装入胶囊后给药，已广泛用于盲法临床试验。在确定原剂型和盲法制剂的性能时，需要测定硬明胶壳中对照药物的溶出度。厄洛替尼片的溶出介质为含 1% 十二烷基硫酸钠（SDS）的 0.1mol/L 盐酸溶液。在低 pH 条件下，SDS 抑制硬明胶胶囊的崩解。Lu 等[2]开发了两步溶出法用于评价盲法临床试验样品厄洛替尼片在包封入胶囊前后的溶出行为。利用光纤技术良好的时间分辨率，通过观察不同时间点加入第二步 SDS 溶

1　TOHER C J, NIELSEN P E, FOREMAN A S, et al. In situ Fiber Optic Dissolution Monitoring of a Vitamin B12 Solid Dosage Formulation[J]. Dissolution Technologies, 2003, 10（4）: 20-25.

2　LU X, XIAO B, LO L, et al. Development of a two-step tier-2 dissolution method for blinded overencapsulated erlotinib tablets using UV fiber optic detection[J]. Journal of Pharmaceutical and Biomedical Analysis, 2011, 56（1）: 23-29.

液后的溶解现象，确定了第二步溶出介质添加的最佳时间。

在光纤药物溶出试验的实际应用中，应注意两个因素的影响，即光纤探头在溶出杯中的位置和介质中的气泡对测定的干扰。Wunderlich 等[1]研究表明，将探头置于不同的位置时，未观察到药物浓度 – 时间曲线的明显变化，即探头位置的变动不影响药物的溶出和测定。但是，气泡对光纤测定影响较大。在未脱气的溶出介质中，可观察到浸入式探头上有气泡附着，药物浓度 – 时间曲线有异常值出现。与脱气后的溶出介质相比，采用不脱气的介质，溶出结果间的相对标准差显著提高，提示溶出介质的脱气处理对于光纤药物溶出测定具有重要影响。

另外，棒式探头的体积较大，会在介质中产生逆流造成附加流体动力，该影响会加速某些药物的溶出。这个影响对于非药品生产质量管理规范（GMP）检验也许并不重要，可能相对结果和排序就能满足试验要求。但是该影响对 GMP 质控实验室的溶出放行检验尤为重要，直接关系到手动取样和紫外光纤测定的等效性。在 21 世纪初，上述影响因素是紫外光纤能否用于法定溶出试验的焦点，直接影响了企业质控实验室对紫外光纤检测的接受度。

Nie 等[2]测定布洛芬缓释胶囊的溶出曲线时发现，布洛芬的最大吸收波长为 264nm，胶囊壳在 264nm 处有吸收，由于布洛芬在 425nm 波长处无吸收，因此，增设一个参比波长为 425nm，利用"动态三波长 K 值分光光度法数学分离模型"（图 16-6），测定了胶囊壳在 264nm 和 425nm 处的吸光度，并定义了一个 K 值，其中 $A_{264}=K \cdot A_{425}$。溶出度计算时，以 $A=A_{264}-K \cdot A_{425}$ 消除囊壳的吸收干扰，完成了布洛芬缓释胶囊的实时在线测定，结果同手动取样后的检测结果一致。

1　WUNDERLICH M, WAY T, DRESSMAN J B. Practical Considerations When Using Fiber Optics for Dissolution Testing[J]．Dissolution Technologies, 2003, 10（4）: 17–19.

2　NIE K, LI L, LI X, et al. In Situ Fiber–Optic Dissolution Assisted by a Mathematical Separation Model of Dynamic Three–Wavelength K–Ratio Spectrophotometry[J]．Dissolution Technologies, 2010, 17（2）: 15–18.

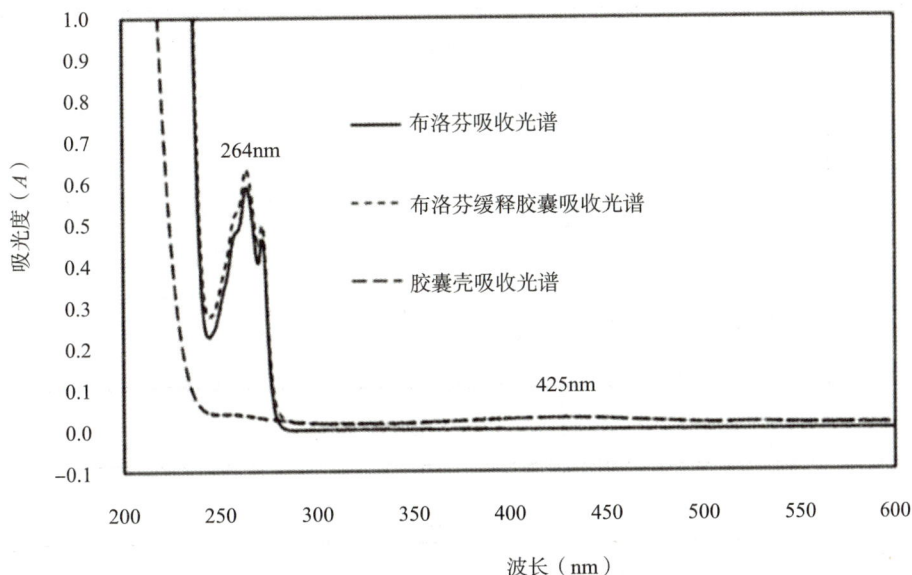

图 16-6　动态三波长 K 值分光光度法数学分离模型测定布洛芬缓释胶囊溶出曲线

　　二阶导数光谱法也是常用的消除吸收干扰的方法，利用 API 吸收峰与干扰峰的斜率差异区分 API 与其他干扰组分的吸收。通过比较样品与标准样品在分析波长处的吸收光谱导数值计算溶出度[1, 2]。二阶导数在分析波长处有一个峰值，因此，通常用二阶导数光谱来区分 API 和干扰成分，测定并计算其溶出度（图 16-7）。Guillot 等[3]通过添加不同量的辅料至 100μg/ml 普萘洛尔溶液，并通过基于导数的方法计算含有不同量辅料的悬浮液中的回收率。结果表明，辅料含量为 0.1~1.0mg/ml 范围内的普萘洛尔回收率为 94%~103%，证明了导数光谱法可排除辅料的干扰。

1　LU X, LOZANO R, SHAH P. In-Situ Dissolution Testing Using Different UV Fiber Optic Probes and Instruments ［J］. Dissolution Technologies, 2003, 10（4）: 6-15.

2　AVDEEF A, TSINMAN K, TSINMAN O, et al. Miniaturization of Powder Dissolution Measurement and Estimation of Particle Size［J］. Chemistry & Biodiversity, 2009, 6（11）: 1796-1811.

3　GUILLOT A, LIMBERGER M, KRÄMER J, et al. In Situ Drug Release Monitoring with a Fiber-Optic System: Overcoming Matrix Interferences Using Derivative Spectrophotometry［J］. Dissolution Technologies, 2013, 20（2）: 15-19.

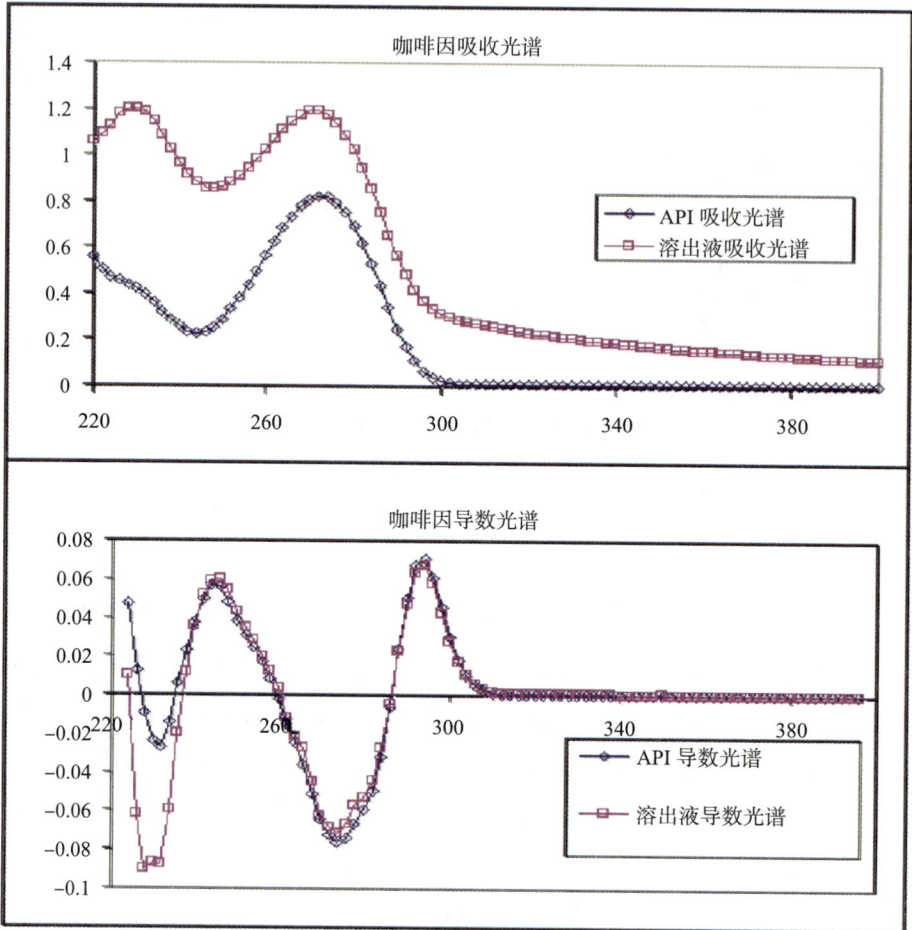

图 16-7　咖啡因导数光谱在溶出测定中的应用

　　上海市食品药品检验研究院比较了光纤测定方式和手动取样方式下水杨酸溶出度标准片（批号：100103-201913，来源：中国食品药品检定研究院）的溶出结果，数据见表 16-2。结果表明，两种取样方式下水杨酸片的溶出结果一致，光纤测定方式具有准确、便捷、自动化程度高的优势。

表 16-2　光纤测定方式与手动取样方式下水杨酸片的溶出曲线结果比较表

取样时间	取样方式	溶出结果（%）						均值（%）	SD n=6	SD n=12
		第1片	第2片	第3片	第4片	第5片	第6片			
5分钟	手动取样	4.6	5.0	4.7	4.7	4.6	4.8	4.7	0.15	
										0.14
	光纤测定	4.5	4.8	4.6	4.7	4.5	4.7	4.6	0.12	
15分钟	手动取样	12.8	13.6	12.6	13.1	13.3	13.5	13.2	0.39	
										0.38
	光纤测定	12.8	13.8	12.9	13.4	13.5	13.5	13.3	0.39	
30分钟	手动取样	23.9	25.8	23.8	24.2	25.5	25.4	24.8	0.89	
										0.82
	光纤测定	23.8	25.7	24.0	24.6	25.5	25.4	24.8	0.82	
45分钟	手动取样	34.2	36.2	33.7	34.0	36.1	36.0	35.0	1.19	
										1.14
	光纤测定	33.6	35.6	33.3	33.9	35.7	35.8	34.7	1.17	
60分钟	手动取样	42.4	45.8	42.8	43.3	45.8	45.3	44.2	1.57	
										1.56
	光纤测定	41.8	44.4	41.5	42.6	44.8	44.9	43.3	1.55	

3.2　固有溶出测定

药物的固有溶出（intrinsic dissolution）或固有溶出速率（intrinsic dissolution rate，IDR）是一个反映原料药溶解性质的生物药剂学参数，即单位面积和单位时间内溶解的药物量 [mg/（s·cm^2）]。测定时，取纯度足够高的样品适量，在规定的条件下压制成非崩解型的片剂，使用类似于篮法或桨碟法的装置，考察压制的片剂在规定溶出介质中的累积溶出量[1, 2]。

固有溶出是药物理化性质的重要参数之一，也是药物的固有特性，可用于评价不同来源、不同批次间、不同结晶条件或不同晶型、粒径的原料药相关特性[3~5]。固有溶出不同于溶出度。溶出度是指药物在规定介质中从药物制剂溶出的速度和程度，受到制剂辅料、制剂类型、工艺、纯度、介质等因素的影响。固有溶出也不同于溶解度。固有溶出反映的是药物溶解的速度和程度，与体内溶出动力学密切相关；而溶解度只能反映化合物的溶解程度。

目前，《美国药典》（USP）、《欧洲药典》（EP）和《英国药典》（BP）均收载了固有溶出测定法。其中 USP 收载了转盘法和定盘法，并规定了测定方法、实验装置、参数及数据处理方法等；EP 和 BP 仅收载了转盘法，且未对转速提出建议和要求。

转盘法是将转盘连接在转轴上，转盘与转轴固定在一起下降，模具底面保持水平，距杯子底部的距离不少于1cm。模具组件与转轴中心对齐以减小偏摆，压片表面和模具表面不应有气泡产生。转盘法建议使用转速为300r/min，转速调节范围通常为60~500r/min。定盘法的模具组件被固定在具有扁平底的溶出杯的底部。模具组件和搅拌装置必须垂直，以保证流体效应的稳定，避免在溶出过程中压片表面产生气泡。药物溶出速率取决于转速和流体力学环境，转速过快会造成溶出物表面产生剪切纹，导致试验结果产生偏差（如非线性）。一般而言，供试品溶液的浓度是时间的函数，根据时间可以计算指定时间点的溶出量。取样时间间隔由转速决定，选择

1　USP42-NF37［Z］（2019）.

2　EP9.0［Z］（2017）.

3　AVDEEF A, TSINMAN K, TSINMAN O, et al. Miniaturization of Powder Dissolution Measurement and Estimation of Particle Size［J］. Chemistry & Biodiversity, 2009, 6（11）: 1796-1811.

4　BAKA E, COMER J E A, TAKÁCS-NOVÁK K. Study of equilibrium solubility measurement by saturation Shake-flask method using hydrochlorothiazide as model Compound［J］. Journal of Pharmaceutical and Biomedical Analysis, 2008, 46（2）: 335-341.

5　VÖLGYI G, BAKA E, BOX K J, et al. Study of PH-dependent solubility of organic bases. Revisit of Henderson-Hasselbalch Relationship［J］. Analytica Chimica Acta, 2010, 673（1）: 40-46.

合适的转速，保证溶出过程中至少可以取 5 个点。如果在试验过程中进行取样，应对每个时间点的累积溶出量进行修正。

固有溶出试验可通过对常规溶出仪进行适当改装，使用相应配件进行固有溶出试验。国内外有多个仪器公司可提供固有溶出套件，配合手动或自动取样进行检测，获得药物的固有溶出速率曲线。

光纤药物溶出度实时测定技术与固有溶出测定方法相结合，为研究原料药的溶出特性提供了新的途径。由于固有溶出的测定对象是纯物质，不存在颗粒和辅料干扰，无需进行相应的校正。该方法无需取样、补液及相应的检测工作，可以实时监测整个溶出过程，并且避免了由于取样导致介质体积变化所需的校正工作，使测定更为便捷。另外，与人工取样相比，光纤测定的时间间隔更为密集，使得溶出曲线更为平滑，可最大程度地体现药物的真实溶解情况。

mini-IDR 压片试验附件可处理低至 5mg 的样品量，压片后置于 25ml 玻璃管中进行试验，配合 Rainbow 光纤在线检测技术，可用于 API 的固有溶出度测定及晶型筛选。Avdeef 和 Tsinman 等[1, 2]采用原位光纤法测定了 13 种模型药物在不同缓冲液中的固有溶出速率，该法也可用于药物 BCS 分类的溶解度测定。耿晶等[3]使用光纤传感固有溶出度分析仪，以蒜氨酸原料药为研究对象，分别采用转盘法和定盘法测定蒜氨酸在不同介质中的固有溶出曲线及固有溶出率。由于蒜氨酸水溶性好，试验中设定 5 秒为一个数据采集点，在 10 分钟内获得了 120 个数据，由软件系统实时绘制溶出曲线，实现了原位实时监测。光纤测定较传统的取样分析方式表现出了明显的优势。

1　AVDEEF A, TSINMAN O. Miniaturized Rotating Disk Intrinsic Dissolution Rate Measurement: Effects of Buffer Capacity in Comparisons to Traditional Wood's Apparatus[J]. Pharmaceutical Research, 2008, 25(11): 2613–2627.

2　TSINMAN K, AVDEEF A, TSINMAN O, et al. Powder Dissolution Method for Estimating Rotating Disk Intrinsic Dissolution Rates of Low Solubility Drugs[J]. Pharmaceutical Research, 2009, 26(9): 2093–2100.

3　耿晶, 张字城, 张海波, 等. 光纤传感过程分析测定蒜氨酸固有溶出率[J]. 药学学报, 2014, 49(10): 1475–1478.

上海市食品药品检验研究院以齐多夫定和茶苯海明作为模型药物，考察了转速对固有溶出结果的影响。结果表明，在 100~500r/min 转速范围内，两个药物的固有溶出值与转速的平方根成正比（图 16-8）。

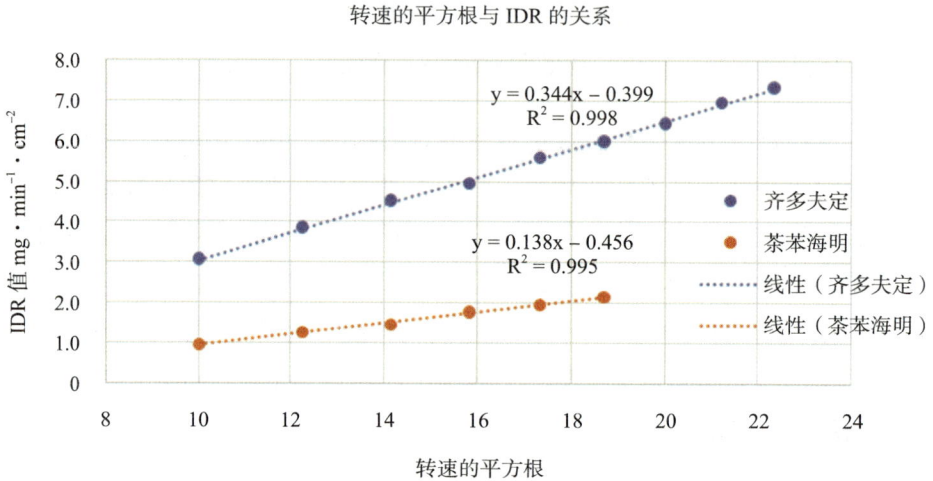

转速的平方根与 IDR 的关系

$$y = 0.344x - 0.399$$
$$R^2 = 0.998$$

$$y = 0.138x - 0.456$$
$$R^2 = 0.995$$

- 齐多夫定
- 茶苯海明
- 线性（齐多夫定）
- 线性（茶苯海明）

纵轴：IDR 值 mg · min^{-1} · cm^{-2}

横轴：转速的平方根

图 16-8　固有溶出值（IDR）与转速的关系

4 | 展望

由于光纤实时测定技术的应用历史相对较短，硬件和软件的优化仍在进行中。对于低剂量规格的口服固体制剂，辅料用量相对较大，不溶性辅料会在介质中形成高浊度的混悬液，药物的紫外线吸收与悬浮液的总吸收相比太弱，可能出现定量不准确的情形。一些发色团较弱的化合物，测定时光纤的吸光度可能较低，无法满足光纤系统的检测限要求，如能有效提高检测灵敏度，或可扩大光纤技术在溶出测定中的应用。

因为没有辅料干扰问题，透皮贴剂、粉末样品和固有溶出对于光纤是理想的试验样本。虽然光纤系统的自动化不适用于所有药物制剂的溶出试验，但随着数据处理能力和水平不断进步，可逐渐拓展其应用范围。例如，在药物溶解度测定、冻干制剂的复溶检查、分散片等快速溶出制剂、过滤时存在挤出问题的改良型非肠道给药剂型，以及在纳米微球和脂质体的溶出度检查等药品研发、生产及质量控制领域可发挥独特的作用。随着光学和光纤技术的进步，未来实时检测技术也可能在流池法、浸没池法等其他溶出方法的试验中获得应用。

附件

表 16-3　术语（中英文对照）

缩略词	英文名称	中文名称
PDA	photo-diode array	光电二极管阵列
CCD	charge couple device	电荷耦合器
DAD	diode array detector	光电二极管列阵检测器
API	active pharmaceutical ingredient	原料药（活性药物成分）
IDR	intrinsic dissolution rate	固有溶出速率

第十七章

溶出曲线模拟预测软件

概述

口服固体药物是临床上最常用的给药途径，在胃肠道中崩解、溶出后，药物经胃肠道粘膜进入血液循环，再转运至靶器官或组织发挥药理作用。制剂或颗粒表面的润湿性、溶剂化及周围流体特性等，是影响药物崩解或溶出的关键指标，与药物体内作用密切相关。充分认识和掌握药物进入体内后的动态生理过程，对确保临床效果至关重要，利用数学方程定量描述、研究上述过程，不仅为药物溶出与吸收等生理过程提供了基本的理论依据，通过不断扩展数学模型，借助计算机技术，也为药物研发与质控提供了高效的模拟工具[1, 2]。

21世纪以来，利用药物崩解、溶出以及药物吸收、分布、代谢与排泄（简称"ADME"）等过程的经典数学模型，采用计算机技术开展模拟研究，已成为一种全新的研究方法和工具，受到国内外研究机构、企业及监管部门的密切关注。随着计算机技术的突破及多学科的深入融合，在不断更新数学模型和模拟算法的基础上，研究建立了一系列模拟软件，并在仿制药与新药研究、新剂型设计、质量标准制修订及监管等方面获得广泛应用[3]。在计算软件的支持下，通过模型模拟整合药物体外溶出等数据、体

1　TASKAR KS, HARADA I, ALLURI RV. Physiologically–Based Pharmacokinetic（PBPK）Modeling of Transporter Mediated Drug Absorption, Clearance and Drug–Drug Interactions［J］. Current Drug Metabolism, 2021, 22（7）: 523–531.

2　UTEMBE W, CLEWELL H J, SANABRIA N, et al. Current Approaches and Techniques in Physiologically Based Pharmacokinetic（PBPK）Modeling of Nanomaterials［J］. Nanomaterials, 2020, 10（7）: 1267.

3　DEB S, REEVES A A, HOPEFL R, et al. ADME and Pharmacokinetic Properties of Remdesivir: Its Drug Interaction Potential［J］. Pharmaceuticals, 2021, 14（7）: 655. ADME and Pharmacokinetic Properties of Remdesivir: It's Drug Interaction Potential［J］. Pharmaceuticals, 2021, 14（7）: 655.

内药物代谢动力学数据（PK 或药代动力学）和生理机制生物药剂学模型（PBBM），使药品研发过程变得更"透明"，通过预先判断或判定关键因素，有效识别并防范未知风险，使研发过程更科学、高效。

在药品监管科学领域，国家药品监督管理局（NMPA）、美国食品药品管理局（FDA）、欧洲药品管理局（EMA）等药品监管部门，持续致力于推动以模型为引导开展药物研发和药物监管。FDA 等药品监管机构举办了多场关于 PBBM 的研讨会[1]，为建立具有临床相关性的药品质量标准、开发具有生物预测力的体外溶出方法、保障工艺/制剂处方变更后的药品质量、开发复杂的生物等效性（BE）仿制药的替代方法等凝聚了专家共识，并提供了相关 PBBM 指导原则。从研发早期到新药注册申请（NDA），在产品生命周期的不同阶段，应用 PBBM 模型，有助于更深入地理解缓释制剂、外用制剂或长效注射等复杂仿制药的吸收机制，为难溶性药物建立具有临床相关性的溶出方法及质量标准；应用 PBBM 模型，可预测关键物料属性（CMA）、关键工艺参数（CPP）和关键质量属性（CQA）的变化对药物体内暴露的影响；通过体内体外相关性（IVIVC）或体内体外关系（IVIVR）与虚拟 BE 的结合，可构建药品的安全空间，为药品上市前/后变更的质量风险评估和豁免临床研究提供科学数据。在确保以患者为中心的用药安全的前提下，不仅提高了制药企业的研发效率，还有助于药品监管的灵活性。

北京协和医学院、中国食品药品检定研究院（NIFDC）等机构也开展了模拟预测技术在药物研发、质量控制以及药物上市后评价等应用研究，并取得较好成果[2, 3]。国家药品监督管理局药品审评中心（CDE）制定了相

1　O'DWYER PJ, BOX KJ, JENNIFER D, et al. Oral biopharmaceutics tools: recent progress from partnership through the Pharmaceutical Education and Research with Regulatory Links collaboration[J]. Journal of Pharmacy and Pharmacology, 2021, 73（4）: 437-446.

2　胡昌勤. 生理药动学模型在固体口服制剂一致性评价中的应用[J]. 中国抗生素杂志, 2021, 46（3）: 10.

3　郑晓洁，李思泽，袁雅文，等. 儿童生理药代动力学模型及其在儿科药物研究中的应用[J]. 药学学报, 2020, 55（1）: 7.

应指导原则[1~5]，逐步形成满足国内药品研发、生产和质控的完整技术评价体系，助力我国医药产业由制造转向创新发展，满足卫生健康保障的需要，不断提升我国医药行业的国际竞争力。

本章重点从溶出数学模型的演变及模拟软件发展等角度，系统介绍模拟溶出及计算软件在口服药物质量控制、质量标准制修订等方面的应用，为药物研发与药物质控提供有益的参考。

1 原国家食品药品监督管理局药品审评中心. 普通口服固体制剂溶出曲线测定与比较指导原则[EB/OL].（2013-12-31）[2016-03-08]. https://www.cde.org.cn/zdyz/fullsearchpage.

2 原国家食品药品监督管理总局药品审评中心. 抗菌药物药代动力学/药效学研究技术指导原则[EB/OL].（2015-07-01）[2017-08-04]. https://www.cde.org.cn/zdyz/fullsearchpage.

3 国家药品监督管理局药品审评中心. 模型引导的药物研发技术指导原则[EB/OL].（2020-08-03）[2020-12-31]. https://www.cde.org.cn/zdyz/fullsearchpage.

4 国家药品监督管理局药品审评中心. 群体药代动力学研究技术指导原则[EB/OL].（2020-08-03）[2020-12-31]. https://www.cde.org.cn/zdyz/fullsearchpage.

5 国家药品监督管理局药品审评中心. 改良型新药调释制剂临床药代动力学研究技术指导原则[EB/OL].（2021-08-25）[2022-01-07]. https://www.cde.org.cn/zdyz/fullsearchpage.

1 | 溶出数学模型与计算软件

1.1 经典数学方程

　　1855年，Fick首次提出采用机械物理数学理论来定量研究扩散传递药物的物理现象[1]，即第一定律方程，假设药物以预定速率从制剂中溶出时，药物的溶解度或溶解率是影响药物溶出的主要因素，是药物溶出理论的里程碑。1897年，在Fick理论的基础上，Noyes和Whitney建立了量化药物溶解速度的定律[2]，即Noyes-Whitney方程。1904年，Nernst和Brunner建立了Nernst-Brunner扩散层模型，确定了解离常数K的物理含义[3, 4]。1943年，Higuchi研究建立了Higuchi方程[5]，即时间平方溶出模型，这一经典的扩散控制溶出方程的特点是初始药物浓度大于药物溶解度。

　　在上述经典数学方程基础上，进一步演化、发展形成了更为复杂的数学方程，以适应不同研究对象和目的。无论是常规溶出度检查法，还是模拟溶出技术，理论基础均源于溶出数学模型。

1　NAILA S. Solubility and Dissolution of Drug Product: A Review[J]. International Journal of Pharmaceutical & Life Sciences, 2013, 2(1): 33–39.

2　NOYES A A, WHITNEY W R. The Rate of Solution of Solid Substances in Their Own Solutions[J]. Journal of the American Chemical Society, 1897, 19(12): 930–934.

3　BRUNNER E. Reaktionsgeschwindigkeit in heterogenen Systemen[J]. Zeitschrift für Physikalische Chemie, 1904, 47U(1): 46–102.

4　NERNST W. Theorie der Reaktionsgeschwindigkeit in heterogenen Systemen[J]. Zeitschrift Für Physikalische Chemie, 1904, 47U(1): 52–55.

5　HIGUCHI T. Rate of release of medicaments from ointment bases containing drugs in suspension[J]. Journal of Pharmaceutical Sciences, 2010, 50(10): 874–875.

1.2 崩解的数学方程

片剂的崩解即固体制剂与亲水介质接触时分解为小颗粒的过程，可显著影响制剂中活性药物成分（API）的溶出速率。通常情况下，崩解是聚集的颗粒在溶出前的解聚过程。Massimo 等[1]认为，渗入片剂中液体的膨胀引起分离应力，从而导致聚集颗粒崩解（式 17-1），并根据该机制描述片剂的崩解过程：

$$\frac{dM_{ND}}{dt} = -DE \times \left(\frac{\varepsilon}{\tau}\right) \times \left(\frac{\nu}{\mu}\right) \times \left(\frac{1}{L_{tablet}}\right)\left(\frac{1}{V_{media}}\right) \times M_{ND} \qquad （式 17-1）$$

式中，M_{ND} 是指不崩解成分的含量（mg），DE 是崩解效应（一个经验性的常数），ε 是片剂的孔隙率（无量纲量），τ 是片剂的弯曲度（无量纲量），ν 是溶出介质的流体速度（cm/min），V_{media} 是溶出介质的体积（ml），L_{tablet} 是片剂的长度（cm），ε/τ 的数值可根据压片时的压力进行估算。

1.3 颗粒溶出的数学方程

崩解后的固体小颗粒将进一步在溶出介质中溶解并形成分子的状态，即 API 的溶出过程，Nernst-Brunner 扩散层方程[2, 3]（式 17-2）能较好阐述上述溶出过程。该方程假设在固体表面薄层的稳态条件下，液体处于静止状态，整个扩散层视为恒定的浓度梯度，固体成分按照简单扩散过程通过该扩散层。对于单个球型颗粒的扩散层溶出，主要基于下列假设：①颗粒呈球型，且为各向同性的溶解行为；②颗粒处于充分搅拌的介质中；

1　MASSIMO G，SANTI P，COLOMBO G，et al. The suitability of disintegrating force kinetics for studying the effect of manufacturing parameters on spironolactone tablet properties[J]. AAPS Pharmaceutical Science Technology，2003，4（2）：50-56.

2　BRUNNER E. Reaktionsgeschwindigkeit in heterogenen Systemen[J]. Zeitschrift für Physikalische Chemie，1904，47U（1）：46-102.

3　NERNST W. Theorie der Reaktionsgeschwindigkeit in heterogenen Systemen[J]. Zeitschrift Für Physikalische Chemie，1904，47U（1）：52-55.

③粒子周围存在一个厚度恒定的边界层；④溶解过程是一个伪稳态的过程，一旦达到稳定状态，扩散层的内外球型界面将为相近的质量传输速率；⑤固液界面的浓度是饱和的，且溶解度与粒径无关；⑥扩散系数在整个扩散层均为常数。

$$\frac{dM_U}{dt} = -\left[\frac{3D\gamma}{hr\rho}\left(C_S - \frac{M_D}{V}\right)\right]M_U \qquad （式17-2）$$

式中，M_u 是未溶出的药物，mg；D 为扩散系数，cm^2/min；γ 是校正系数，无单位；h 是静态时界面层的厚度，cm；r 为颗粒的半径，μm；ρ 是粒子的密度，mg/ml；C_s 是 API 的饱和溶解度；M_D 是溶解的药物，mg；V 是溶出介质的体积，ml。

1.4 制剂的溶出数学模型

在上述数学方程的基础上，逐步发展建立了用于不同剂型溶出模拟的数学模型，其中常用的模型见表17-1。

表 17-1 常用制剂的溶出数学模型表

剂型	模型种类	特点
普通制剂	Johnson	非球形颗粒
	Wang-Flanagan	球形颗粒
	Instant Dissolution	类似口服溶液
	Z-Factor（Tabkano）	颗粒及剂型
缓释制剂	Tabulated	统计拟合
	Weibull Function	统计拟合

如表 17-1 所示，溶出数学模型按照制剂可分为：①普通制剂（IR）的溶出过程模型[1~3]：主要包括 Johnson 模型、Wang-Flanagan 模型、Instant Dissolution 模型以及 Z-Factor（Tabkano）模型等四个溶出模型。其中 Johnson 模型适用 API 为非球型颗粒模拟；Wang-Flanagan 模型适用 API 为球型颗粒模拟；Instant 模型忽略了溶出动力学，药物按照溶解能力瞬间完成释放；Z-Factor 模型则进一步结合体外溶出曲线及其溶出条件，引入溶出因子（Z）进一步考察体外溶出差异对药物体内溶出的影响。②缓释药物（MR/ER）溶出过程模型[4, 5]：主要包括 Tabulated 模型和 Weibull Function 模型。其中 Tabulated 模型是通过加载体外溶出数据作为药物体内溶出曲线，来模拟考察药物在体内的溶出过程；而 Weibull Function 模型则是根据威布尔函数拟合体内药代曲线得到体内溶出曲线，来模拟考察体外溶出对体内溶出环节的影响。

1.5 模拟溶出软件

药物崩解、溶出是一个非常复杂的过程，随着计算机技术的发展，其高速并行运算、强大储存功能以及模块化操作，不仅使繁复的数学推演变得简单，也极大缩短了研究时间，更有助于提高药物发现与研究的水平。目前，美国 Simulations Plus 公司开发出一款 DDDplus™ 商业模拟软件[6]，用于药物溶出方法的模拟研究。主要通过 API 理化性质、制剂工艺

1　JOHNSON KC, SWINDELL AC.Guidance in the Setting of Drug Particle Size Specifications to Minimize Variability in Absorption[J]. Pharmaceutical Research, 1996, 13(12): 1795-1798.

2　WANG J, FLANAGAN DR. General solution for diffusion-controlled dissolution of spherical particles 1 Theory[J]. . Journal of Pharmaceutical Sciences, 1999, 88(7): 731-738.

3　LIU P, WULF OD, LARU J, et al. Dissolution Studies of Poorly Soluble Drug Nanosuspensions in Non-sink Conditions[J]. AAPS Pharmaceutical Science Technology, 2013, 14(2): 748-756.

4　B JOVANOVić. An Approximation of Tabulated Function[J]. Publications De L Institut Mathematique, 1987, 41(55): 143-148.

5　WAGNERT L, WU HI, SHARPE P, et al. Modeling Distributions of Insect Development Time: a Literature Review and Application of the Weibull Function[J]. Annals of the Entomological Society of America, 1984, 77(5): 475-487.

6　ALMUKAINZI M, OKUMU A, WEI H, et al. Simulation of In Vitro Dissolution Behavior Using DDDPlus™[J], AAPS Pharmaceutical Science Technology, 2015, 16(1): 217-221.

参数，以已知体内药代动力学数据为标准，通过反卷积（decoverlution）拟合运算，预测不同条件下的体外药物溶出曲线，并建立与体内药代相关的溶出方法。另外，另一款 GastroPlus™ 商业模拟软件[1]，也整合加载了体外溶出模块，研究者可通过体外溶出数据与体内药物代谢行为进行相关性分析，既可考察体外溶出曲线差异对体内药物代谢的影响，又可一定程度上评估建立的溶出度检查法能否满足药物质量控制与预期疗效的要求。除商业软件外，多个学术机构、企业及学术团队也研究开发了功能各异的软件程序包，供内部或免费使用。中国药科大学周建平教授团队在线发布了一款免费下载的 DDSolver 软件程序包[2]，该软件包不仅涵盖了大部分常用的数学模型，还与 Excel 程序通用，采用功能模块化处理，简化了复杂的编程难题。

1 KUENTZ M, NICK S, PARROTT N, et al. A strategy for preclinical formulation development using GastroPlus as pharmacokinetic simulation tool and a statistical screening design applied to a dog study[J]. . European Journal of Pharmaceutical Sciences Official Journal of the European Federation for Pharmaceutical Sciences, 2006, 27(1): 91–99.

2 ZHANG Y, HUO M, ZHOU J, et al. DDSolver: An Add–In Program for Modeling and Comparison of Drug Dissolution Profiles[J]. Journal of the American Association of Pharmaceutical Scientists, 2010, 12(3): 263–271.

2 | 生理机制药代动力学模型与计算软件

    1951 年，Edwards 最早提出了"考虑药物在胃肠道中的溶出及吸收"的观点[1]。此后药剂学家对药物在胃肠道中的溶出及吸收过程进行了深入、广泛的研究，比如在传统的篮法和桨法中使用多种溶出介质，评价固体口服制剂的崩解和溶出。但该方法提供的环境是相对封闭的，与体内动态吸收及体内流体力学性质缺乏相关性[2]。人体胃肠道是一个动态变化的环境，体液成分和体积随着胃肠道的蠕动不断变化。固体口服制剂在体内的崩解和溶出不仅受药物及其制剂理化性质的影响，还受 pH、体液成分和流体力学特性等生理因素的影响。食物、分泌物、胃排空时间、肠转运时间等都会改变胃肠道生理环境，进而影响药物的浸润和溶出速率[3]。因此，除了溶出数学模型的拓展与研究外，学者们还通过对胃肠道生理环境的考虑设计了具有生物相关性的溶出介质和接近胃肠道真实运动的溶出装置，模

1   EDWARDS LJ. The dissolution and diffusion of aspirin in aqueous media[J]. Transactions of the Faraday Society, 1951, 47(1): 1191–1210.

2   BHANTTACHAR SN, PEKIN EJ, TAN JS, et al. Effect of gastric pH on the pharmacokinetics of a BCS Class II compound in dogs: utilization of an artificial stomach and duodenum dissolution model and GastroplusTM simulations to predict absorption[J]. Journal of Pharmaceutical Sciences, 2011, 100(11): 4756–4765.

3   SAGER J E, YU J, RAGUENEAU–MAJLESSIi I, et al. Physiologically Based Pharmacokinetic (PBPK)Modeling and Simulation Approaches: A Systematic Review of Published Models, Applications, and Model Verifications[J]. Drug metabolism and disposition: the biological fate of chemicals, 2015, 43(11): 1823–1837.

拟药物在体内的溶出行为[1]。在充分考虑药物经口服后生理过程的基础上，采用生理药代动力学（PBPK）模型，通过计算机技术模拟药物体内溶出、吸收、代谢等情况，将影响溶出过程的全部要素整合至模型中。一方面通过模拟直观反映生产工艺、制剂处方或溶出条件的变化，对药物溶出行为的影响，判断溶出度方法是否具有生物相关性。另一方面，研究建立可能的体内外相关性，指导制剂处方工艺的研发，探索建立具有生理相关性的溶出条件和质控方法。

2.1 常见的模型及原理

1937 年，Teorell 首次提出了生理药代动力学（PBPK）的概念：人体应作为一个整体来系统地处置药物，即药物的动力学变化与具体的生物系统密切相关。受解剖学和计算机算法的限制，PBPK 模型的早期发展较为缓慢。20 世纪 90 年代，Lawrence Yu 等提出了房室吸收与转运 CAT 模型[2]，该模型将胃视为一个房室，将小肠分为 7 个房室，将结肠作为一个房室。药物以一阶方式从一个房室转移到另一个房室，采用一系列数学模型描述药物的转运过程，开启了模拟药物体内吸收的新纪元。随着研究的深入，在 CAT 模型的基础上，陆续开发了下列模型[3~6]。

（1）高级房室吸收转运（ACAT）模型：是一个九室模型，包括胃、七

1 SMITS A, DE COCK P, VERMEULEN A, et al.Physiologically based pharmacokinetic（PBPK）modeling and simulation in neonatal drug development：how clinicians can contribute[J]. Expert opinion on drug metabolism & toxicology, 2019, 15(1): 25-34.

2 YU L, ZHANG X, LIONBERGER R. Modeling and mechanistic approaches for oral absorption：Quality by design in action[J]. Therapeutic delivery, 2012, 3(2): 147-150.

3 GOBEAU N, STRINGER R, BUCK SD, et al. Evaluation of the GastroPlus Advanced Compartmental and Transit （ACAT）Model in Early Discovery[J]. Pharmaceutical Research, 2016, 33(9): 2126-2139.

4 KAUR N, THAKUR PS, SHETE G, et al. Understanding the Oral Absorption of Irbesartan Using Biorelevant Dissolution Testing and PBPK Modeling[J]. AAPS Pharmaceutical Science Technology, 2020, 21(3): 1-13.

5 WILLMANN S, THELEN K, LIPPERT J. Integration of dissolution into physiologically-based pharmacokinetic models III：PK-Sim[J]. Journal of Pharmacy & Pharmacology, 2012, 64(7): 997-1007.

6 SIOGREN E, WESTERGREN J, GRANT I, et al. In silico predictions of gastrointestinal drug absorption in pharmaceutical product development：Application of the mechanistic absorption model GI-Sim[J]. European Journal of Pharmaceutical Sciences, 2013, 49(4): 679-698.

个小室的小肠和升结肠。假定这9个隔间的性质是均匀的，药物在体内的生物命运是由一系列耦合的线性和非线性速率方程决定，可以模拟胃肠道器官内的生理状况及药物在器官内的转运。

（2）高级溶解、吸收和代谢模型（ADAM）：是一个综合考虑药物溶解、转运、肠道代谢、肠壁渗透和药物降解过程的九室模型。该模型将溶解过程与其他过程（如胃肠道间室运输、渗透和代谢）反卷积（Decoverlution）。此外，该模型还考虑了胃肠道的异质性所导致的过程，同时整合了许多生理学参数和多个溶出模型，可用于模拟普通制剂和缓释制剂的吸收过程和药代动力学。

（3）PK-Sim模型：是一个十二室的转运吸收模型，并具有将ADME完全集成到一个模型中的能力，小室代表从胃到直肠的胃肠腔（隔室的大小、表面积和pH等特征不同）。该模型假设胃肠道是一个具有空间异质性的圆柱形管，允许在人类和临床前动物模型中进行定量药代动力学预测。

（4）GI-Sim模型：是一种PBPK模型，由9个连续耦合的室组成，包括1个胃室、6个小肠室和两个结肠室。除肠壁薄的水边界层（ABL）外，认为所有腔室是均匀的，该模型与算法一起用于描述体内的溶解、颗粒生长和沉淀、胶束形成和分配、盐效应和渗透性等生理过程。

（5）非线性混合效应模型（NONMEM）：始于20世纪70年代，由加州大学的路易斯·希纳和斯图尔特·比尔设计，现在已扩展为人群药代动力学（PK）/药效学（PD）分析模型。

PBPK模型涉及生理相关的隔室建模，用输入的药物理化、制剂工艺以及相关生理参数，代表控制药代动力学行为的物理化学、生理和生化过程，已经成为可靠的药代动力学模型工具之一。

2.2 用于生理模拟的计算软件

随着模型与计算科学的发展，基于数学模型的用于生理药代模拟研究的软件或软件程序包也得到广泛应用，常用的模拟计算软件及软件包见表 17-2。

表 17-2　常用生理模拟软件及软件包

软件名称	开发或使用企业	特点
GastroPlus	美国 Simulations Plus 公司	商业化、集成化
SimCYP	美国 Certara 公司	商业化、集成化
PK-Sim	德国 Bayer 公司	非商业化、特定用途
GI-Sim	荷兰 Astrazeneca 公司	非商业化、特定用途
NONMEM	爱尔兰 ICON plc 公司	商业化、集成化
STELLA	美国 Isee Systems 公司	商业化、仿真可视化
MATLAB	美国 MathWorks 公司	商业化、编程化

（1）美国 Simulations Plus 公司开发的 GastroPlus™ 软件，主要以 ACAT 模型结合溶出模型模拟药物及制剂在体内的生理代谢过程。

（2）美国 Certara 公司开发的 Simcyp® 软件，主要采用 ADAM 和广义扩散溶出模型，允许整合学科间的可变性，使大量化合物的研究成为可能代谢的多种酶，并能够由体外实验数据预测体内结果。

（3）德国 Bayer 开发的 PK-Sim® 软件，主要为内部使用，但可以申请学术研究的免费试用；同时还可以与 MoBi 软件协同使用，实现不同软件所建 PBPK 模型的兼容与修改。

（4）荷兰 Astrazeneca 公司开发了 GI-Sim® 软件，仅供内部使用，不做商业用途。采用 Henderson-Hasselbalch 方程描述药物溶解度，采用 Fick

定律和 Nielsen 搅拌模型描述溶解度，采用修正的结晶成核理论解释晶体成核。

（5）爱尔兰 ICON plc 公司兼容了 NONMEM® 软件，是一款经 FDA 认可用于人群药代动力学（PK）/药效学（PD）分析的专业软件，其他非商业的 NONMEM 程序包，也可从有关文献中链接到免费申请网址。

除上述专业软件或软件包外，美国 Isee Systems 公司开发了 STELLA® 软件，虽然是基于图像的模型开发与仿真工具，但仍可以进行简单的动态仿生，可视化地模拟预测药物在体内的分布。然而，当考虑复杂的体内环境和因素时，软件模拟难度显著增加，其仿生预测准确性也越不确定。因此，对于复杂体系的模拟，一般建议采用 PBPK 模型等专业软件。

另外，美国 MathWorks 公司开发的 MATLAB 软件，为开展 PBPK 模型研究提供了自编程技术平台，其工具包具有兼容性。

各种类型的建模软件或工具包的出现为进一步拓展药物溶出与 PBPK 模型的开发与应用提供了技术支撑。

2.3 相关指导原则及基本策略

1997 年，美国食品药品管理局（FDA）发布了缓释制剂体内外相关性（IVIVC）研究技术指导原则[1]，采用数学模型定量描述药物的体外溶出行为与血药浓度等体内特性的关系，可支持口服缓释制剂的开发。监管机构早期对数学模型的应用非常谨慎，不仅需要建立具有良好区分力的体外方法、足够多的数据及不同溶出速率的样品，还需要对建立的 IVIVC 模型进行充分的内部和外部验证等严格条件，导致申请人提交的 IVIVC 模型较少，

1　U.S. Department of Health and Human Services, Food and Drug Administration, Center for Drug Evaluation and Research（CDER）Guidance for Industry Extended Release Oral Dosage Forms: Development, Evaluation, and Application of In Vitro/In Vivo Correlations. September 1997.

且不易获得监管机构的认可。

20 世纪 70 年代起，随着研究水平、科学认知以及计算科学的不断提高，模拟预测技术在药物研究中得到充分发展；更复杂、更精准的数学模型被用来表征或反映药物在人体内的真实生理过程，增强了研究靶向性和准确度。2020 年，FDA 在系统总结和评估采用模型指导药物及制剂开发效果的基础上，发布了《生理药代动力学分析在生物药剂学的应用 – 口服药物的开发、工艺变更、质量控制行业指导原则》[1]，支持采用 PBPK 模型方法关联口服制剂的体内外数据，通过重点评估影响药品质量的制剂因素，从而了解各因素与生理学指标相互作用及其对药品体内性能的影响。我国国家药品监管部门在总结近年来研究与应用基础上，先后发布了体外溶出曲线、基于模型的药物研究等指导原则[2~4]；其主要内容和观点与 FDA 指导原则一致。重点是利用模型模拟提供口服吸收过程的机制，阐明药物在体内的溶出、渗透等吸收过程；同时将影响药物溶出和吸收的相关药品质量属性也纳入模型中，建立药物制剂的体内外相关性。此外，结合经典的房室 PK 模型或简化的 PBPK 模型，还能预测药物口服吸收进入体循环后的过程，与临床观测的血药浓度 – 时间曲线建立关联，可以更全面地考察药物在体内吸收、分布、代谢和消除（ADME）的全过程。体外溶出模拟与体内 PK 模拟的有机结合，有助于研发和监管部门的技术人员更加全面地了解药物的体内外特征，建立科学的体内外相关性模型。

体外溶出模型与 PBPK 模型契合联用是模拟研究发展的一个新趋势，其基本策略如图 17-1 所示。首先采用体外溶出模型模拟制剂在不同条件下

---

1 U.S. Department of Health and Human Services，Food and Drug Administration，Center for Drug Evaluation and Research（CDER）. The Use of Physiologically Based Pharmacokinetic Analyses —Biopharmaceutics Applications for Oral Drug Product Development, Manufacturing Changes, and Controls Guidance for Industry.［EB/OL］.（1997–08–30）［2020–9–29］https://www.fda.gov/media/142500/download.

2 原国家食品药品监督管理局药品审评中心. 普通口服固体制剂溶出曲线测定与比较指导原则［EB/OL］.（2013–12–31）［2016–03–08］. https://www.cde.org.cn/zdyz/fullsearchpage.

3 原国家食品药品监督管理总局药品审评中心. 抗菌药物药代动力学 / 药效学研究技术指导原则［EB/OL］.（2015–07–01）［2017–08–04］. https://www.cde.org.cn/zdyz/fullsearchpage.

4 国家药品监督管理局药品审评中心. 模型引导的药物研发技术指导原则［EB/OL］.（2020–08–03）［2020–12–31］. https://www.cde.org.cn/zdyz/fullsearchpage.

的溶出曲线，将模拟曲线输入 PBPK 模型中进一步开展体内外相关性评估。PBPK 模型亦可通过全面分析药物在体内的 ADME 过程，反推得到药物在胃肠道内的溶出曲线。通过上述策略，可借助体外溶出模型，建立能够反映体内溶出行为的生物相关溶出方法并进行优化，用于预测制剂生物药剂学性质的变化对药物体内性能的影响等。

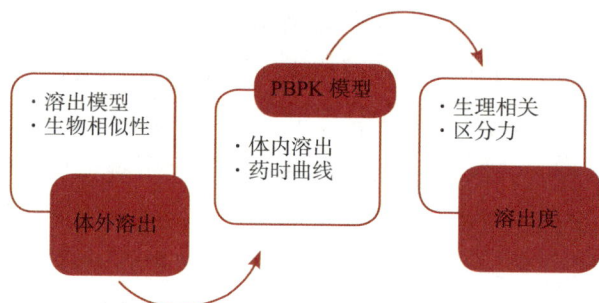

图 17-1　体外溶出模型与 PBPK 模型的联用示意图

3 | 模拟预测技术的应用

3.1 在药物研发与质控中的应用

为弥补经典溶出度方法的不足，许多学者开展了溶出介质的改进和动态溶出度方法的研究，探索更能代表人体胃肠道环境的体外溶出度测定方法。此外，结合生理药代动力学（PBPK）模型，开发具有临床相关性溶出方法也受到越来越多的关注。

采用体外溶出模型结合 PBPK 模型，可模拟 API 及其普通制剂（IR）或缓释制剂（MR）在体外不同溶出条件下的溶出行为，评估不同制剂处方、工艺及溶出条件等因素对体外溶出曲线的影响，用于开展制剂处方筛选和溶出条件开发，提高药品研发效率。通过建立准确合理的溶出模型，可应用于下述相关工作。

（1）建立特定处方的溶出模型：当研发过程中确定了一个特定的制剂处方时，可将处方中 API 和辅料的用量、粒径或粒度分布、溶解度等各成分的理化参数输入溶出模型中，快速构建该处方的溶出模型。构建的基本溶出模型，可初步预测相应溶出条件下的溶出曲线。结合体外实验结果，可对初始建立的模型进行优化和确认。验证后的溶出模型，可用于评估辅料用量、API 粒径等实验参数的变化对溶出曲线的影响，并指导进一步开展质量研究。

（2）制剂处方的评估与设计：由于体外溶出模型，特别是商业软件平台，均考虑了不同剂型、处方、生产工艺等因素对制剂溶出行为的影响。因此，对初始的溶出模型进行验证后，可以进一步探索辅料类型、用量和制剂处方（如 API 的粒度分布与用量、辅料的类型与用量等，以及压片的压力、片剂的尺寸等生产工艺参数）的变化对制剂溶出曲线的影响，实现对制剂处方的筛选与优化等工作。通过体外溶出模型的搭建和预测，可利用虚拟制剂的评价信息，筛选出更理想的制剂处方。模型的建立与应用可显著降低实际制剂的研制和开发工作负荷，减少原料药的使用（如新药研发早期产量较少时）等，在节省成本的同时提高药品研发的效率和成功率。

（3）体外溶出条件的探索和优化：在药品研发过程中，一个合适的溶出方法特别是与体内相关的生物溶出方法，即具有生物相关性的溶出方法（biorelevant dissolution），对于药学变更引起的临床效果改变的风险评估、确保各批次产品质量的一致性等工作至关重要。采用体外溶出模型，可以尝试不同的溶出条件；通过选择桨法、转篮法、流池法、往复筒法等不同的溶出方法，更换溶出介质的体积、用量及缓冲液的配置，调整仪器转速，设置多阶段的溶出条件等。考察相应的溶出曲线变化，根据制剂预期的体内溶出曲线，摸索建立并优化具有体内相关性的生物溶出条件。

（4）参数敏感性分析与参数变异的虚拟评估：由于溶出模型需要根据输入的各种制剂和溶出试验参数进行溶出曲线的模拟，因此，通过模型可进一步评估各参数的变化对溶出曲线的影响程度或敏感性，有助于确定影响制剂溶出的关键环节或因素。当模拟发现溶解度的变化对制剂的溶出曲线有显著影响时，可在处方开发过程中重点提高 API 的溶解度，比如减小API 的粒径、制备不同的盐型或调整辅料的种类或用量等，使制剂表现出预期的溶出行为，实现预期的药物口服吸收效果。此外，实际生产过程中，制剂或溶出试验的各个参数还将在一定范围内进行调整，可能会引起制剂溶出行为的变化，甚至影响药品的质量或疗效。因此，应用体外溶出模型，还可以设定各个参数的安全波动范围，形成满足各种实际状态的虚拟制剂和溶出试验，获得模拟的溶出曲线。考察虚拟批制剂的溶出波动空间，最终形成确保药品质量和疗效一致的药物制剂溶出安全空间。

基于上述研究思路，借助相关软件，目前已广泛应用于溶出条件的考察、制剂处方的筛选以及关键质量参数的评估等工作中，也显著提高了制剂开发和溶出试验的效率。May 等[1]选择孟鲁司特钠和格列本脲作为模型药物，评估体外溶出模型能否准确预测上述药物在不同溶出条件下的溶出曲线。上述研究采用桨法和模拟肠液（SIF）、空腹模拟肠液（FaSSIF）等四种不同 pH 的生物溶出介质，并设置了不同的介质体积与转速，进行溶出曲线的模拟。一般将预测和实测数据间的回归系数作为评估模型预测准确性的判定标准，结果表明，除不含胆酸盐的空白空腹模拟肠液（BFaSSIF）外，孟鲁司特钠片的所有体外溶出结果与预测数据之间有显著的相关性。使用单一 pH 溶出介质，格列本脲片的溶出测定数据与预测曲线也具有统计学显著相关性；使用动态 pH 介质，采用 FaSSIF 作为生物溶出介质时，预测结果和测定值的相关性更好。May 等的研究还发现，原料药的溶解度能显著影响制剂体外溶出行为，体外溶出平台在药品开发早期具有预测体外溶出的能力，对建立既具有体外区分力，又有体内外相关性的生物溶出条件具有指导意义。研发具有适当溶出特性的缓释制剂极具挑战性，以往主要依靠经验和试错实验。MD 等[2]借助已有体外溶出数据结合仿生溶出试验以及模型模拟了多沙唑嗪缓释片体外溶出曲线，并以此为基础完成多沙唑嗪缓释片工艺开发及相关质量标准工作。其主要内容是先制备一个处方的多沙唑嗪缓释片，以不含酶的模拟胃液为介质，采用桨法 75r/min 测定其16 小时内的溶出曲线，将药物的溶解度、pKa 及制剂直径、厚度等信息输入溶出模型软件中进行预测，并通过与实测值的比对优化校准常数。通过调整乳糖和 HPMC K100M 的比例，设计 7 个不同处方的制剂，经过模拟分析评估，遴选一个最优的多沙唑嗪缓释片处方，然后再进行制剂的制备与溶出曲线的测定。研究表明，实测溶出数据与预测结果的相关系数为 0.99。通过体外溶出建模的方法，快速筛选出合适的制剂处方，且预测结果与观

1 MAY, ALMUKAINZI, ARTHUR, et al. Simulation of In Vitro Dissolution Behavior Using DDDPlus ™[J]. AAPS Pharmaceutical Science Technology, 2015, 16（1）: 217–221.

2 DUQUE MD, ISSA MG, AMARAL D, et al. In Silico Simulation of Dissolution Profiles for Development of Extended–Release Doxazosin Tablets[J]. Dissolution Technologies, 2018, 25（4）: 14–21.

测数值非常接近。使用模型预测的方式可缩短分析工作时间，减少仪器使用时间和相应的溶出介质，达到事半功倍的效果。Basu 等[1]以美托洛尔作为模型药物，采用体外溶出与体内 PK 模型评估制剂因素对其生物等效性的影响，并探讨影响生物等效性的敏感参数。该研究使用体外溶出模型并结合制剂处方组成与规格进行体外溶出曲线的预测，考察了 50mg、200mg 美托洛尔缓释仿制制剂（ANDA 1 和 2）与参比制剂（Toprol XL®）的溶出曲线，并分别按照 FDA 指导原则计算相应的 f_2 因子。采用 25mg 美托洛尔缓释制剂 ANDA 3 的数据建立体外溶出模型；通过对比预测值与 ANDA 1 和 2 实测值的一致性，对建立的模型进行验证。通过预先设定的条件执行溶出模拟，以反映实际的溶出试验条件（n=12，采用桨法，pH 6.8 的 500ml 磷酸盐介质，搅拌桨转速为 50r/min，温度为 37℃ ±0.5℃）。由于在 ANDA 文件中，受试制剂精确的处方组成信息较为有限，因此假设模型中受试制剂与参比制剂处方具有相同的辅料名称。此外，由于不同制剂的工艺条件差别，实际的辅料用量与性能会有所差异。建立溶出模型后进一步开展参数敏感性分析和虚拟生物等效性考察时，发现聚合物的类型、级别、分子量的微小变化，均能显著影响美托洛尔缓释制剂的溶出行为。对于已建立良好体内外相关性的药物制剂，可以通过体外溶出结合计算机模拟软件预测药物制剂的体内药代动力学，进而指导制剂的处方筛选和质量评价。LY2157299 是一种受体激酶（TGF–R1）选择性抑制剂，属于 BCS Ⅱ 类弱碱性化合物，该化合物在体内的溶出速度和程度与其体内的吸收直接相关。采用人工胃和十二指肠（ASD）溶出模型评价胃中 pH 的变化对 LY2157299 混悬剂吸收作用的影响，并考察不同缓冲溶液对化合物吸收的影响。模拟预测结果表明，酸性缓冲溶液通过影响胃液的 pH，可提高 LY2157299 在十二指肠的过饱和度，进而促进药物吸收，胃液 pH 的改变会显著影响其生物利用度。该研究还采用比格犬药代动力学试验进行深入的评价，

---

1   SUMIT B, HAITAO Y, LANYAN F, et al. Physiologically Based Pharmacokinetic Modeling to Evaluate Formulation Factors Influencing Bioequivalence of Metoprolol Extended–Release Products[J]. Journal of Clinical Pharmacology, 2019, 59（9）: 1252–1263.

实测结果与预测值一致[1]。

研究建立合适的溶出度测定方法，对于药物的体内外相关性研究极为重要。通常来说，药物的体外溶出介质和方法，与体内胃肠道环境越相似，就越可能建立良好的体内外相关性。在使用药物的溶出度数据预测药物的体内吸收行为时，采用生理相关性介质得到的溶出度数据可以提高预测的准确度。Okumu 等[2]分别使用篮法和开环模式流池法对孟鲁司特钠的体外溶出进行了测定，在试验过程中使用了不同的溶出介质和不同的溶出设置，获得孟鲁司特钠在不同条件下的体外溶出曲线。将上述体外溶出曲线加载到模型中，预测了各溶出曲线对应的 PK 曲线，通过对比预测结果与实测 PK 数据的拟合程度，评估各溶出方法的体内相关性。研究表明，采用开环模式流池法及生理相关介质，有助于获得更好的体内外相关性。潘瑞雪等[3]模拟阿莫西林胶囊口服后在体内的溶出和吸收曲线，结果表明，在吸收部位（空肠），阿莫西林的溶出量远高于其吸收量。提示即使阿莫西林胶囊在胃肠道中表现出不同的溶出速率，只要在到达吸收部位前完全溶出，这种溶出速率的差异就不会引起体内不等效。上述研究还表明，当阿莫西林胶囊与参比制剂的体外溶出特性不一致时，也不一定会导致体内不等效。模拟结果还表明，无论以 Cmax 还是 AUC 为指标，阿莫西林胶囊 45分钟的溶出量达到 85% 时，与参比制剂生物等效。通过参数敏感性分析考察阿莫西林的溶解度、剂量、有效粒子半径和颗粒密度在 ±10 倍变化、渗透性在 ±2 倍变化时药物的吸收情况，结果表明渗透性是影响阿莫西林胶囊体内吸收的关键因素。由于阿莫西林是寡肽转运蛋白 PEPT1 的良好的底

1　王昕，唐素芳. 吲达帕胺片体外溶出度试验与体内药代动力学的相关性[J]. 药物分析杂志，2013，33（5）：755-762，774.

2　OKUMU A，DIMASO M，LöBENBERG R，et al. Dynamic dissolution testing to establish in vitro-in vivo correlations for montelukast sodium, a poorly soluble drug[J]. Pharmaceutical Research，2008，25（12）：2778-2785.

3　潘瑞雪，高源，陈万里，等. 溶出度实验结合计算机模拟技术评价国产阿莫西林胶囊的生物等效性[J]. 药学学报，2014，49（8）：1155-1161.

物，该蛋白对 β 内酰胺抗生素的吸收起着重要的作用[1]，因此制剂处方中是否存在 PEPT1 蛋白促进剂 / 抑制剂是影响阿莫西林体内吸收的关键因素，而体外溶出的差异未必导致生物不等效；其他学者的研究也表明，不同制剂的溶出曲线存在差异时，并不意味着体内生物不等效[2, 3]。王晨等[4]采用阿莫西林人体内的 PBPK 模型，评价了阿莫西林胶囊溶出度方法。结果显示，与现行版《中国药典》和《美国药典》中阿莫西林胶囊溶出度限度相比，反卷积分算法模拟计算阿莫西林胶囊（规格：500mg）的药时曲线，与人口服实测药时曲线计算基本一致，相关药动学参数计算结果：R_2=0.997，F%=68.669，C_{max}=7123.4ng/ml，T_{max}=1.8 小时，AUC_{0-inf}=25550（ng·h）/ml，AUC_{0-t}=24470（ng·h）/ml 和 $C_{max\ Liver}$=1101.4ng/ml；研究表明，药典中各溶出度限度均高于制剂体内累积吸收量要求。

随着人体重要生理参数的完备，在监管机构和工业界的大力支持下。2018 年，FDA 临床药理学办公室发表了一篇论文，总结了 2008~2017 年 PBPK 模型对上市许可的应用情况，涉及 94 个新药申报品种[5]。目前，采用模拟预测技术开展药物研发及质量控制研究已成为全球新热点，主要包括：由传统学药品转向生物大分子药物、天然药物以及中药；由普通制剂转向缓释、透皮吸收及纳米制剂；由吸收和溶出转向药物药物间相互作用、药物安全性、特殊人群用药合理性以及质量标准合理性。模拟预测技术的研究涵盖了从研发、生产、质控到上市后评价等药品全生命周期管理的全过程，是当前富有挑战性并最具活力的督管科学研究领域之一。

1　TSUME Y, AMIDON GL. The Biowaiver Extension for BCS Class III Drugs：The effect of dissolution rate on the bioequivalence of BCS class III immediate-release drugs predicted by computer simulation[J]. Molecular Pharmaceutics, 2010, 7(4): 1235-1243.

2　QIU Y, CHEN Y, ZHANG G, et al, Developing Solid Oral Dosage Forms Pharmaceutical Theory and Practice (Second Edition)[M]. USA, Academic Press, 2017, 399-413.

3　LEE J, GONG YQ, BHOOOPATHY S, et al. Public Workshop Summary Report on FY2021 Generic Drug Regulatory Science Initiatives：Data analysis and model - based bioequivalence[J]. Clinical Pharmacology & Therapeutics, 2021, 110(5): 1190-1195.

4　王晨, 胡昌勤, 许明哲. 利用计算机模拟技术对阿莫西林胶囊溶出度方法的研究[J]. 中国新药杂志, 2019, 28(18): 2268-2273.

5　ZHANG X, YANG Y, GRINSTEIN M, et.al.Application of PBPK Modeling and Simulation for Regulatory Decision Making and Its Impact on US Prescribing Information：An Update on the 2018-2019 Submissions to the US FDA's Office of Clinical Pharmacology[J]. The Journal of Clinical Pharmacology, 2020, 60(S1): S160-S178.

3.2 模拟预测在药品监管科学中的应用

近年来，PBPK 模型对药物发现和药物开发阶段的诸多领域产生了重大影响。FDA 等监管机构收到的 NDA 申报资料中越来越多包含 PBPK 建模内容，与此同时，FDA 的仿制药办公室一直尝试采用机制性建模与模拟，为监管决策提供科学支撑，还通过仿制药用户费用修正案（GDUFA）研究资金直接支持建模平台的研究，这些机制性建模方法包括 PBPK 建模和计算流体动力学（CFD）建模。除应用于普通和缓释口服固体制剂外，FDA 还持续推动模拟预测模型在外用制剂、透皮给药系统、眼部给药、口腔和鼻腔吸入给药等复杂制剂中的应用，促进复杂给药途径的仿制药开发。机制性建模工具有助于更好地开展复杂仿制药的开发，提供了豁免 BE 的途径和方法，替代费时、昂贵的以临床比较为终点的 BE 试验。

Zhao[1] 等通过 PBBM 模型建立药物的体外溶出安全空间，提高药品审评监管中的灵活性，并以 BCS Ⅳ 类药物为案例，通过建立的安全体外溶出空间，支持制药企业在 NDA 申报中对普通片剂（含 3 种规格）制定的溶出标准进行科学评价。模型获得的安全空间支持了最高规格药品拟定溶出标准的合理性，同时也证明较低规格药品需要采用更严格的溶出标准。Tycho Heimbach 等[2] 以 BCS Ⅱ 类药物为研究对象，通过 PBBM 模型建立药物的溶出安全空间。虽然制药企业期望通过建立模型，为无定型固体分散片剂开发具有临床相关性的溶出方法。但模型评估发现建模预测误差大，加之某些风险机制依赖于临床前数据等问题，最终，欧盟人用药品委员会（简称"CHMP"）做出决定，不接受企业提交的溶出方法，要求申请人开展更全面、更深入的研究解决上述问题。虽然已有研究证实，开发能够充分反

1 ZHAO M, CCHEN Y, YANG D, et al. Regulatory utility of pharmacometrics in the development and evaluation of antimicrobial agents and its recent progress in China. CPT Pharmacometrics and Systems Pharmacology. 2021, 10（12）: 1466–1478.

2 HEIMBACH T, KESISOGLOU F, NOVAKOVIC J, et al. Establishing the Bioequivalence Safe Space for Immediate-Release Oral Dosage Forms Using Physiologically Based Biopharmaceutics Modeling（PBBM）: Case Studies[J]. Journal of Pharmaceutical Sciences, 2021, 110（12）: 3896–3906.

映制剂处方特征的 PBBM 模型，通过参数灵敏性分析快速识别制剂的关键质量属性，有助于加快药品开发。但不可否认的是，如何确保所建模型或模拟工具在辅助新药、仿制药开发及技术审评时，具有良好的可靠度仍是研究的重点和难点，需要各方不断的探索和深入研究[1]。

在我国，模拟预测技术研究也逐步应用到药品监管工作中，中检院等药检机构将仿生溶出技术、PBPK 模型与药品评价性抽检工作相结合，对药品质量和有效性开展了探索性研究。张斗胜等[2]采用光纤溶出法和流池法，以胃肠模拟溶液为介质，考察了不同来源头孢丙烯制剂间体外溶出行为的差异性。通过建立 PBPK 模型，预测体外溶出差异不影响体内药代特征，研究提示，虽然溶出是影响制剂吸收的关键因素，但只要制剂在 30 分钟内溶出量大于 80%，就不影响产品在体内的药代动力学特征。上述研究团队采用生理药动学模型，虚拟群体模拟预测国产头孢拉定颗粒的体外溶出特性以及对体内药动学的影响。结果显示，国产头孢拉定颗粒在 45 分钟内溶出量（Q）达 85% 以上，达峰浓度（C_{max}），药时曲线下面积（$AUC_{0-\infty}$）等主要药动学参数仍落在 85%~125% 内，不同来源颗粒的体外溶出差异不影响体内药动学特征，快速溶出有利于药物体内快速吸收，是发挥药效的有利因素[3]；采用威布尔函数拟合体内溶出曲线[4]，体外溶出试验结合 PBPK 模型系统评价国产口服苯唑西林钠质量及工艺合理性。张斗胜等的研究结果还表明，当胶囊的体外溶出量（Q）在 30 分钟内达到 80% 以上时，C_{max} 预测结果在 90%~110% 范围内，提示体外溶出的差异不影响制剂的体内药动学行为；而当糖衣片的体外溶出量（Q）在 30 分钟内低于 80% 时，C_{max} 预测结果在 90%~110% 范围外，提示体外溶出行为在一定程度影响体内

1 AHMAD A, PEPIN X, ARONS L, et al. IMI – Oral biopharmaceutics tools project – Evaluation of bottom–up PBPK prediction success part 4: Prediction accuracy and software comparisons with improved data and modeling strategies［J］. European Journal of Pharmaceutics and Biopharmaceutics, 2020, 156: 50–63.

2 张斗胜，王晨，于丽娜，等. 头孢丙烯国产口服制剂质量评价与生物等效性初步预测的研究［J］. 药物分析杂志, 2016, 36（6）: 1120–1128.

3 张斗胜，王晨，姚尚辰，等. 生理药动学模型预测国产头孢拉定颗粒体外溶出特性及对体内药动学影响［J］. 中国新药杂志, 2019, 28（5）: 536–540.

4 张斗胜，王晨，姚尚辰，等. 生理药动学模型结合体外相似性溶出试验预测国产口服苯唑西林钠溶出行为差异影响以及工艺合理性［J］. 中国新药杂志, 2019, 28（19）: 2347–2352.

药动学行为，而糖衣、片芯的崩解溶出是影响糖衣片体外溶出及体内吸收的关键因素，与包衣工艺、辅料质量密切相关，是影响其质量与疗效的关键质量属性。王晨等通过对头孢克肟结构、理化性质、药代动力学特征和生物药剂学参数的研究，结合静脉注射、口服等不同给药途径在比格犬及人类等体内药–时曲线数据，建立并验证了人口服头孢克肟的生理药代动力学模型。模拟其在人体内的吸收、分布、代谢、消除过程，拟合药物的累计吸收曲线作为体外溶出曲线的评价依据。结果显示，建立的模型评价预测方法可评价溶出特性与药物体内吸收的关系，提高了体外有效性评价的可靠性和准确度[1]。采用比格犬口服制剂后的血药浓度数据，建立了生理药代动力学模型，通过种属外推和群体化模拟的方法，探索了一种前体类药物不同剂型、多规格口服制剂间的有效性评价策略与方法[2]。结果显示：群体化模拟口服盐酸克林霉素棕榈酸酯供试制剂与参比制剂的血药浓度达峰时间（t_{max}）结果均为 1.9 小时，两者的达峰浓度（C_{max}）均值分别为 1.215 和 1.150μg/ml，均值比的 90% 置信区间（CI）为 95.6%~115.8%；曲线下面积（AUC_{0-t}）均值分别为 5.462 和 5.331（μg·h）/ml，均值比 90%CI 为 88.5%~116.4%，提示参比与仿制制剂具有生物等效性。对上述盐酸克林霉素棕榈酸酯制剂还进行了抑菌效力比较研究，人体单次口服供试制剂与参比制剂的有效抑菌时间显示：对 G^- 菌的血药浓度抑菌时间分别为 11.7 小时和 11.6 小时，对 G^+ 菌的血药浓度抑菌时间分别为 9.9 小时和 9.7 小时，无显著性差异。王晨研究团队认为上述研究的策略和方法可用于 BE 试验预评价，不仅可降低研究费用、缩短研究周期，还可以降低 BE 研究失败的风险。此外，国内省级药检机构也在中检院的指导和带动下，开展了相关研究。刘广桢等[3]采用溶出技术结合模拟软件建立了法罗培南钠片 IVIVE 模型，结果显示，尽管仿制与参比制剂的体外溶出曲线有显著差异，但体内

1　王晨，许明哲，胡昌勤. 利用计算机模拟技术对头孢克肟口服固体制剂有效性的研究与评价[J]. 中国药事，2019, 33（11）: 1270–1279.

2　王晨，许明哲. 盐酸克林霉素棕榈酸酯口服制剂的有效性评价[J]. 中国药物警戒，2021, 18（7）: 606–610.

3　刘广桢，赵海云，于明艳，等. 基于体外溶出和体内吸收模拟技术的法罗培南钠片的有效性评价[J]. 中国抗生素杂志，2018, 43（10）: 1222–1227.

药－时曲线基本一致，仿制与参比制剂生物等效。鲍实等[1]采用计算模拟技术结合 Caco-2 细胞模型和溶出度试验，对盐酸曲美他嗪的生物等效性进行了研究，结果显示：盐酸曲美他嗪的表观渗透系数 Papp 具有过饱和特性；PBPK 模型预测仿制与参比制剂在体内的溶出吸收特性相似，不受体外溶出差异的影响，结合渗透性结果表明，盐酸曲美他嗪片仿制与参比制剂生物等效。

1 鲍实，吕晓君，吕振兴，等. 采用计算机模拟技术结合 Caco-2 细胞模型与溶出度试验考察国产盐酸曲美他嗪片的生物等效性[J]. 中国医院药学杂志，2019, 39(5): 439–446.

4 展望

体外溶出模拟软件将溶出过程中涉及的一系列因素有机整合到模型中，用数学公式反映原辅料的组成与相互作用、API 粒度分布、溶出介质表层及内部的 pH、溶出方法、机器转速等多种条件对溶出过程的影响，通过编程形成自动模块供研究者使用[1, 2]。

PBPK 或 PBBM 模型能够将药品的关键质量属性（CQA）与药物在人体内的暴露行为联系起来，对了解药品性能、评估药物体外溶出是否影响体内吸收、优化制剂处方、制定具有临床相关性溶出标准，为药品申报和审评的科学决策提供了关键信息，越来越受到监管机构的重视。

随着模型对制剂工艺关键参数以及关键步骤系统研究的不断完善，模拟预测的准确性也得到提高。近年来，FDA 临床药理办公室（OCP）、仿制药办公室（OGD）、药品质量办公室（OPQ）推荐模型引导的药物研发MiDD 工具，支持药品监管科学决策。除口服制剂的机制性预测模型，从2013 年起，FDA 还通过 GDUFA 与高校和软件开发商等机构开展了多个合作项目，用于开发和完善复杂仿制药的 PBPK 模型，包括局部作用药物、透皮制剂、吸入制剂、眼部给药制剂等。目标是通过研究项目提高机制性给药房室吸收与转运模型的预测准确性，从而使制药企业研发人员和审评

---

1 KOLLOPARA S, AHMED T, BHATTIPROLU AK, et al. In vitro and in silico biopharmaceutical regulatory guidelines for generic bioequivalence for oral products: Comparison among various regulatory agencies[J], Biopharmaceutics & Drug Disposition, 2021, 42(7): 297–318.

2 FERREIRA A, LAPA R, VALE N. Permeability of Gemcitabine and PBPK Modeling to Assess Oral Administration[J]. Current Issues in Molecular Biology, 2021, 43(3): 2189–2198.

人员能够更快、更方便地模拟不同给药途径的应用场景，更好地支持制剂的创新开发和生物等效性评估。2020—2021 年，Simulations Plus 公司与康涅狄格大学、圣路易斯药学院合作或独立获得 FDA 资助的 4 项复杂给药模型研究的项目，分别为长效注射、经皮给药、口腔给药、眼部给药；Certara 公司获得 FDA 支持，开展透皮给药和皮肤不同疾病状态下给药的 PBPK 模型研究；悉尼大学等高校也获得不同给药模型研究的项目资助[1, 2]。基于模型的模拟预测技术及计算软件将会更广泛、更深入地运用到药物研究的各个领域，帮助研究者更好地理解和掌握药物及制剂特性，制定有效的研究策略和可行的质控方法[3~5]。

在模型预测技术给药物研究带来极大方便的同时，也应清醒地意识到模型研究是一项多学科的大系统工程，涉及的数学原理深奥，表征的生理过程复杂，研究者需要更长时间的学习和实际建模的训练，充分发挥多学科团队的集体优势，才能较好地掌握该项技术。因此，作为主要研究人员，一方面要对数学、计算化学、药代动力学和生物药剂学等专业知识有系统了解，熟练掌握建模所用各种假设机制和各种参数的意义，能灵活使用或调用计算模块；另一方面还需要建立跨学科的团队，熟练掌握数学统计原理，才能准确开展模型验证，合理解释并正确运用研究结果[6]。

1　LEE J, GONG YQ, BHOOOPATHY S, et al. Public Workshop Summary Report on FY2021 Generic Drug Regulatory Science Initiatives：Data analysis and model-based bioequivalence[J]. Clinical Pharmacology & Therapeutics, 2021, 110（5）: 1190-1195.

2　SUSAN BK, SUSAN M, HAMZA A, et al.Physiological-based pharmacokinetic modeling trends in pharmaceutical drug development over the last 20-years; in-depth analysis of applications, organizations, and platforms[J]. Biopharmaceutics & Drug Disposition, 2021, 42（4）: 107-117.

3　KAMBAYASHI A, DRESSMAN, JB. Towards Virtual Bioequivalence Studies for Oral Dosage Forms Containing Poorly Water-Soluble Drugs: A Physiologically Based Biopharmaceutics Modeling（PBBM）Approach[J]. Journal of Pharmaceutical Sciences, 2022, 111（1）: 135-145.

4　LEX TR, RODRIGUEZ JD, ZHANG L, et al. Development of In Vitro Dissolution Testing Methods to Simulate Fed Conditions for Immediate Release Solid Oral Dosage Forms[J]. Journal of the American Association of Pharmaceutical Scientists, 2022, 24（2）: 1-18.

5　MILLER NA, GRAVES RH, EDWARDS CD, et al. Physiologically Based Pharmacokinetic Modeling of Inhaled Nemiralisib: Mechanistic Components for Pulmonary Absorption, Systemic Distribution, and Oral Absorption[J]. Clinical Pharmacokinetics, 2022, 61（2）: 281-293.

6　LIPPERT J, BURGHAUS R, EDGINTON A, et al. Open Systems Pharmacology Community—an Open Access, Open Source, Open Science Approach to Modeling and Simulation in Pharmaceutical Sciences[J]. CPT: Pharmacometrics and Systems Pharmacology, 2019, 8（12）: 787-882.

附件

表 17-1 术语（中英文对照）

缩略词	英文名称	中文名称
API	active pharmaceutical ingredient	活性药物成分
IR	immediate release	普通制剂
MR/ER	modified release/extended release	缓释制剂
NMPA	National Medical Products Administration	国家药品监督管理局
NIFDC	National Institutes for Food and Drug Control	中国食品药品检定研究院
CDE	Center for Drug Evaluation，NMPA	国家药品监督管理局药品审评中心
FDA	Food and Drug Administration	美国食品药品管理局
EMA	European Medicines Agency	欧洲药品管理局
CHMP	Committee for Medicinal Products for Human Use	欧盟人用药品委员会
NDA	new drug application	新药上市申请
ANDA	abbreviated new drug application	仿制药上市申请
CMA	critical material attribute	关键物料属性
CPP	critical process parameter	关键工艺参数
CQA	critical quality attribute	关键质量属性
BE	bioequivalence	生物等效性
ADME	absorption、distribution、metabolism、excretion	吸收、分布、代谢与排泄
PK	pharmacokinetic	药物代谢动力学
IVIVC	in vivo–in vitro correlations	体内体外相关性
IVIVR	in vitro–in vivo relationship	体内体外关系

缩略词	英文名称	中文名称
ACAT	advanced compartmental absorption and transit	高级房室吸收与转运模型
ADAM	advanced dissolution absorption and metabolism	高级溶出、吸收与代谢模型
PBBM	physiologically based biopharmaceutics model	生理机制生物药剂学模型
PBPK	physiologically based pharmacokinetics	生理机制药物代谢动力学
SIF	simulated intestinal fluid	模拟肠液
FaSSIF	fasted state simulated intestinal fluid	空腹模拟肠液

第十八章

溶出度测定法的国际协调

1 溶出度指导原则

1.1 国际人用药品注册技术要求协调会的历史沿革

国际人用药品注册技术要求协调会（The International Council for Harmonisation of Technical Requirements for Pharmaceuticals for Human Use, ICH）[1]是由欧盟（EU，原欧洲共同体EC）、日本厚生劳动省（MHLW）、美国食品药品管理局（FDA）、欧洲制药工业协会联合会（EFPIA）、日本制药工业协会（JPMA）、美国药品研究与制造企业协会（PhRMA）等机构，于1990年4月发起成立，当时的名称为The International Conference on Harmonization of Technical Requirements for Registration of Pharmaceuticals for Human Use（ICH）。成立ICH的最初目标是协调欧盟、日本和美国的药品监管政策，以及药品注册的技术要求。2015年10月，ICH确立为国际协会，即瑞士法律下的法律实体，更名为The International Council for Harmonisation of Technical Requirements for Pharmaceuticals for Human Use（ICH）。目前，ICH包括19名成员和35名观察员[2]，经过30多年的发展，ICH在全球药品研发和注册技术要求的协调方面发挥了重要作用，已经成为广泛接受的国际标准。2017年5月，原国家食品药品监督管理总局成为国际人用药品注册技术协调会正式成员。2018年6月，国家药品监督管理局获选ICH管理委员会成员。2021年6月，国家药品监督管理局再次当选ICH管理委员会

1　ICH. Welcome to the ICH Official Website［EB/OL］.［2022-04-26］https://www.ich.org/
2　ICH. Mission Harmonisation for Better Health［EB/OL］.［2022-04-26］https://www.ich.org/page/mission

成员[1]，成为 ICH 管理委员会当选监管机构成员（regulatory member），使我国药品注册管理制度与国际接轨，既有利于国外生产的新药更快进入中国市场，也为中国生产的药品快速走向国际创造良好的政策环境[2]。

1.2 国际协调与药典协调

药典协调组织（Pharmacopoeial Discussion Group，PDG）于 1989 年成立，由欧洲药品质量管理局（European Directorate for the Quality of Medicines，EDQM）、日本厚生劳动省（the Ministry of Health，Labour and Welfare，MHLW）和美国药典委员会（United States Pharmacopoeial Convention，Inc，USPC）组成，旨在建立统一的药典通则和药品标准。虽然 PDG 与 ICH 从一开始就是相互独立的机构，由于 PDG 和 ICH 均致力于技术要求和标准的协调，因此，PDG 每年召开两次会议，会议时间和地点与 ICH 会议一致。在工业界的呼吁下，2003 年 11 月，ICH 建立了药典标准协调工作组（Q4B EWG），促进协调后的药典标准在 ICH 区域的实施。

Q4B 指导原则的协调由 PDG 向 Q4B EWG 提交文件开始，按照 ICH 流程发布 Q4B 附录[3]，药典协调成果即为药典相关技术指南。在 ICH Q4B 通则中，溶出度测定法的协调可能是 ICH Q4 EWG/DPG 倡议中面临的最大挑战之一[4]。2010 年，ICH 指导委员会批准了协调后的 Q4B 附录 7 溶出度测定法第二次修订版（Q4B annex 7 dissolution test，R2），修订历程见表 18-1。

2011 年 6 月，PDG 加强了机构的独立性，由《欧洲药典》（EP）、《美国药典》（USP）、《日本药典》（JP）轮流独立组织 PDG 会议，不再与 ICH 会议同步[5]。

1　国家药品监督管理局. 中国国家药品监督管理局当选为国际人用药品注册技术协调会管理委员会成员［EB/OL］.［2022-04-26］https://www.nmpa.gov.cn/yaowen/ypjgyw/20180607144001273.html
2　余玥，薄兵兵，李楠楠，等. 我国 ICH 工作回顾与展望［J］. 中国食品药品监管，2021，213（10）：4-13.
3　ICH. Quality Guidelines［EB/OL］.［2022-04-26］https://www.ich.org/page/quality-guidelines
4　TEASDALE A，ELDER D，NIMS R W. ICH Quality Guidelines：An Implementation Guide［M］. U.S.：Wiley，2017.
5　金少鸿，宁保明主译. 世界卫生组织药品标准专家委员会第 46 次技术报告［M］. 北京：中国医药科技出版社，2016：6.

表 18-1　ICH Q4B 附录 7（R2）的建立与修订

版本	历史	日期
Q4B 附录 7	第二阶段，获得指导委员会批准并公开征求意见	2008 年 11 月 13 日
Q4B 附录 7	第四阶段，获得指导委员会批准并推荐 ICH 三方管理当局采纳	2009 年 10 月 29 日
Q4B 附录 7（R1）	经指导委员会批准，在 4.5 节中增加了加拿大卫生部的可互换性声明	2010 年 9 月 27 日
Q4B 附录 7（R2）	第四阶段第二修订本，获得指导委员会批准，不再公开征求意见	2010 年 11 月 11 日

《欧洲药典》（EP）通则 2.9.3[1]（固体制剂的溶出度测定法）、《日本药典》（JP）通则 6.10[2]（溶出度测定法）和 USP 通则 <711>[3]（溶出度测定法）均包含了经协调一致的文本和未协调一致的文本，并分别对未协调的文本进行了标识。

USP、EP 和 JP 溶出度测定通则对于普通释放（Immediate-release dosage form，IR 或 Conventional-release dosage form，又称常释）和缓释（Extended-release dosage form，ER 或 Modified-release dosage form，MR，又称缓控释或调释）制剂中采用桨法、篮法和流池法等三种装置的测定方法及判定标准，基本实现了协调。USP、EP 通则中对于往复筒法装置和迟释制剂（Delayed release dosage form）测定法进行了协调；JP 未收载往复筒法，迟释制剂测定法亦未与 USP、EP 通则协调一致。

（1）USP 未协调的内容。

1）USP 通则中，对于含有或涂有明胶的制剂，当有确凿的证据证明存在交联现象时，可采用含胃蛋白酶或胰酶的溶出介质进行测定。EP 和 JP 未

1　European Pharmacopoeia. 10.0[S]. 2019：326-333.

2　Japanese Pharmacopoeia 17[S]. 2016：157-161.

3　United States Pharmacopeia 2021. <711> Dissolution[S]. 2021.

收载相关内容。

2）除机械校准外，还采用 USP 泼尼松标准片进行溶出装置的性能确证（关于仪器确证的详细内容请见本书第八章）。

3）普通制剂的合并取样（pooled sample）计算和判定标准。

（2）EP 未协调的内容是：在普通制剂篮法、桨法的测定中，要求对温度计的影响进行验证。

（3）JP 未协调的内容。

1）明确指出开展溶出度测定的目的是避免显著的药品生物不等效。

2）在桨法装置中，规定了沉降篮的规格。

3）迟释制剂的篮法和桨法的操作法与 USP 及 EP 不同。

4）普通制剂、缓释制剂和迟释制剂的结果判定标准采用两种判定方法，其中判定法 2（Interpretation2）未协调。

1.3 药典协调

1.3.1 篮法和桨法装置

虽然学术界与监管机构对于溶出仪器装置的适用性提出了广泛的关切和讨论[1~3]，并建议采用质量源于设计（QbD）理念对产品质量进行更为深入的研究，但是篮法和桨法已经在 ICH 会员国中广泛应用。对于通用的篮法和桨法两种溶出方法，为了在国际上协调溶出度仪适用性要求，国际药学联合会（International Pharmaceutical Federation，FIP）药物溶出工作组

1　S, A, QURESHI, et al. A Critical Assessment of the Usp Dissolution Apparatus Suitability Test Criteria[J]. Drug Development & Industrial Pharmacy, 1995, 21, 905–992.

2　QURESHI S A, MCGILVERAY I J. Typical variability in drug dissolution testing：study with USP and FDA calibrator tablets and a marketed drug（glibenclamide）product[J]. European Journal of Pharmaceutical Sciences Official Journal of the European Federation for Pharmaceutical Sciences, 1999, 7（3）：249.

3　BAXTER J L, KUKURA J, MUZZIO F J. Hydrodynamics–induced variability in the USP apparatus II dissolution test[J]. International Journal of Pharmaceutics, 2005, 292（1–2）：17–28.

（special interest group，SIG）综合研究了 PDG 和 ICH Q4B Annex 7 关于仪器适用性要求[1]、FDA 工业指南[2] 及 ASTM 标准 E2503-07（目前已更新为 2015 版）[3]，（详见本书第八章）。根据上述研究并经多次讨论后，建议溶出度仪的确证（qualification）以机械校准为主，必要时可采用标准样品进行性能确证。工作组的研究结论指出，溶出度测定法是完善、可靠和可重复的，是药品全生命周期不同阶段的重要研究工具。对溶出试验系统内所有变异来源的深入了解，将在试验或处理试验结果时最大限度减少不确定性。FIP 作为国际药学领域的权威机构，虽然没有药典协调的职能，但该机构的观点代表了国际药学科学家对篮法和桨法溶出装置的高度认可。

1.3.2 流池法和往复筒法

2011 年，FIP 药物溶出工作组根据分散片、经黏膜吸收、吸入等新型制剂和药物递送系统的研究进展，对 2003 年的 FIP 药物溶出报告进行了更新，代表了当时该领域全球专家的共识[4]，就新型制剂的药物溶出（释放）研究装置提出了建议，其中涉及流池法和往复筒法的剂型，以及推荐的溶出装置见表 18-2。

表 18-2　针对不同剂型建议采用的药物溶出测定方法

剂型	药物溶出方法
口服固体制剂（普通）	篮法、桨法、往复筒法或流池法
咀嚼片	篮法、桨法或往复筒法

1　BROWN C K, BUHSE L, FRIEDEL H D, et al. FIP Position Paper on Qualification of Paddle and Basket Dissolution Apparatus[J]. AAPS PharmSciTech, 2009, 10（3）: 924-927.

2　U.S. Department of Health and Human Services, Food and Drug Administration, Center for Drug Evaluation and Research（CDER）. Guidance for industry: the use of mechanical calibration of dissolution apparatus 1 and 2—current good manufacturing practice（CGMP）[S]. 2010.

3　ASTM International. ASTM E2503-07, Standard practice for qualification of basket and paddle dissolution apparatus[S]. 2015.

4　BROWN C K, FRIEDEL H D, BARKER A R, et al. FIP/AAPS Joint Workshop Report: Dissolution/In Vitro Release Testing of Novel/Special Dosage Forms[J]. AAPS PharmSciTech, 2011: 782-794.

剂型	药物溶出方法
粉末和颗粒	流池法（粉末/颗粒样品池）
栓剂	桨法、篮法（改进的）或双室流池法
微粒制剂	改进的流池法
植入剂	改进的流池法

EP、JP、USP 均收载了流池法[1]，2020 年版《中国药典》也收载了流池法。

USP 和 EP 均收载了往复筒法，JP 未收载，2020 年版《中国药典》也收载了往复筒法。

1.3.3 国际溶出度判定标准的历史沿革

20 世纪 60 年代后期，美国药剂师协会（APhA Academy of Pharmaceutical Sciences）和美国药学科学家协会（AAPS）认识到药物溶出研究领域存在的混乱情况，于 1970 年成立了固体制剂溶出方法学委员会（Committee on Dissolution Methodology for Solid Dosage Forms），体外溶出度试验逐渐成为口服固体制剂质量控制的标准方法[2]。

FDA 要求口服固体制剂在规定时间内溶解的药物量必须达到规定的限度（Q，百分溶出量），开展溶出度试验是为了确保至少有 80% 的药物剂量可在体内利用[3]。溶出度试验的核心目标是，通过固定的抽样量，溶出量低于 Q 的口服固体制剂不能上市，并允许放行的批次中有少量溶出度低于 Q 的片剂或胶囊。

---

1 BROWN W. Apparatus 4 flow through cell: some thoughts on operational characteristics[J]. Dissolution Technol. 2005, 12（2）: 28–30.

2 BANAKAR U V. Pharmaceutical dissolution testing[M]. CRC Press Taylor & Francis Group 6000 Broken Sound Parkway NW, Suite 300 Boca Raton, FL 33487–2742, 1991: 349–350.

3 TSONG Y, SHEN M, SHAH V P. Three-stage sequential statistical dissolution testing rules[J]. Journal of Biopharmaceutical Statistics 2004, 14（3）: 757–779.

《美国药典》（USP）提出的判定标准经历多次变革，分别为 USP ⅩⅨ（1975）[1]、USP ⅩⅩ（1980）[2]、USP ⅩⅫ（1990）[3]、USP ⅩⅩⅢ（2000）[4] 和 USP ⅩⅩⅣ（2002）[5]（表 18-3）。USP ⅩⅩⅣ（2002）的判定标准一直沿用至今，并经过 ICH 协调成为统一互认的国际标准判定法。

表 18-3　USP 溶出度判定标准修订历程

阶段	数量	USP ⅩⅨ（1975）	USP ⅩⅩ（1980）	USP ⅩⅫ（1990）	USP ⅩⅩⅢ（2000）	USP ⅩⅩⅣ（2002）
1	6	6 片中，单片溶出量 $\geqslant Q$；单片溶出量小于 Q 的数量 $\leqslant 2$	6 片中，单片溶出量 $\geqslant Q+5$；单片溶出量小于 $Q-15\%$ 的数量 $\leqslant 2$。	6 片中，单片溶出量 $\geqslant Q+5\%$；单片溶出量小于 $Q-15\%$ 的数量 $\leqslant 2$	6 片中，单片溶出量 $\geqslant Q+5\%$；单片溶出量小于 $Q-15\%$ 的数量 $\leqslant 2$	6 片中，单片溶出量 $\geqslant Q+5\%$
2	6	12 片中，单片溶出量小于 Q 的数量 $\leqslant 2$	12 片溶出量均值 $\geqslant Q$；12 片中，单片溶出量 $\geqslant Q-15\%$；12 片中，单片溶出量小于 $Q-15\%$ 的数量 $\leqslant 2$	12 片溶出量均值 $\geqslant Q$；12 片中，单片溶出量 $\geqslant Q-15\%$；12 片中，单片溶出量小于 $Q-15\%$ 的数量 $\leqslant 2$	12 片溶出量均值 $\geqslant Q$；12 片中，单片溶出量 $\geqslant Q-15\%$；12 片中，单片溶出量小于 $Q-15\%$ 的数量 $\leqslant 2$	12 片溶出量均值 $\geqslant Q$；12 片中，单片溶出量 $\geqslant Q-15\%$
3	12	/	24 片溶出量均值 $\geqslant Q$；24 片中，单片溶出量小于 $Q-15\%$ 的数量 $\leqslant 2$	24 片溶出量均值 $\geqslant Q$；24 片中，单片溶出量不低于 $Q-25\%$；24 片中，单片溶出量小于 $Q-15\%$ 的数量 $\leqslant 2$	24 片溶出量均值 $\geqslant Q$；24 片中，单片溶出量不低于 $Q-15\%$；24 片中，单片溶出量小于 $Q-5\%$ 的数量 $\leqslant 2$	24 片溶出量均值 $\geqslant Q$；24 片中，单片溶出量不低于 $Q-25\%$；24 片中，单片溶出量小于 $Q-15\%$ 的数量 $\leqslant 2$

1981 年，JP 第 10 版首次收载溶出度试验，1991 年，EP 附录首次收载

1　The United States Pharmacopoeia ⅩⅨ .［S］. Mack Printing Company：Easton, Penn. 1975.

2　The United States Pharmacopoeia ⅩⅩ .［S］. Mack Printing Company：Easton, Penn. 1980.

3　The United States Pharmacopoeia ⅩⅫ .［S］. Mack Printing Company：Easton, Penn. 1990.

4　The United States Pharmacopoeia ⅩⅩⅢ .［S］. Mack Printing Company：Easton, Penn. 2000.

5　The United States Pharmacopoeia ⅩⅩⅣ .［S］. Mack Printing Company：Easton, Penn. 2002 .

溶出度试验，EP 和 JP 的溶出判定标准与 USP 两阶段计数判定法基本相似，但样本量有所不同（JP 为第一阶段 6 片，第二阶段 6 片；EP 为第一阶段 5 片，第二阶段 5 片），接受标准也不同[1]。

2010 年 11 月 11 日，Q4B 附录 7（R2）第四阶段第二修订本获得 ICH 指导委员会批准，不再公开征求意见，三方文本实现互认协调。其中欧洲药典（EP）在普通释放（常释）、缓释和迟释制剂的判定法方面，除合并样品计算判定法外，与 USP 保持了一致。JP 对普通释放（常释）、缓控释和迟释制剂的溶出判定标准方面，采取了两法并行的措施。JP 判定法 1 为互认协调文本，判定法 2 为原 JP 判定法，并在文本中规定，当各论中明确指出 Q 值时，采用判定法 1 进行判定，否则采用判定法 2。现行的 JP 中，除数十个各论明确规定 Q 值外，其他未规定 Q 值的大部分品种，仍然执行原 JP 的判定标准。

1　KATORI N, KANIWA N, AOYAGI N, et al. A new acceptance sampling plan for the official dissolution test. Japanese Pharmacopoeial Forum[J]. Society of Japanese Pharmacopoeia, 1998, 7(4): 166–173.

2 | 《中国药典》溶出度测定法

　　2020 年版《中国药典》通则 0931 溶出度与释放度[1]包括篮法、桨法、小杯法、桨碟法、转筒法、流池法和往复筒法的仪器装置、测定法、结果判定、溶出条件及注意事项等。其中对 ICH 协调后的篮法、桨法和流池法，《中国药典》（ChP）结果判定标准整体采用了两阶段的计数法，在判定阶段与判定标准方面与协调文本不一致。

　　自 1985 年[2]起，历版《中国药典》均收载溶出度和（或）释放度测定法，修订历程参见本书第一章溶出度技术的历史回顾 – 溶出度方法和仪器装置在中国的发展。结果判定标准分别在 1990 年版[3]、2000 年版[4]、2005 年版[5]《中国药典》进行了修订。自 2015 年版[6]起，将溶出度测定法与释放度测定法合并为 < 通则 0931 溶出度与释放度测定法 >。《中国药典》溶出度与释放度判定标准修订历程见表 18–4。

1　国家药典委员会. 中华人民共和国药典［S］. 2020 年版四部. 北京：中国医药科技出版社, 2020：132–137.

2　中华人民共和国卫生部药典委员会. 中华人民共和国药典［S］. 1985 年版二部. 北京：化学工业出版社广东科技出版社 人民卫生出版社, 1985：附录 60–61.

3　中华人民共和国卫生部药典委员会. 中华人民共和国药典［S］. 1990 年版二部. 北京：化学工业出版社广东科技出版社 人民卫生出版社, 1990：附录 60–61.

4　国家药典委员会. 中华人民共和国药典［S］. 2000 年版二部. 北京：化学工业出版社, 2000：附录 XC–XE.

5　国家药典委员会. 中华人民共和国药典［S］. 2005 年版二部. 北京：化学工业出版社, 2005：附录 XC.

6　国家药典委员会. 中华人民共和国药典［S］. 2015 年版四部. 北京：中国医药科技出版社, 2015：121–124.

表 18–4 《中国药典》通则 0931 溶出度与释放度测定法结果判定修订历程

阶段	数量	1985 年版	1990、1995 年版	2000 年版	2005、2020 年版
1	6	测定 6 片，每片的溶出量均应符合规定	6 片中，每片的溶出量按标示量计算，均应不低于规定限度（Q）；如 6 片中，有 1~2 片低于 Q，但不低于 Q–10%，且其平均溶出量不低于规定限度时，仍可判为符合规定	6 片中，每片的溶出量按标示量计算，均应不低于规定限度（Q）；如 6 片中，有 1 片低于 Q，但不低于 Q–10%，且其平均溶出量不低于规定限度时，仍可判为符合规定	6 片中，每片的溶出量按标示量计算，均应不低于规定限度（Q）；如 6 片中，有 1~2 片低于 Q，但不低于 Q–10%，且其平均溶出量不低于 Q 时，仍可判为符合规定
2	6	如有 1 片低于规定量，应重测 6 片，均应符合规定	6 片中，有 1 片低于 Q–10%，应另取 6 片复试；初、复试的 12 片中，仅有 1~2 片低于 Q–10%，且其平均溶出量不低于规定限度时，仍可判为符合规定	6 片中，有 1 片低于 Q–10%，应另取 6 片复试；初、复试的 12 片中，仅有 2 片低于 Q–10%，且其平均溶出量不低于规定限度时，仍可判为符合规定	6 片中，有 1 片低于 Q–10%，但不低于 Q–20%；应另取 6 片复试；初、复试的 12 片中，有 1~3 片低于 Q，其中仅有 1 片低于 Q–10%，但不低于 Q–20%，且其平均溶出量不低于 Q 时，仍可判为符合规定

3 | 《中国药典》与 ICH 标准

溶出度和释放度测定法经过几十年的研究和发展，已经越来越成熟，并成为口服固体等药物制剂质量控制和相关性研究的重要手段。协调后的 ICH 指导原则在仪器设备、介质以及实验参数等方面实现了互认与统一。随着生物药剂学分类系统（BCS）的广泛应用，溶出度相关指导原则为业界提供了更明确和具体的指导。在收载了国外药典的多种测定装置的基础上，中国药典还收载了我国自行设计的、适用于小剂量制剂的小杯法。

总体而言，ICH 协调文本中的四种溶出设备在《中国药典》（ChP）中均有收载，其中篮法和桨法的设备装置与 ICH 三方协调文本基本一致，在文本细节方面，ChP 中的规定更为细致和严格。往复筒法和流池法装置的参数方法与 ICH 协调文本一致。

溶出判定标准方面，中国药典的判定方法与 ICH 三方协调后的文本差别较大。中国药典采用的判定标准为两阶段判定法，判定标准较为简洁。与 ICH 三阶段判定法相比，ChP 需要实验样品量更少，对于产品变异的控制要求更高，一般要求产品的溶出结果符合第一阶段的判定标准或企业内控标准。

3.1 仪器装置比较

ICH Q4B 附录 7（R2）三方协调的三种仪器方法在 2020 年版《中国药

典》四部通则 0931 溶出度与释放度测定法中均已收载，仪器装置比较可参考本书相关章节内容。

3.2 判定方法比较

溶出度测定法的判定标准方面，ICH 协调的通则与《中国药典》通则有较大的差异：ICH 通则为三阶段，测试数量分别为 6、6、12；《中国药典》通则为两阶段，测试数量为 6、6。每个阶段的接受限度也具有较大差别，具体内容见表 18-5，为便于比较，将中国药典的溶出接受限度用 ICH 文本的格式进行表述。

表 18-5　ICH 通则与《中国药典》通则判定方法比较

阶段	数量	接受限度			
		普通释放	缓控释	肠溶 / 迟释	
				酸介质	缓冲液介质
ICH 通则					
1	6	单片溶出量 ≥ Q+5	下限 ≤ 单片溶出量 ≤ 上限	单片溶出量 ≤ 10	单片溶出量 ≥ Q+5
2	6	12 片平均溶出量 ≥ Q；单片溶出量 ≥ Q-15	下限 ≤ 12 片平均溶出量 ≤ 上限；下限 -10 ≤ 单片溶出量 ≤ 上限 +10	12 片平均溶出量 ≤ 10；单片溶出量 ≤ 25	12 片平均溶出量 ≥ Q；单片溶出量 ≥ Q-15
3	12	24 片平均溶出量 ≥ Q；数量 < Q-15 ≤ 2 单片溶出量 ≥ Q-25	下限 ≤ 24 片平均溶出量 ≤ 上限数量 < 下限 -10 和 > 上限 +10 ≤ 2 下限 -20 ≤ 单片溶出量 ≤ 上限 +20	24 片平均溶出量 ≤ 10；单片溶出量 ≤ 25	24 片平均溶出量 ≥ Q；数量 < Q-15 ≤ 2 单片溶出量 ≥ Q-25

续表

阶段	数量	接受限度		肠溶/迟释	
		普通释放	缓控释	酸介质	缓冲液介质
		中国药典通则			
1	6	单片溶出量≥Q 6片平均溶出量≥Q 数量 Q-10≤单片溶出量<Q≤2	下限≤单片溶出量≤上限 下限≤6片平均溶出量≤上限 数量下限 -10≤单片溶出量≤上限 +10≤2	单片溶出量≤10 6片平均溶出量≤10 数量>10 的≤2	单片溶出量≥Q 6片平均溶出量≥Q 数量 Q-10≤单片溶出量<Q≤2
2	6	12 片平均溶出量≥Q 数量<Q≤3 数量 Q-20≤单片溶出量<Q-10=1 单片溶出量≥Q-20	下限≤12 片平均溶出量≤上限 数量单片溶出量超出限度≤3 数量下限 -20≤单片溶出量≤下限 -10 或上限 +10≤单片溶出量≤上限 +20=1 下限 -20≤单片溶出量≤上限 +20	–	12 片平均溶出量≥Q 数量<Q≤3 数量 Q-20≤单片溶出量<Q-10=1 单片溶出量≥Q-20

注：表中 Q、5、10、15、20、25 均为药物制剂的百分溶出量（%）

通过数据模拟的研究方法，采用 R 统计软件，蒙特卡罗模拟法，通过程序编写，模拟分别采用 ICH Q4B 附录 7（R2）中和《中国药典》通则 0931 溶出度与释放度测定法的判定方法，计算通过各个阶段的概率，生成工作特性曲线（operating characteristic curves，OC 曲线），对《中国药典》通则和 ICH 通则涉及不同测定法的判定标准进行比较。

3.2.1 普通释放和迟释制剂缓冲介质

采用中国药典判定标准进行数据模拟［模拟真实批次 Q=85.0%，真实溶出均值从 75.0%~105.0%，标准差（σ）为 1，2，3，4，5，6 的正态分布数据］，工作特性曲线见图 18-1。

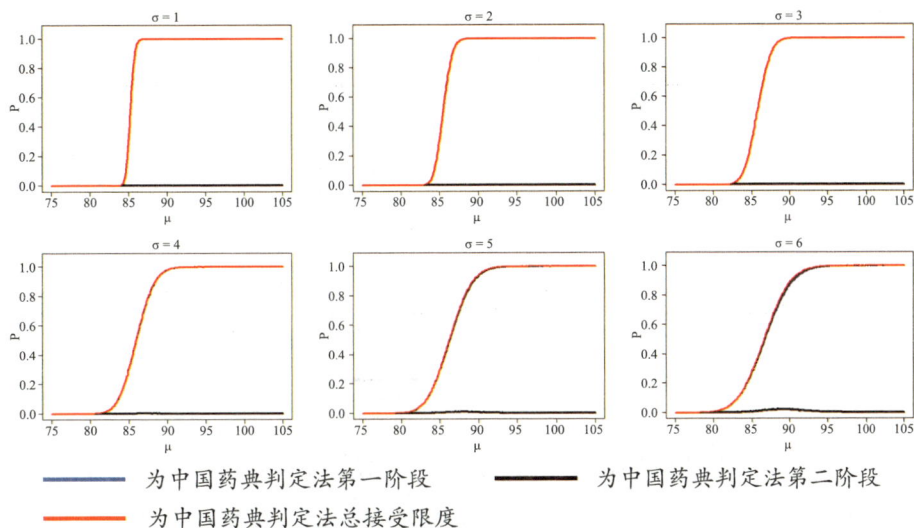

────── 为中国药典判定法第一阶段　　　　────── 为中国药典判定法第二阶段

────── 为中国药典判定法总接受限度

图 18-1　普通释放和迟释制剂缓冲介质中《中国药典》通则数据模拟工作特性曲线

结果显示，第一阶段接受概率随着均值的增大而增加，随着 σ 的增大而降低；第二阶段接受概率随 σ 的增大而增加，与第一阶段概率相比，极微小；σ 较小时，第一阶段接受概率与总接受限度基本重合，σ 增大时，总接受限度有微小增加。

采用ICH判定标准模拟［模拟真实批次Q=85.0%，真实溶出均值从75.0%–105.0%，标准差（σ）为1，2，3，4，5，6的正态分布数据］，工作特性曲线见图18-2。

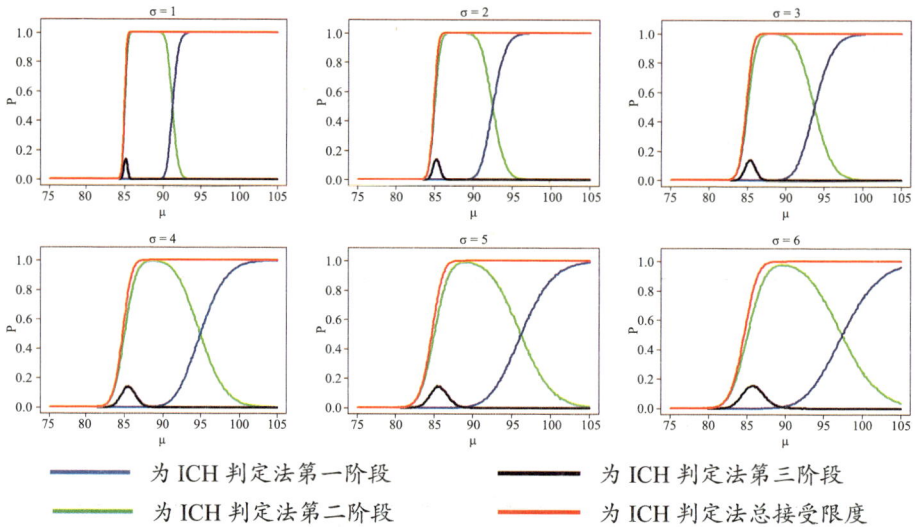

图 18-2　普通释放和迟释制剂缓冲介质中 ICH 通则数据模拟工作特性曲线

结果显示，σ较小时，有更多的样品直接通过第一阶段，随着σ增大，通过概率降低；第二阶段接受概率随σ的增大增加；第三阶段接受概率随σ的增大而增加，但远小于第一和第二阶段；总概率的左边界接近第二阶段概率。

将 ICH 第一阶段和第二阶段概率加和，与《中国药典》第一阶段相比较，进行数据模拟［模拟真实批次 Q=85.0%，真实溶出均值从75.0%~105.0%，标准差（σ）为 1，2，3，4，5，6 的正态分布数据］，工作特性曲线见图 18-3。

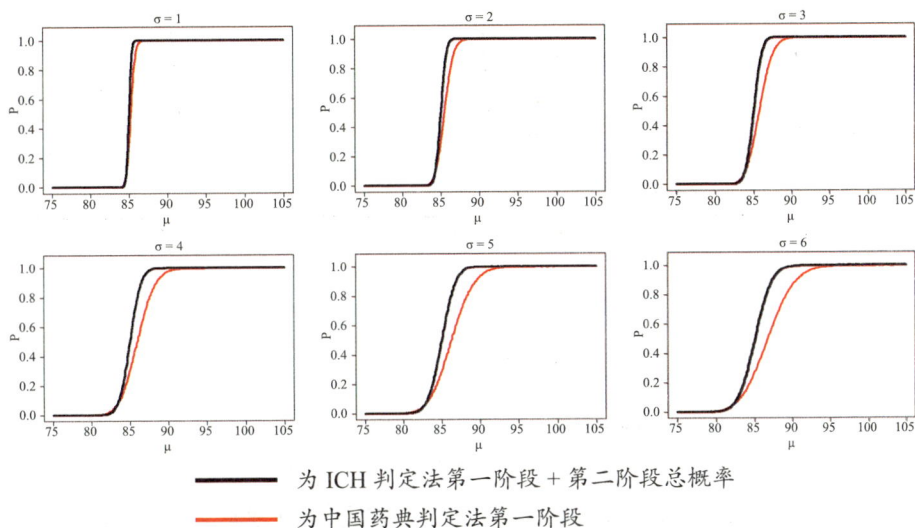

为 ICH 判定法第一阶段 + 第二阶段总概率

为中国药典判定法第一阶段

图 18-3 普通释放和迟释制剂缓冲介质中《中国药典》第一阶段和 ICH 第一阶段 + 第二阶段数据模拟工作特性曲线

结果显示，《中国药典》（ChP）第一阶段接受概率小于 ICH 第一阶段和第二阶段总概率，随着 σ 的增大，减小的程度增大。

将 ICH 总通过概率与《中国药典》总通过概率相比较［模拟真实批次 Q=85.0%，真实溶出均值从 75.0%~105.0%，标准差为 1，2，3，4，5，6 的正态分布数据］，工作特性曲线见图 18-4。

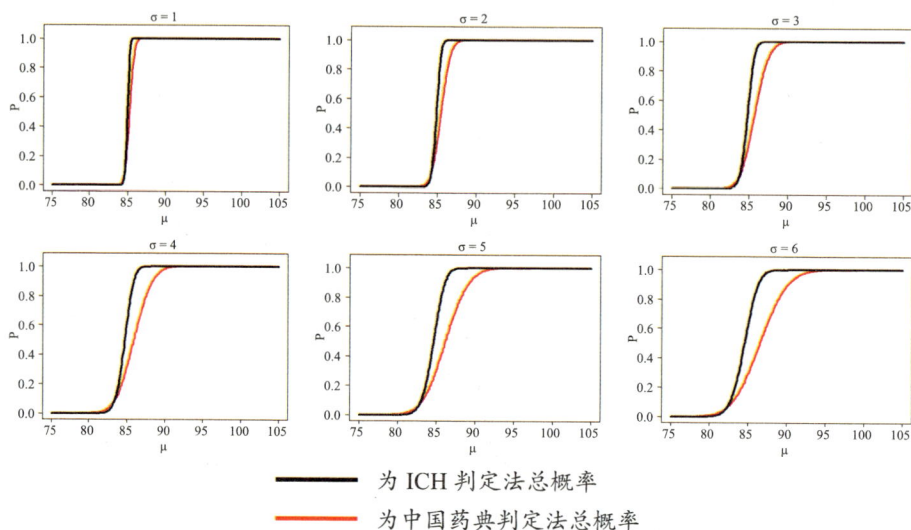

图 18-4　普通释放和迟释制剂缓冲介质中《中国药典》通则和 ICH 通则总通过概率数据模拟工作特性曲线

结果显示，《中国药典》测定法总接受概率小于 ICH 测定法总接受概率，随着 σ 的增大，减小的程度增大，且由于《中国药典》第二阶段接受概率微小，在 σ 增大时，接受概率较 ICH 概率减小更为明显。

3.2.2 迟释制剂酸性介质

采用 ICH 判定法和《中国药典》判定法，分别模拟 ICH 各阶段通过概率和《中国药典》通过概率进行比较研究（模拟真实批次 Q=10.0%，真实溶出均值从 0~30.0%，标准差为 1，2，3，4，5，6 的正态分布数据），工作特性曲线见图 18-5。

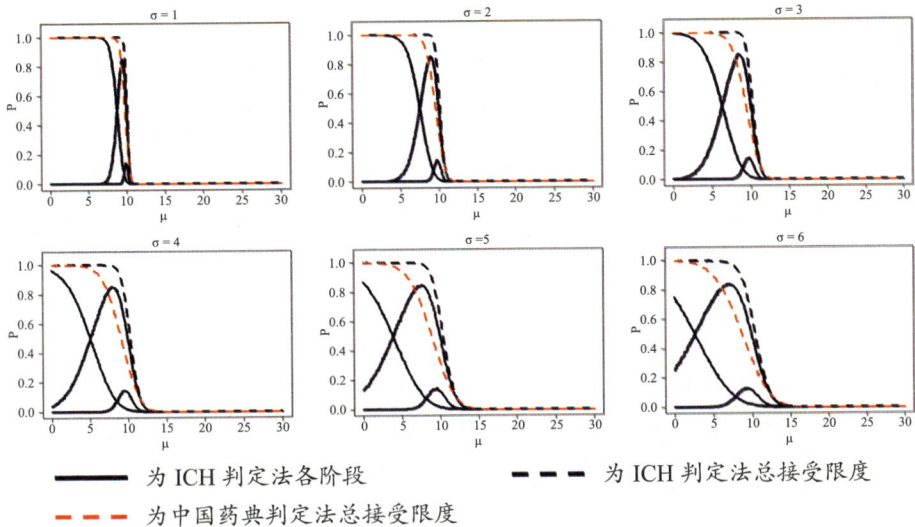

图 18-5　肠溶 / 迟释制剂酸介质中《中国药典》通则和 ICH 通则数据模拟工作特性曲线

　　模拟结果显示，《中国药典》判定法总接受概率小于 ICH 判定法总概率；随 σ 的增大，《中国药典》判定法较 ICH 判定法概率减小的程度增大。

3.3 取样的影响

　　《中国药典》通则 <0931 溶出度与释放度测定法 > 中对于取样位置有明确规定，对第一法（篮法）和第二法（桨法）规定"取样位置应在转篮或桨叶顶端至液面的中点，距溶出杯内壁 10mm 处"，并规定"自取样至滤过应在 30 秒内完成"。ICH 协调后的通则对上述两个方面并没有明确要求，因而在《中国药典》向 ICH 协调过程中，引发了广泛的讨论。

　　对于桨法和篮法而言，取样方式、取样针的大小及取样位置对于药物溶出一般没有影响，经与业内专家多次的研讨也证实，未发现取样对溶出影响的案例。但也有研究表明[1~3]，在靠近杯壁的位置取样，会造成溶出率的偏低。在浸入一定深度的情况下，随着浸入介质中取样针体积的增大，对于溶出介质的流体力学的干扰越明显，会造成溶出量的增加。通过改进溶出方法或条件应该可以避免取样对药物溶出特性的影响，当药物溶出特性对仪器条件和取样方法的变动特别敏感时，也可在质量标准中注明取样方式、取样针的大小及取样位置。

在《中国药典》通则中，设置溶出度测定法是为了全面地进行药品的质量控制，只有保证测定法的重复性和重现性并尽量减小实验可能导致的变异，才能确保同一批次内以及不同批次间的样品可获得一致的溶出结果。因此，在溶出度方法的建立和验证中，应特别关注取样对药物溶出的影响研究，以便在我国更好地实施 ICH 指导原则。

1　WELLS C E . Effect of sampling probe size on dissolution of tableted drug samples[J]. Journal of Pharmaceutical ences, 2010, 70(2): 232–233.

2　SAVAGE T S, WELLS C E. Automated sampling of in vitro dissolution medium：effect of sampling probes on dissolution rate of prednisone tablets[J]. . Journal of Pharmaceutical Sciences, 2010, 71 (6): 670–673.

3　BAI G, ARMENANTE P M, PLANK R V, et al. Hydrodynamic investigation of USP dissolution test apparatus II [J]. Journal of Pharmaceutical Sciences, 2007, 96(9): 2327–2349.

4 展望

2020 年版《中国药典》通则 <0931 溶出度与释放度测定法 > 收载了第一法（篮法）、第二法（桨法）、第六法（流池法）和第七法（往复筒法），在技术和装置方面已经具备了与 ICH 溶出度测定法协调的基础。除转篮高度和涂层、桨叶长度等方面略有差异外，四种溶出装置的机械参数与 ICH 协调后的通则一致或要求更为严格。与 ICH 协调后的判定法标准相比，ChP 的标准更为严格，对于产品变异的容忍度更低。

ICH Q4 B 指导原则旨在解决不同药典标准缺乏统一性的问题，形成可互换的协调通则 / 测定法，药品监管机构应对协调后通则的适用性进行全面评估，以分步实施的方式稳步推进 ICH 指导原则的实施，尽量减少对已上市药品质量控制的风险。

我国药企正处在快速发展和全球化的进程中，部分企业的核心策略是国际市场，更多药企寻求多方同时申报（如中美双报、中美欧三方同步报批等），因而，行业发展方向与 ICH 指导原则的初衷一致，也是大势所趋。由于溶出度测定法涉及多种仪器装置、判定法以及多种剂型，在与 ICH 标准协调的过程中，也需要充分考虑我国医药产业发展的现状和趋势。在对已上市药品全面调研、征求各方意见的基础上，既对标国际最新标准，又需兼顾产业发展水平和实际情况，制定稳妥的协调策略，实现稳步推进国际协调的目标。

附件

表 18-6 术语（中英文对照）

缩略词	英文名称	中文名称
ICH	The International Council for Harmonisation of Technical Requirements for Pharmaceuticals for Human Use	国际人用药品注册技术协调会
EC	European Community	欧洲共同体
MHLW	the Ministry of Health，Labour and Welfare	日本厚生劳动省
FDA	Food and Drug Administration	美国食品药品管理局
EFPIA	European Federation of Pharmaceutical Industriesand Associations	欧洲制药工业协会联合会
JPMA	Japan Pharmaceutical Manufacturers Association	日本制药工业协会
PhRMA	The Pharmaceutical Research and Manufacturers of America	美国药品研究与制造企业协会
NMPA	National Medical Products Administration	国家药品监督管理局
PDG	Pharmacopoeial Discussion Group	药典协调组织
EDQM	European Directorate for the Quality of Medicines	欧洲药品质量管理局
USPC	United States Pharmacopoeial Convention，Inc	美国药典委员会
EP	European Pharmacopoeia	欧洲药典
JP	Japan Pharmacopoeia	日本药典
FIP	International Pharmaceutical Federation	国际药学联合会
SIG	Special Interest Group	药物溶出工作组
APhA	APhA Academy of Pharmaceutical Sciences	美国药剂师协会
/	Committee on Dissolution Methodology for Solid Dosage Forms	固体剂型溶出方法学委员会

缩略词	英文名称	中文名称
IR	immediate–release dosage form，conventional–release dosage form	普通释放（常释）制剂
ER/MR	extended–release or modified–release dosage form	缓释（调释）制剂
/	delayed–release dosage form	迟释制剂
OC 曲线	operating characteristic curves	工作特性曲线

英文名称与术语汇总表

英文名称	中文名称	缩略语
A Manual of Therapeutics and Pharmacy in Chinese Language	《万国药方》	/
Abbreviated New Drug Application	仿制药上市申请	ANDA
Absorption、Distribution、Metabolism、Excretion	吸收、分布、代谢与排泄	ADME
Acetic Acid Buffer	醋酸缓冲液	ABS
Active Pharmaceutical Ingredient	活性药物成分	API
Advanced Compartmental Absorption and Transit	高级房室吸收与转运模型	ACAT
Advanced Dissolution Absorption and Metabolism	高级溶出、吸收与代谢模型	ADAM
Advanced Gastric Simulator	人工胃模型	AGS
American Association of Pharmaceutical Scientist	美国药学科学家协会	AAPS
Amorphous Solid Dispersion	无定形固体分散	ASD
APhA Academy of Pharmaceutical Sciences	美国药剂师协会	APhA
Apparatus Calibration	仪器校准	/
Area Under Curve	药时曲线下面积	AUC
Artificial Gastric Digestive System	人工胃消化系统	AGDS
Artificial Stomach–Duodenum	人工胃 – 十二指肠	ASD
Basket	篮法	/
Belgian Pharmacopoeia	《比利时药典》	BE
Belladonna Plaster	颠茄贴剂	/
Bioequivalence	生物等效性	BE

英文名称	中文名称	缩略语
Biopharmaceutics	生物药剂学	/
Biopharmaceutics Classification System	生物药剂学分类系统	BCS
Biopharmaceutics Laboratory	生物药剂学实验室	/
Biphasic Disslution Test	两相溶出度测定法	/
Bovine Albumin	牛血清白蛋白	BSA
Brazilian Pharmacopoeia	《巴西药典》	BR
British Pharmacopoeia	《英国药典》	BP
Calibrator	校正物质	/
Calibrator Tablet	校正片	/
Cataplasms	巴布膏	/
Catapres	可乐定透皮贴	/
Center for Drug Evaluation	国家药品监督管理局药品审评中心	CDE（NMPA）
Charge Couple Device	电荷耦合器	CCD
Chemical Manufacturing and Control	化学、制造和控制	CMC
China Association of Enterprises with Foreign Investment R&D-based Pharmaceutical Association Committee	中国外商投资企业协会药品研制和开发行业委员会	RDPAC
China Center for Pharmaceutical International Exchange	中国医药国际交流中心	CCPIE
Chord Length Distribution	弦长分布	CLD
Chronic Lymphocytic Leukemia，CLL	慢性淋巴细胞性白血病	CLL
Colon-located Preparation	结肠定位制剂	CODES
Committee for Medicinal Products for Human Use	欧盟人用药品委员会	CHMP
Committee on Dissolution Methodology for Solid Dosage Forms	固体剂型溶出方法学委员会	/

英文名称	中文名称	缩略语
Complementary Metal Oxide Semiconductor	互补金属氧化物半导体	CMOS
Complex Drug Product	复杂制剂	CDP
Compressed Tablets	压制片	/
Critical Material Attribute	关键物料属性	CMA
Critical Process Parameter	关键工艺参数	CPP
Critical Quality Attribute	关键质量属性	CQA
Current Good Manufacturing Practice	药品生产质量管理规范	cGMP
Cylinder	转筒法	/
Cypher^{TM}	西罗莫司涂层支架	/
Delayed–release Dosage Form	迟释制剂	/
Depot–type	储库型	/
Design Qualification	设计确证	DQ
Desorption Electrospray Ionization Mass Spectrometry Imaging	解吸电喷雾电离质谱成像	DESI–MSI
Diffusion Cell	扩散池	DC
Diode Array Detector	光电二极管列阵检测器	DAD
Dissolution Toolkit Procedures	溶出度确证工具程序	/
Drug Eluting Stents	药物涂层支架	DES
Drug In Adhesive	压敏胶分散型贴剂	DIA
Drug Standards Laboratory	药品标准物质实验室	DSL
Dry Heating	干加热	DH
Dynamic Gastric Model	动态胃模型	DGM
Dynamic Human Stomach–Intestine–Ⅳ	第四代体外动态人胃肠道系统	DHSI–Ⅳ
EasyMax	全自动合成反应器	/

英文名称	中文名称	缩略语
EasyViewer	在线颗粒成像分析仪	/
Elastomeric Material	弹性体材料	/
Elementary Osmotic Pump	初级渗透泵	EOS
Enhancer Cell	增强池	EC
European Community	欧洲共同体	EC
European Directorate for the Quality of Medicines	欧洲药品质量管理局	EDQM
European Federation of Pharmaceutical Industries and Associations	欧洲制药工业协会联合会	EFPIA
European Medicines Agency	欧洲药品管理局	EMA
European Pharmacopoeia	欧洲药典	EP
Extended–release or Modified–release Dosage Form	缓释（调释）制剂	ER/MR
Fasted State Simulated Intestinal Fluid	模拟人空腹状态下的肠液	FaSSIF
Fasted State Simulated Gastric Fluid	模拟人空腹状态下的胃液	FaSSGF
Fed State Simulated Gastric Fluid	模拟人餐后状态下的胃液	FeSSGF
Fed State Simulated Intestinal Fluid	模拟人餐后状态下的肠液	FeSSIF
Flow Injection Analysis	流动注射分析	FIA
Flow–through Diffusion Cell	流通扩散池	FDC
Flow–through Cell	流池法	/
Fluorescence Recovery After Photobleaching	光脱色荧光恢复技术	FRAP
Fluorescence Spectroscopy Imaging	荧光光谱成像	/
Focused Beam Reflectance Measurement	聚焦光束反射测量	FBRM
Focused Ion Beam Scanning Electron Microscopy	聚焦离子束扫描电子显微镜	FIB–SEM

英文名称	中文名称	缩略语
Food And Drug Administration	美国食品药品管理局	FDA
Fourier Transform-Infrared Spectroscopy	傅里叶变换红外光谱	FTIR
Gastric Simulation Model	胃仿真模型	GSM
Gastrointestinal Simulator	胃肠道模型	GIS
Gastrointestinal Tract	胃肠道	GIT
Good Laboratory Practice	药物非临床研究质量管理规范	GLP
Good Manufacturing Practice	药品生产质量管理规范	GMP
High Performance Liquid Chromatography	高效液相色谱	HPLC
Holder	样品架	/
Horizontal Diffusion Cell	水平扩散池	HDC
Hydrocortisone	氢化可的松	HC
Hypromellose	羟丙基甲基纤维素	HPMC
Immediate Release	普通制剂	IR
Immediate-release Dosage Form, Conventional-release Dosage Form	普通释放（常释）制剂	IR
Immersion Cell	浸没池	IC
In Vitro – in Vivo Correlation	体内外相关性	IVIVC
In Vitro Mechanical Gastric System	体外机械胃系统	IMGS
In Vitro Penetration Test	体外渗透实验	IVPT
In Vitro Release Test	体外溶出（释放）实验	IVRT
In Vitro-In Vivo Relationship	体内体外关系	IVIVR
Inspection and Alignment of Apparatus	仪器的检查和调整	/
Installation Qualification	安装确证	IQ

英文名称	中文名称	缩略语
International Organization for Standardization	国际标准化组织	ISO
International Pharmaceutical Federation	国际药学联合会	FIP
Intrinsic Dissolution Rate	固有溶出速率	IDR
Japan Pharmaceutical Manufacturers Association	日本制药工业协会	JPMA
Japanese Pharmacopoeia	日本药典	JP
Kofa American Drug Company	上海科发药房	/
Lipid-based Soft Gelatin Capusle	软胶囊或充液胶囊	SGC
Liquid Chromatography-Evaporative Light Scattering Detector	液相色谱－蒸发光散射检测器	LC-ELSD
Liquid Chromatography-Mass Spectrometry	液相色谱－质谱法	LC-MS
Lozenges	含片	/
Magnetic Resonance Imaging	核磁共振成像	MRI
Mass Spectroscopy Imaging	质谱成像	MSI
Matrix Assisted Laser Desorption Ionization Mass Spectrometry Imaging	基质辅助激光解吸电离质谱成像	MALDI-MSI
Mechanical Calibration	机械校准	MC
Micro-computed Tomography	显微计算机断层扫描	MicroCT
Microstructure Equivalence	制剂内部微结构一致性	Q_3
Modified Release/Extended Release	缓释制剂	MR/ER
Multivariate Curve Resolution	多元曲线分辨	MCR
Multivariate Statistical Distance	多变量统计距	MSD
National Center for Drug Analysis	国家药物分析中心	NCDA
National Formulary	国家处方集	NF
National Institute for the Control of Pharmaceutical and Biological Products	中国药品生物制品检定所	NICPBP

英文名称	中文名称	缩略语
National Institutes for Food and Drug Control	中国食品药品检定研究院	NIFDC
National Medical Products Administration	国家药品监督管理局	NMPA
Near-Infrared Spectroscopy	近红外光谱	NIR
New Drug Application	新药上市申请	NDA
Nicoderm	尼古丁透皮贴剂	/
NIR Chemical Imaging	近红外化学成像	NIR-CI
NIR Hyperspectral Imaging	近红外高光谱成像	NIR-HSI
Nonsterile Semisolid Dosage Forms Guidance for Industry	非无菌半固体制剂扩大规模和上市后变更：体外释放试验和体内生物等效性要求	SUPAC-SS
Nuclear Magnetic Resonance Spectroscopy	核磁共振波谱	NMR
NUVARING®	复方依托孕烯炔雌醇阴道环	/
Ocular Implant	眼部植入剂	/
Oinment Cell	软膏池	OC
Operating Characteristic Curves	工作特性曲线	OC 曲线
Operational Qualification	运行确证	OQ
Optical Coherence Tomography	光学相干断层扫描	OCT
Organisation for Economic Cooperation and Development	经济合作与发展组织	OECD
Osmosin	吲哚美辛渗透泵型缓释片	/
Out of Specification	检测结果超标	OOS
OZURDEX	地塞米松玻璃体内植入剂	/
Paddle	桨法	/

英文名称	中文名称	缩略语
Paddle Over Disk	桨碟法	/
Paddle Over Extraction Cell	提取池法	/
Particle Size Distribution	颗粒粒径分布	PSD
Particle Vision and Measurement	在线颗粒录影技术	PVM
Peak Vessle	有锥溶出杯	/
Performance Qualification	性能确证	PQ
Performance Verification Test	性能确认试验	PVT
Pharmacokinetic	药物代谢动力学	PK
Pharmacopeial Forum	美国药典论坛	PF
Pharmacopoea Helvetica	《瑞士药典》	CH
Pharmacopoeia of the People's Republic of China	《中国药典》	ChP
Phosphate Buffer Saline	磷酸盐缓冲液	PBS
Photo–Diode Array	光电二极管阵列	PDA
Physiologically Based Biopharmaceutics Model	生理机制生物药剂学模型	PBBM
Physiologically Based Pharmacokinetic	生理机制药物代谢动力学	PBPK
Pill	药丸	/
Plaster	膏药	/
Poly（Lactic–Co–Glycolic Acid）	聚乳酸－羟基乙酸共聚物	PLGA
Polyvinyl Pyrrolidone	聚乙烯吡咯烷酮	PVP
Prequalification of Quality Control Laboratories	实验室认证	/
Principal Component Analysis	主成分分析	PCA

英文名称	中文名称	缩略语
Process Analytical Technology	过程分析技术	PAT
Propharmacopoea	法国副药典	/
Qualification	确证	/
Qualitative Equivalence	定性一致性	Q_1
Quality by Design	质量源于设计	QbD
Quantitative Equivalence	定量一致性	Q_2
Raman Spectroscopy	拉曼光谱	/
Raman Spectroscopy Imaging	拉曼光谱成像	/
React IR	在线红外光谱	IR
Reciprocating Cylinder	往复筒法	/
Reciprocating Cylinder Apparatus	往复筒法装置	/
Reciprocating Disk	往复碟	/
Reciprocating Holder	往复架法	/
Relative Standard Deviation	相对标准偏差	RSD
Release–control System	自动控制释放系统	/
Reproducibility	再现性	/
Response Surface	溶出度效应面	/
Rope–Driven In vitro Human Stomach Model	拉绳牵引驱动的体外人胃模型	RD–IV–HSM
Rotating Cylinder	转筒法	/
Salicylic Acid Plaster	水杨酸贴剂	/
Salonpas®	复方水杨酸甲酯贴剂	/
Scanning Electron Microscope Imaging	扫描电镜成像	SEM Imaging

英文名称	中文名称	缩略语
Secondary Ion Mass Spectrometry Imaging	二次离子质谱成像	SIMS
Simulated Intestinal Fluid	模拟肠液	SIF
Small Lymphocytic Lymphoma，SLL	小淋巴细胞性淋巴瘤	SLL
Small Vessel	小杯法	/
Sodium Dodecyl Sulfate	十二烷基硫酸钠	SDS
Solution Rate	溶出速率的测定	/
Spansule®	缓释胶囊	/
Special Interest Group	药物溶出工作组	SIG
Sulfathiazole	磺胺噻唑	ST
Synchrotron Radiation X-ray Micro-computed Tomography	同步辐射光源 X 射线显微成像	SR-μCT
Tablets	片剂	/
Taxus Express2 Stents	紫杉醇药物涂层支架	/
Terahertz Pulsed Imaging	太赫兹脉冲成像	TPI
Terahertz Time-domain Spectroscopy	太赫兹时域光谱	THz-TDS
The China Food and Drug Administration	国家食品药品监督管理总局	CFDA
The International Council for Harmonisation of Technical Requirements for Pharmaceuticals for Human Use	国际人用药品注册技术协调会	ICH
The Ministry of Health，Labour and Welfare	日本厚生劳动省	MHLW
The National Formulary	美国国家处方集	NF
The Pharmaceutical Research and Manufacturers of America	美国药品研究与制造企业协会	PhRMA
The Pharmaceutical Manufacturers Association	美国制药企业协会	PMA

英文名称	中文名称	缩略语
The Pharmacopoeial Discussion Group	药典协调组织	PDG
The United States Pharmacopeial Convention	美国药典委员会	USPC
The United States Pony Clubs	美国药典委员会	USPC
TIM Advanced Gastric Compartment	改进型 TIM 胃模型	TIMagc
Tiny TNO Gastro-Intestinal Model	简化版 TNO 胃肠道模型	tiny-TIM
TNO Gastro-Intestinal Model-1	TNO 胃肠道模型	TIM-1
Trandermal Theraputical System	芬太尼透皮贴剂	/
Transdermal Scop	东莨菪碱透皮贴剂	/
Transepidermal Electrical Resistance	经皮电阻测定	ER
Transepidermal Water Loss	经皮水分散失	TEWL
Transmission Electron Microscopy	透射电子显微镜	TEM
Tritiated Water Permeability	氚化水渗透	THO
Ultrasound Imaging	超声成像	/
Ultra-Violet Spectroscopy	紫外光谱	UV
Ultraviolet Surface Dissolution Imaging	紫外表面溶出成像	UV-SDI
Ultraviolet-Visible Spectrophotometry	紫外-可见分光光度法	UV/Vis
Undersaturation Ratio	不饱和度	USR
United States Pharmacopeia	《美国药典》	USP
User Requirement Specification	用户需求文件	URS
USP-NF Joint Panel on Physiological Aailability	USP-NF 生物利用度联合专家组	/
Variability	变异性	/
Verification	确认	/
Vertical Diffusion Cell	立式扩散池	VDC

英文名称	中文名称	缩略语
Vessel–simulating Flow Through Cell	改进流池法	/
Water Jacket	水夹套	WJ
World Health Organization	世界卫生组织	WHO
X–Ray Computed Tomography	X射线计算机断层扫描	CT
X–Ray Microscopy	X射线显微镜	XRM